N.C.E.R.T. के नवीनतम पाठ्यक्रम

इतिहास

(संघ लोक सेवा आयोग, राज्य लोक सेवा आयोग, कर्मचारी चयन आयोग (SSC), रेलवे भर्ती बोर्ड (RRB), संयुक्त रक्षा सेवा (CDS), राष्ट्रीय ग्रामीण छात्रवृत्ति, राष्ट्रीय प्रतिभा खोज एवं सभी प्रतियोगी परीक्षाओं के लिए एक उपयोगी पुस्तक)

डी.एस. तिवारी

वी एण्ड एस पब्लिशर्स

प्रकाशक

वी एण्ड एस पब्लिशर्स

F-2/16, अंसारी रोड, दरियागंज, नई दिल्ली-110002
☎ 23240026, 23240027 • *फैक्स:* 011-23240028
E-mail: info@vspublishers.com • *Website:* www.vspublishers.com

क्षेत्रीय कार्यालय : हैदराबाद

5-1-707/1, ब्रिज भवन (सेन्ट्रल बैंक ऑफ इण्डिया लेन के पास)
बैंक स्ट्रीट, कोटी, हैदराबाद-500 095
☎ 040-24737290
E-mail: vspublishershyd@gmail.com

शाखा : मुम्बई

जयवंत इंडस्ट्रिअल इस्टेट, 1st फ्लोर-108, तारदेव रोड
अपोजिट सोबो सेन्ट्रल, मुम्बई - 400 034
☎ 022-23510736
E-mail: vspublishersmum@gmail.com

फ़ॉलो करें:

ISBN 978-93-579415-0-1
संस्करण 2018

मुद्रक: रेप्रो नॉलेजकास्ट लिमीटेड, ठाणे

प्रकाशकीय

वी एण्ड एस पब्लिशर्स पिछले अनेक वर्षों से जनरुचि एवं शिक्षा सम्बन्धी पुस्तकें प्रकाशित करते आ रहे हैं। जनमानस सम्बन्धी पुस्तकों में पाठकों द्वारा भरपूर सराहना पाने के बाद, हमारे संपादक मंडल द्वारा बाजार में सामान्य ज्ञान के अंतर्गत प्रत्येक विषयों के अलग-अलग खण्डों पर आधारित एक उत्कृष्ट पुस्तक की कमी महसूस की गई। इसकी पूर्ति हेतु हम अपनी नवीनतम पुस्तक '**सामान्य ज्ञान इतिहास**' आपके समक्ष प्रस्तुत करते हैं।

पुस्तक को अधिक से अधिक उपयोगी बनाने के लिए सामान्य ज्ञान में इतिहास विषय के अंतर्गत आने वाले भारतीय इतिहास एवं विश्व इतिहास के विषय सामग्री का सावधानीपूर्वक चयन किया गया है। पुस्तक में सम्मिलित इन विषयों को अलग-अलग खण्डों में विभाजित किया गया है। पुस्तक के संकलन के दौरान हमारे संपादक मंडल ने इस बात का विशेष ध्यान रखा है कि प्रतियोगिता में शामिल होने जा रहे सभी परीक्षार्थियों को इस विषय के अध्ययन के दौरान किसी दूसरी पुस्तक की आवश्यकता महसूस नहीं हो। उनकी सुविधा हेतु इतिहास विषय से सम्बन्धित सभी आँकड़ों को दर्शाने हेतु विशेष तौर पर तालिकाओं का उपयोग किया गया है, जिससे छात्रों को इसे आत्मसात करने में आसानी हो।

प्रस्तुत पुस्तक सामान्य ज्ञान इतिहास में कोई भी त्रुटि शेष न रहे, इसका पूरा ध्यान रखा गया है। सभी छात्रों एवं परिक्षार्थियों से अनुरोध है कि यदि पुस्तक पठन या पाठन के दौरान उन्हें कहीं भी कोई त्रुटि मिले, तो वे हमें इससे अवश्य अवगत करायें।

हमें पूर्ण विश्वास है कि हमारी अन्य पुस्तकों की भाँति इस पुस्तक में भी आपका सहयोग निरंतर मिलता रहेगा।

विषय-सूची

भारतीय इतिहास एवं विश्व इतिहास

इतिहास

भारतीय इतिहास

परिचय

विशाल क्षेत्रफल वाला देश भारत रूस के बिना यूरोप महाद्वीप के समान है। इसकी जनसंख्या के विषय में ई.पू. पाँचवीं सदी में इतिहास के पिता 'हेरोडोटस' ने कहा कि "हमारे ज्ञात राष्ट्रों में सबसे अधिक जनसंख्या भारत की है।" विशाल जनसमूह वाले इस देश में विभिन्न जातियों एवं धर्मों के लोग एक साथ रहते हैं। इनके द्वारा लगभग 220 भाषाएँ बोली जाती हैं। महाकाव्यों एवं पुराणों में भारत का वर्णन निम्नलिखित रूप में मिलता है-

उत्तरं यत् समुद्रस्य हिमाद्रेश्चैव दक्षिणम्।
वर्षम् तद् भारतम् नाम भारती यत्र सन्ततिः॥

(विष्णु पुराण)

अर्थात्, वह देश जो समुद्र के उत्तर तथा हिमालय पर्वत के दक्षिण में स्थित है, को **भारतवर्ष** कहा जाता है तथा यहाँ के निवासियों को **भारती** अर्थात् भारत की सन्तान कहा जाता है।

- यूनानियों ने भारत को '**इण्डिया**' (India) तथा मध्यकालीन मुस्लिम इतिहासकारों ने '**हिन्द**' अथवा '**हिन्दुस्तान**' के नाम से सम्बोधित किया है।
- अध्ययन की सुविधा के लिए भारतीय इतिहास को तीन भागों– प्राचीन भारत, मध्यकालीन भारत और आधुनिक भारत में बाँटा गया है। प्रत्येक भाग का संक्षिप्त उल्लेख निम्नलिखित रूप में है-

प्राचीन भारत

1. प्राचीन भारतीय इतिहास के स्रोत

हमें प्राचीन इतिहास के विषय में जानकारी मुख्यतः चार स्रोतों से प्राप्त होती है। (1) धार्मिक ग्रन्थ (2) लौकिक/धर्मनिरपेक्ष साहित्य (3) पुरातात्विक साक्ष्य और (4) विदेशियों का विवरण।

धार्मिक ग्रन्थ

प्राचीन समय से ही भारत एक धर्म प्रधान देश रहा है। यहाँ प्रायः तीन धार्मिक धाराएँ– वैदिक, बौद्ध एवं जैन धर्म प्रवाहित हुईं। वैदिक धर्मग्रन्थ को ब्राह्मण धर्मग्रन्थ भी कहा जाता है।

वैदिक धर्मग्रन्थ

- वेद शब्द का अर्थ '**महत् ज्ञान**' अर्थात् पवित्र एवं आध्यात्मिक ज्ञान है। वेद शब्द संस्कृत के 'विद्' धातु से निर्मित है जिसका अर्थ है जानना।
- वेदों के संकलनकर्ता महर्षि कृष्ण द्वैपायन वेदव्यास थे। कुछ लोगों ने वेदों को **अपौरुषेय** अर्थात् **दैवकृत** माना है। वेदों की कुल संख्या चार है– ऋग्वेद, सामवेद, यजुर्वेद एवं अथर्ववेद।

ऋग्वेद

- ऋग्वेद चारों वेदों में सर्वाधिक प्राचीन है। ऋग्वेद से ही आर्यों की राजनीतिक प्रणाली एवं इतिहास के विषय में जानकारी प्राप्त होती है।

- ऋग्वेद अर्थात् ऐसा ज्ञान जो ऋचाओं/मन्त्रों में बद्ध हो। इन मन्त्रों का उच्चारण यज्ञों के अवसर पर **होतृ ऋषियों** द्वारा किया जाता है।
- ऋग्वेद भारत ही नहीं सम्पूर्ण विश्व की प्राचीनतम रचना है। इसकी रचनाकाल 1500 से 1000 ई.पू. मानी जाती है।
- ऋग्वेद में कुल 10 मण्डल, 8 अष्टक, 1028 सूक्त एवं कुल 10,600 मन्त्र हैं। सूक्तों के पुरुष रचियताओं में गृत्समद, विश्वामित्र, वामदेव, अत्रि, भारद्वाज और वशिष्ट तथा स्त्री रचियताओं में लोपामुद्रा, घोषा, शची, पैलेमी और कक्षावृति प्रमुख हैं।
- ऋग्वेद के दूसरे एवं सातवें मण्डल की ऋचाएँ सर्वाधिक प्राचीन हैं, जबकि पहला एवं दसवाँ मण्डल सबसे अन्त में जोड़ा गया है।
- ऋग्वेद के दसवें मण्डल में सर्वप्रथम शूद्रों का उल्लेख मिलता है जिसे 'पुरुषसूक्त' के नाम जाना जाता है। इसी मण्डल में अद्वैत दर्शन के विकसित होने का संकेत मिलता है।
- लोकप्रिय गायत्री मन्त्र का उल्लेख ऋग्वेद के तीसरे मण्डल में मिलता है। विश्वामित्र द्वारा रचित यह मंत्र (गायत्री मंत्री) सूर्य देवता सावित्री (सविता) को समर्पित है।
- ऋग्वेद के आठवें मंडल में मिली हस्तलिखित ऋचाओं को **'खिल'** कहा गया है।
- ऋग्वेद का नौवाँ मण्डल लगभग पूरी तरह से सोम (सम्भवतः एक वृक्ष) नामक देवता को समर्पित है।
- चातुष्वर्ण्य (ब्राह्मण, क्षत्रिय, वैश्य तथा शूद्र) समाज की कल्पना का आदि स्रोत ऋग्वेद के 10वें मंडल में वर्णित है। हलाँकि इसे क्षेपक अर्थात् बाद में जोड़ा गया माना जाता है।
- ऋग्वेद की पाँच शाखाएँ हैं– शाकल, वाष्कल, आश्वलायन, शंखायन तथा माण्डुक्य।
- विष्णु के वामनावतार के तीन पगों के आख्यान का प्राचीनतम स्रोत ऋग्वेद है।

सामवेद

- 'साम' का शाब्दिक अर्थ 'गान' है। सामवेद गान-प्रधान ग्रन्थ है।
- सामवेद में संकलित मन्त्रों को देवताओं की स्तुति और यज्ञ आदि के समय गाया जाता था। सामवेद के मन्त्रों का गान सोमयज्ञ के समय **'उद्‌गातृ'** नामक पुरोहित करते थे।
- सामवेद में लगभग 1550 ऋचाएँ/मन्त्र हैं, जिनमें 75 को छोड़कर शेष ऋग्वेद से ली गयी हैं।
- देवता विषयक विवेचन की दृष्टि से सामवेद का प्रमुख देवता 'सविता' या 'सूर्य' है।
- भारतीय संगीत के इतिहास के क्षेत्र में सामवेद का महत्त्वपूर्ण योगदान है। सामवेद को भारतीय संगीत का जनक कहा जाता है।
- सामवेद की तीन महत्त्वपूर्ण शाखाएँ हैं– कौथुम, जैमिनीय एवं राणायनीय।

यजुर्वेद

- 'यजुष' का शाब्दिक अर्थ 'यज्ञ' है। इस वेद में विभिन्न यज्ञ-विधियों का संगह है। यजुर्वेद के मन्त्रों का उच्चारण **'अर्ध्वयु'** नामक पुरोहित करते थे।
- यजुर्वेद में अनेक प्रकार के यज्ञों को सम्पन्न कराने की विधियों का उल्लेख है।
- यजुर्वेद गद्य एवं पद्य दोनों में है। गद्य को 'यजुष' कहा गया है।
- यजुर्वेद के दो मुख्य भाग हैं– कृष्ण यजुर्वेद एवं शुक्ल यजुर्वेद।
- **कृष्ण यजुर्वेद :** इसमें छन्दोबद्ध मन्त्र तथा गद्यात्मक वाक्य हैं। इसकी मुख्य शाखाएँ हैं– तैत्तरीय, काठक, कपिष्ठल, मैत्रायणी।
- **शुक्ल यजुर्वेद :** इसमें केवल मन्त्रों का समावेश है। इसकी मुख्य शाखाएँ हैं– माध्यन्दित तथा काण्व। इसकी संहिताओं को **वाजसनेय** भी कहा जाता है क्योंकि वाजसेनी के पुत्र याज्ञवल्क्य इसके द्रष्टा थे।
- महर्षि पतन्जलि द्वारा वर्णित यजुर्वेद की 101 शाखाओं में से इस समय केवल निम्नलिखित पाँच– तैत्तरीय, काठक, कपिष्ठल, मैत्रायणी और वाजसनेय ही उपलब्ध हैं।

वेद एवं उनके उपवेद	
वेद	**उपवेद**
ऋग्वेद	धनुर्वेद
सामवेद	गन्धर्ववेद
यजुर्वेद	शिल्पवेद
अथर्ववेद	आयुर्वेद

- स्त्रियों की सर्वाधिक गिरी हुई स्थिति की जानकारी मैत्रायणी संहिता से मिलती है। इस संहिता में जुआ और शराब के बाद स्त्री को पुरुष का तीसरा मुख्य दोष बताया गया है।
- यजुर्वेद से उत्तर-वैदिक युग की राजनैतिक, सामाजिक एवं धार्मिक जीवन की जानकारी मिलती है।

अथर्ववेद

- इस वेद की रचना 'अथर्वा' ऋषि द्वारा की गयी है। अतः अथर्वा ऋषि के नाम पर ही इसे अथर्ववेद कहते हैं। इसके दूसरे द्रष्टा आंगिरस ऋषि थे। अतः अथर्ववेद को अथर्वाङ्गिरसवेद भी कहा जाता है।
- अथर्ववेद में कुल 20 मण्डल, 731 सूक्त एवं 5,839 मन्त्र हैं। इस वेद के सभी 731 सूक्त पद्य एवं गद्य दोनों में हैं।
- अथर्ववेद के महत्त्वपूर्ण विषय हैं– ब्रह्मज्ञान, औषधि प्रयोग, रोग निवारण, जादू, मन्त्र एवं टोना-टोटका आदि। इस वेद में ही कन्याओं के जन्म की निंदा की गयी है।
- इस वेद की दो अन्य शाखाएँ हैं– पिप्पलाद एवं शौनक।

ब्राह्मण

- यज्ञों एवं कर्मकाण्डों के विधान एवं इनकी क्रियाओं को भली-भाँति समझने के लिए जिन नवीन ग्रन्थों की रचना हुई, उस ग्रन्थ को ब्राह्मण साहित्य के नाम से जाना जाता है।
- यज्ञ के विषयों का अच्छी तरह से प्रतिपादन करने का वर्णन ब्राह्मण ग्रन्थों में मिलता है।
- ब्राह्मण ग्रन्थों में वैदिक संहिताओं की गद्यात्मक व्याख्या है। ये ग्रन्थ अधिकतर गद्य में लिखे हुए प्राप्त होते हैं।
- प्रत्येक वेद के अपने-अपने ब्राह्मण होते हैं। जैसे– ऋग्वेद के ऐतरेय एवं कौषीतकी ब्राह्मण, यजुर्वेद के शतपथ ब्राह्मण या वाजसनेय ब्राह्मण, सामवेद के पंचविश या ताण्ड्य ब्राह्मण एवं अथर्ववेद का गोपथ ब्राह्मण।
- प्राचीन इतिहास के स्रोत के रूप में ऋग्वेद के बाद वैदिक साहित्यों में शतपथ ब्राह्मण का महत्त्वपूर्ण स्थान है।

आरण्यक

- आरण्यकों में दार्शनिक एवं रहस्यात्मक विषयों का वर्णन है। इन ग्रन्थों को आरण्यक इसलिए कहा गया है, क्योंकि इन्हें अरण्य अर्थात् वन में पढ़ा जाता था।
- आरण्यकों की कुल संख्या सात है– (1) ऐतरेय आरण्यक (2) शांख्यान आरण्यक (3) तैत्तरीय आरण्यक (4) मैत्रायणी आरण्यक (5) माध्यन्दिन बृहदारण्यक (6) तल्वकार आरण्यक तथा (7) जैमिनी आरण्यक।

उपनिषद

- उपनिषद का शाब्दिक अर्थ है 'समीप बैठना' अर्थात् ब्रह्मविद्या को प्राप्त करने के लिए गुरु के समीप बैठना। इस प्रकार उपनिषद एक ऐसा रहस्य ज्ञान है जिसे हम गुरु के सहयोग से ही समझ सकते हैं।
- ब्रह्म विषयक होने के कारण उपनिषदों को **ब्रह्मविद्या** भी कहा जाता है।
- उपनिषदों में आत्मा, परमात्मा एवं संसार के संदर्भ में प्रचलित दार्शनिक विचारों का संग्रह है। वस्तुतः उपनिषदों में प्राचीन भारत का दार्शनिक ज्ञान सुरक्षित है।
- वैदिक साहित्य के अंतिम भाग होने के कारण उपनिषदों को **'वेदान्त'** भी कहा जाता है। उपनिषदों का रचनाकाल 800-500 ई.पू. के मध्य माना जाता है।

- उपनिषदों में जिस निष्काम कर्म मार्ग और भक्ति मार्ग दर्शन का प्रतिपादन किया गया उसका विकास **भगवद्गीता** में हुआ।
- उपनिषदों की संख्या 108 है। इनमें से प्रमुख उपनिषद हैं– ईश, केन, कठ, माण्डूक्य, तैत्तरीय, ऐतरेय, छांदोग्य, बृहदारण्यक, श्वेताश्वर, कौषीतकी, मुण्डक, प्रश्न आदि। **भारत का प्रसिद्ध राष्ट्रीय आदर्श वाक्य 'सत्यमेव जयते' मुण्डकोपनिषद् से ही लिया गया है।**

वेदांग

- वेदांग शब्द से अभिप्राय है– जिसके द्वारा किसी वस्तु के स्वरूप को समझने में सहायता मिले। वेदों के अर्थ को अच्छी तरह समझने में वेदांग काफी सहायक हैं।
- वेदांगों की कुल संख्या छः है जो इस प्रकार है–
  1. **शिक्षा–** वैदिक वाक्यों के स्पष्ट उच्चारण हेतु इसका निर्माण हुआ। वैदिक शिक्षा सम्बन्धी प्राचीनतम साहित्य '**प्रतिशाख्य**' है।
  2. **कल्प–** वैदिक कर्मकाण्डों को सम्पन्न करवाने के लिए निश्चित किये गये विधि-नियमों का प्रतिपादन ही '**कल्पसूत्र**' कहलाता है।
  3. **व्याकरण–** इसके अन्तर्गत समासों एवं सन्धि आदि के नियम, नामों एवं धातुओं की रचना, उपसर्ग एवं प्रत्यय के प्रयोग आदि के नियम बताये गये हैं। पाणिनिकृत अष्टाध्यायी संस्कृत भाषा व्याकरण की प्रथम पुस्तक है
  4. **निरूक्त–** शब्दों की व्युत्पत्ति एवं निर्वचन बतलाने वाले शास्त्र निरूक्त कहलाते हैं। क्लिष्ट वैदिक शब्दों के संकलन '**निघंटु**' की व्याख्या हेतु यास्क ने निरूक्त की रचना की थी। निरूक्त को भाषा शास्त्र का प्रथम ग्रन्थ माना जाता है।
  5. **छन्द–** वैदिक साहित्य में मुख्य रूप से गायत्री, त्रिष्टुप, जगती, वृहती आदि छन्दों का प्रयोग किया जाता है।
  6. **ज्योतिष–** इसमें ज्योतिष शास्त्र के विकास को दिखाया गया है।

स्मृतियाँ

- स्मृतियों को '**धर्मशास्त्र**' भी कहा जाता है। मानव जीवन से सम्बद्ध अनेक क्रियाकलापों के बारे में असंख्य विधि-निषेधों की जानकारी इन स्मृतियों से मिलती है।
- स्मृतियों में सबसे प्राचीन एवं महत्त्वपूर्ण मनुस्मृति है। ई.पू. 200 से 200 ई. के मध्य रचित मनुस्मृति को मानव धर्मशास्त्र भी कहा जाता है। अन्य स्मृतियों में उल्लेखनीय हैं - याज्ञवलक्य, विष्णु एवं नारदस्मृति।
- अधिकांश स्मृतियों की रचना गुप्त और गुप्तोत्तर काल में हुई। इन पर अनेक टीकाएँ भी लिखी गयीं।
- **मेधातिथि, भारूचि, कुल्लूक भट्ट, गोविंदराय** आदि टीकाकारों ने **मनुस्मृति** पर टीका/भाष्य लिखे।
- विश्वरूप, अपरार्क, विज्ञानेश्वर आदि ने याज्ञवलक्य स्मृति पर भाष्य लिखे।

महाकाव्य

- **रामायण** एवं **महाभारत** भारत के दो सर्वाधिक प्राचीन महाकाव्य हैं। यद्यपि इन दोनों के रचनाकाल के विषय में काफी विवाद है, फिर भी कुछ उपलब्ध साक्ष्यों के आधार पर इन महाकाव्यों का रचनाकाल चौथी शती ई.पू. से चौथी शती ई. के मध्य माना गया है।
  1. **रामायण–** रामायण की रचना महर्षि बाल्मीकि द्वारा पहली एवं दूसरी शताब्दी के दौरान संस्कृत भाषा में की गयी। महर्षि बाल्मीकि कृत रामायण में मूलतः 6000 श्लोक थे जो

कालांतर में 12000 हुए और पुनः 24000 हो गये। इसे **चतुर्विंशति साहस्त्री संहिता** भी कहा गया है।

- बाल्मीकि द्वारा रचित रामायण सात काण्डों– बालकाण्ड, अयोध्याकाण्ड, अरण्यकाण्ड, किष्किन्धाकाण्ड, सुन्दरकाण्ड, युद्धकाण्ड एवं उत्तरकाण्ड में बँटा हुआ है।
- रामायण द्वारा उस समय की राजनीतिक, सामाजिक एवं धार्मिक स्थिति का ज्ञान होता है।

2. **महाभारत–** महर्षि वेदव्यास द्वारा रचित महाभारत महाकाव्य रामायण से वृहद है। लगभग 950 ई.पू. में हुए भरत-युद्ध का विस्तृत रूप ही महाभारत है। इसका अन्तिम संकलन गुप्तकाल में हुआ।
   - महाभारत में प्रारंभ में सिर्फ 8,800 पद्य/श्लोक थे और इसे **जयसंहिता** (विजय सम्बन्धी ग्रन्थ) के नाम से जाना जाता था। बाद में श्लोकों की संख्या 24,000 होने तथा वैदिक जन भरत के वंशजों की कथा होने के कारण **भारत** कहलाया। अंतिम संकलन के समय पद्यों की संख्या एक लाख होने पर यह **'शतसाहस्त्री संहिता'** या **महाभारत** कहलाया। **महाभारत का प्रारम्भिक उल्लेख आश्वलायन गृहसूत्र में मिलता है।**
   - महाभारत महाकाव्य 18 पर्वों– आदि, सभा, वन, विराट, उद्योग, भीष्म, द्रोण, कर्ण, शल्य, सौप्तिक, स्त्री, शान्ति, अनुशासन, अश्वमेघ, आश्रमवासी, मौसल, महाप्रास्थानिक एवं स्वर्गारोहण में विभाजित है।
   - इस महाकाव्य से तत्कालीन राजनीतिक, सामाजिक एवं धार्मिक स्थिति का ज्ञान प्राप्त होता है।

पुराण

- पुराण का शाब्दिक अर्थ है– प्राचीन आख्यान।
- इससे राजाओं की वंशावलियों तथा तत्कालीन समाज, धर्म, तीर्थ, भूगोल इत्यादि के बारे में जानकारी मिलती है।
- पुराणों के पाँच लक्षण बताये गए हैं जो इस प्रकार हैं– सर्ग, प्रतिसर्ग, वंश, मन्वन्तर तथा वंशानुचरित।
- पुराणों की कुल संख्या 18 है। जिसमें विष्णु, ब्रह्मा, भागवत्, वायु, मत्स्य तथा भविष्य पुराण सर्वाधिक प्राचीन है।
- विष्णु, मत्स्य, वायु तथा भागवत् पुराण सर्वाधिक ऐतिहासिक महत्त्व के हैं, क्योंकि इनमें राजाओं की वंशावलियाँ दी गयी है।
- मत्स्य पुराण सर्वाधिक प्राचीन एवं प्रमाणिक है।
- विष्णु पुराण मौर्य एवं गुप्त वंश से सम्बन्धित विशेष जानकारी मिलती है।
- वायु पुराण से शुंग वंश की जानकारी मिलती है। गुप्त साम्राज्य की सीमाओं की जानकारी हेतु वायु पुराण सर्वाधिक प्रमाणिक माना जाता है।
- मत्स्य पुराण आंध्र-सातवाहन वंश से सम्बन्धित है।
- पुराणों का संकलन करने वालों ने कृत (सत्), त्रेता, द्वापर एवं कलि नामक चार युगों का वर्णन किया है। प्रत्येक युग के बारे में कहा गया है कि आगे आने वाला युग अपने पीछे के युग की तुलना में पतनशील होगा।

बौद्ध धर्मग्रन्थ/बौद्ध साहित्य

- बौद्ध धर्म के उद्भव और विकास के साथ ही एक विशाल साहित्य की भी रचना हुई। हालाँकि ब्राह्मण ग्रन्थों की तरह बौद्ध धर्मग्रन्थ भी धर्मप्रधान साहित्य है, लेकिन इनमें प्रशासनिक, सामाजिक, आर्थिक, धार्मिक और सांस्कृति महत्त्व की अनेक बातें भी देखने को मिलती हैं।
- आरम्भिक बौद्धग्रन्थ पालि-भाषा में लिखे गये थे।
- अंगुत्तर निकाय नामक बौद्धग्रन्थ से छठी शताब्दी ई.पू. के सोलह महाजनपदों का उल्लेख मिलता है।
- खुद्दक निकाय नामक बौद्धग्रन्थ में जातक कथाओं जिनकी संख्या लगभग 547 है का वर्णन किया गया है। जातक कथाएँ यद्यपि मूलतः बुद्ध के पूर्वजन्म/पूर्वजीवन से सम्बद्ध है।
- जातकों से गणतन्त्रों, नागरिक जीवन, प्रशासनिक व्यवस्था, अस्पृश्यता, दासों की स्थिति, व्यापार-वाणिज्य के प्रचार-प्रसार आदि की जानकारी प्राप्त होती है। जातक कथाओं में बुद्ध के समकालीन राजाओं के नामों का भी उल्लेख मिलता है।
- बौद्ध साहित्य के तीन विभिन्न बौद्धग्रन्थों का सम्मिलित नाम ही **त्रिपिटक** है। त्रिपिटक का पालि-साहित्य में विशेष स्थान है। त्रिपिटक के अन्तर्गत शामिल तीन बौद्ध साहित्य निम्नवत् है–

1. **सुत्तपिटक :** यह त्रिपिटकों में सबसे बड़ा एवं श्रेष्ठ है। इसमें बुद्ध ने धार्मिक विचारों एवं उपदेशों का संग्रह है। यह पिटक पाँच निकायों में विभाजित है।

   क. दीर्घनिकाय : गद्य और पद्य शैली में रचित इस निकाय में बौद्ध धर्म के सिद्धान्तों का समर्थन एवं अन्य धर्मों के सिद्धान्तों को खण्डन किया गया। इस निकाय का सर्वाधिक महत्त्वपूर्ण सूक्त है **महापरिनिब्बानसुत**। इस निकाय में महात्मा बुद्ध के जीवन के आखिरी क्षणों का वर्णन है।

   ख. मज्झिम निकाय : इसमें महात्मा बुद्ध को कहीं साधारण मनुष्य के रूप में तो कहीं अलौकिक शक्ति वाले दैवी रूप में वर्णित किया गया है।

   ग. संयुक्त निकाय : गद्य एवं पद्य दोनों शैलियों के प्रयोग वाला यह निकाय अनेक 'संयुक्तों' का संकलन मात्र है।

   घ. अंगुत्तर निकाय : 11 निपातों में संगठित इस निकाय में महात्मा बुद्ध द्वारा भिक्षुओं को उपदेशों में कही जाने वाली बातों का वर्णन है।

   ङ. खुद्दक निकाय : भाषा, विषय एवं शैली की दृष्टि से सभी निकायों से अलग लघु ग्रन्थों के संकलन वाला यह निकाय अपने आप में स्वतन्त्र एवं पूर्ण है। इसके कुछ अन्य ग्रन्थ इस प्रकार हैं– खुद्दक पाठ, धम्मपद, उदान, इतिबुत्तक, सुनिनिपात, विमानवत्थु, पेतवत्थु, थेरगाथा, थेरीगाथा एवं जातक। जातकों में बुद्ध के पूर्व जन्म से सम्बन्धित कहानियों का संकलन है।

2. **विनयपिटक :** इस ग्रन्थ में मठ निवासियों के अनुशासन सम्बन्धी नियम दिये गये हैं। यह पिटक चार भागों में विभक्त है– (क) पातिभोक्ख (ख) सुत्त विभंग (ग) खंधक एवं (घ) परिवार।

3. **अभिधम्म पिटक :** इसमें बौद्ध मन्त्रों की दार्शनिक व्याख्या की गयी है। बौद्ध परम्परा की ऐसी मान्यता है कि इस पिटक का संकलन अशोक के समय सम्पन्न तृतीय बौद्ध संगीति में मोग्गलिपुत्त तिस्स ने किया। इस पिटक के अन्य सात ग्रन्थ हैं– धम्मसंगणि, विभंग, धातुकथा, पुग्गलपञ्चत्ति, कथावस्तु, यमक, पत्थान ग्रन्थ आदि।

- त्रिपिटकों के अतिरिक्त पालिभाषा में लिखे गये कुछ अन्य महत्त्वपूर्ण ग्रन्थ हैं- मिलिन्दपन्हों, दीपवंश एवं महावंश। इन तीनों में से प्रथम ग्रन्थ में यूनानी नरेश मीनेण्डर (मिलिन्द) एवं

बौद्ध भिक्षु नागसेन के बीच वार्तालाप का वर्णन है जबकि अन्तिम दो महाकाव्य हैं और इनकी रचना श्रीलंका में हुई।

- अन्य प्रमुख बौद्ध ग्रन्थों में अशोकावदान, अवदानशतक, दिव्यावदान, बुद्धचरित, सौन्दरानन्द, आर्यमंजुश्रीमूलकल्प इत्यादि।

जैन धर्म ग्रन्थ/जैन साहित्य

- जैन धर्म ग्रन्थों की रचना मुख्यत: प्राकृत भाषा में हुई।
- जैन साहित्य को **'आगम'** कहा जाता है। इन आगम ग्रन्थों की रचना सम्भवत: श्वेताम्बर सम्प्रदाय के आचार्यों द्वारा महावीर स्वामी की मृत्यु के बाद की गयी।
- जैन ग्रन्थों में प्रमुख परिशिष्टपर्व, आचारांगसूत्र, कल्पसुत्र, भगवतीसूत्र, उवासगदसाओसुत्र, भद्रबाटुचरित, त्रिषष्टिशलाका, पुरुषचरित इत्यादि महत्त्वपूर्ण हैं।
- आचारांगसूत्र से जैन भिक्षुओं के विधि-निषेधों एवं आचार-विचारों का विवरण एवं भगवतीसूत्र से महावीर स्वामी के जीवन शिक्षओं आदि के विषय में जानकारी मिलती है।

लौकिक/धर्मनिरपेक्ष साहित्य

- इस प्रकार के साहित्य से तत्कालीन भारतीय समाज के राजनीतिक एवं सांस्कृतिक इतिहास को जानने में काफी मदद मिलती है। इस प्रकार की कृतियों में प्रमुख हैं– **अर्थशास्त्र** और **राजतरंगिणी**।
- **अर्थशास्त्र** की रचना चाणक्य ने मौर्यकाल में की थी। चाणक्य को विष्णुगुप्त एवं कौटिल्य नाम से भी जाना जाता है। लगभग 6000 श्लोकों वाले इस ग्रन्थ से मौर्यकालीन राजनीतिक, सामाजिक, आर्थिक एवं धार्मिक स्थिति की स्पष्ट जानकारी मिलती है। **15 खण्डों में विभाजित इस ग्रन्थ का द्वितीय एवं तृतीय खण्ड सर्वाधिक प्राचीन है।**
- **अर्थशास्त्र** में मौर्यकालीन प्रशासनिक व्यवस्था विशेषतया चन्द्रगुप्त मौर्य के प्रशासन की अच्छी जानकारी मिलती है।
- अर्थशास्त्र की विषय-वस्तु बहुत कुछ यूनानी दार्शनिक **अरस्तू** के **पॉलिटिक्स** और **मेकियावेली** के **प्रिंस** से मिलती-जुलती है।
- **राजतरंगिणी** से भी प्राचीन भारत के विषय में कुछ जानकारी मिलती है। कल्हण द्वारा 12वीं शताब्दी में रचित इस ग्रन्थ में कश्मीर के राजनीतिक इतिहास का वर्णन तो किया ही गया है, साथ-साथ सांस्कृतिक जीवन की भी इस ग्रन्थ से महत्त्वपूर्ण जानकारी मिलती है।
- विद्वानों का एक बड़ा वर्ग **राजतरंगिणी** को प्राचीन भारत का **एकमात्र ऐतिहासिक ग्रन्थ** मानता है।
- **गार्गी संहिता** से यूनानी आक्रमण का उल्लेख मिलता है। इसकी रचना लगभग प्रथम शताब्दी में की गयी थी।
- चौथी शताब्दी के उत्तरार्द्ध एवं पाँचवीं शताब्दी के पूर्वाद्ध में **कालीदास द्वारा संस्कृत में रचित मालविकाग्निमित्रम** से पुष्यमित्र शुंग एवं उसके पुत्र अग्निमित्र के समय के राजनीतिक घटनाचक्र तथा शुंग एवं यवन संघर्ष का उल्लेख मिलता है।
- बाणभट्ट कृत **हर्षचरित** से हर्षवर्द्धन के जीवन तथा उस समय के भारत के इतिहास की जानकारी मिलती है।
- 7वीं-8वीं शताब्दी में लिखी गयी **कामंदक के नीतिशास्त्र** से उस समय के आचार-व्यवहार के बारे में जानकारी मिलती है।
- **शुद्रक** द्वारा रचित **मृच्छकटिकम** नाटक से गुप्तकालीन सांस्कृतिक इतिहास की जानकारी प्राप्त होती है।

- **नवसाहसांकचरित** की रचना पद्मगुप्त परिमल द्वारा की गयी। ग्यारहवीं शती ई. में रचित इस ग्रन्थ से परमारवंश, सिन्धुराज नवसाहसांक के इतिहास के विषय में जानकारी मिलती है। **इस ग्रन्थ को संस्कृत साहित्य का प्रथम ऐतिहासिक महाकाव्य माना जाता है।**
- वाक्पतिराज द्वारा प्राकृत भाषा में रचित **गौड़वाहो** ग्रन्थ से कन्नौज नरेश यशोवर्मा के विजयों के विषय में जानकारी मिलती है।
- विल्ह्ण कृत विक्रमांकदेवचरित से कल्याणी के चालुक्य नरेश विक्रमादित्य षष्ठ के विषय में जानकारी मिलती है।
- जयसिंह कृत कुमारपालचरित से गुजरात के शासक कुमारपाल के विषय में जानकारी मिलती है। मेरूतुंगाचार्य कृत **प्रबंधचिंतामणि** से जिसकी रचना 1305 ई. में हुई थी विक्रमांक, सातवाहन, मूलराज, मुंज, नृप्रतिभोज, लक्ष्मणसेन, जयचन्द्र आदि के विषय में जानकारी मिलती है।
- सोमेश्वर द्वारा रचित **कीर्ति कौमुदी** से चालुक्य वंशीय इतिहास के विषय में जानकारी मिलती है।
- पल्लव नरेश महेन्द्र प्रथम द्वारा रचित **मत्तविलासप्रहसन** से तत्कालीन सामाजिक एवं धार्मिक जीवन के बारे में जानकारी मिलती है।
- महाकवि दण्डी की रचना **अवंतिसुन्दरी कथा** से पल्लवों के इतिहास के विषय में जानकारी मिलती है।
- पाणिनी कृत **अष्टाध्यायी** एवं महर्षि पतंजलि कृत **महाभाष्य** वैसे तो व्याकरण के ग्रन्थ माने जाते हैं किन्तु इन ग्रन्थों में कहीं-कहीं राजाओं-महाराजाओं एवं जनतन्त्रों के घटनाचक्र का विवरण मिलता है। जहाँ अष्टाध्यायी में गणतन्त्रात्मक व्यवस्था की अच्छी जानकारी मिलती है, वहीं पतंजलि के महाभाष्य में शुंगवंश के इतिहास की जानकारी मिलती है।
- कालीदास (अभिज्ञान शाकुंतलम, मालिविकाग्निमित्रम, रघुवंशम्, मेघदूतम्), शूद्रक (मृच्छकटिकम), वात्स्यायन (कामसूत्रम), दण्डी (दशकुमारचरितम्) इत्यादि की रचनाएँ तत्कालीन सभ्यता-संस्कृति को दर्शाती है।
- गुप्तोत्तर काल के इतिहास की जानकारी का एक प्रमुख स्रोत जीवन चरित और स्थानीय इतिहास है।
- बाणभट्ट, वाक्पति, विल्हण, संध्याकर नंदी एवं अन्य दरबारी इतिहासकारों ने अपने संरक्षकों की जीवनियाँ लिखी। अनेक त्रुटियों के बावजूद इनसे तत्कालीन स्थिति पर महत्त्वपूर्ण प्रकाश पड़ता है।
- हर्षवर्द्धन के राज्य और उसके समय की जानकारी वाणभट्ट के हर्षचरित और कादंबरी से मिलती है। हर्षवर्द्धन ने स्वयं तीन नाटकों- **नागानंद, रत्नावली और प्रियदर्शिका की रचना की।** इन नाटकों से हर्षकालीन सभ्यता संस्कृति एवं राजनीतिक जीवन की झांकी मिलती है।
- 1191-1193 के बीच कश्मीरी पण्डित जयानक द्वारा रचित **पृथ्वीराज विजय** से पृथ्वीराज चौहान तृतीय के विषय में जानकारी मिलती है।
- गुजरात में अनेक व्यापारियों के भी जीवन चरित लिखे गये।
- **रासमाला, प्रबन्धकोश, चचनामा** एवं नेपाल में लिखे गये इतिवृत्त क्रमशः गुजरात, सिन्ध और नेपाल के इतिहास पर प्रकाश पड़ता है।
- दक्षिण भारत का प्रारम्भिक इतिहास **'संगम इतिहास'** से ज्ञात होता है। सुदूर दक्षिण के पल्लव और चोल शासकों का इतिहास नन्दिकुलम्बकम, कलिंगत्तुपणि, चोल चरित्र आदि से प्राप्त होता है।
- संगम साहित्य में प्रमुख हैं- **एतुतोकई, पुरननुरू, पतुपतु तथा शिल्पादिकारम्।**
- संगम साहित्य में दक्षिण के तीन प्रमुख राजवंशों- पाण्ड्य, चोल और चेर के आरम्भिक इतिहास का उल्लेख मिलता है। इस साहित्य में राजनीतिक इतिहास के अतिरिक्त सामाजिक व्यवस्था और आर्थिक प्रगति विशेषकर उद्योग-धंधे और विदेशी व्यापार के विकास पर भी महत्त्वपूर्ण जानकारी प्राप्त होती है। यह साहित्य धर्मनिरपेक्ष साहित्य है।

- तमिल साहित्य से भी प्राचीन भारतीय इतिहास विशेषकर दक्षिण भारत के इतिहास के बारे में जानकारी मिलती है। तमिल साहित्य में संगम साहित्य का विशेष रूप से उल्लेख किया जा सकता है। इन साहित्यों का विकास तीसरी-चौथी शताब्दियों में हुआ। इसका काल ईसा की प्रथम चार शताब्दियों को माना जाता है।
- 11वीं शताब्दी में लिखित अतुल के **मुषिक वंश** नामक ग्रन्थ से केरल के मुषिक वंश के इतिहास पर प्रकाश पड़ता है।

पुरातात्विक साक्ष्य

- पुरातात्विक साक्ष्य भी अनेक प्रकार के हैं: जैसे- उत्खनन से प्राप्त सामग्री-सिक्के, अभिलेख, प्राचीन स्मारक एवं कलाकृतियाँ।

सिक्के/मुद्राएँ

- प्राचीनकाल में सिक्के मिट्टी और धातु की बनायी जाती थी जिन पर प्राय: किसी नरेश, पदाधिकारी, गण, निगम, व्यापारी अथवा व्यक्ति विशेष के नाम एवं साक्ष्य होते थे। साधारणतया इन मुद्राओं में हमें 206 ई. पू. से 300 ई. तक के भारतीय इतिहास की जानकारी मिलती है।
- जिन सिक्कों एवं मुद्राओं पर लेख नहीं होते थे केवल चिह्न मात्र होते थे उनहें **आहत सिक्के (Punch Marked)** कहा जाता था।
- सर्वप्रथम भारत में शासन करने वाले यूनानी शासकों के सिक्कों पर लेख एवं तिथियाँ उत्कीर्ण मिलती हैं।
- प्राचीनकाल के प्राप्त सर्वाधिक सिक्के उत्तर मौर्यकाल के हैं। ये सिक्के प्रधानत: सीसे, पोटीन, तांबे, कांसे, चाँदी और सोने के बने हुए हैं।
- कुषाणों के समय में सर्वाधिक शुद्ध सोने के सिक्के प्रचलन में थे, पर सर्वाधिक सोने के सिक्के गुप्तकाल में जारी किये गये।

अभिलेख

- पुरातात्विक स्रोतों में अभिलेख भी महत्त्वपूर्ण स्थान रखते हैं। ये अभिलेख अधिकांशत: स्तंभों, शिलाओं, ताम्रपत्रों, मुद्राओं, पात्रों, मूर्तियों गुफाओं में खुदे हुए मिलते हैं।
- कुछ अभिलेख भारत के बाहर भी पाये गये हैं जिनसे भारतीय इतिहास पर प्रकाश पड़ता है। उदाहरण के लिए एशिया माइनर का **बोगजकोई अभिलेख** (लगभग 1400 ई.पू.) अनेक वैदिक देवताओं यथा- इन्द्र, मित्र, वरूण एवं नासत्य आदि का उल्लेख करता है।
- सुमेर (मेसोपोटामिया या ईराक) से प्राप्त मिट्टी के उत्कीर्ण मुहरों से भारत सिन्धुघाटी और सुमेर के व्यापारिक सम्बन्धों का पता चलता है। सिर्फ सिन्धुघाटी की सभ्यता से ही मुहरों पर उत्कीर्ण अनेक अभिलेख प्राप्त हुए हैं।
- ऐतिहासिक काल में सबसे प्राचीन अभिलेख मौर्य-सम्राट के हैं। ये अभिलेख गुफाओं, शिलाओं और स्तंभों पर उत्कीर्ण हैं। इनसे अशोक के राज्यकाल की अनेक प्रमुख घटनाओं जैसे- कलिंग युद्ध, धर्ममहामात्रों की नियुक्ति, प्रशासनिक व्यवस्था में परिवर्तन एवं सुधार की जानकारी मिलती है।
- अशोक के बाद अभिलेखों की परम्परा से जुड़े अन्य अभिलेख इस प्रकार हैं- खारवेल का हाथीगुम्फा अभिलेख, शकक्षत्रप रूद्रादमन का जूनागढ़ अभिलेख, सातवाहन नरेश पुलमावी का नासिक गुहालेख, हरिषेण द्वारा लिखित समुद्रगुप्त का प्रयाग स्तंभलेख, मालवा नरेश यशोवर्मन

का मंदसौर अभिलेख, चालुक्य नरेश पुलकेशिन द्वितीय का ऐहोल अभिलेख, प्रतिहार नरेश भोज का ग्वालियर अभिलेख, स्कंदगुप्त का भितरी तथा जूनागढ़ लेख, बंगाल के शासक विजय सेन का देवपाड़ा अभिलेख इत्यादि।

- कुछ गैरसरकारी अभिलेख जैसे- यवन राजदूत, हेलियोडोरस का बेसनगर (विदिशा, मध्य प्रदेश) से प्राप्त गरूड़ स्तंभ लेख, जिसमें द्वितीय शताब्दी ई. पू. में भारत में भागवत् धर्म के विकसित होने के साक्ष्य मिलते हैं।
- मध्यप्रदेश के एरण से प्राप्त बराह प्रतिमा पर हूण राजा तोरमाण के लेखों का विवरण है।
- हड़प्पा कालीन अभिलेखों के बाद प्राचीनतम अभिलेख अशोक के हैं।
- आरम्भिक अभिलेख **प्राकृत भाषा** में लिखे गये। बाद में **संस्कृत** एवं अन्य **भाषाओं,** जैसे- तेलुगु एवं तमिल इत्यादि में अभिलेख लिखे गये। यह लिपि बायें से दायें की ओर लिखी जाती थी। **ईसा की प्रथम शताब्दी से खरोष्ठी लिपि का भी व्यवहार हुआ।** यह लिपि दाहिने से बायें की ओर लिखी जाती थी। उत्तरी-पश्चिमी सीमा से प्राप्त अशोक के कुछ अभिलेख आरामाइक लिपि में भी पाये गये हैं।

स्मारक एवं कलाकृतियाँ

- प्राचीन स्मारकों से भी इतिहास के पुनर्निर्माण में सहायता मिलती है।
- प्राचीन भवनों, मंदिरों, गुफाओं के अवशेषों, मूर्तियों इत्यादि के आधार पर किसी युगविशेष की संस्कृति एवं कला का पता आसानी से लगाया जा सकता है।
- हड़प्पा, मोहनजोदड़ो, तक्षशिक्षा, मथुरा, कौशाम्बी, पाटलिपुत्र इत्यादि स्थानों से प्राप्त भवनों के अवशेषों के आधार पर नगर निर्माण शैली का अंदाज मिलता है।
- नालंदा एवं विक्रमशिला के खंडहरों से इन स्थानों की गरिमा प्रकट होती है।
- तक्षशिला और मथुरा से प्राप्त मूर्तियों के आधार पर गंधार और मथुरा मूर्तिकला की जानकारी मिलती है। साँची, भरहुत के स्तूप, अजंता, ऐलोरा, एलिफैंटा, बाघ की गुफाएँ तथा दक्षिण भारत के मंदिर प्राचीन शिल्पकला, मूर्तिकला एवं चित्रकला के विकास पर प्रकाश डालते हैं।

विदेशियों के विवरण

- भारत के सम्बन्ध में जिन विदेशियों ने लिखा उन्हें मुख्यतः तीन भागों में बाँटा जा सकता है–
  1. यूनानी-रोमन लेखक
  2. चीनी एवं तिब्बती लेखक
  3. अरबी लेखक

1. यूनानी-रोमन लेखक

यूनानी-रोमन लेखकों को तीन भागों में बाँटा जा सकता है–

1. सिकंदर के पूर्व के लेखक
2. सिकंदर के समकालीन लेखक
3. सिकंदर के बाद के लेखक

- **सिकंदर के पूर्व** के लेखकों में हिकेटिअस हेरोडोट्स, मिलेटस एवं केसिअस आदि प्रमुख हैं।
- हेरोडोट्स जिसे **इतिहास का पिता** कहा जाता है, के विवरण से यह बात स्पष्ट हो जाती है कि यूनानियों के प्रभाव में आने से पूर्व ही भारतीय ईरान (फारस) के सम्पर्क में आ चुके थे। इन्होंने पाँचवीं शताब्दी ई.पू. में **हिस्टोरिका** नामक पुस्तक लिखी जिसमें भारत और ईरान के बीच सम्बन्धों का वर्णन है।

- हिकेटिअस मिलेटस नामक यूनानी लेखक ने एक भूगोल की पुस्तक लिखी जिसमें सिन्धु प्रदेश का प्राचीन विवरण उपलब्ध है।
- केसिअस के विवरणों से भी भारत के विषय में जानकारी मिलती है।
- **सिकंदर के समकालीन** लेखकों में अरिस्टोबुलस, नियार्कस, चारस, यूमेनीस, ओनेसिक्रिटस इत्यादि प्रमुख हैं।
- अरिस्टोबुलस ने **हिस्ट्री ऑफ दि वार** (History of the War) नामक पुस्तक लिखी। ओनेसिक्रिटस ने सिकंदर की जीवनी लिखी।
- **सिकंदर के बाद के** यूनानी-रोमन लेखकों में सेल्यूकस के राजदूत मेगास्थनीज का नाम सबसे अधिक प्रसिद्ध है। उसकी पुस्तक **इंडिका** (Indica) से मगध साम्राज्य की राजधानी तथा तत्कालीन राजनीतिक एवं प्रशासनिक व्यवस्था पर प्रकाश पड़ता है।
- अन्य यूनानी और रोमन लेखकों में- स्ट्रैबो, डायोनीसियस, कर्टियस, डायोडोरस सिकुलस, पोलिविअस, प्लिनी, टॉलेमी इत्यादि के नाम महत्त्वपूर्ण हैं।
- प्लिनी ने ईसा की पहल सदी में लैटिन में **प्राकृतिक इतिहास** (Natural History) और टॉलेमी ने यूननी भाषा में लगभग 150 ई. में **भूगोल** (Geography) लिखी। 80-115 ई. के बीच एक अज्ञात नाविक ने **पेरिप्लस ऑफ दि एरिथ्रियन सी** (Periplus of the Erythraean Sea) नामक पुस्तक लिखी। **समुद्री व्यापार की गाइड** के रूप में मानी जाने वाली यूनानी भाषा को इस पुस्तक में भारतीय बंदरगाहों से बाहर भेजी जाने वाली वस्तुओं का विवरण है।

2. चीनी एवं तिब्बती लेखक

- **चीनी लेखकों** के विवरणों से भी भारतीय इतिहास की जानकारी मिलती है।
- सभी चीनी यात्री बौद्ध मतानुयायी थे और वे भारत इस धर्म के विषय में कुछ विशेष जानकारी के लिए ही आए थे। चीनी बौद्ध यात्रियों में से प्रमुख थे - फाह्यान, संयुगन, ह्वेनसांग, हुईली इत्सिंग, मात्वानलिन, चाउ-जू-कुआ आदि।
- फाह्यान गुप्त नरेश चंद्रगुप्त द्वितीय के दरबार में आया था। इसने अपने विवरण में मध्य प्रदेश की जनता को सुखी एवं समृद्ध बताया है। फाह्यान ने विशेष रूप से बौद्ध धर्म पर लिखा है। वह भारत में लगभग 14 वर्षों तक रहा
- संयुगन 518 ई. में भारत आया। इसने अपने तीन वर्षों की यात्रा में बौद्ध धर्म की प्रतियाँ एकत्रित कीं।
- ह्वेनसांग कन्नौज के शासक हर्षवर्धन (606-647 ई.) के शासनकाल में भारत आया। ह्वेनसांग 629 ई. में चीन से भारत वर्ष के लिए प्रस्थान किया और लगभग एक वर्ष की यात्रा के बाद सर्वप्रथम वह भारतीय राज्य कपिशा पहुंचा। भारत में लगभग 15 वर्षों तक ठहरकर वह 645 ई. में चीन लौट गया। उसने 6 वर्षों तक नालंदा विश्वविद्यालय में अध्ययन किया।
- ह्वेनसांग के भारत यात्रा वृत्तांत को **सी-यू-की** नाम से जाना जाता है। इस यात्रा वृत्तांत में 138 देशों के यात्रा विवरण का जिक्र मिलता है। साथ ही हर्षवर्धन के समय की सामाजिक, धार्मिक, राजनीतिक स्थिति पर प्रकाश पड़ता है। ह्वेनसांग के अनुसार सिंध का राजा शूद्र था।
- ह्वेनसांग के अध्ययन के समय नालंदा विश्वविद्यालय के कुलपति आचार्य शीलभद्र थे।
- हुईली ने बाद में ह्वेनसांग की जीवनी (The Life Hsuan Tsiang) लिखी। वह ह्वेनसांग का मित्र था।
- एक अन्य चीनी यात्री इत्सिंग सातवीं सदी के अंत में भारत आया। इसने अपने विवरण में नालंदा एवं विक्रमशिला विश्वविद्यालय तथा उस समय के भारत पर प्रकाश डाला।

- मारवान लिन ने हर्ष के पूर्वी आभियान एवं चाऊ-जू-कुआ ने चोलकालीन इतिहास पर प्रकाश डाला।
- **तिब्बती यात्रियों** के विवरण भी भारतीय इतिहास के पुनर्निर्माण में सहायक हैं। तिब्बती लेखकों में लामा तारानाथ एवं धर्मस्वामी का नाम उल्लेखनीय है।
- **लामा तारानाथ** की पुस्तक **बौद्ध धर्म का इतिहास** (History of Buddhism) पूर्व-मध्यकालीन भारतीय इतिहास के अध्ययन का महत्त्वपूर्ण स्रोत है।
- धर्मस्वामी के विवरणों से भी 13वीं शताब्दी के इतिहास पर पर्याप्त प्रकाश पड़ता है। उसके विवरण से स्पष्ट कि 13वीं शताब्दी के पूर्वार्द्ध तक नालंदा महाविहार पूरी तरह नष्ट नहीं हुआ था। तत्कालीन राजनीतिक इतिहास पर भी धर्मस्वामी के यात्रा-वृत्तांत से प्रकाश पड़ता है।

3. अरबी लेखक

- 8वीं शताब्दी में अरबों की सिन्ध पर विजय के पश्चात् भारत का अरब संसार से सम्बन्ध बढ़ गया। अनेक व्यापारी यात्री अब भारत आने लगे। उन लोगों ने भारत का वर्णन अपने लेखों में किया।
- तुर्की आक्रमण के समय से अनेक मुसलमान लेखक भी भारत आये, जिन्होंने यहाँ की स्थिति का वर्णन किया।
- अरबी लेखकों में सबसे महत्त्वपूर्ण स्थान **अलबेरूनी** का है। उसने **तहकीक-ए-हिंद** (Tahqiq-i-Hind) में 11वीं शताब्दी में भारत का अच्छा वर्णन किया है। तहकीक-ए-हिंद को किताब-उल-हिन्द के नाम से भी जाना जाता है, वह महमूद गजनवी के समकालीन था।
- अलबेरूनी के अतिरिक्त अल-बिलादुरी, सुलेमान, मिनहाजुद्दीन, अलमसूदी, फरिश्ता और मार्कोपोलो के विवरणों से भी पूर्व-मध्यकालीन भारतीय इतिहास की जानकारी प्राप्त होती है।

2. प्रागैतिहासिक काल

- समस्त इतिहास को तीन वर्गों में बाँटा गया है–
  1. प्रागैतिहासिक काल (Pre-Historic Period)
  2. ऐतिहासिक काल (Historic Period)
  3. आद्य ऐतिहासिक काल (Proto-Historic Period)
- वह काल जिसकी जानकारी के लिए लिखित साधन का अभाव है तथा जिसमें मानव असभ्य जीवन जी रहा था उसे **प्रागैतिहासिक काल** की संज्ञा दी गयी है। इस काल का कोई लिखित विवरण नहीं है। इस काल के विषय की जानकारी पाषाण (Stone) उपकरणों तथा मिट्टी के बर्तनों व खिलौनों से प्राप्त होती है।
- वह काल जिसकी जानकारी के स्रोत के रूप में लिखित साधन उपलब्ध है तथा जिसमें मानव सभ्य हो चुका था, को **ऐतिहासिक काल** की संज्ञा दी गयी है।
- वह काल जिसकी जानकारी के स्रोत के रूप में लिखित साधन उपलब्ध तो है, परन्तु उसकी लिपि को पढ़ने में अभी तक कोई इतिहासकार सफल नहीं हो पाया है, को **प्राक्** या **पुरा** या **आद्य इतिहास** (Proto History) कहा जाता है। हड़प्पा संस्कृति एवं वैदिक कालीन सभ्यता को आद्य इतिहास के अन्तर्गत रखा गया है।

पाषाण संस्कृति

- मानव सभ्यता के विकास में पाषाणों का बहुत महत्त्व रहा है। पाषाण से ही मनुष्य ने भोजन संग्रहित किया, पाषाणों से ही आवास बनाया, पाषाणों से ही कला सीखी, पाषाणों से ही

आविष्कार किये गये, प्राचीनतम कलाकृतियाँ पाषाणों पर पाषाणों से उत्कीर्ण होती थी। पाषाण से ही मानव ने आविष्कारों की ऊर्जा **अग्नि** प्राप्त की। समस्त औजार, हथियार और आश्रय मानव ने पाषाणों से ही प्राप्त किये।

पत्थर के उपकरणों की बनावट तथा जलवायु में होने वाले परिवर्तन के आधार पर पाषाण युग को तीन भागों में विभाजित किया जा सकता है–

1. पुरापाषाण-काल (Paleolithic Age)
2. मध्यपाषाण-काल (Mesolithic Age)
3. नवपाषाण-काल (Neolithic Age)

1. पुरापाषाण – काल

- ⟡ इस काल का समय 20 लाख ई.पू. से 9000 ई. पू. माना गया है।
- ⟡ यह काल आखेटक एवं खाद्य-संग्राहक काल के रूप में जाना जाता है।
- ⟡ इस काल में मनुष्य अपना जीवन-यापन मुख्यत: खाद्यान्न संग्रह व पशुओं का शिकार करके करता था।
- ⟡ इस काल में **चॉपर चॉपिंग (पेबुल)** परम्परा के अन्तर्गत गोल पत्थरों को तोड़कर हथियार बनाये गये, जिसके अवशेष पंजाब की सोहन नदी घाटी (पाकिस्तान) में मिलते हैं।
- ⟡ इस काल के मानव के औजार और हथियार कुल्हाड़ी, पत्थर, तक्षणी, खुरचनी, छेदनी आदि थे जो परिष्कृत व तीक्ष्ण नहीं थे।
- ⟡ इस काल का मानव जिन पशुओं से परिचित था उनमें प्रमुख हैं- बंदर, हिरण, बकरी, भैंस, गाय, बैल, नीलगाय, सुअर, बारहसिंगा, गैंडा, हाथी आदि। इन पशुओं के अवशेष शैलाश्रय की कलाकृतियों से उपलब्ध होते हैं।
- ⟡ पुरापाषाण काल के मानव द्वारा प्रयुक्त होने वाले हथियारों के स्वरूप और जलवायु में होने वाले परिवर्तनों के आधार पर इसे तीन वर्गों में बाँटा जा सकता है–

    (i)   निम्न या पूर्व-पुरापाषाण काल (The Lower Paleolithic Age)
    (ii) मध्य-पुरापाषाण काल (The Middle Paleolithic Age)
    (iii) उच्च-पुरापाषाण काल (The Upper Paleolithic Age)

    (i) निम्न या पूर्व-पुरापाषाण काल (The Lower Paleolithic Age)

    - ⟡ इस काल का समय 250000-100000 ई.पू. माना गया है।
    - ⟡ इस युग में मानव का जीवन अस्थिर था। उसके आवास, भोजन या वस्त्र की व्यवस्था नहीं थी। मानव समूह में शिकार कर अपने लिए भोजन संग्रह करता था।
    - ⟡ इस काल का अधिकांश समय हिमयुग (Ice Age) के अन्तर्गत व्यतीत हुआ।
    - ⟡ इस युग के हथियारों में प्रमुख थे- हस्त कुठार (Hand Axe), खंडक उपकरण (Chopping tools), कोर एवं फलक (Flake) उपकरण और विदारणियाँ (Clevers)। इस युग के हथियार बेडौल और भौंड़ी आकृति वाले थे।
    - ⟡ भारत में इस संस्कृति के दो प्रमुख केन्द्र थे- उत्तर पश्चिम में **सोहन** (पाकिस्तान में सोहन नदी के किनारे) अथवा **पेबुल-चॉपर चॉपिंग संस्कृति** और दक्षिण भारत की **हैंड एक्स क्लीवर** परम्परा या **मद्रासियन संस्कृति।**
    - ⟡ इस काल का मानव **भोजन संग्राहक** (Food Gatherer) था भोजन उत्पादक (Food Producer) नहीं।

(ii) मध्य पुरापाषाण काल

- इस काल का समय 100000-40000 ई.पू. माना गया है।
- इस काल में मनुष्य ने अपने उपकरणों को ज्यादा सुन्दर एवं उपयोगी बनाया। अब क्वार्टजाइट की जगह जैस्पर, चर्ट इत्यादि चमकीले पत्थरों की सहायता से फलक-हथियार बनाये जाने लगे।
- प्रसिद्ध भारतीय पुरातत्त्ववेत्ता डॉ. एच.डी. सांकलिया ने मध्य-पुरापाषाण काल को **फलक संस्कृति (Flake Culture)** नाम दिया।
- इस काल में फलक से निर्मित हथियारों में मुख्य हैं-**बेधक** (Borera), **खुरचनी** (Scrapper) तथा **बेधनी** (Point) आदि। कहीं-कहीं **हस्त कुठार** (Hand-axe) भी इस काल में प्राप्त हुए हैं।
- भारत में इस संस्कृति के अवशेष उत्तर-पश्चिमी क्षेत्र की अपेक्षा प्रायद्वीप क्षेत्र से ज्यादा प्राप्त हुए हैं। इस संस्कृति के प्रमुख स्थल हैं बेलन घाटी (उत्तरप्रदेश), ओडिशा, आंध्रप्रदेश, कृष्णा घाटी (कर्नाटक) धसान तथा बेतवा घाटी (मध्यप्रदेश), सोन घाटी (मध्यप्रदेश), नेवासा (महाराष्ट्र) इत्यादि। सिन्ध, राजस्थान, गुजरात, ओडिशा इत्यादि क्षेत्रों में भी इस संस्कृति के प्रमाण मिलते हैं। यद्यपि मानव इस काल में भी भोजन-संग्राहक ही था, तथापि अब यह गुफाओं और कंदराओं में वास करने लगा।
- इस काल में अग्नि का प्रयोग बड़े पैमाने पर होने लगा एवं मृतक संस्कार की परिपाटी भी प्रचलित हुई।

(iii) उच्च-पुरापाषाण काल

- इस काल का समय 40000-10000 ई.पू. माना गया है।
- इस काल का विस्तार हिमयुग की उस अंतिम अवस्था के साथ रहा जब जलवायु अपेक्षाकृत गर्म हो गयी थी।
- विश्वव्यापी संदर्भ में इस काल की दो विलक्षणताएँ हैं- नये चकमक उद्योग की स्थापना और **ज्ञानी मानव** अथवा **आधुनिक प्रारूप के मानव (Homo Sapiens)** का उदय।
- इस काल में मानव-विकास की प्रक्रिया और भी अधिक तीव्र हुई।
- ब्लेडों (पत्थरों के पतले फलकों) से हथियार बनाने की कला मध्य-पुरापाषाण काल में भी प्रचलित थी, किन्तु इस समय इनका प्रयोग बढ़ गया।
- ब्लेडों से चाकू, ब्यूरिन (Burin), बेधक (Borer), खुरचनी (Scrapper) तथा बेधनी (Point) आदि हथियार इस काल में बनने लगे थे।
- इस काल में पत्थरों के अतिरिक्त हड्डी एवं हाथी दाँत के उपकरण भी बनने लगे थे।
- भारत में इस संस्कृति से संबद्ध प्रमुख स्थल हैं- बेलन घाटी (उत्तरप्रदेश), रेनीगुटा, येर्रगोंडपलेम, मुच्छलता, चिंतामनुगावी, बेटमचेर्ला (आंध्रप्रदेश), शोरापुर, दोआब, बीजापुर (कर्नाटक), पाटन, इनामगाँव (गुजरात महाराष्ट्र), सोनघाटी (मध्यप्रदेश), विसादी (गुजरात), सिंहभूम (झारखंड) आदि।
- इस काल में भी मनुष्य की जीविका का मुख्य साधन शिकार ही था, परन्तु सामुदायिक जीवन का विकास इस समय ज्यादा सुदृढ़ हुआ।
- इस काल में यद्यपि सामाजिक असमानताओं एवं व्यक्तिगत सम्पत्ति की भावना का

उदय अभी नहीं हुआ था तथापि मौटे तौर पर पुरुषों एवं महिलाओं में श्रम-विभाजन प्रारम्भ हो चुका था।

- कला एवं धर्म के प्रति भी लोगों की आभिरुचि बढ़ी। इस काल में नक्काशी और चित्रकारी दोनों रूपों में कला व्यापक रूप से देखने को मिलती है।

2. मध्यपाषाण काल

- इस काल का समय 9000 ई.पू. से 4000 ई.पू. माना गया है।
- यह काल संक्रांति काल था। 19वीं शताब्दी के उत्तरार्द्ध में फ्रांस के मॉस द अजिल (Mas'd Azil) नामक स्थान से कुछ ऐसे उपकरण प्रकाश में आये, जिन्होंने इस धारणा की पुष्टि की कि पुरापाषाण काल और नवपाषाण काल के मध्य अंतराल था। वस्तुत: यह काल नवपाषाण युग (Neolithic Age) का अग्रगामी था।
- इस काल की सर्वाधिक महत्त्वपूर्ण विशेषता थी मनुष्य का पशुपालक बनना।
- इस काल में प्रयुक्त होने वाले उपकरण आकार में बहुत छोटे होते थे, इनको **लघु पाषाणोपरकण (Microliths)** कहा जाता था। लघु पाषाणोपकरण दो प्रकार के हैं- अज्यामितिक लघु पाषाणोपकरण तथा ज्यामितिक लघु पाषाणोपकरण।
- पाषाण उपकरणों के निर्माण के लिए क्वार्टजाइट के स्थान पर जैस्पर, एजेट, चर्ट आदि जैसे कच्चे पदार्थ का प्रयोग इस काल में होने लगा।
- इस समय के हथियारों में प्रमुख थे- इकधार फलक (Backed Blade), बेधनी (Points), अर्द्धचन्द्राकार (Lunate) तथा समलम्ब (Trapeze)।

3. नवपाषाण काल

- इस काल का समय 6000 ई.पू. से 2000 ई.पू. माना जाता है।
- प्रागैतिहासिक काल (The Pre-Historic Period) में मानव विकास की सबसे प्रमुख सीढ़ी नवपाषाणकालीन संस्कृति थी। यद्यपि कालक्रम के हिसाब से यह युग काफी छोटा है, तथपि सारे क्रांतिकारी परिवर्तन इसी युग में हुए।
- इस काल में मनुष्य **भोजन-संग्राहक** से **भोजन उत्पादक** बन गया था। अब स्थायी बस्तियों की स्थापना होने लगी। इसके कारण कृषि एवं पशुपालन का विकास हुआ। मिट्टी के बर्तन और अन्य उपयोगी समान तैयार किये गये। फलत: शिल्प एवं व्यवसाय की प्रगति हुई।
- इस काल में मानव ने सबसे पहली बार कृषि कार्य सीखा। कृषि ने अनाज के संग्रह, भोजन की पद्धति हेतु मृदभांड़ों का निर्माण प्रारम्भ किया। इस काल में कृषि कार्य का पहला प्रमाण मेहरगढ़ से प्राप्त होता है।
- यद्यपि इस समय तक धातु के हथियार नहीं बनते थे, तथापि पत्थर के ही हथियार पहले की अपेक्षा अधिक उपयोगी और सुडौल बनाये गये। ये हथियार अधिक पैने थे। इनमें हत्था (Handle) लगाने की भी व्यवस्था थी।
- नवपाषाण युग के पत्थर के हथियारों में सबसे महत्त्वपूर्ण हत्थेदार कुल्हाड़ी है, जिसका प्रयोग कृषि एवं बढ़ईगिरी दोनों में किया जाता था।
- इस काल में हुए आर्थिक परिवर्तनों ने सामाजिक एवं सांस्कृतिक जीवन को भी प्रभावित किया। जनसंख्या में वृद्धि हुई और बड़ी संख्या में बस्तियाँ बसाई गयी। श्रम-विभाजन, स्त्री-पुरुष में विभेद इस समय प्रकट होने लगे।
- इस काल में अनेक दक्षता प्राप्त व्यावसायी वर्ग, यथा- कुम्हार, बढ़ई, कृषक आदि अलग वर्ग के रूप में तैयार होने लगे।

○ इस काल में व्यक्तिगत सम्पत्ति की भावना के विकास ने सामाजिक एवं आर्थिक असमानता को जन्म दिया।

○ भारत में इस युग के प्रमुख क्षेत्र निम्नलिखित थे-

   (i) उत्तर-पश्चिमी सीमा प्रांत (मेहरगढ़, किलीगुल मुहम्मद, दंब सादात, राणाघुंडई, कोटदीजी अमरी आदि)।

   (ii) उत्तरी भारत (कश्मीर)।

   (iii) दक्षिण भारत (संगन कल्लू एवं पिक्लीहल)।

   (iv) पूर्वी भारत (ओडिशा, बिहार, असम, मेघालय)।

○ **उत्तरी-पश्चिमी सीमा प्रांत** के मेहरगढ़ से कृषि एवं पशुपालन के प्रमाण मिलते हैं।

○ **उत्तरी भारत** के कश्मीर में स्थित बुर्जहोम से गर्तगृहों (Pits) का प्रमाण मिला है। इन गर्तगृहों में रहने वालों के लिए नीचे उतरने के लिए सीढ़ियाँ बनी हुई थी।

○ **दक्षिण भारत** के संगनकल्लू एवं पिकलीहल से पॉलिश किये गये प्रस्तर-उपकरण और मिट्टी के हस्त निर्मित बर्तन मिलते हैं।

○ **पूर्वी भारत** में सबसे महत्त्वपूर्ण नवपाषाणिक स्थल **चिरांद** (जिला सारण, बिहार) है। **यहाँ हिरणों के सींगों से बने उपकरण भारी मात्रा में मिले हैं।** यहाँ से टेराकोटा की मानव मूर्तिकाएँ प्राप्त हुई है। चिरांद से चावल, गेहूँ, जौ, मूँग, मसूर आदि के खेती के प्रमाण मिलते हैं।

○ नवपाषाणिक स्थलों में चिरांद और बुर्जहोम ही ऐसे स्थल हैं, जहाँ से बड़ी संख्या में अस्थि-उपकरण मिले हैं।

3. सिन्धु घाटी सभ्यता

○ इस सभ्यता के लिए तीन नामों–1. सिन्धु सभ्यता, 2. सिन्धु घाटी की सभ्यता तथा 3. हड़प्पा सभ्यता का प्रयोग किया गया है, किन्तु इन तीनों नामों में से सर्वाधिक उपयुक्त नाम हड़प्पा सभ्यता है। यह नाम देते समय पुरातात्त्विक साहित्य के गैर-भौगोलिक पक्ष को ध्यान में रखा गया है, क्योंकि किसी अज्ञात संस्कृति का नामकरण उस स्थल के नाम पर ही किया जाता है जहाँ उसे सर्वप्रथम पहचाना जाता है।

○ इस सभ्यता की सीमा रेखा उत्तर में जम्मू-कश्मीर के मांदा से लेकर दक्षिण में नर्मदा के मुहाने तक (भगतराव) तथा पूर्व में उत्तरप्रदेश के आलमगीरपुर से पश्चिम में सुतकागेंडोर तक विस्तृत है।

○ इस सभ्यता का क्षेत्रफल 12,99,600 वर्ग किमी. था। इसकी पूर्व से पश्चिम तक की लम्बाई 1600 किमी. तथा उत्तर से दक्षिण तक लम्बाई 1100 किमी. थी।

○ इस सभ्यता का आकार त्रिभुजाकार था।

○ इस सभ्यता की खोज का श्रेय रायबहादुर दयाराम साहनी को दिया जाता है।

○ इस सभ्यता को प्राक्-ऐतिहासिक (Proto-Historic) अथवा कांस्य (Bronze) युग में रखा जा सकता है।

○ इस सभ्यता के निवासियों को द्रविड़ एवं भूमध्य-सागरीय प्रजाति के अन्तर्गत रखा गया है।

○ रेडियो कार्बन 'C-14' जैसी नवीन वैज्ञानिक विश्लेषण पद्धति के द्वारा इस सभ्यता का सर्वमान्य काल 2350 ई.पू.-1750 ई.पू. माना गया है।

○ इस सभ्यता का सर्वाधिक पूर्वी पुरास्थल **आलमगीरपुर** (जिला मेरठ, उत्तरप्रदेश), पश्चिमी पुरास्थल **सुतकागेंडोर** (बलूचिस्तान), उत्तरी पुरास्थल **मांदा** (जिला अखनूर, जम्मू-कश्मीर) एवं दक्षिणी पुरास्थल **दाइमाबाद** (जिला अहमदनगर, महाराष्ट्र) है।

- अब तक भारतीय उपमहाद्वीप में इस सभ्यता के लगभग 1000 स्थानों का पता चला है जिनमें से कुछ ही परिपक्व अवस्था में प्राप्त हुए हैं। इन स्थानों में से केवल छह को ही नगर की संज्ञा दी जाती है। ये हैं- हड़प्पा, मोहनजोदड़ो, चान्हूदड़ो, लोथल, कालीबंगा (कालीबंगन) एवं बनवाली।
- स्वतन्त्रता प्राप्ति के बाद भारत में हड़प्पा संस्कृति के सर्वाधिक स्थल गुजरात में खोजे गये हैं।

हड़प्पा सभ्यता का क्षेत्रीय विस्तार

1. **सिन्ध क्षेत्र:** मोहनजोदड़ो, चान्हूदड़ो, अमरी, कोटदीजी, रहमानढ़ेरी, सुकुर, अल्हादीनों, अलीमुराद, झूकर, झांगर, गाजीशाह, तराई किला आदि।
2. **बलूचिस्तान:** मेहरगढ़, किलीगुल मुहम्मद, राणाघुंडई, गोमलघाटी, डॉबरकोट, बालाकोट, अंजीरा आदि।
3. **अफगानिस्तान:** मुंडीगक, शोर्तुगाई आदि।
4. **पश्चिम पंजाब:** हड़प्पा, जलीलपुर, संधानवाला, देरावर, गंवेरीवाला आदि।
5. **गुजरात:** धौलावीरा, लोथल, सुरकोतदा, भगतराव, रंगपुर, रोजदि, देसलपुर, प्रभाषपट्टनम आदि।
6. **राजस्थान:** कालीबंगा, शीशवल, बाड़ा, हनुमानगढ़, छुपास आदि।
7. **उत्तरप्रदेश:** आलमगीरपुर, मानपुर, बड़गाँव, हुलास आदि।
8. **हरियाणा:** बनवाली, राखीगढ़ी, भगवानपुरा आदि।
9. **पंजाब:** रोपड़, संघोल, सरायखोल, कोटलानिहंग खान आदि।

- हड़प्पा सभ्यता को उद्गम एवं विकास के दृष्टिकोण से चार चरणों– प्रथम चरण (पूर्व हड़प्पा)-मेहरगढ़, द्वितीय चरण (आरम्भिक हड़प्पा)-अमरी, तृतीय चरण (परिपक्व हड़प्पा)- कालीबंगा एवं चतुर्थ चरण (उत्तर हड़प्पा)- लोथल में बाँटा गया है।
- रोपड़, कालीबंगा, बनवाली और कोटदीजी में पूर्व हड़प्पा एवं हड़प्पाकालीन- संस्कृति के अवशेष मिले हैं।
- सर्वाधिक पूर्वी स्थल आलमगीरपुर हड़प्पा सभ्यता की अंतिम अवस्था (Last Phase) को सूचित करता है।
- **सबसे बड़ा हड़प्पा स्थल**-मोहनजोदड़ो, गंवेरीवाला/गनेरीवाला, हड़प्पा, धौलावीरा, राखीगढ़ी।
- **भारत में सबसे बड़ा हड़प्पा स्थल**-धौलावीरा, राखीगढ़ी।
- **हड़प्पा सभ्यता की राजधानियाँ**-मोहनजोदड़ो, हड़प्पा, धौलावीरा, लोथल, कालीबंगा।

सैंधव सभ्यता के प्रमुख स्थल : नदी, उत्खननकर्ता एवं वर्तमान स्थिति

क्र. सं.	प्रमुख स्थल	नदी	उत्खननकर्ता	वर्ष	स्थिति
1.	हड़प्पा	रावी	दयाराम साहनी एवं माधोस्वरूप वत्स	1921	पाकिस्तान का मांटगोमरी जिला
2.	मोहनजोदड़ो	सिन्धु	राखालदास बनर्जी	1922	पाकिस्तान के सिन्ध प्रान्त का लरकाना जिला
3.	चान्हूदड़ो	सिन्धु	गोपाल मजुमदार	1931	सिन्ध प्रान्त (पाकिस्तान)
4.	कालीबंगन	घग्घर	बी.बी. लाल एवं बी.के थापर	1953	राजस्थान का हनुमानगढ़ जिला
5.	कोटदीजी	सिन्धु	फजल अहमद	1953	सिन्ध प्रान्त का खैरपुर स्थान

6.	रंगपुर	मादर	रंगनाथ राव	1953-54	गुजरात का काठियावाड़ जिला
7.	रोपड़	सतलज	यज्ञदत्त शर्मा	1953-54	पंजाब का रोपड़ जिला
8.	लोथल	भोगवा	रंगनाथ राव	1957-58	गुजरात का अहमदाबाद जिला
9.	आलमगीरपुर	हिन्डन	यज्ञदत्त शर्मा	1958	उत्तरप्रदेश का मेरठ जिला
10.	बनवाली	रंगोई	रवीन्द्र सिंह विष्ट	1974	हरियाणा का हिसार जिला
11.	धौलावीरा	–	रवीन्द्र सिंह विष्ट	1990-91	गुजरात का कच्छ जिला
12.	सुत कांगेडोर	दाश्क	आरेज स्टाइल, जार्ज डेल्स	1927-62	पाकिस्तान के मकरान में समुद्र तट के किनारे

नगर योजना

- हड़प्पा संस्कृति की सर्वाधिक महत्त्वपूर्ण विशेषता थी- इसकी नगर योजना प्रणाली।
- नगरों में सड़कें व मकान विधिवत् बनाये गये थे। मकान पक्की ईंटों से निर्मित होते थे तथा सड़कें सीधी थी।
- प्रत्येक सड़क और गली के दोनों ओर पक्की नालियाँ बनायी गयी थी। नालियाँ पक्की व ढ़की हुई थी।
- यहाँ प्राप्त नगरों के अवशेषों से पूर्व और पश्चिम दिशा में दो टीले मिले हैं। पूर्व दिशा में स्थित टीले पर नगर या फिर आवास क्षेत्र के साक्ष्य मिले हैं, जबकि पश्चिमी टीले पर गढ़ी अथवा दुर्ग (Citadel) के साक्ष्य मिले हैं।
- सिन्धु सभ्यता में सड़कों का जाल नगर को कई भागों में विभाजित करता था। सड़कें पूर्व से पश्चिम एवं उत्तर से दक्षिण की ओर जाती हुई एक दूसरे को समकोण पर काटती थी।
- यहाँ के मकानों में स्नानागार प्रायः उस भाग में बनाये जाते थे जो सड़क अथवा गली के निकटतम होते थे।

सामाजिक जीवन

- इस सभ्यता के लोग युद्धप्रिय कम, शान्तिप्रिय अधिक थे।
- स्त्री मृण्मूर्तियाँ अधिक प्राप्त होने से ऐसा अनुमान लगाया जाता है कि इस सभ्यता में मातृसत्तात्मक परिवार प्रचलित प्रथा थी।
- समाज व्यवसाय के आधार पर विभाजित था-विद्वान, व्यापारी, योद्धा, शिल्पकार और श्रमिक।
- भोजन के रूप में इस सभ्यता के लोग गेहूँ, जौ, खजूर एवं भेड़, सुअर, मछली का सेवन करते थे। इस प्रकार इस सभ्यता के लोग शाकाहारी एवं मांसाहारी दोनों प्रकार के भोजन करते थे। घर में बर्तन के रूप में मिट्टी एवं धातु के बने बर्तन प्रयोग में लाये जाते थे।
- पुरुष वर्ग दाढ़ी एवं मुछें रखते थे। आभूषण में कंठाहार, भुजबंद, कर्णफूल, छल्ले, चूड़ियाँ, करधनी, पाजेब आदि प्राप्त हुए हैं जिन्हें स्त्री-पुरुष दोनों पहनते थे।
- मनोरंजन के साधनों में मछली पकड़ना, शिकार करना, पशु-पक्षियों को आपस में लड़ाना, चौपड़ एवं पासा खेलना प्रमुख था।

राजनीतिक जीवन

- ऐसा माना जाता है कि हड़प्पा सभ्यता किसी केन्द्रीय शक्ति से संचालित होती थी। यद्यपि अभी तक यह विवाद का विषय बना हुआ है, फिर भी हड़प्पा सभ्यता के लोगों का वाणिज्य की ओर अधिक झुकाव था, इसलिए ऐसा माना जाता है कि सम्भवत: इस सभ्यता का शासन वणिक वर्ग के हाथों में ही था।
- हड़प्पा सभ्यता के शासन के सम्बद्ध में विभिन्न विद्वानों ने भिन्न-भिन्न मत दिये हैं।
- **ह्वीलर** ने सिन्धु प्रदेश के लोगों के शासन को मध्यम वर्गीय जनतन्त्रात्मक शासन कहा और उसमें धर्म की महत्ता को स्वीकार किया है।
- **स्टुअर्ट पिग्गॉट** के अनुसार सिन्धु प्रदेश के शासन पर पुरोहित वर्ग का प्रभाव था।
- **हंटर** के अनुसार मोहनजोदड़ो का शासन राजतन्त्रात्मक न होकर जनतन्त्रात्मक था।
- **मैक** के अनुसार मोहनजोदड़ो का शासन एक प्रतिनिधि शासक के हाथों में था।

आर्थिक जीवन

- कृषि तथा पशुपालन के साथ-साथ उद्योग व्यापार इस सभ्यता की अर्थव्यवस्था के प्रमुख आधार थे।
- यहाँ के प्रमुख खाद्यान्न गेहूँ तथा जौ थे। खुदाई में गेहूँ तथा जौ के दाने मिले हैं।
- इस सभ्यता के कृषक अपनी आवश्यकता से अधिक अनाज उत्पन्न करते थे तथा अतिरिक्त उत्पादन को नगरों में भेजते थे। नगरों में अनाज भंडारण के लिए **अन्नागार** (Grainary) बने होते थे।
- अनाजों के अतिरिक्त यहाँ के लोग फलों का भी उत्पादन करते थे। फलों में केला, नारियल, खजूर, अनार, नींबू, तरबूज आदि का उत्पादन होता था।
- कृषि के साथ-साथ पशुपालन का भी इस काल में विकास हुआ। यहाँ से प्राप्त मुहरों पर कूबड़दार वृषभ का अंकन बहुतायत में मिलता है। अन्य पालतू पशुओं में बैल, गाय, भैंस, कुत्ते, सुअर, भेड़, बकरी, हिरन, खरगोश आदि प्रमुख थे।
- सुरकोटड़ा (कच्छ, गुजरात) से प्राप्त अश्व-अस्थि तथा लोथल और रंगपुर से प्राप्त अश्व की मृण्मूर्तियों के आधार पर यह अनुमान लगाया गया है कि सैंधव सभ्यता के लोग अश्व से परिचित थे।
- वस्त्र निर्माण इस काल का प्रमुख उद्योग था। सूती वस्त्र के अवशेषों से ज्ञात होता है कि यहाँ के निवासी कपास उगाना भी जानते थे। विश्व में सर्वप्रथम सैंधव सभ्यता के लोगों ने ही कपास की खेती प्रारम्भ की थी। इसलिए यूनान के लोग कपास को सिन्डन (Sindon) कहने लगे जो सिंन्धु शब्द से उद्‌भूत है।
- इस सभ्यता की मुहरें एवं अन्य वस्तुएँ पश्चिम एशिया तथा मिस्र से प्राप्त हुई हैं। इससे यह पता चलता है कि इन देशों के साथ इनका व्यापारिक सम्बन्ध था।
- यहाँ के निवासी वस्तु विनिमय द्वारा व्यापार किया करते थे।
- हड़प्पा सभ्यता में तौल के बाट 16 अथवा इसके गुणज भार के थे, यथा 16, 64, 160, 320 आदि।

हड़प्पा सभ्यता में विभिन्न क्षेत्रों से आयात किये जाने वाले कच्चे माल

कच्चा माल	क्षेत्र
टिन	अफगानिस्तान, ईरान
ताँबा	खेतड़ी (राजस्थान), बलूचिस्तान

चाँदी	ईरान, अफगानिस्तान
सोना	अफगानिस्तान, फारस, दक्षिणी भारत
लाजवर्द	मेसोपोटामिया
सेलखड़ी	बलूचिस्तान, राजस्थान, गुजरात
नीलरत्न	बदख्शाँ
नीलमणि	महाराष्ट्र
हरितमणि	दक्षिण एशिया
शंख तथा कौड़ियाँ	सौराष्ट्र, दक्षिणी भारत
सीसा	ईरान, अफगानिस्तान, राजस्थान
शिलाजीत	हिमालय क्षेत्र

- यहाँ के निवासी धातु निर्माण उद्योग, आभूषण निर्माण उद्योग, बर्तन निर्माण उद्योग, हथियार-औजार निर्माण उद्योग व परिवहन उद्योग से परिचित थे।
- उत्खनन से प्राप्त कताई-बुनाई के उपकरणों (तकली, सुई आदि) से निष्कर्ष निकलता है कि कपड़े बुनना एक प्रमुख उद्योग था।
- चाक पर मिट्टी के बर्तन बनाना, खिलौना बनाना, मुद्राओं का निर्माण करना आदि इस काल के कुछ प्रमुख उद्योग-धन्धे थे।
- लकड़ी की वस्तुओं से पता चलता है कि बढ़ईगिरी भी इस काल में प्रचलित थी।

धार्मिक जीवन

- हड़प्पा सभ्यता के धार्मिक जीवन के बारे में जानकारी के मुख्य आधार पुरातात्विक स्रोत है, यथा-मूर्तियाँ, मुहरें, मृदभांड, पत्थर तथा अन्य पदार्थों से निर्मित लिंग तथा चक्र की आकृति, ताम्र फलक, कब्रिस्तान आदि।
- इस सभ्यता में कहीं से किसी भी मंदिर के अवशेष नहीं मिले हैं।
- पशुओं में कुबड़वाल साँड़ इस सभ्यता के लोगों के लिए विशेष पूज्नीय था।
- हड़प्पा संस्कृति में मातृ देवी सम्प्रदाय का मुख्य स्थान (स्त्री मृण्मूर्तियों के अधिकता के कारण) था। मातृ देवी की ही भाँति देवता की उपासना में भी बलि का विधान था।
- इस सभ्यता के लोग पशुपतिनाथ, महादेव, लिंग, योनि, वृक्षों व पशुओं की पूजा करते थे। भूत-प्रेत, अन्धविश्वास व जादू-टोना पर भी इस काल के लोगों का विश्वास था।
- लोथल (गुजरात) एवं कालीबंगा (राजस्थान) के उत्खननों के परिणामस्वरूप अनेक अग्निकुंड तथा अग्निवेदिकाएँ मिली हैं।
- बैल को पशुपतिनाथ का वाहन माना जाता था। फाख्ता एक पवित्र पक्षी माना जाता था।
- भारतीय सभ्यता- संस्कृति में **स्वास्तिक** चिह्न सम्भवतः हड़प्पा सभ्यता की देन है।
- इस सभ्यता में शवों की अन्त्येष्टि संस्कार की तीन विधियाँ प्रचलित थी- पूर्ण समाधिकरण, आंशिक समाधिकरण और दाह संस्कार।

लेखन कला

- हड़प्पाई लिपि का सर्वाधिक पुराना नमूना 1853 में प्राप्त हुआ था। पर स्पष्टतः यह लिपि 1923 तक प्रकाश में आयी।

- सिन्धु लिपि में लगभग 64 मूल चिह्न एवं 250 से 400 तक अक्षर हैं जो सेलखड़ी की आयताकार मुहरों, ताँबे की गुटिकाओं आदि पर मिले हैं।
- यह लिपि **चित्रात्मक** थी जिसे अभी तक पढ़ा नहीं जा सका है।
- इस लिपि में प्राप्त बड़े लेख में लगभग 17 चिह्न हैं।
- इस लिपि की प्रथम लाइन दायें से बायें तथा द्वितीय लाइन बायें से दायें लिखी गयी है। यह तरीका **'बाउस्ट्रोफिडन' (Boustrophedon)** कहलाता है।

सभ्यता के अन्त पर विभिन्न मत

1. **जॉर्न मार्शल**- प्रशासनिक शिथिलता के कारण इस सभ्यता का विनाश हुआ।
2. **ऑरेल स्टाइन**- जलवायु में हुए परिवर्तन के कारण यह सभ्यता नष्ट हो गयी।
3. **अर्नेस्ट मैंक एवं जॉन मार्शल**- सिन्धु सभ्यता बाढ़ के कारण नष्ट हुई।
4. **एम.आर. साहनी, राइक्स एवं डेल्स**- भू-तात्विक परिवर्तन के कारण यह सभ्यता नष्ट हुई।
5. **डी.डी. कौशाम्बी**- मोहनजोदड़ो के लोगों की आग लगाकर हत्या कर दी गयी।
6. **गार्डन चाइल्ड एवं ह्वीलर**- सैन्धव सभ्यता विदेशी आक्रमण व आर्यों के आक्रमण से नष्ट हुई।

हड़प्पा सभ्यता के महत्त्वपूर्ण प्रमाण और सम्बद्ध स्थल

महत्त्वपूर्ण प्रमाण	सम्बद्ध स्थल
डॉक यार्ड (बन्दरगाह) का साक्ष्य	लोथल (गुजरात) (भोगवा नदी के किनारे)
काँसे की नर्तकी (देवदासी) की मूर्ति	मोहनजोदड़ो
सूती कपड़े का साक्ष्य	मोहनजोदड़ो
आर्यों के आक्रमण का साक्ष्य	मोहनजोदड़ो
विशाल स्नानागार	मोहनजोदड़ो
जहाज के निशान वाली मुहर	मोहनजोदड़ो
काँसे का पैमाना	मोहनजोदड़ो
पशुपति शिव की प्रतिमा	मोहनजोदड़ो
R-37 कब्रिस्तान	हड़प्पा (3 कक्षों का कब्रिस्तान)
मातृ देवी प्रतिमा	हड़प्पा
मनके बनाने का कारखाना	चन्हूदड़ो (सिन्ध)
लकड़ी की नाली	कालीबंगा
काली मिट्टी की चूड़ियाँ	कालीबंगा
जुते हुए खेत का साक्ष्य	कालीबंगा
घोड़े का कंकाल	सुरकोटड़ा
अग्नि वेदियाँ	लोथल व कालीबंगा
चावल की खेती	लोथल

गेहूँ की खेती	रंगपुर
जौ की खेती	बनबाली

4. वैदिक काल

सिन्धु सभ्यता के पतन के बाद एक नई सभ्यता प्रकाश में आयी, जो पूर्णत: एक ग्रामीण सभ्यता थी जिसकी जानकारी हमें वैदिक ग्रन्थों, ऋग्वेद, सामवेद, यजुर्वेद और अथर्ववेद से मिलती है। इसलिए इस सभ्यता को वैदिक सभ्यता और इस काल को वैदिक काल के नाम से जाना जाता है।

- ➭ आर्यों द्वारा प्रवर्तित होने के कारण इस सभ्यता को आर्य सभ्यता भी कहा जाता है।
- ➭ आर्य शब्द संस्कृत भाषा का है जिसका अर्थ उत्तम, श्रेष्ठ या उच्च कुल में उत्पन्न माना जाता है।
- ➭ वैदिक काल को दो भागों बाँटा गया है–
  1. ऋग्वैदिक काल (1500–1000 ई.पू.)
  2. उत्तर वैदिक काल (1000–600 ई.पू.)

1. ऋग्वैदिक काल (1500 – 1000 ई.पू.)

- ➭ इस काल में लोग मुख्यत: पशुपालन पर निर्भर थे, कृषि का स्थान गौण था।
- ➭ इस काल तक लोगों को लोहे का ज्ञान नहीं था।
- ➭ इस काल की सभी जानकारी का एकमात्र स्रोत ऋग्वेद है।
- ➭ ऋग्वेद आर्यों का प्राचीनतम एवं पवित्रतम ग्रन्थ है।
- ➭ ऋग्वेद और ईरानी ग्रन्थ जेंद अवेस्ता (Zenda Avesta) में काफी समानता पायी जाती है।

राजनीतिक अवस्था

- ➭ सर्वप्रथम जब आर्य भारत में आये तो उनका यहाँ के दास अथवा दस्यु कहे जाने वाले लोगों से संघर्ष हुआ। अन्त में आर्यों की विजय हुई।
- ➭ ऋग्वेद में आर्यों के पाँच कबीले होने के कारण इन्हें **पंचजन्य** कहा गया। ये थे- पुरू, यदु, अनु, तुर्वशु एवं द्रहयु।
- ➭ भरत, क्रिवि एवं त्रित्स आर्य शासक वंश के थे। भरत कुल के नाम से ही इस देश का नाम **भारतवर्ष** पड़ा।
- ➭ भरत कुल के पुरोहित ऋषि वशिष्ठ थे।
- ➭ कालांतर में भरत वंश के राजा सुदास तथा अन्य दस जनों के मध्य दाशराज्ञ युद्ध अर्थात् दस राजाओं का युद्ध (Battle of ten Kings) पुरुष्णी नदी (रावी नदी) के तट पर लड़ा गया, जिसमें सुदास की विजय हुई।
- ➭ कुछ समय बाद पराजित राजा पुरूओं और भरतों के बीच मैत्री सम्बन्ध स्थापित होने से एक नवीन **कुरूवंश** की स्थापना हुई। यह वंश उत्तर वैदिक काल में प्रसिद्ध हुआ।
- ➭ ऋग्वैदिक काल में समाज **कबीले** के रूप में संगठित था, **कबीले को जन** भी कहा जाता था।
- ➭ आरम्भ में आर्यों के कुटुम्ब, कुल या परिवार (गृह) रक्त सम्बन्धों पर आधारित थे जिसका प्रधान **कुलप** या **कुलपति** कहलाता था। कुलप परिवार का मुखिया होता था।
- ➭ अनेक परिवारों को मिलाकर **ग्राम** बनता था, जिसका प्रधान **ग्रामणी** कहलाता था तथा अनेक ग्रामों को मिलाकर **विश** बनता था, जिसका प्रधान **विशपति** होता था। कुटुम्ब (गृह) ही सबसे छोटी प्रशासनिक इकाई थी।
- ➭ अनेक विशों का समूह **जन** या **कबीला** कहलाता था जिसका प्रधान **राजा/राजन** या **गोप** होता था। शासन का प्रधान राजन हुआ करता था।
- ➭ इस काल में राजा भूमि का स्वामी न होकर प्रधानत: युद्ध का नेता होता था तथा व्यक्तिगत रूप से युद्धों में भाग लेता था।

- राजा की सहायता हेतु इस काल में तीन अधिकारियों- पुरोहित, सेनानी एवं ग्रामीणी का वर्णन मिलता है। प्राय: पुरोहित का पद वंशानुगत होता था।
- राज्याभिषेक के अवसर पर ग्रामीणी, रथकार तथा कम्मादि आदि उपस्थित रहते थे। इन्हें **'रत्नी'** कहा जाता था। इनकी संख्या राजा सहित लगभग 12 होती थी।
- इस काल के अन्य पदाधिकारियों में **पुरप** तथा **दूत** उल्लेखनीय हैं। इनमें पुरप दुर्गपति होते थे। दूत के कार्य राजनीतिक थे जो समय-समय पर संधि-विग्रह के प्रस्तावों को लेकर अन्य राज्यों में जाते थे।
- ऋग्वैदिक काल में अनेक जनतान्त्रिक संस्थाओं का विकास हुआ, जिनमें **सभा, समिति** एवं **विदथ** प्रमुख हैं।
- **सभा**- यह श्रेष्ठ एवं संभ्रांत लोगों की संस्था थी।
- **समिति**- यह केन्द्रीय राजनीतिक संस्था थी तथा सामान्य जनता का प्रतिनिधित्व करती थी। इसे राजा को चुनने एवं पदच्युत करने का भी अधिकार था। समिति में स्त्रियाँ भी भाग लेती थीं। समिति के अध्यक्ष को **ईशान** कहा जाता था।
- **विदथ**- यह आर्यों की सर्वाधिक प्राचीन संस्था थी। इसे जनसभा कहा जाता था। विदथ धार्मिक तथा सैनिक महत्त्व का कार्य भी करती थी।

आर्यों के आदिस्थल/मूल निवास से सम्बद्ध विभिन्न मत

आदिस्थल	**मत**
सप्तसैन्धव क्षेत्र	डॉ. अविनाश चन्द्र, डॉ. सम्पूर्णानन्द
ब्रह्मर्षि देश	पं. गंगानाथ झा
मध्य देश	डॉ. राजवली पाण्डेय
कश्मीर	एल. डी. कल्ल
देविका प्रदेश (मुल्तान)	डी. एस. त्रिदेव
उत्तरी ध्रुव प्रदेश	बाल गंगाधर तिलक
हंगरी (डेन्यूब नदी की घाटी)	प्रो. गाइल्स
दक्षिणी रूस	मेयर, पीक व गार्डन चाइल्ड्स
जर्मनी	पेनका, हर्ट
मध्य एशिया*	मैक्समूलर

* सर्वाधिक मान्य मत।

सामाजिक जीवन

- ऋग्वैदिक समाज की सबसे छोटी इकाई परिवार या कुल होती थी। ऋग्वेद में कुल शब्द का उल्लेख नहीं है।
- परिवार के लिए ऋग्वेद में **गृह** शब्द का प्रयोग हुआ है।
- ऋग्वेद में **जन** शब्द का लगभग 275 बार एवं **विश** शब्द का 170 बार उल्लेख हुआ है।
- ऋग्वैदिक समाज पितृसत्तात्मक था। पिता ही परिवार का मुखिया होता था।
- पितृसत्तात्मक तत्त्व की प्रधानता होते हुए भी परिवार में स्त्रियों को यथोचित आदर एवं सम्मान दिया जाता था।
- स्त्रियों को विवाह सम्बन्धी स्वतन्त्रता प्राप्त थी। उन्हें शिक्षा पाने तथा राजनीतिक संस्थाओं में हिस्सा लेने का भी अधिकार था। **लोपामुद्रा, सिकता विश्वास, अपाला** और **घोषा** इस काल की ऐसी ही विदूषी महिलाएँ थी।
- आर्य लोगों का विवाह दास तथा दस्युओं के साथ निषिद्ध था।

- ऋग्वेद में ऐसी कन्याओं का उल्लेख मिलता है जो दीर्घकाल तक अथवा आजीवन अविवाहित रहती थी। ऐसी कन्याओं को **अमाजु** कहते थे।
- सामान्यत: परिवार में एक पत्नी विवाह प्रथा प्रचलित थी। यद्यपि कुलीन वर्ग के लोग कई-कई पत्नियाँ रखते थे। बाल-विवाह की प्रथा नहीं थी। अन्तर्जातीय विवाह होते थे।
- समाज में सती-प्रथा के प्रचलित होने का उदाहरण नहीं मिलता। स्त्रियों को राजनीति में भाग लेने का अधिकार था परन्तु सम्पत्ति सम्बन्धी अधिकार प्राप्त नहीं थे।
- आर्यों का प्रारम्भिक सामाजिक वर्गीकरण वर्ण एवं कर्म के आधार पर हुआ था। **आर्यों के तीन प्रमुख वर्ग थे- ब्राह्मण, क्षत्रिय तथा वैश्य।** यह वर्गीकरण जन्मजात या जातिगत न होकर कर्म के आधार पर निश्चित किया गया था।
- ऋग्वेद काल में वर्ण व्यवस्था के चिह्न दिखायी पड़ते हैं। ऋग्वेद के 10वें मण्डल के पुरुष सूक्त में चतुर्वर्णों का उल्लेख मिलता है। इस सूक्त में कहा गया है कि ब्राह्मण परम-पुरुष के मुख से, क्षत्रिय उसकी भुजाओं से, वैश्य उसकी जाँघों से एवं शूद्र उसके पैरों से उत्पन्न हुए थे। ऋग्वेद के शेष भाग में कहीं भी वैश्य और शूद्र का वर्णन नहीं है।
- ऋग्वैदिक समाज में **दास** अथवा **दस्युओं** का भी उल्लेख मिलता है जिन्हें आर्यों का प्रबल शत्रु बताया गया है एवं **अमानुष** कहा गया है।
- ऋग्वैदिक काल के लोगों का **सोम** मुख्य पेय पदार्थ था।
- इस काल में मांसाहारी एवं शाकाहारी दोनों तरह के भोजन किये जाते थे।
- वेश-भूषा में सूती, ऊनी व रंगीन कपड़ों का प्रचलन था।
- स्त्री एवं पुरुष दोनों आभूषण प्रेमी थे। आभूषण सोने, चाँदी, ताँबे, हाथीदाँत व मूल्यवान पत्थरों आदि से निर्मित होते थे।
- मनोरंजन के साधनों में संगीत-गायन, संगीत-वादन, नृत्य, चौपड़, शिकार, अश्व-धावन आदि शामिल थे।

आर्थिक जीवन

- ऋग्वैदिक सभ्यता ग्रामीण सभ्यता थी।
- ऋग्वेद में आर्यों के मुख्य व्यवसाय के रूप में पशुपालन एवं कृषि का विवरण मिलता है किन्तु पशुपालन को ही ऋग्वैदिक आर्यों ने अपना मुख्य व्यवसाय बनाया था।
- ऋग्वेद में **गव्य** एवं **गव्यति** शब्द चारागाह के लिए प्रयुक्त हुआ है।
- इस काल में गाय का प्रयोग मुद्रा के रूप में ही होता था।
- अवि (भेड़), अजा (बकरी) का ऋग्वेद में अनेक बार उल्लेख हुआ है। इस काल के लोग हाथी, बाघ, बत्तख एवं गिद्ध से अपरिचित थे।
- ऋग्वेद में कृषि का उल्लेख मात्र 24 बार ही हुआ है। इसमें अनेक स्थानों पर यव एवं धान्य शब्द का उल्लेख मिलता है।
- **गो** शब्द का ऋग्वेद में 174 बार प्रयोग हुआ है। इस काल में युद्ध का मुख्य कारण गायों की गवेष्णा अर्थात् गाविष्टि (गाय का अन्वेषण) था।
- ऋग्वैदिक काल में वस्त्र धुलने वाले, वस्त्र बनाने वाले, लकड़ी एवं धातु का काम करने वाले एवं बर्तन बनाने वाले शिल्पों के विकास के बारे में विवरण मिलता है। चर्मकार एवं कुम्हार का भी उल्लेख मिलता है।
- इस काल में **अयस** शब्द का उपयोग सम्भवत: ताँबे एवं काँसे के लिए किया गया था।
- ऋग्वेद में **कपास** का उल्लेख नहीं मिलता है।

- ऋग्वैदिक काल में क्रय-विक्रय हेतु विनिमय प्रणाली का शुभारंभ हो चुका था। इस प्रणाली में वस्तु विनिमय के साथ गाय, घोड़े एवं सुवर्ण से भी क्रय-विक्रय किया जाता था।
- इस काल में व्यापार करने वाले व्यापारियों एवं व्यापार हेतु सुदूरवर्ती प्रदेशों में भ्रमण करने वाले व्यक्ति को **पणि** कहा जाता था।
- इस काल में व्यापार, स्थल एवं जल दोनों रास्तों से होता था। आंतरिक व्यापार बहुधा गाड़ियों, रथों एवं पशुओं द्वारा होता था।
- आर्यों को समुद्र के विषय में जानकारी थी या नहीं यह बात अभी तक स्पष्ट नहीं हो पाया है।
- इस काल में ऋण देकर ब्याज लेने वाले वर्ग को **वेकनाट** अर्थात् **सूदखोर** कहा जाता था।

धार्मिक जीवन

- ऋग्वैदिक लोगों ने प्राकृतिक शक्तियों का मानवीकरण किया। इस समय **बहुदेववाद** का प्रचलन था।
- ऋग्वैदिक आर्यों की देवमण्डली तीन भागों में विभाजित थी। ये हैं- आकाश के देवता, अंतरिक्ष के देवता और पृथ्वी के देवता।
- ऋग्वैदिक काल में अग्नि, इंद्र, वरुण, सूर्य, सवितु, ऋतु, यम, रूद्र, अश्विनी आदि प्रमुख देवता एवं ऊषा, आदिति, रात्रि, संध्या आदि प्रमुख देवियाँ थीं।
- ऋग्वेद में **इंद्र** का वर्णन सर्वाधिक प्रतापी देवता के रूप में किया गया है। ऋग्वेद के लगभग 250 सूक्तों में इनका वर्णन है। इन्हें आर्यों का युद्ध नेता (पुरंदर) एवं वर्षा का देवता माना जाता है।
- ऋग्वेद में दूसरा महत्त्वपूर्ण देवता **अग्नि** था। ऋग्वेद के लगभग 200 सूक्तों में इसका वर्णन है। अग्नि का काम था मनुष्य और देवताओं के मध्य मध्यस्थ की भूमिका निभाना।
- ऋग्वेद में तीसरा स्थान वरुण देवता का था। ऋग्वेद के लगभग 30 सूक्तों में इसका वर्णन है। वरुण को ईरान में **अहुरमज्दा** तथा यूनान में **ओरनोज** के नाम से जाना जाता है।
- इस समय देवों की पूजा की प्रधान विधि थी- स्तुति पाठ करना एवं यज्ञ से बलि चढ़ाना।

ऋग्वैदिक देवी-देवता : एक नजर में

वरुण	सकल ब्रह्माण्ड का अधिपति, सर्वव्यापी, सर्वज्ञ, नियामक, प्रजारक्षक तथा ऋतस्य
इंद्र	आँधी, तूफान, बिजली और वर्षा के देवता, युद्धों में विजय दिलाने वाला पराक्रमी देव
विष्णु	संसार का संरक्षक
मरुत	आँधी के देवता
ऊषा	सूर्योदय-पूर्व की अवस्था की द्योतक
अदिति	आर्यों की सार्वभौम भावना की देवी
सोम	वनस्पतियों, औषधियों के अधिपति

2. उत्तर वैदिक काल (1000-600 ई.पू.)

- भारतीय इतिहास में उस काल को, जिसमें सामवेद, यजुर्वेद एवं अथर्ववेद तथा ब्राह्मण ग्रन्थों, आरण्यकों एवं उपनिषद् की रचना हुई, को उत्तर वैदिक काल कहा जाता है।

- चित्रित धूसर मृदमांड (Painted Grey Ware-PGW) इस काल की विशिष्टता थी, क्योंकि यहाँ के निवासी मिट्टी के चित्रित और भूरे रंग के कटोरों तथा थालियों का प्रयोग करते थे। **वे लोहे के हथियारों का भी प्रयोग करते थे।**
- उत्तर वैदिक कालीन सभ्यता का मुख्य केन्द्र **मध्यदेश** था जिसका प्रसार सरस्वती से लेकर गंगा-यमुना दोआब (कुरूक्षेत्र) तक था। यहीं पर कुरू एवं पंचाल जैसे विशाल राज्य थे। यहीं से आर्य संस्कृति पूर्व की ओर प्रस्थान कर कोशल, काशी एवं विदेह तक फैली।
- मगध एवं अंग प्रदेश आर्य सभ्यता के क्षेत्र के बाहर थे। मगध में निवास करने वाले लोगों को **अथर्ववेद में व्रात्य** कहा गया है। ये प्राकृत भाषा बोलते थे।
- उत्तर वैदिक काल तक आते-आते पंचजनों का लोप हो गया तथा उनके स्थान पर विशाल राज्यों की स्थापना हुई, जिनमें कुरू तथा पंचाल सबसे अधिक प्रसिद्ध थे।
- उत्तर वैदिक काल में पांचाल सर्वाधिक विकसित राज्य था।
- उत्तर वैदिक काल की मुख्य विशेषता थी- कृषि प्रधान अर्थव्यवस्था का उदय, कबायली संरचना में दरार, वर्ण व्यवस्था की जटिलता में वृद्धि, क्षेत्रगत राज्यों का उदय तथा धार्मिक कर्मकांडों की प्रधानता।
- तकनीकी विकास की दृष्टि से इस काल की महत्त्वपूर्ण घटना है- **लोहे का प्रयोग**। आरंभ में लोहे का उपयोग हथियारों के निर्माण में हुआ परन्तु धीरे-धीरे इसका व्यवहार कृषि एवं अन्य आर्थिक गतिविधियों में होने लगा।
- उत्तर वैदिक ग्रन्थों में लोहे का उल्लेख **कृष्ण-अयस** या **श्याम-अयस** के नाम से हुआ है।

राजनीतिक अवस्था

- इस काल में ऋग्वैदिक कालीन अनेक छोटे-छोटे कबीले एक-दूसरे में विलीन होकर क्षेत्रगत जनपदों में बदलने लगे थे।
- इस काल में **राजतन्त्र** ही शासन व्यवस्था का आधार था, किन्तु कहीं-कहीं पर गणराज्यों के उदाहरण भी मिलते हैं।
- इस काल में राजा का अधिकार ऋग्वैदिक काल की अपेक्षा कुछ बढ़ा। अब उसे बड़ी-बड़ी उपाधियाँ मिलने लगी जैसे- **अधिराज, सम्राट, एकराट, राजाधिराज।**
- प्रदेश का संकेत करने वाला शब्द **राष्ट्र** उत्तर वैदिक काल में ही **सर्वप्रथम** प्रयोग किया गया।
- राजा मन्त्रियों की सहायता से समस्त राज्य का प्रशासन करता था। इन मन्त्रियों को उत्तर वैदिक काल में **रत्निन** कहा जाता था। शतपथ ब्राह्मण **12 प्रकार** के **रत्नियों** का विवरण दिया गया है।
- इस काल में राजा की शक्ति में वृद्धि होने से सभा और समिति नामक संस्थाओं की स्थिति में थोड़ा-सा बदलाव आया।
- अथर्ववेद में सभा एवं समिति को प्रजापति की दो पुत्रियाँ कहा गया है।
- **सभा** एक ग्राम संस्था थी। वह ग्राम के सभी स्थानीय विवादों का निर्णय करती थी। सभा में स्त्रियों का प्रवेश वर्जित था।
- **समिति** एक केन्द्रीय संस्था थी। अथर्ववेद में राजा के लिए समिति का सहयोग आवश्यक बताया गया है। सम्भवत: समिति का राजा ही अध्यक्ष होता था, पर समिति का राजा पर अंकुश होता था।

उत्तर वैदिककालीन प्रमुख पदाधिकारी

पदनाम	कार्य
पुरोहित	राजा का प्रमुख सलाहकार, युद्ध में राजा के साथ जाता था, समस्त धार्मिक कार्य-कलापों में सहभागी।
महिषी	राजा की पटरानी महिषी कहलाती थी, जो प्रशासनिक कार्यों में राजा की सहायक एवं सलाहकार के रूप में कार्य करती थी।
युवराज	राजा अपने ज्येष्ठ पुत्र को इस पद पर आसीन कर उसे उत्तराधिकारी के रूप में प्रशासनिक कार्यों में निपुण करने का प्रयास करता था।
सुत	रथों के निर्माण, रख-रखाव हेतु पदाधिकारी।
सेनानी	सेना का प्रधान पदाधिकारी
ग्रामिणी	ग्राम शासन का प्रधान पदाधिकारी।
क्षत्रि	राजप्रसादों की सुरक्षा हेतु पदाधिकारी।
संग्रहीतृ	राज्य का कोषाध्यक्ष।
भागदुध	भूमि कर की वसूली हेतु पदाधिकारी।
अक्षवाप	जुआ आदि पर निगरानी रखने वाला।

सामाजिक जीवन

▷ इस काल में धीरे-धीरे बड़े ग्राम नगरों में विकसित होने लगे थे।

▷ इस समय गृह निर्माण कच्ची एवं पक्की ईंटों, मिट्टी, बाँस एवं लकड़ी से किया जाता था।

▷ संयुक्त एवं पितृसत्तात्मक परिवार की प्रथा उत्तरवैदिक काल में भी विद्यमान रही जिसमें पिता के असीमित अधिकार होते थे।

▷ उत्तर वैदिक काल में ही सर्वप्रथम **कुल** शब्द का उल्लेख मिलता है।

▷ इस काल में वर्ण आधारित जाति व्यवस्था स्थापित हो चुका था।

▷ इस काल तक समाज स्पष्टतः चार वर्णों- ब्राह्मण, क्षत्रिय, वैश्य एवं शूद्र में विभाजित हो चुका था। किन्तु इस काल में जाति प्रथा उतनी कठोर नहीं थी जितनी की सूत्रों के काल में थी।

▷ इस काल में अस्पृश्यता की भावना का उदय नहीं हुआ था।

▷ **ऐतरेय ब्राह्मण** में सर्वप्रथम चारों वर्णों के कर्मों के विषय में विवरण मिलता है।

▷ इस काल में ही सर्वप्रथम **गोत्र व्यवस्था** प्रचलन में आयी। गोत्र का शाब्दिक अर्थ है **गोष्ठ** अर्थात् वह स्थान जहाँ समूचे कुल के गोधन को एक साथ रखा जाता था। परन्तु कालांतर में गोत्र का अर्थ एक मूल पुरुष के वंशज से हो गया। एक ही गोत्र के लोगों के परस्पर विवाह पर प्रतिबन्ध लग गया।

▷ मानव जीवन को सुव्यवस्थित बनाने वाले चार आश्रमों का विधान इस काल में मिलता है। ये हैं- ब्रह्मचर्य (25 वर्ष की आयु तक), गृहस्थ (25 से 50 वर्ष की आयु तक), वानप्रस्थ (50 से 75 वर्ष की आयु तक) और संन्यास आश्रम (75 से 100 वर्ष की आयु तक)।

▷ स्पष्टतः उत्तर वैदिक काल में उपर्युक्त प्रथम तीन आश्रमों का उल्लेख है। अंतिम आश्रम इस काल में विशेष महत्त्व नहीं पा सका था। इस समय गृहस्थ आश्रम को विशेष महत्त्व दिया जाता था।

▷ इस काल में शिक्षा का माध्यम गुरुकुल परम्परा पर आधारित था।

▷ इस काल में अन्तर्वर्णीय विवाह, बहुविवाह, विधवा विवाह, नियोग प्रथा, दहेज प्रथा का प्रचलन था। बाल विवाह, पर्दा प्रथा, सती प्रथा का उल्लेख उत्तर वैदिक काल में नहीं मिलता है।

- स्त्रियों की दशा उत्तर वैदिक काल में ऋग्वैदिक काल की तुलना में अच्छी नहीं थी।
- इस काल में मनोरंजन के साधन में लोकनृत्य, संगीत, जुआ एवं युद्ध मुख्य थे।
- मनुस्मृति में **आठ प्रकार के विवाहों** का उल्लेख मिलता है।

विवाह के प्रकार

1.	ब्रह्म विवाह	कन्या के वयस्क होने पर उसके माता-पिता द्वारा योग्य वर खोजकर उससे अपनी कन्या का विवाह करना।
2.	दैव विवाह	यज्ञ करने वाले पुरोहित के साथ कन्या का विवाह।
3.	आर्ष विवाह	कन्या के पिता द्वारा यज्ञ कार्य हेतु एक अथवा दो गाय के बदले में अपनी कन्या का विवाह करना।
4.	प्रजापत्य विवाह	वर स्वयं कन्या के पिता से कन्या माँग का विवाह करता था।
5.	गंधर्व विवाह	कन्या तथा वर प्रेम अथवा कामुकता में वशीभूत होकर विवाह करते थे।
6.	असुर विवाह	कन्या के पिता द्वारा धन के बदले में कन्या का विक्रय।
7.	पैशाच विवाह	सोई अथवा पागल कन्या के साथ सहवास कर विवाह करना।
8.	राक्षस विवाह	बलपूर्वक कन्या को छीनकर उससे विवाह करना।

नोटः स्मृतियों में ब्रह्म, दैव, आर्ष एवं प्रजापत्य विवाह ही मान्यता प्राप्त है।

आर्थिक जीवन

- उत्तरवैदिक काल के लोगों के आर्थिक जीवन में सर्वाधिक महत्त्वपूर्ण परिवर्तन उनके स्थायित्व में देखने को मिलता है जो कृषि के अधिकाधिक प्रसार का परिणाम था।
- इस काल में आर्यों का प्रमुख व्यावसाय कृषि था।
- कृषि की समस्त प्रक्रियाओं का उल्लेख **सर्वप्रथम** शतपथ ब्राह्मण में मिलता है।
- यजुर्ववेद में व्रीहि/ब्रीहि (धान), यव (जौ), माण (उड़द), मृद्ग (मूँग), गोंधूम (गेहूँ), मसूर आदि अनाजों का वर्णन मिलता है।
- अथर्ववेद में दो तरह के धान-ब्रीहि एवं तण्डुल तथा ईक्षु (ईख) का उल्लेख मिलता है।
- अथर्ववेद में ही सिंचाई के साधन के रूप में वर्ष कूप एवं नहर का उल्लेख किया गया है।
- इस काल में कृषि तथा पशुपालन, मछुआ, सारथी, गड़रिया, स्वर्णकार, मणिकार, रस्सी बटने वाले, टोकरी बुनने वाले, धोबी, लुहार, जुलाहा आदि व्यवसायियों का उल्लेख मिलता है।
- इस काल के मुख्य पालतू पशु गाय, बैल, घोड़ा, हाथी, भैंस, भेड़, बकरी, गधा, ऊँट, शूकर आदि थे।
- इस काल में महत्त्वपूर्ण पशु के रूप में गाय को पाला जाता था। बड़े बैल को इस काल में **महोक्ष** कहा जाता था।
- इस समय मिट्टी के एक विशेष प्रकार के बर्तन बनाये जाते थे, जिन्हे **चित्रित धूसर मृदमांड** (Painted Grey Ware-PGW) कहा जाता है।
- सूत कातने एवं वस्त्र बुनने का व्यवसाय इस काल में बहुत अधिक विकसित था।
- ब्राह्मण एवं क्षत्रिय अधिकांशतः राजकीय करों से मुक्त थे। राज्य को कर का अधिकांश भाग वैश्यों से ही प्राप्त होता था।
- व्यापार-वाणिज्य विनिमय के आधार पर छोटे पैमाने पर होता था।

- ऋण देने एवं ब्याज लेने की प्रथा प्रचलित हो चुकी थी।
- यद्यपि शतमान, निष्क, कृष्णल एवं पाद्य शब्दों का उल्लेख मिलता है। तथापि सिक्कों के प्रचलन का कोई पुरातात्त्विक प्रमाण नहीं मिलता है।
- इस काल की अर्थव्यवस्था को मोटे तौर पर प्राक्-शहरी (Proto-Urban) कहा जा सकता है, क्योंकि ये न तो पूरी तरह ग्रामीण थी और न ही शहरी।

धार्मिक जीवन

- इस काल के धर्म की प्रमुख विशेषता यज्ञों की जटिलता एवं कर्मकांडों की दुरूहता थी। यज्ञों में शुद्ध मन्त्रोच्चारण पर विशेष बल दिया गया।
- ऋग्वैदिक 7 पुरोहितों की जगह उत्तरवैदिक काल में 14 पुरोहितों का उल्लेख मिलता है।
- गृहस्थ आर्यों को **पाँच महायज्ञों** का अनुष्ठान करना पड़ता था जो निम्नवत् है-
  1. **ब्रह्मयज्ञ**- प्राचीन ऋषियों के प्रति कृतज्ञता।
  2. **देवयज्ञ**- देवताओं के प्रति कृतज्ञता।
  3. **पितृयज्ञ**- पितरों का तर्पण।
  4. **मनुष्य यज्ञ**- अतिथि सत्कार।
  5. **भूतयज्ञ/बलियज्ञ**- समस्त जीवों के प्रति कृतज्ञता ज्ञापन के तौर पर चीटियों, पक्षियों, स्वानों आदि को भोजन देना।

षडदर्शन एवं उसके प्रवर्तक		
क्र.	**दर्शन**	**प्रवर्तक**
1.	सांख्य	कपिल
2.	योग	पतंजलि (योगसूत्र)
3.	न्याय	गौतम (न्यायसूत्र)
4.	पूर्वमीमांसा	जैमिनी
5.	उत्तरमीमांसा (वेदांत)	बादरायण (ब्रह्मसूत्र)
6.	वैशेषिक	कणाद या उलूक

नोट- सांख्य दर्शन भारत के सभी दर्शनों में सबसे प्राचीन है। इसके अनुसार मूल तत्त्व 25 है, जिनमें प्रकृति पहला तत्त्व है।

- ऋग्वेद के देवता इन्द्र एवं अग्नि अब प्रमुख नहीं रहे। उनके स्थान पर इस काल में **प्रजापति** को सर्वोच्च स्थान मिला। इस काल में **विष्णु** को संरक्षक के रूप में पूजा जाता था। ऋग्वेद में पशुओं के रक्षक देवता **पूषन** इस काल में शूद्रों के देवता के रूप में प्रतिष्ठापित हुए।
- इस काल में राजा के राज्याभिषेक के समय **राजसूय यज्ञ** का अनुष्ठान किया जाता था।
- उत्तरवैदिक काल में ही बहुदेववाद, मूर्तिपूजा, वासुदेव सम्प्रदाय एवं षडदर्शनों का बीजारोपण हुआ
- समाज में ब्राह्मणों का प्रभुत्व काफी बढ़ गया क्योंकि सिर्फ वे ही धार्मिक अनुष्ठान करा सकते थे। जादू-टोने में विश्वास भी बढ़ गया था।
- इस काल में मनुष्य के भौतिक सुख एवं आध्यात्मिक सुखों के मध्य तालमेल स्थापित करने के लिए **पुरुषार्थ** का विधान किया गया। पुरुषार्थों की संख्या चार है- 1. धर्म, 2. अर्थ, 3. काम और 4. मोक्ष।

विभिन्न प्रकार के यज्ञ	
राजसूय	राजा के राज्याभिषेक हेतु सम्पादित होता था। ऐसा माना जााता था कि इससे राजा को दिव्य शक्ति प्राप्त होगी।
अश्वमेघ	अन्य राज्यों को चुनौती देने के उद्देश्य से एक अभिषिक्त घोड़े को छोड़कर सम्पादित किया जाता था जो राजा के प्रभुत्व का प्रतीक था।

वाजपेय	राजा रथों की दौड़ का आयोजन करता था जिसका उद्देश्य प्रजा के मनोरंजन के साथ शौर्य प्रदर्शन था।
अग्निष्टोम	इस यज्ञ में प्रातः, दोपहर तथा शाम को सोम पीसा जाता था तथा अग्नि को पशु बलि दी जाती थी।

5. प्राचीन भारत में धार्मिक आंदोलन

- छठी शताब्दी ई.पू. में उत्तर भारत की मध्य गंगा घाटी क्षेत्र में अनेक धार्मिक सम्प्रदायों का उदय हुआ, जबकि ठीक इसी समय चीन में **कन्फ्यूशियस** तथा **लाओत्से** ईरान में **जरथुष्ट** और यूनान में **पाइथागोरस** धार्मिक आंदोलन भी चल रहा था जो पुरातन मान्यताओं को चुनौती दे रहा था।
- भारत में ई.पू. छठी शताब्दी में प्रचलित विभिन्न सम्प्रदायों में से आगे चलकर केवल बौद्ध एवं जैन धर्म ही अधिक प्रसिद्ध हुए।
- भारत के इन धार्मिक आंदोलनों ने पुरातन वैदिक ब्राह्मण धर्म के अनेक दोषों पर प्रहार किया। इसलिए इसे **सुधारवादी आंदोलन** कहा गया है।
- इस काल में धार्मिक अनुष्ठानों में पेचीदगियों के कारण ब्राह्मणों का आधिपत्य स्थापित होने लगा जो दूसरे वर्णों, विशेषकर क्षत्रियों को पसंद नहीं आया। एक बात स्मरणीय है कि बौद्ध धर्म और जैन धर्म दोनों क्षत्रियों द्वारा ही शुरू किये गये।

बौद्ध धर्म

महात्मा बुद्ध और बौद्ध धर्म

- महात्मा बुद्ध का जन्म 583 ई.पू. में नेपाल की तराई में स्थित कपिलवस्तु के समीप लुम्बनी ग्राम में **शाक्य** क्षत्रिय कुल में हुआ था।
- महात्मा बुद्ध का मूल नाम **सिद्धार्थ** था। इनके अन्य नाम **तथागत, गौतम, बुद्ध** तथा **शाक्यमुनि** थे।
- इनके पिता का नाम शुद्धोधन तथा माता का नाम महामाया था।
- इनके जन्म के सातवें दिन ही इनकी माता महामाया की मृत्यु हो गयी थी, अतः इनका पालन-पोषण इनकी मौसी प्रजापति गौतमी ने किया था।
- 16 वर्ष की आयु में इनका विवाह यशोधरा नामक राजकुमारी से हुआ। 28 वर्ष की आयु में इन्हें पिता बनने का सौभाग्य प्राप्त हुआ। इनके पुत्र का नाम **राहुल** था।
- महात्मा बुद्ध के जीवन के **चार दृश्यों**- **बूढ़ा, रोगी, अर्थी** एवं **संन्यासी** ने उन्हें आध्यात्म की ओर प्रवृत्त किया।
- 29 वर्ष की आयु में इन्होंने सत्य की खोज के लिए गृह-त्याग कर दिया।
- गृह-त्याग के पश्चात् इन्होंने गुरु आलार कलाम से उपनिषदीय शिक्षा ग्रहण की।
- 35वें वर्ष में **गया** में निरंजना नदी के किनारे उरूवेला में **अश्वत्थ वृक्ष (पीपल)** के नीचे वैशाख पूर्णिमा की रात्रि में समाधिस्थ अवस्था में इनको ज्ञान प्राप्त हुआ।
- ज्ञान प्राप्ति के बाद महात्मा बुद्ध ने **तपस्यु** और **मिल्लक** नामक दो बंजारों को **सर्वप्रथम** दीक्षा दी।
- महात्मा बुद्ध ने अपना **प्रथम उपदेश** (प्रवचन) सारनाथ में दिया। इनके प्रथम उपदेश को बौद्ध ग्रन्थों में **धर्म-चक्र-प्रवर्तन** की संज्ञा दी गयी है।
- 483 ई.पू. में 80 वर्ष की आयु में महात्मा बुद्ध का देहान्त कुशीनगर में हुआ। इनके देहांत को बौद्ध ग्रन्थों में **महापरिनिर्वाण** कहा गया है।

बौद्ध महासंगीतियाँ				
संगीति	समय	स्थान	शासक	अध्यक्ष
प्रथम बौद्ध संगीति	483 ई.पू.	सप्तपर्णि गुफा, राजगृह (बिहार)	अजातशत्रु	महाकस्सप
द्वितीय बौद्ध संगीति	383 ई.पू.	चुल्लबग्ग (वैशाली बिहार)	कालाशोक	साबकमीर
तृतीय बौद्ध संगीति	250 ई.पू.	पाटलिपुत्र (मगध की राजधानी)	अशोक	मोग्गलिपुत्र तिस्स
चतुर्थ बौद्ध संगीति	72 ई.पू.	कुंडलवन (कश्मीर)	कनिष्क	वसुमित्र

नोट : चतुर्थ बौद्ध संगीति में बौद्धधर्म हीनयान और महायान में बँट गया।

बुद्ध के उपदेश

◇ बुद्ध ने सांसारिक दुःखों के सम्बन्ध में चार आर्य सत्यों का उपदेश दिया। ये आर्य सत्य हैं-
   1. दुःख, 2. दुःख समुदाय, 3. दुःख निरोध, और 4. दुःख निरोधगामिनी प्रतिपद्या।

◇ सांसारिक दुःखों से मुक्ति हेतु बुद्ध ने **अष्टांगिक मार्ग** की बात कही।

अष्टांगिक मार्ग	
सम्यक् दृष्टि	सत्य और असत्य को पहचानने की शक्ति
सम्यक् संकल्प	इच्छा एवं हिंसा रहित संकल्प
सम्यक् वाणी	सत्य एवं मृदु वाणी
सम्यक् कर्म	सत्कर्म, दान, दया, सदाचार, अहिंसा आदि
सम्यक् आजीव	जीवनयापन का सदाचारपूर्ण एवं उचित मार्ग
सम्यक् व्यायाम	विवेकपूर्ण प्रयत्न
सम्यक् स्मृति	अपने कर्मों के प्रति विवेकपूर्ण ढंग से सहज रहना
सम्यक् समाधि	चित्त की एकाग्रता

◇ बौद्ध धर्म के **त्रिरत्न** हैं- बुद्ध, संघ और धम्म।

◇ बुद्ध द्वारा स्थापित संघ की सभा में प्रस्ताव पाठ को **अनुसावन** कहते थे। संघ में प्रवेश पाने को **उपसम्पदा** कहा जाता था।

बौद्ध धर्म ग्रन्थ

◇ आरम्भिक बौद्ध ग्रन्थ पालि भाषा में लिखे गये।

◇ अंगुत्तर निकाय में छठी शताब्दी ई.पू. के 16 महाजनपदों का उल्लेख मिलता है।

◇ **खुद्दक निकाय** में जातक कथाओं का वर्णन किया गया है। जातक कथाएँ बुद्ध के पूर्व जन्म की कथाएँ हैं।

◇ बौद्ध ग्रन्थों में बौद्ध संगीति **त्रिपिटक** सर्वाधिक महत्त्वपूर्ण है। त्रिपिटक में शामिल बौद्ध ग्रन्थ निम्नवत् हैं-
   1. **विनय पिटक-** इसमें संघ सम्बन्धी नियमों, दैनिक आचार-विचार व विधि निषेधों का संग्रह है।

2. **सुत्तपिटक**- इसमें बौद्ध धर्म के सिद्धान्त व उपेदशों का संग्रह है।

3. **अभिधम्मपिटक**- यह प्रश्नोत्तर क्रम में है। इसमें दार्शनिक सिद्धान्तों का संगह है।

- पालिभाषा में कुछ महाकाव्यों की रचना हुई। इन महाकाव्यों में **दीपवंश** और **महावंश** सर्वाधिक महत्त्वपूर्ण है। इनमें सिंहलद्वीप (श्रीलंका) का उल्लेख मिलता है।

महात्मा बुद्ध के जीवन से सम्बद्ध प्रमुख घटनाएँ	
घटना	**घटनाओं का नामकरण**
गृह त्याग की घटना	महाभिनिष्क्रमण
ज्ञान प्राप्ति की घटना	सम्बोधि
प्रथम उपदेश देने की घटना	धर्म-चक्र-प्रवर्तन
देहांत	महापरिनिर्वाण

महात्मा बुद्ध के उपदेशों के मूल तत्त्व

- उन्होंने अपने उपदेशों में कर्म के सिद्धान्त पर बहुत बल दिया है। उनके अनुसार वर्तमान के निर्णय भूतकाल के कार्य करते हैं
- बुद्ध के अनुसार प्रत्येक व्यक्ति अपने भाग्य का निर्माता है। उनका कहना था कि अपने पूर्व कर्मों का फल भोगने के लिए मानव को बार-बार जन्म लेना पड़ता है।
- बुद्ध ने कहा कि निर्वाण की प्राप्ति प्रत्येक मनुष्य के जीवन का अंतिम लक्ष्य है। इससे उनका तात्पर्य यह था कि व्यक्ति को असीमित इच्छा, भोग-विलास का परित्याग कर देना चाहिए।
- महात्मा बुद्ध ने ईश्वर के अस्तित्त्व को न तो स्वीकार किया और न ही नकारा है।
- महात्मा बुद्ध ने वेदों की प्रमाणिकता को स्पष्ट रूप से नकारा है।
- महात्मा बुद्ध समाज में ऊँच-नीच के कट्टर विरोधी थे।

जैन धर्म

- जैन शब्द **जिन शब्द** से बना है। जिन का अर्थ है- विजेता अर्थात् जिसने इन्द्रियों को अपने वश में कर लिया है।
- जैन धर्म में **तीर्थंकर** का अर्थ संसार सागर से पार कराने के लिए औरों को मार्ग बताने वाला होता है।
- **ऋषभदेव** को जैन धर्म के संस्थापक, प्रवर्तक एवं पहले तीर्थंकर के रूप में जाना जाता है।
- **पार्श्वनाथ** जैन धर्म के 23वें एवं प्रथम ऐतिहासिक तीर्थंकर थे। वे काशी के **इक्ष्वाकु वंशीय** राजा अश्वसेन के पुत्र थे।
- जैन धर्म को सुनियोजित और सुव्यस्थित कर उसके ज्ञान एवं दर्शन के तत्त्व के वास्तिविक प्रवर्तन का श्रेय पार्श्वनाथ को ही है।
- पार्श्वनाथ को 30 वर्ष की आयु में वैराग्य उत्पन्न हुआ, जिस कारण वे गृह त्यागकर संन्यासी हो गये। उन्होंने **सम्मेदपर्वत** पर कठोर तपस्या कर 84वें दिन कैवल्य की प्राप्ति की।
- पार्श्वनाथ के अनुयायिओं को **निर्ग्रंथ** कहा गया।
- पार्श्वनाथ की **प्रथम अनुयायी** इनकी माता **वामा** तथा पत्नी **प्रभावती** थी।
- पार्श्वनाथ ने 4 महाव्रतों- अहिंसा, सत्य, अपरिग्रह एवं अस्तेय का प्रतिपादन किया। इनमें से सर्वाधिक महत्त्व इन्होंने अहिंसा पर दिया।
- पार्श्वनाथ ने कायाक्लेश एवं तपश्चर्या से ही मोक्ष प्राप्ति की बात कही। इन्होंने भिक्षुकों को श्वेत वस्त्र पहनने का आदेश दिया।

- पार्श्वनाथ के प्रमुख समर्थकों में **केशि** का नाम उल्लेखनीय है।
- पार्श्वनाथ का प्रतीक चिह्न **ऋजदार सर्प** था।
- महावीर स्वामी जैन धर्म के 24वें एवं अंतिम तीर्थंकर थे। इन्हें जैन धर्म का **वास्तविक संस्थापक** माना जाता है।
- महावीर स्वामी का जन्म 540 ई.पू. में बिहार राज्य के वैशाली जिला स्थित कुंडग्राम में हुआ था। इनके बचपन का नाम वर्धमान महावीर था। वे क्षत्रिय वर्ण एवं ज्ञातृक/शातृक कुल में पैदा हुए थे।
- महावीर स्वामी क पिता सिद्धार्थ ज्ञातृक/शातृक कुल के मुखिया अथवा सरदार थे और माता त्रिशाला वैशाली के लिच्छवि कुल के प्रमुख चेटक की बहन थी।
- महावीर का विवाह कुण्डिन्य गोत्र की कन्या यशोदा से हुआ। कालांतर में एक पुत्री के पिता बने। इनके पुत्री का नाम अनोज्जा प्रियदर्शनी था, जिसकी शादी जामालि नामक एक क्षत्रिय से हुई।
- महावीर ने 30 वर्ष की आयु में माता-पिता की मृत्यु के पश्चात् अपने बड़े भाई नंदिवर्धन से अनुमति लेकर घर को त्याग दिया। घर त्यागने के बाद स्वामी जी संन्यासी (यती) हो गये। महावीर स्वामी 23वें तीर्थंकर पार्श्वनाथ के शिष्य थे।
- 12 वर्ष तक लगातार कठोर तपस्या एवं साधना के बाद 42 वर्ष की अवस्था में महावीर को जुंभिक ग्राम के समीप ऋजुपालिका नदी के किनारे एक साल के वृक्ष के नीचे **कैवल्य** (ज्ञान) प्राप्त हुआ।
- कैवल्य प्राप्त हो जाने के बाद महावीर स्वामी को **केवलिन**, **जिन** (विजेता), **अर्ह** (योग्य) एवं **निर्ग्रंथ** (बंधनरहित) जैसी उपाधियाँ मिली।
- ज्ञान प्राप्ति के उपरांत महावीर स्वामी ने चंपा, वैशाली, मिथिला, राजगृह, श्रावस्ती, अंग, कोशल, विदर्भ, मगध आदि स्थानों का भ्रमण कर जैन मत का प्रचार-प्रसार किया।
- महावीर ने अपना उपेदश प्राकृत (अर्धमागधी) भाषा में दिया।
- महावीर के **प्रथम अनुयायी** उनके दामाद (प्रियदर्शनी के पति) जामालि थे।
- **प्रथम जैन भिक्षुणी** नरेश दधिवाहन की पुत्री **चंपा** थी।
- महावीर ने अपने शिष्यों को 11 गणधरों में विभाजित किया था।
- आर्य सुधर्मा अकेला ऐसा गणधर था जो महावीर की मृत्यु के बाद भी जीवित रहा और जो जैन धर्म का प्रथम थेरा या उपदेशक हुआ।
- 30 वर्ष तक लगातार जैन मत का प्रचार करने के बाद 72 वर्ष की आयु में 468 ई.पू. राजगृह के समीप स्थित पावा नामक स्थान पर महावीर स्वामी ने निर्वाण प्राप्त किया। मल्लराजा सस्तिपाल के राजप्रसाद में महावीर स्वामी को निर्वाण प्राप्त हुआ था।
- महावीर स्वामी ने 23वें तीर्थंकर पार्श्वनाथ द्वारा दिये गये 4 महाव्रतों में पाँचवाँ व्रत ब्रह्मचर्य को जोड़ा।
- महावीर पुनर्जन्म एवं कर्मवाद में विश्वास करते थे।
- **त्रिरत्न**- जैन धर्म में पूर्व जन्म के कर्मफल को समाप्त करने एवं इस जन्म के कर्मफल से बचने के लिए 'त्रिरत्नों' के पालन की बात की गयी है। ये **त्रिरत्न** हैं-
    1. **सम्यक् श्रद्धा**- सत्य में विश्वास।
    2. **सम्यक् ज्ञान**- शंका विहीन तथा वास्तविक ज्ञान।

3. **सम्यक् आचरण**- बाह्य जगत् के विषयों के प्रति सम दु:ख भाव से उदासीनता ही सम्यक् आचरण है।

- जैन धर्म में मोक्ष एवं निर्वाण प्राप्ति के लिए कठिन तपस्या एवं कायाक्लेश की बात की गयी है। कायाक्लेश के अन्तर्गत उपवास के द्वारा शरीर को समाप्त (आत्म-हत्या) करने का विधान है।
- पार्श्वनाथ वस्त्र धारण करने के समर्थक थे जबकि महावीर स्वामी वस्त्र त्याग कर पूर्णत: नग्न रहने की बात करते थे।
- महावीर स्वामी का प्रतीक चिह्न **सिंह** है।
- जैन धर्म में ज्ञान के पाँच स्रोत अथवा प्रकार का उल्लेख है-

1. **मति**- इन्द्रियों द्वारा प्राप्त होने वाला ज्ञान।
2. **श्रुति**- श्रवण द्वारा प्राप्त होने वाला ज्ञान।
3. **अवधि**- दिव्य ज्ञान।
4. **मन: पर्याय**- अन्य व्यक्तियों के मन-मस्तिष्क को जान लेने वाला ज्ञान।
5. **कैवल**- निर्ग्रंथों एवं जितेन्द्रियों को प्राप्त होने वाला पूर्ण ज्ञान।

- जैन धर्म संसार को छह द्रव्यों- जीव, पुद्गल (भौतिक तत्त्व), धर्म, अधर्म, आकाश एवं काल से निर्मित मानता है।
- जैन धर्म में **स्याद्वाद** जिसे सप्तभंगीय भी कहा जाता है, मूल रूप से **ज्ञान की सापेक्षता का सिद्धान्त** (Relative Theory of Knowledge) है। स्यादवाद को अनेकांतवाद या क्षणभंगवाद भी कहा जाता है। ये संख्या में सात होते हैं।
- महावीर स्वामी की मृत्यु के लगभग दो सौ वर्ष बाद जैन धर्म दो भागों- श्वेतांबर एवं दिगंबर में विभाजित हो गया।

जैन साहित्य

- जैन साहित्य को **आगम** कहा जाता है, जिसमें 12 अंग, 12 उपांग, 10 प्रकीर्ण, 6 छेदसूत्र, 4 मूलसूत्र, अनुयोग सूत्र व नंदसूत्र की गणना की जाती है।
- छेदसूत्र में जैन भिक्षुओं के लिए उपयोगी विधि-नियमों का संकलन है। इनका महत्त्व बौद्धों के विनयपिटक जैसा है। 6 छेदसूत्र हैं- निशीथ, महानिशीथ, व्यवहार, आचार दशा, कल्प एवं पंचकल्प।
- मूलसूत्र में जैन धर्म के उपदेश, भिक्षुओं के कर्तव्य विहार, जीवन पथ नियम आदि का वर्णन है। 4 मूलसूत्र हैं- उत्तराध्ययन, षडावशयक, दशवैकालिक, पिण्डनिर्युक्ति एवं पाक्षिक सूत्र।
- अनुयोग सूत्र एवं नंदिसूत्र जैनियों के स्वतन्त्र ग्रन्थ तथा विश्वकोश हैं। इनमें भिक्षुओं द्वारा व्यवहार की जाने वाली प्राय: सभी बातें लिखी गयी हैं।

प्रमुख जैन तीर्थंकर और उनके प्रतीक चिह्न

जैन तीथकर के नाम एवं क्रम	**प्रतीक चिह्न**
ऋषभदेव (प्रथम)	साँड
अजितनाथ (द्वितीय)	हाथी
संभव (तृतीय)	घोड़ा
संपार्श्व (सप्तम)	स्वास्तिक
शांति (सोलहवाँ)	हिरण
नामि (इक्किसवें)	नीलकमल
अरिष्टनेमि (बाइसवें)	शंख
पार्श्व (तेइसवें)	सर्प
महावीर (चौबीसवें)	सिंह

नोट: दो जैन तीर्थंकारों ऋषभदेव एंव अरिष्टनेमि के नामों का उल्लेख ऋग्वेद में मिलता है। अरिष्टनेमि को भगवान कृष्ण का निकट सम्बन्धी माना जाता है।

जैन महासंगीतियाँ				
संगीति	**समय**	**स्थान**	**शासक**	**अध्यक्ष**
प्रथम जैन संगीति	322 से 298 ई.पू.	पाटलिपुत्र	चन्द्रगुप्त मौर्य	स्थूलभद्र
द्वितीय जैन संगीति	512 ई.	बल्लभी (गुजरात)	–	देवर्धिक्षमा श्रमण
नोट- 1. प्रथम संगीति में जैन धर्म के महत्त्वपूर्ण 12 अंगों का प्रणयन किया गया। जैन धर्म श्वेतांबर एवं दिगंबर नामक दो मतों में विभाजित। **2.** द्वितीय संगीति में जैन धर्म ग्रन्थों को अंतिम रूप से संकलित कर लिपिबद्ध किया गया।				

जैन धर्म के अन्य तत्त्व

- जैन मतानुयायी कृषि एवं युद्ध के विरोधी थे क्योंकि इससे जीवों की हिंसा होती थी। वाणिज्य-व्यापार को इसलिए महत्त्व दिया जाता था क्योंकि इसमें हिंसा की सम्भावना नहीं रहती थी।
- जैन मतावलंबियों ने आम बोल-चाल की भाषा प्राकृत को अपनाया।
- जैन धर्म के धार्मिक ग्रन्थ अर्धमागधी भाषा में लिखे गये हैं। बाद में अर्धमागधी से अपभ्रंश का विकास हुआ।
- जैन धर्म का महत्त्वपूर्ण ग्रन्थ **कल्पसूत्र** संस्कृत में लिखा गया।
- 5वीं सदी में कर्नाटक में बने जैन मठों को बसादि/बसाढ़ी कहा गया।
- स्थापत्य कला में जैनियों के महत्त्वपूर्ण योगदान के रूप में हाथीगुंफा मंदिर (ओडिशा), दिलवाड़ा मंदिर, माउंट आबू (राजस्थान), गोमतेश्वर प्रतिमा (कर्नाटक) तथा खजुराहो में निर्मित पार्श्वनाथ, आदिनाथ के मंदिर उल्लेखनीय हैं।
- जैन धर्म के समर्थक राजाओं में उदयन, बिम्बिसार, अजातुशत्रु, चन्द्रगुप्त मौर्य, बिंदुसार एवं खारवेल का नाम उल्लेखनीय है।
- जैन धर्म के प्रधान केन्द्र के रूप में मथुरा एवं उज्जैन का उल्लेख मिलता है।
- जैन मान्यता के अनुसार नारी को भी आध्यात्मिक क्षमता के विकास द्वारा निर्वाण प्राप्त करने का अधिकार है।
- महावीर स्वामी स्त्री के संघ में प्रवेश के समर्थक थे।

जैन एवं बौद्ध धर्म में समानता तथा असमानता	
समानता	**असमानता**
1. दोनों धर्मों में यज्ञीय कर्मकांडों, जाति-पाँत एवं छुआ-छूत का विरोध किया गया है।	1. अहिंसा में दोनों धर्म विश्वास करते थे, पर जैन धर्म इस पर अधिक बल देता था।
2. दोनों ईश्वर की सत्ता को स्वीकार नहीं करते हैं।	2. जैन धर्म में मोक्ष या निर्वाण प्राप्त करना शरीर त्यागने के बाद ही सम्भव था, पर बौद्ध धर्म में निर्वाण प्राप्ति के लिए शरीर त्यागने की आवश्यकता नहीं थी।
3. दोनों ने उपदेश के लिए जनसाधारण की भाषा प्राकृत एवं पाली का प्रयोग किया।	3. जैन धर्म के उपासक 'कायाक्लेश' के मार्ग को अपनाकर कठोर व्रत का पालन करते थे जबकि बौद्ध धर्म में मध्यम मार्ग अपनाने की बात कही गयी है।
4. दोनों के प्रवर्त्तक क्षत्रिय कुल के थे।	4. जैन धर्म भारत के बाहर नहीं फैल सका पर बौद्ध धर्म का विश्व के कई देशों में प्रसार हुआ।
	5. दोनों धर्मों में मूर्तिपूजा का प्रचलन था पर जैन मतावलंबी महावीर की नग्न मूर्ति की पूजा करते थे।

ब्राह्मण धर्म

- यह हिन्दू धर्म का प्रारम्भिक रूप था, जो ई.पू. छठी शताब्दी में बौद्ध एवं जैन धर्म जैसे ब्राह्मणेत्तर धर्मों के उदय से पूर्व प्रचलित था।
- ब्राह्मण धर्म के प्रणेता ब्राह्मण ही थे। वैदिक काल के अनेक महत्त्वपूर्ण ग्रन्थ इनके द्वारा ही रचे गये।
- ब्राह्मण धर्म के अन्तर्गत **प्रार्थना** को महत्त्व देते हुए संन्यास एवं तपश्चर्या का जीवन श्रेष्ठ माना गया है, क्योंकि इसमें सत्य का प्रत्यक्ष रूप से अनुभव किया जाता था। धर्म से सम्बन्धित अनेक कर्मकांडों के प्रचलन का श्रेय भी ब्राह्मणों को है।
- वर्ण व्यवस्था एवं आश्रम व्यवस्था आदि ब्राह्मण धर्म के मुख्य आधार थे।
- आगे चलकर सम्पूर्ण सामाजिक व्यवस्था वर्णाश्रम धर्म के जटिल नियमों में आबद्ध हो गयी। याज्ञिक अनुष्ठान इतने महँगे हो गये कि वे जनसाधारण के लिए सहज नहीं रह गये। फलतः छठी शताब्दी ई.पू. के आते-आते प्रतिक्रियास्वरूप जैन एवं बौद्ध धर्मों का उदय हुआ।
- जैन एवं बौद्ध धर्मों के उदय से ब्राह्मणवादी धर्म का कर्मकांडीय पक्ष कुछ समय के लिए बाधित अवश्य हुआ, किन्तु शुंग काल में वह पुनरूज्जीवित हो उठा।
- शुंग, सातवाहन एवं आंध्र शासकों ने विभिन्न प्रकार के यज्ञ किये थे।
- राजस्थान के चित्तौड़ के पास **घोसुंडी** से प्राप्त एक लेख में अश्वमेघ यज्ञ कराने का उल्लेख मिलता है।
- विभिन्न राजवंशों के राजा वैदिक यज्ञ करवाते रहे। गुप्तवंश के समुद्रगुप्त, वाकाटक वंश के संस्थापक प्रवरसेन, चालुक्य वंश के पुलकेशिन प्रथम एवं द्वितीय आदि ने विभिन्न प्रकार के वैदिक यज्ञ करवाये और विद्वान ब्राह्मणों का सम्मान किया।

भागवत धर्म

- भागवत धर्म का प्रारम्भ महाभारत के नारायण उपाख्यान प्रसंग से माना जाता है। इसके प्रारम्भिक सिद्धान्त **गीता** में मिलते हैं।
- महाभारत में भागवत धर्म को दिव्य धर्म का रूप प्रदान किया गया है। इसमें विष्णु को वासुदेव नाम दिया गया है।
- भागवत धर्म में विष्णु के तीन अवतारों को माना गया है- 1. पुरुषावतार, 2. गुणावतार और 3. लीलावतार।

वैष्णव धर्म

- वैष्णव धर्म का विकास छठी शताब्दी ई.पू. के लगभग भागवत धर्म से ही हुआ।
- वैष्णव धर्म के विषय में प्रारम्भिक जानकारी उपनिषदों से मिलती है।
- वैष्णव धर्म के प्रवर्त्तक **कृष्ण, वृष्णि कबीले** के थे जिनका निवास स्थान मथुरा था।
- सर्वप्रथम **छांदोग्य उपनिषद्** में देवकी पुत्र एवं अंगिरस के शिष्य के रूप में **कृष्ण** का उल्लेख आया है।
- आगे चलकर महाभारत काल/महाकाव्य काल में कृष्ण का उल्लेख विष्णु के रूप में किया जाने लगा जिससे भागवत् धर्म का नाम वैष्णव धर्म में परिवर्तित हो गया।
- ऐतरेय ब्राह्मण में विष्णु का उल्लेख **सर्वोच्च देवता** के रूप में किया गया है।
- आगे चलकर कृष्ण एवं विष्णु का सम्बन्ध नारायण से स्थापित होने पर वैष्णव धर्म का नया नाम **पांञ्चरात्र धर्म** प्रकाश में आया।
- महाभारत के नारायणीय पर्व में विष्णु के 6 तथा 12 अवतारों का वर्णन मिलता है। वैसे विष्णु के अधिकतम अवतारों की संख्या 24 है, पर मत्स्य पुराण में इनके 10 अवतारों का उल्लेख मिलता है।
- मत्स्य पुराण में विष्णु के वर्णित 10 अवतार ही सर्वाधिक मान्य हैं।

- मत्स्य पुराण में विष्णु के वर्णित 10 अवतार हैं- मत्स्य, कूर्म/कच्छप, वराह, नृसिंह, वामन, परशुराम, राम, बलराम, बुद्ध एवं कल्कि।
- वैष्णव धर्म में ईश्वर को प्राप्त करने के लिए सर्वाधिक महत्त्व भक्ति को दिया गया है।
- 'अवतारवाद' का सिद्धान्त वैष्णव धर्म में महत्त्वपूर्ण स्थान रखता है। अवतारवाद का सर्वप्रथम स्पष्ट उल्लेख भगवद्गीता में मिलता है। यह सिद्धान्त गुप्तकाल में अपने चरमोत्कर्ष पर था।
- गुप्तकाल में वैष्णव धर्म अपने चरमोत्कर्ष पर था। वैष्णव धर्म में मंदिर एवं मूर्ति पूजा को विशेष महत्त्व दिया गया है।

प्राचीन भारत के प्रमुख सम्प्रदाय		
प्रमुख सम्प्रदाय	मत	आचार्य
वैष्णव सम्प्रदाय	विशिष्टाद्वैत	रामानुज
ब्रह्म सम्प्रदाय	द्वैत	आनंदतीर्थ
रुद्र सम्प्रदाय	शुद्धाद्वैत	विष्णुस्वामी, बल्लभाचार्य
सनक सम्प्रदाय	द्वैताद्वैत	निम्बार्क

शैव धर्म

- भगवान शिव की पूजा करने वालों को शैव एवं शिव से सम्बन्धित धर्म को शैव धर्म कहा जाता है।
- शिव भक्ति के विषय में प्रारम्भिक जानकारी हमें सिन्धुघाटी से खुदाई के दौरान प्राप्त होती है।
- **ऋग्वेद** में शिव के लिए **रूद्र** नामक देवता का उल्लेख आया है।
- **अथर्ववेद** में शिव को **भव, शर्व, पशुपति, भूपति** कहा गया है।
- **श्वेताश्वतर** एवं **अथर्वशिरस** उपनिषद में भगवान **रूद्र** की महानता का वर्णन मिलता है।
- लिंग पूजा का पहला स्पष्ट वर्णन **मत्स्य पुराण** में मिलता है।
- महाभारत के अनुशासन पर्व से भी लिंग-पूजा का वर्णन मिलता है।
- पतंजलि के महाभाष्य (ई. पू. दूसरी शती) से शिव की मूर्ति बनाकर पूजा करने का विवरण मिलता है।
- शिव की प्राचीनतम मूर्ति, गुडीमल्लम लिंग **रेनुगुंटा** से मिली है।
- ऐसे शिवलिंग, जिन पर किसी देवता की मूर्ति उत्कीर्ण नहीं है, मथुरा और उसके आस-पास के प्रदेश में पाये गये हैं।
- सर्वप्रथम मूर्तिपूजा के अन्तर्गत गुप्तकाल में ब्रह्मा, विष्णु एवं महेश की पूजा का उल्लेख मिलता है।
- 'हरिहर' के रूप में शिव की विष्णु के साथ सर्वप्रथम मूर्तियाँ गुप्त युग में बनायी गयीं।
- गुप्त शासकों के अतिरिक्त, शैवमत को बंगाल के शशांक, कन्नौज के पुष्यभूति वंश के शासकों और बल्लभी के मैत्रकों ने भी संरक्षण प्रदान किया।
- उत्तर भारत की तरह दक्षिण में भी शैव धर्म विकसित हुआ। मुख्यतः चालुक्य, राष्ट्रकूट, पल्लव एवं चोलों के समय में यह धर्म उन्नति की ओर अग्रसर हुआ। एलोरा के प्रसिद्ध कैलाश मंदिर का निर्माण राष्ट्रकूटों ने किया।
- **वामन पुराण** में शैव सम्प्रदाय की संख्या चार बतायी गयी है- 1. पाशुपत, 2. कापालिक, 3. कालामुख और 4. लिंगायत।
- पाशुपत सम्प्रदाय शैवों का सर्वाधिक प्राचीन सम्प्रदाय है। इसका विवरण महाभारत में मिलता है। इस सम्प्रदाय के सिद्धान्त के तीन अंग हैं- पति (स्वामी), पशु (आत्मा), पाश (बंधन)।

- पाशुपत सम्प्रदाय के संस्थापक नकुलीश या लकुलीश थे, जिन्हें भगवान शिव के 18 अवतारों में से एक माना जाता था।
- पाशुपत सम्प्रदाय के अनुयायियों को **पंचार्थिक** कहा गया। इस मत का प्रमुख सैद्धान्तिक ग्रन्थ **पाशुपत सूत्र** है।
- कापालिक सम्प्रदाय के ईष्टदेव भैरव थे। इस सम्प्रदाय का प्रमुख केन्द्र **श्रीशैल** नामक स्थान था। इस सम्प्रदाय के उपासक क्रोधी स्वभाव के होते हैं।
- कालामुख सम्प्रदाय के अनुयायियों को शिव पुराण में **महाव्रतधर** कहा गया है। इस सम्प्रदाय के लोग नर कपाल में ही भोजन, जल तथा सुरापान करते हैं और साथ ही अपने शरीर पर चिता की भस्म मलते हैं।
- लिंगायत सम्प्रदाय दक्षिण में प्रचलित था। इन्हें जंगम भी कहा जाता था। इस सम्प्रदाय के लोग शिवलिंग की उपासना करते थे।
- बसव पुराण में लिंगायत सम्प्रदाय का प्रवर्त्तक, अल्लभ प्रभु तथा उनके शिष्य बासव को बताया गया है। इस सम्प्रदाय को **वीरशैव सम्प्रदाय** भी कहा जाता है।
- मत्स्येंद्रनाथ ने 10वीं शताब्दी में **नाथ सम्प्रदाय** की स्थापना की। इस सम्प्रदाय का व्यापक-प्रसार बाबा गोरखनाथ के समय में हुआ।

अन्य सम्प्रदाय एवं उनके संस्थापक

सम्प्रदाय का नाम	**संस्थापक**	**पुस्तक**
बरकारी	नामदेव	–
श्रीवैष्णव	रामानुज	ब्रह्मसूत्र
परमार्थ	रामदास	दासबोध
रामभक्त	रामानंद	अध्यात्म रामायण

- दक्षिण भारत में शैव धर्म चालुक्य, राष्ट्रकूट, पल्लव एवं चोलों के समय लोकप्रिय था।
- पल्लव शासकों के काल में शैव धर्म का प्रचार-प्रसार नायनारों द्वारा किया गया। नायनार संतों की संख्या 63 बतायी गयी है, जिनमें अप्पार, तिरूज्ञान, सम्बंदर एवं सुन्दरमूर्ति आदि के नाम उल्लेखनीय हैं।
- चोल शासक राजराज प्रथम ने तंजौर में प्रसिद्ध राजराजेश्वर शैव मंदिर का निर्माण करवाया, जिसे वृहदीश्वर मंदिर के नाम से भी जाना जाता है।
- कुषाण शासकों की मुद्राओं पर शिव एवं नंदी का एक साथ अंकन प्राप्त होता है।

इस्लाम धर्म

- इस्लाम धर्म के संस्थापक **हजरत मुहम्मद साहब** थे।
- हजरत मुहम्मद साहब का जन्म 570 ई० में **मक्का** में हुआ था।
- हजरत मुहम्मद साहब के पिता का नाम **अब्दुल्ला** और माता का नाम **अमीना** था।
- हजरत मुहम्मद साहब को 610 ई० में मक्का के पास हीरा नामक गुफा में ज्ञान की प्राप्ति हुई।
- 24 सितम्बर, 622 ई० को पैगम्बर का मक्का से मदीना की यात्रा इस्लाम जगत में मुस्लिम संवत् (हिजरी संवत्) के नाम से जाना जाता है।
- मुहम्मद की शादी 25 वर्ष की अवस्था में **खदीजा** नामक विधवा के साथ हुई।
- मुहम्मद की पुत्री का नाम **फातिमा** एवं दामाद का नाम **अली हुसैन** है।
- देवदूत की पुत्री का नाम फातिमा एवं दामाद का नाम अली हुसैन है।
- देवदूत **जिब्रियल** (Gabriel) ने पैगम्बर मुहम्मद साहब को कुरान अरबी भाषा में संप्रेषित की।
- कुरान इस्लाम धर्म का पवित्र ग्रन्थ है।
- पैगम्बर मुहम्मद साहब ने कुरान की शिक्षाओं का उपदेश दिया।
- हजरत मुहम्मद साहब की मृत्यु 8 जून, 632 ई० को हुई। इन्हें मदीना में दफनाया गया।
- मुहम्मद साहब की मृत्यु के बाद इस्लाम सुन्नी तथा शिया नामक दो पंथों में विभाजित हो गया।

- सुन्नी उन्हें कहते हैं, जो सुन्ना में विश्वास करते हैं। सुन्ना पैगम्बर मुहम्मद साहब के कथनों तथा कार्यों का विवरण है।
- शिया अली की शिक्षाओं में विश्वास करते हैं तथा उन्हें मुहमद साहब का न्यायसम्मत उत्तराधिकारी मानते हैं। अली मुहम्मद साहब के दामाद थे।
- अली की सन् 661 ई० में हत्या कर दी गयी। अली के पुत्र हुसैन की हत्या 680 ई० में कर्बला (इराक) नामक स्थान पर कर दी गयी। इन दोनों हत्या ने शिया को निश्चित मत का रूप दे दिया।
- पैगम्बर मुहम्मद साहब के उत्तराधिकारी 'खलीफा' कहलाये।
- इस्लाम जगत में खलीफा पद 1924 ई० तक रहा। 1924 ई० में इसे तुर्की के शासक मुस्तफा कमालपाशा ने समाप्त कर दिया।
- **इब्न ईशाक** ने सर्वप्रथम पैगम्बर साहब का जीवन-चरित लिखा।
- मुहम्मद साहब पैगम्बर के जन्म-दिन पर **ईद-ए मिलाद-उन-नबी** पर्व मनाया जाता है।
- भारत में सर्वप्रथम इस्लाम का आगमन **अरबों** के जरिए हुआ। 712 ई० में अरबों ने सिन्ध जीत लिया और सबसे पहले भारत के इसी भाग में इस्लाम एक महत्त्वपूर्ण धर्म बना।

नोटः नमाज के दौरान मुसलमान मक्का की तरफ मुँह करके खड़े होते हैं। भारत में मक्का पश्चिम की ओर पड़ता है। मक्का की ओर की दिशा को **किबला** कहा जाता है।

ईसाई धर्म

- ईसाई धर्म के संस्थापक हैं–**ईसा मसीह**।
- ईसाई धर्म का प्रमुख ग्रन्थ है–**बाइबिल**।
- ईसा मसीह का जन्म जेरुशेलम के निकट बैथलेहम नामक स्थान पर हुआ था।
- ईसा के जन्म-दिवस को **क्रिसमस** के रूप में मनाया जाता है।
- ईसा मसीह के माता का नाम **'मेरी'** और पिता का नाम **'जोसफ'** है।

> **पारसी धर्म**
>
> पारसी धर्म के पैगम्बर जरथुस्ट्र (ईरानी) थे, इनके शिक्षाओं का संकलन जेन्दा अवेस्ता नामक ग्रन्थ में है, जो पारसियों का धार्मिक ग्रन्थ है। इनकी मूल शिक्षा का सूत्र हैः सद्-विचार, सद्-वचन तथा सद्-कार्य। इसके अनुयायी एक ईश्वर 'अहुर' को मानते हैं। इस धर्म के अनुयाइयों को 'अग्नि-पूजक' भी कहा जाता है।

- ईसा ने अपने जीवन के प्रथम 30 वर्ष एक बढ़ई के रूप में बैथलेहम के निकट नाजरेथ में बिताये।
- ईसा मसीह के प्रथम दो शिष्य थे–**एंड्रूस** एवं **पीटर**।
- ईसा मसीह को सूली पर रोमन गवर्नर **पोंटियस** ने चढ़ाया।
- ईसा मसीह को 33 ई० में सूली पर चढ़ाया गया।
- ईसाई धर्म का सबसे पवित्र चिह्न **क्रॉस** है।
- ईसाई त्रित्व में विश्वास रखते हैं, वे हैं–ईश्वर-पिता, ईश्वर-पुत्र (ईसा), ईश्वर-पवित्र आत्मा।

नोटः 12वीं शताब्दी से फ्रांस में आरंभिक भवनों की तुलना में अधिक ऊँचे व हल्के चर्चों के निर्माण प्रारंभ हुए। वास्तुकला की यह शैली **गोथिक** के नाम से जानी जाती है। इस वास्तुकलात्मक शैली के सर्वोत्कृष्ट उदाहरणों में एक पेरिस का नाट्रेडम चर्च है।

6. महाजनपदों का उदय

- बुद्ध के जन्म से पूर्व लगभग छठी शताब्दी ई.पू. में भारतवर्ष **16 महाजनपदों** में बँटा हुआ था।
- इन 16 जनपदों का उल्लेख हमें बौद्ध ग्रन्थ **अंगुत्तरनिकाय** में मिलता है।
- जैन ग्रन्थ **भगवतीसूत्र** में भी इन 16 महाजनपदों की सूची कुछ नामांतर के साथ मिलती है।
- ये राज्य (महाजनपद) दो प्रकार के थे- **राजतन्त्रात्मक राज्य** एवं **गणतन्त्रात्मक राज्य।**

- **राजतन्त्रात्मक राज्य** थे- अंग, मगध, काशी, कोशल, चेदि, वत्स, कुरू, पांचाल, मत्स्य, शूरसेन, अश्मक, अवंति, गांधार तथा कंबोज।
- **गणतन्त्रात्मक राज्य** थे- वज्जि और मल्ल।
- बौद्ध साहित्य में उल्लिखित 16 महाजनपदों में मगध, वत्स, कोशल एवं अवंति सर्वाधिक शक्तिशाली थे।

क्र. सं.	महाजनपद	राजधानी	क्षेत्र (आधुनिक स्थान)
1.	अंग	चंपा	भागलपुर, मुंगेर (बिहार)
2.	मगध	गिरिव्रज/राजगृह	पटना, गया (बिहार)
3.	काशी	वाराणसी	वाराणसी के आस-पास (उत्तरप्रदेश)
4.	वत्स	कौशम्बी	इलाहाबाद के आस-पास (उत्तरप्रदेश)
5.	वज्जि	वैशाली/विदेह/ मिथिला	मुजफ्फरपुर एवं दरभंगा के आप-पास का क्षेत्र
6.	कोशल	श्रावस्ती	फैजाबाद (उत्तरप्रदेश)
7.	अवन्ति	उज्जैन/महिष्मती	मालवा (मध्यप्रदेश)
8.	मल्ल	कुशावती	देवरिया (उत्तरप्रदेश)
9.	पंचाल	अहिच्छत्र, काम्पिल्य	बरेली, बदायूँ, फर्रूखाबाद (उत्तरप्रदेश)
10.	चेदि	शक्तिमती	बुंदेलखण्ड (उत्तरप्रदेश)
11.	कुरू	इन्द्रप्रस्थ	आधुनिक दिल्ली, मेरठ एवं हरियाणा के कुछ क्षेत्र
12.	मत्स्य	विराटनगर	जयपुर (राजस्थान) के आस-पास के क्षेत्र
13.	कम्बोज	हाटक	राजोरी एवं हजारा क्षेत्र (उत्तरापथ, पाकिस्तान)
14.	शूरसेन	मथुरा	मथुरा (उत्तरप्रदेश)
15.	अश्मक	पोटली/पोतन	गोदावरी नदी क्षेत्र
16.	गान्धार	तक्षशिला	रावलपिंडी एवं पेशावर (पाकिस्तान)

7. मगध राज्य का उत्कर्ष

- मगध का उल्लेख पहली बार **अथर्ववेद** में मिलता है।
- मगध के प्राचीन इतिहास की रूपरेखा **महाभारत** तथा **पुराणों** में मिलती है। इन ग्रन्थों के मुताबिक मगध के सबसे प्राचीन राजवंश का संस्थापक बृहद्रथ था।
- बृहद्रथ जरासंध का पिता एवं वसु वैद्य-उपरिचर का पुत्र था।
- मगध की आरम्भिक राजधानी वसुमती या गिरिव्रज (राजगृह) की स्थापना का श्रेय वसु को दिया जाता है।
- बृहद्रथ का पुत्र जरासंध एक पराक्रमी शासक था, जिसने अनेक राजाओं को पराजित किया। अंततोगत्वा उसे श्रीकृष्ण के निर्देश पर भीम ने पराजित कर मार डाला।
- रिपुंजय बृहद्रथ वंश का अंतिम शासक था। वह एक कमजोर और अयोग्य राजा था।
- बृहद्रथ वंश के बाद 545 ई.पू. में बिम्बिसार मगध की गद्दी पर बैठा। बिम्बिसार **हर्यक वंश** का संस्थापक था।

- बिम्बिसार को **सेणिय** अथवा **श्रेणिक** के नाम से भी जाना जाता था।
- बिम्बिसार ने ब्रह्मदत्त को हराकर अंग राज्य को मगध में मिला लिया।
- बिम्बिसार बौद्ध धर्म का अनुयायी था।
- बिम्बिसार ने राजगृह का निर्माण कर उसे अपनी राजधानी बनाया। लगभग 52 वर्षों तक उसने मगध पर शासन किया।
- प्रसिद्ध राजवैद्य जीवक बिम्बिसार का दरबारी था।
- बिम्बिसार ने महात्मा बुद्ध के अस्वस्थ्य होने पर राजवैद्य जीवक उनकी सेवा में भेजा था।
- बिम्बिसार ने वैवाहिक सम्बन्ध स्थापित कर अपने साम्राज्य का विस्तार किया। उसने कोशल नरेश प्रसेनजीत की बहन से, वैशाली के चेटक की पुत्री चेल्लना से तथा पंजाब की राजकुमारी क्षेमभद्रा से शादी की।
- बिम्बिसार की हत्या उसके पुत्र अजातशत्रु ने कर दी और 493 ई.पू. में मगध की गद्दी पर बैठा।
- अजातशत्रु को **कुणिक** उपनाम से भी जाना जाता था।
- अजातशत्रु के शासनकाल में मगध साम्राज्यवाद का चरमोत्कर्ष हुआ और वह राजनीतिक सत्ता के शीर्ष पर पहुँच गया। अजातशत्रु ने लगभग 32 वर्षों तक मगध पर शासन किया। अजातशत्रु जैनधर्म का अनुयायी था।
- अजातशत्रु के सुयोग्य मन्त्री का नाम वर्षकार (वरस्कार) था। इसी के सहायता से अजातशत्रु ने वैशाली पर विजय प्राप्त की।
- अजातशत्रु की हत्या उसके पुत्र उदयन ने 461 ई.पू. में कर दी और वह मगध की गद्दी पर बैठा।
- उदयन ने पाटलीग्राम की स्थापना की, जो बाद में मगध की नई राजधानी बनी।
- उदयन भी जैन धर्म का अनुयायी था।
- हर्यक वंश का अंतिम राजा उदयन का पुत्र **नागदशक** था।
- नागदशक को उसके अमात्य शिशुनाग ने 412 ई.पू. में अपदस्थ करके मगध पर शिशुनाग वंश की स्थापना की।
- शिशुनाग के शासनकाल की सबसे प्रमुख घटना अवंती के साथ युद्ध है। शिशुनाग ने अवंती के अपने समकालीन शासक अवंतिवर्धन को युद्ध में परास्त कर अवंती पर अधिकार कर लिया और उसे मगध साम्राज्य का भाग बना दिया।
- शिशुनाग ने अपनी राजधानी पाटलिपुत्र से हटाकर वैशाली में स्थापति की।
- शिशुनाग के बाद काकवर्ण या कालाशोक मगध की गद्दी पर बैठा। कालाशोक ने पुनः राजधानी को वैशाली से पाटलिपुत्र ले आया।
- कालाशोक के समय बौद्धों की दूसरी सभा वैशाली में हुई।
- शिशुनाग वंश का अंतिम राजा नंदिवर्धन था।
- शिशुनाग वंश के पश्चात् 364 ई.पू. में मगध पर नन्द वंश की स्थापना हुई।
- नन्द वंश का अंतिम शासक घनानन्द था। यह सिकंदर का समकालीन था।

8. प्राचीन भारत पर विदेशी आक्रमण

छठी से चौथी शताब्दी ई.पू. के राजनीतिक जीवन की एक अन्य महत्त्वपूर्ण घटना (मगध के उत्थान के अतिरिक्त) है, भारत पर विदेशी आक्रमणों का प्रथम चरण। इस चरण में भारत पर दो- पारसी (ईरानी) और यूनानी (मकदूनियाई) आक्रमण हुए।

पारसी (ईरानी) आक्रमण

- भारत पर सबसे पहला आक्रमण पारसियों/ईरानियों का हुआ। हखामनी वंश के शासकों ने पश्चिमोत्तर भारत पर आक्रमण कर उसे अपने प्रभावक्षेत्र में लाने का प्रयास किया।

- पारसियों द्वारा परिश्चमोत्तर भारत पर आक्रमण का मुख्य कारण इस क्षेत्र का सामरिक एवं आर्थिक महत्त्व था। इस क्षेत्र पर अधिकार कर भारत में प्रवेश करने के मार्ग पर नियन्त्रण कायम किया जा सकता था।
- पश्चिमोत्तर भारत का इलाका आर्थिक दृष्टि से भी महत्त्वपूर्ण था। इस मार्ग पर नियन्त्रण रहने से मध्य एशियाई व्यापार पर नियन्त्रण स्थापित किया जा सकता था।
- ईरानी आक्रमण का उल्लेख तत्कालीन भारतीय साहित्य में तो नहीं मिलता, तथापि यूनानी और रोमन इतिहासकारों (हैरोडोट्स, जेनोफन, प्लिनी, स्ट्रैबो, एरियन) ने इस आक्रमण का उल्लेख अपने ग्रन्थों में किया है।
- ईरानी आक्रमण एवं विजय का अभिलेखीय साक्ष्य मध्य एशिया से प्राप्त बहिस्तान एवं नक्श-ए-रूस्तम अभिलेख से मिलता है।
- भारत पर पहला ईरानी आक्रमण साइरस/कुरूष (558-530 ई.पू.) द्वारा किया गया। साइरस/कुरूष ईरान का शक्तिशाली शासक था। हखामनी वंश की स्थापना का श्रेय उसे ही दिया जाता है। हालाँकि उसे सफलता नहीं मिली और उसे लौटना पड़ा।
- साइरस के बाद के शासकों में डेरियस या दारा प्रथम (522-486 ई.पू.) का भारत पर विजय अभियान सफल रहा। उसने 519-13 ई.पू. के बीच सिन्धु प्रदेश पर विजय प्राप्त की। हमदान एवं नक्श-ए-रूस्तम अभिलेखों से डेरियस द्वारा सिन्धु प्रदेश पर विजय की पुष्टि होती है। इतिहासकार हेरोडोट्स भी इस विजय की पुष्टि करता है।
- बहिस्तान-अभिलेख से डेरियस द्वारा गांधार प्रदेश पर भी विजय की पुष्टि होती है।
- डेरियस प्रथम के उत्तराधिकारी क्षयार्ष या जरसिस (486-465 ई.पू.) ने भी भारतीय प्रांतों पर अपना प्रभाव बनाये रखा। उसकी सेना में भारतीय सैनिकों को बड़ी संख्या में नियुक्त किया गया। इस सेना ने यूनान के साथ हुए युद्ध (ईरान और यूनान) में भी भाग लिया।
- यद्यपि क्षयार्ष के सैनिक अभियानों का विवरण नहीं मिलता, तथापि कहा जाता है कि इस राजा ने भारत में अनेक मंदिरों को तोड़ डाला, भारतीय देवताओं की पूजा बंद करवा दी तथा उसके बदले अहुरमज्दा (जो ईरान का प्रधान देवता था) और प्रकृति की पूजा (**ऋतम्**) करने का आदेश दिया।
- क्षयार्ष के पश्चात् भारत से ईरानियों का प्रभुत्व धीर-धीरे समाप्त होने लगा। तथापि चौथी शताब्दी ई.पू. तक भारत पर ईरान का प्रभाव बना रहा।
- डेरियस तृतीय के समय तक (335-330 ई.पू.) भारतीय भू-भाग पर ईरानी प्रभाव बना रहा, परन्तु विश्व विजेता सिकंदर ने ईरान पर विजय प्राप्त कर ईरान की प्रभुता और उसके भारतीय साम्राज्य को नष्ट कर दिया।
- ईरानी आक्रमण का राजनीतिक दृष्टि से प्रभाव स्थायी भले न हो तथापि सांस्कृतिक तौर पर ईरानी प्रभुत्व का भारत पर निश्चय ही प्रभाव पड़ा।
- भारतीय संस्कृति भी ईरानी सम्बन्धों से लाभान्वित हुई। इसका सबसे स्पष्ट प्रभाव लिपि पर पड़ा। ईरानी शासन के दौरान प्रचलित आरामाइक-लिपि के आधार पर ही खरोष्ठी-लिपि का विकास हुआ, जो अरबी के समान दायें से बायें की तरफ लिखी जाती थी।
- भारतीयों ने ईरानियों से ही पवित्र अग्नि जलाने की प्रथा अपनाई।

यूनानी (मकदूनियाई) आक्रमण

- ईरानी आक्रमण के पश्चात् भारत की उत्तर-पश्चिमी सीमा पर पुन: विदेशी आक्रमण का खतरा मंडराने लगा। इस बार आक्रमणकारी यूनानी थे। इस आक्रमण का नेता मकदूनिया (यूनान) का शासक सिकंदर था।
- सिकंदर का जन्म 356 ई.पू. में हुआ था।
- सिकंदर का पिता **फिलिप** मकदूनिया का शासक था।
- फिलिप 359 ई.पू. में मकदूनिया का शासक बना। वह विश्व विजेता बनना चाहता था, परन्तु असमय हत्या (329 ई.पू.) होने के कारण उसका स्वप्न पूरा नहीं हुआ।
- सिकंदर अरस्तू का शिष्य था।
- फिलिप के बाद 336 ई.पू. में 20 वर्ष की आयु में सिकंदर मकदूनिया का राजा बना।
- सिकंदर ने भारत-विजय का अभियान 326 ई.पू. में प्रारम्भ किया।
- सिकंदर के सेनापति का नाम **सेल्यूकस** निकेटर था।
- सिकंदर को पंजाब के शासक पोरस के साथ युद्ध करना पड़ा, जिसे **हाइडेस्पीज** के युद्ध या झेलम (वितस्ता) के युद्ध के नाम से जाना जाता हैं।
- सिकंदर की सेना ने व्यास नदी को पार करने से इनकार कर दिया।
- सिकंदर स्थल-मार्ग द्वारा 325 ई.पू. में भारत से लौट गया।
- सिकंदर की मृत्यु 323 ई.पू. में सूसा (फारस) में 33 वर्ष की अवस्था में हो गयी।
- सिकंदर का जल-सेनापति था- **नियार्कस**।
- यूनानी आक्रमण का सर्वाधिक प्रभाव सांस्कृतिक क्षेत्र में महसूस किया गया।

9. मौर्य वंश

चन्द्रगुप्त मौर्य

- मौर्य वंश का संस्थापक चन्द्रगुप्त मौर्य था। इसने मगध के नन्द वंश के अंतिम शासक घनानन्द को युद्ध में परास्त कर मगध पर एक नये वंश के रूप में मौर्य वंश की स्थापना की थी।
- **जस्टिन** ने चन्द्रगुप्त मौर्य को **सेण्ड्रोकोट्स** एवं **प्लूटार्क** ने **एण्ड्रोकट्स** से सम्बोधित किया है।
- सर्वप्रथम **विलियम जोन्स** ने सेण्ड्रोकोट्स की पहचान चन्द्रगुप्त मौर्य के रूप में की।
- चन्द्रगुप्त मौर्य का जन्म 345 ई.पू. में हुआ था।
- घनानन्द को परास्त करने में चाणक्य ने चन्द्रगुप्त मौर्य की मदद की थी, जो बाद में चन्द्रगुप्त का प्रधानमन्त्री बना।
- चन्द्रगुप्त 322 ई.पू. में मगध की राजगद्दी पर बैठा।
- चन्द्रगुप्त जैन धर्म का अनुयायी था। उसने जैन धर्म गुरु भद्रबाहु से जैन धर्म की दीक्षा ली थी।
- चन्द्रगुप्त ने अपने जीवन का अंतिम समय कर्नाटक के **श्रवणबेलगोला** नामक स्थान पर बिताया।
- 305 ई.पू. में चन्द्रगुप्त ने सिकंदर के सेनापति सेल्यूकस निकेटर को हराया।
- सेल्यूकस निकेटर ने अपनी पुत्री कार्नेलिया की शादी चन्द्रगुप्त मौर्य के साथ कर दी और युद्ध की संधि के शर्तों के अनुसार चार प्रांत- काबुल, कंधार, हेरात एवं मकरान चन्द्रगुप्त को दिये। चन्द्रगुप्त ने 500 हाथी उपहारस्वरूप सेल्यूकस को भेजे। इस उपहार का उल्लेख **प्लूटार्क** भी करता है।

- मेगास्थनीज सेल्यूकस निकेटर का राजदूत था, जो चन्द्रगुप्त मौर्य के दरबार मे रहता था।
- मेगास्थनीज द्वारा लिखी गयी पुस्तक **इंडिका** में चन्द्रगुप्त मौर्य के जीवन, पाटलिपुत्र, इसकी प्रशासनिक व्यवस्था और अन्य विषयों का उल्लेख मिलता है।
- चन्द्रगुप्त मौर्य और सेल्यूकस के बीच हुए युद्ध का वर्णन एप्पियस ने किया है।
- चन्द्रगुप्त मौर्य की मृत्यु 298 ई.पू. में श्रवणबेलगोला में उपवास द्वारा हुई।

बिन्दुसार

- चन्द्रगुप्त मौर्य का उत्तराधिकारी बिन्दुसार हुआ, जो 298 ई.पू. में मगध के राजसिंहासन पर बैठा।
- बिन्दुसार **अमित्रघात** या **अमित्रखाद** (शत्रुओं का संहारक) के नाम से भी जाना जाता है।
- बिन्दुसार के अन्य नाम भी मिलते हैं - **अमित्रकेटे, अल्लित्रोशेड्स, अमित्रचेत्स, सिंहसेन** इत्यादि।
- पुराणों के अनुसार 24 वर्षों तक जबकि बौद्ध ग्रन्थ महावंश के अनुसार 27 वर्षों तक राज्य बिन्दुसार ने किया।
- वायुपुराण में बिन्दुसार को **भद्रसार** या **वारिसार** कहा गया है।
- तिब्बती इतिहासकार लामा तारानाथ और बौद्ध ग्रन्थ आर्यमंजुश्रीमूलकल्प के अनुसार चन्द्रगुप्त के पश्चात् भी कुछ समय तक चाणक्य बिन्दुसार का प्रधानमन्त्री बना रहा।
- स्ट्रैबो के अनुसार यूनानी शासक एण्टियोकस ने बिन्दुसार के दरबार में डाइमेकस नामक राजदूत भेजा। इसे ही मेगास्थनीज का उत्तराधिकारी माना जाता है।
- प्लिनी के अनुसार मिस्र का राजा फिलाडेल्फस (टॉलमी II) ने पाटलिपुत्र में डियानीसियस नाम का एक राजदूत भेजा था।
- **जैन ग्रन्थों** में बिन्दुसार को **सिंहसेन** कहा गया है।
- बिन्दुसार के शासनकाल में तक्षशिला में हुए दो विद्रोहों का वर्णन मिलता है। इस विद्रोह को दबाने के लिए बिन्दुसार ने पहले अशोक को और बाद में सुसीम को भेजा।
- एथीनियस के अनुसार बिन्दुसार ने सीरिया के शासक एण्टियोकस I से मधुर मदिरा, सूखे अंजीर एवं एक दार्शनिक भेजने की प्रार्थना की थी। सीरिया के शासक ने बिन्दुसार की प्रथम दो माँगें मान ली, परन्तु दार्शनिक नहीं भेज सका।
- तिब्बती बौद्ध विद्वान तारानाथ ने बिन्दुसार को 16 राज्यों का विजेता बताया है।
- बिन्दुसार के शासन की सबसे बड़ी उपलब्धि यह है कि उसने अपने पिता के साम्राज्य की निष्ठापूर्वक रक्षा की तथा इसे विरासत के रूप में अपने पुत्र अशोक के लिए सुरक्षित रखा।

अशोक

- बिन्दुसार का उत्तराधिकारी अशोक महान हुआ जो 269 ई.पू. में मगध की राजगद्दी पर बैठा।
- राजगद्दी पर बैठने के समय अशोक अवंती का राज्यपाल था।
- मास्की एवं गुर्जरा अभिलेख में अशोक का नाम अशोक मिलता है।
- पुराणों में अशोक को अशोकवर्धन कहा गया है।
- अशोक ने अपने राज्याभिषेक के आठवें वर्ष लगभग 261 ई.पू. में कलिंग पर आक्रमण किया और कलिंग की राजधानी तोसली पर अधिकार कर लिया।
- अशोक को **उपगुप्त** नामक बौद्ध भिक्षु ने बौद्ध धर्म की दीक्षा दी थी।
- अशोक ने आजीवकों को रहने हेतु बिहार राज्य के गया जिला के अन्तर्गत बराबर की पहाड़ियों में चार गुफाओं (वर्तमान में बराबर पहाड़ी की ये गुफाएं जहानाबाद में स्थित है) का निर्माण करवाया। इन गुफाओं के नाम क्रमशः हैं - **कर्ण, चोपार, सुदामा** तथा **विश्व-झोपड़ी।**

- अशोक की माता का नाम सुभद्रांगी था।
- अशोक ने बौद्ध धर्म के प्रचार के लिए अपने पुत्र महेन्द्र एवं पुत्री संघमित्रा को श्रीलंका भेजा।
- भारत में शिलालेख का प्रचलन सर्वप्रथम अशोक ने किया।
- अशोक के शिलालेखों में ब्राह्मी, खरोष्ठी एवं अरामाइक लिपि का प्रयोग हुआ है।
- ग्रीक एवं अरामाइक लिपि का अभिलेख अफगानिस्तान में, **खरोष्ठी लिपि** का अभिलेख उत्तर-पश्चिम पाकिस्तान में और शेष भारत से **ब्राह्मी लिपि** में अभिलेख प्राप्त हुए हैं।
- अफगानिस्तान के लगभग से प्राप्त पुलेदारूत शिलालेख आरामाइक लिपि में है।
- अशोक के अभिलेखों से उसकी गृह, विदेश नीति, साम्राज्य विस्तार एवं प्रशासन पर काफी प्रकाश पड़ता है।
- अशोक के अभिलेखों को तीन भागों में बाँटा जा सकता है-
  1. शिलालेख (Rock-edict)
  2. स्तम्भ लेख (Pillar-edict)
  3. गुहा लेख (Cave-inscriptions)
- अशोक के शिलालेख की खोज 1750 ई.पू. में टीफैनथेलर ने की थी। इनकी संख्या 14 है।
- सर्वप्रथम जेम्स प्रिंसेप को 1837 में अशोक के अभिलेख को पढ़ने में सफलता मिली।

1. अशोक के शिलालेख (Rock-edicts)

- अशोक के शिलालेखों की संख्या 14 है, जो आठ अलग-अलग स्थानो से मिले हैं। इन 14 शिलालेखों में वर्णित बातें निम्न है-
- **पहला शिलालेख**- इसमें अशोक ने पशुबलि की निंदा की है।
- **दूसरा शिलालेख**- इसमें अशोक ने मनुष्य और पशु दोनों की चिकित्सा व्यवस्था का उल्लेख किया है।
- **तीसरा शिलालेख**- इसमें राजकीय अधिकारियों को यह आदेश दिया गया है कि वे प्रति पाँचवें वर्ष के उपरांत दौरों पर जायें। इस शिलालेख में कुछ धार्मिक नियमों का भी उल्लेख किया गया है।
- **चतुर्थ शिलालेख**- इसमें धर्म से सम्बन्धित शेष नियमों का उल्लेख किया गया है। साथ ही भेरीघोष की जगह धम्मघोष की घोषणा की गयी है।
- **पंचम शिलालेख**- इसमें धर्म महामात्रों की नियुक्ति के विषय में जानकारी मिलती है।
- **छठा शिलालेख**- इसमें आत्म-नियन्त्रण की शिक्षा दी गयी है।
- **सातवाँ एवं आठवाँ शिलालेख**- इसमें अशोक की तीर्थ यात्राओं का उल्लेख किया है।
- **नौवाँ शिलालेख**- इसमें सच्ची भेंट एवं सच्चे शिष्टाचार का उल्लेख है।

अशोक के शिलालेख

क्र. सं.	शिलालेख	खोज का वर्ष	लिपि
1.	शहबाजगढ़ी	1836	खरोष्ठी
2.	मानसेहरा	1889	खरोष्ठी
3.	गिरनार	1822	ब्राह्मी
4.	धौली	1837	ब्राह्मी
5.	कालसी	1837	ब्राह्मी
6.	जौगड़	1850	ब्राह्मी
7.	सोपारा	1882	ब्राह्मी
8.	एर्रगुड़ी	1916 (लगभग)	ब्राह्मी

नोट: धौली एवं जौगड़ के लेखों को **पृथक् कलिंग प्रज्ञापन** कहते हैं। इसमें कलिंग राज्य के प्रति अशोक की शासन नीति का उल्लेख है।

- **दसवाँ शिलालेख**- इसके माध्यम से अशोक ने यह आदेश दिया है कि राजा तथा उच्च पदाधिकारी हर क्षण प्रजा के हित के बारे में सोचें।
- **ग्यारहवाँ शिलालेख**- इसमें धर्म के वरदान को सर्वोत्कृष्ट बताया गया है।
- **बारहवाँ शिलालेख**- इसमें सभी प्रकार के विचारों के समान होने की बात कही गयी है।
- **तेरहवाँ शिलालेख**- इसमें कलिंग युद्ध का वर्णन एवं अशोक के हृदय परिवर्तन की बात कही गयी है।
- **चौदहवाँ शिलालेख**- इसमें अशोक ने जनता को धार्मिक जीवन जीने के लिए प्रेरित किया है।

लघु शिलालेख

- लघु शिलालेखों के माध्यम से अशोक के व्यक्तिगत जीवन के इतिहास के विषय में जानकारी मिलती है। अशोक के लघु शिलालेख निम्न प्रकार से हैं-

क्र. सं.	लघु शिलालेख	स्थान
1.	एर्रगुड़ी	कर्नूल (आंध्रप्रदेश)
2.	ब्रह्मगिरि	ब्रह्मगिरि (कर्नाटक)
3.	सिद्धपुर	ब्रह्मगिरि से एक मील पश्चिम (कर्नाटक)
4.	जटिंग रामेश्वर	ब्रह्मगिरि से 3 मील उत्तर-पश्चिम (कर्नाटक)
5.	गोविमठ	गोविमठ (मैसूर, कर्नाटक)
6.	राजुल मंडिगिरि	कर्नूल (आंध्रप्रदेश)
7.	मास्की	रायचूर (आंध्रप्रदेश)
8.	गुर्जरा	दतिया (मध्यप्रदेश)
9.	भब्रू (बैराठ)	जयपुर (राजस्थान)
10.	रूपनाथ	जबलपुर (मध्यप्रदेश)
11.	अहरौरा	मिर्जापुर (उत्तरप्रदेश)
12.	सासाराम	सासाराम (बिहार)
13.	पालकि गुंडु	गोविमठ से 4 मील दूर (कर्नाटक)

2. अशोक के स्तंभ लेख (Pillar-edicts)

- इनकी कुल संख्या 7 है। ये लेख छः अलग-अलग स्थानों से मिले हैं। ये लेखक निम्न हैं-
  1. **प्रयाग स्तंभ लेख**- यह पहले कौशांबी में स्थित था। इसे **रानी का अभिलेख** भी कहा जाता है। इस स्तंभ लेख को मुगल सम्राट अकबर ने इलाहाबाद के किले में स्थापित करवाया।
  2. **दिल्ली-टोपरा**- यह स्तंभ लेख फिरोजशाह तुगलक द्वारा पंजाब के टोपरा से दिल्ली लाया गया। इस पर अशोक के सातों अभिलेखों का उल्लेख है।
  3. **दिल्ली मेरठ**- पहले मेरठ में स्थित यह स्तंभ लेख फिरोजशाह तुगलक द्वारा दिल्ली लाया गया। इसकी खोज 1750 ई. में टीफैनथेलर द्वारा की गयी।
  4. **रामपुरवा**- यह स्तंभ लेख बिहार राज्य के पश्चिम चंपारण जिला में स्थित है। इसकी खोज 1872 में कारलायल ने की थी। इस स्तंभ लेख पर वृषभ की मूर्ति है।
  5. **लौरिया अरेराज**- यह बिहार राज्य के पूर्वी चंपारण जिले में स्थित है।
  6. **लौरिया नंदनगढ़**- यह भी बिहार राज्य के पश्चिम चंपारण जिले में स्थित है। इस स्तंभ लेख पर मोर का चित्र बना है।

लघु-स्तंभ लेख

- सभी लघु-स्तंभ लेखों पर अशोक की राजकीय घोषणाओं का उल्लेख है।
- साँची-सारनाथ के लघु-स्तंभ लेख में अशोक धर्म महामात्रों को संघ-भेद रोकने का आदेश देता है।

क्र. स.	लघु-स्तंभ लेख	स्थान
1.	सारनाथ	वाराणसी (उत्तरप्रदेश)
2.	साँची	रायसेन (मध्यप्रदेश)
3.	कौशांबी	कौशांबी (इलाहाबाद)
4.	रूम्मिनदेई	नेपाल की तराई (नेपाल)
5.	निग्लीवा	निगाली सागर (नेपाल)
6.	रानी का स्तंभ लेख	इलाहाबाद के किले में (इलाहाबाद)

3. अशोक के गुहा लेख (Cave-inscriptions)

- अशोक ने बिहार राज्य के गया जिले (अब जहानाबाद) में बराबर व नागार्जुनी चट्टानों को काटवाकर तीसरी शताब्दी ई.पू. में शैलकृत गुफाओं का निर्माण करवाया था।
- बराबर स्थित चार में से तीन गुफाओं में अशोक के शिलालेख हैं। इस शिलालेख से यह ज्ञात होता है कि दो गुफाएँ अशोक द्वारा शासन के 12वें वर्ष और 19वें वर्ष भिक्षुओं को दी गयी।
- इन गुफाओं को अशोक ने आजीवक सम्प्रदाय के भिक्षुओं के निवास के लिए बनवाया था।
- अशोक की प्रमुख गुफाएँ हैं- कर्ण, चोपार, विश्व झोपड़ी और सुदामा।
- कोशांबी अभिलेख को **रानी का अभिलेख** कहा जाता है।
- अशोक का सबसे छोटा स्तंभ-लेख रूम्मिनदेई का है। इसी में लुम्बिनी में धम्म यात्रा के दौरान अशोक द्वारा भू-राजस्व की दर घटा देने की घोषणा की गयी है।
- अशोक का 7वाँ अभिलेख सबसे लंबा है।
- धौली एवं जौगड़ के लेखों को **पृथक कलिंग प्रज्ञापन** कहा गया है। इस अभिलेख में कलिंग राज्य के प्रति अशोक की शासन नीति के विषय में बताया गया है।
- प्रथम पृथक् कलिंग शिलालेख में अशोक ने प्रजा के प्रति पितृ-तुल्य भाव प्रकट किया है।
- अशोक का **शार-ए-कुना (कंधार)** अभिलेख **ग्रीक** एवं **आरामाइक** भाषाओं में प्राप्त हुआ है।
- साम्राज्य में मुख्यमन्त्री एवं पुरोहित की नियुक्ति के पूर्व उनके चरित्र को काफी जाँचा परखा जाता था, जिसे **उपधा परीक्षण** कहा जाता था।
- सम्राट की सहायता के लिए एक मन्त्रिपरिषद् होती थी, जिसमें सदस्यों की संख्या 12, 16 या 20 हुआ करती थी। इन सदस्यों का वेतन 12,000 पण वार्षिक था।
- मन्त्रिपरिषद् का राजा पर पूर्ण नियन्त्रण था पर मन्त्रिपरिषद् का कोई भी निर्णय राजा मानने के लिए बाध्य नहीं था।

मौर्य कालीन प्रांत		
क्र. सं.	प्रांत	राजधानी
1.	उत्तरापथ	तक्षशिला
2.	अवंतिराष्ट्र	उज्जयिनि
3.	कलिंग	तोसली
4.	दक्षिणापथ	सुवर्णगिरि
5.	प्राची (पूर्वी देश)	पाटलिपुत्र

- अर्थशास्त्र में ऊँचे स्तर (शीर्षस्थ) के अधिकारी के रूप में **तीर्थ** का उल्लेख मिलता है, इन्हें **महामात्र** भी कहा जाता था। इनकी संख्या 18 थी।

अर्थशास्त्र में वर्णित तीर्थ		
1.	मन्त्री	प्रधानमन्त्री
2.	पुरोहित	धर्म एवं दान-विभाग का प्रधान
3.	सेनापति	सैन्य विभाग का प्रधान
4.	युवराज	राजपुत्र
5.	दौवारिक	राजकीय द्वार-रक्षक
6.	अन्तर्वेदिक	अन्त:पुर का अध्यक्ष
7.	समाहर्ता	आय का संग्रहकर्ता
8.	सन्निधाता	राजकीय कोष का अध्यक्ष
9.	प्रशास्ता	कारागार का अध्यक्ष
10.	प्रदेष्ट्रि	कमिश्नर
11.	पौर	नगर का कोतवाल
12.	व्यावहारिक	प्रमुख न्यायाधीश
13.	नायक	नगर-रक्ष का अध्यक्ष
14.	कर्मान्तिक	उद्योगों एवं कारखानों का अध्यक्ष
15.	मन्त्रिपरिषद्	अध्यक्ष
16.	दण्डपाल	सेना का सामान एकत्र करने वाला
17.	दुर्गपाल	दुर्ग-रक्षक
18.	अंतपाल	सीमावर्ती दुर्गों का रक्षक

- अर्थशास्त्र में **चर** शब्द का उल्लेख जासूस (गुप्तचर) के रूप में हुआ है।
- ऊँचे स्तर के अधिकारी मन्त्री एवं पुरोहित होते थे। पुरोहित, महामन्त्री एवं सेनापति को लगभग 48,000 पण वार्षिक वेतन मिलता है।
- अशोक के काल में प्रांतों की संख्या 5 थी। इन्हें चक्र भी कहा जाता था।
- प्रांतों के प्रशासक **कुमार** या **आर्यपुत्र** या **राष्ट्रिक** कहलाते थे।
- प्रांतों का विभाजन पुन: **विषय** में किया गया था, जो **विषयपति** के अधीन होते थे।
- प्रशासन की सबसे छोटी इकाई ग्राम थी, जिसका मुखिया **ग्रामिक** कहलाता था।
- प्रशासक की सबसे छोटी इकाई गोप था, जो दस ग्रामों का शासन संभालता था।
- मेगास्थनीज के अनुसार नगर का प्रशासन 30 सदस्यों का एक मंडल करता था, जो 6 समितियों में विभाजित था। प्रत्येक समिति में 5 सदस्य होते थे।

प्रशासनिक समिति एवं उनके कार्य	
समिति	**कार्य**
प्रथम समिति	उद्योग एवं शिल्प कार्य का निरीक्षण
द्वितीय समिति	विदेशियों की देखरेख
तृतीय समिति	जन्म-मरण का विवरण रखना
चतुर्थ समिति	व्यापार एवं वाणिज्य की देखभाल

पंचम् समिति	निर्मित वस्तुओं के विक्रय का निरीक्षण
षष्ठम् समिति	बिक्री कर वसूल करना

- बिक्री-कर के रूप में मूल्य का 10वाँ भाग राज्य द्वारा वसूला जाता था, इसे बचाने वालों को मृत्युदंड दिया जाता था।
- मार्ग निर्माण अधिकारी के रूप **एग्रोनोमई** का उल्लेख मेगास्थनीज द्वारा किया गया है।
- चन्द्रगुप्त मौर्य की सेना में लगभग 6,00,000 पैदल सैनिक (जस्टिन के अनुसार), 50,000 अश्वारोही सैनिक, 9000 हाथी एवं 8000 रथ थे।
- मेगास्थनीज के अनुसार इस विशाल सेना के रख-रखाव हेतु 6 समितियों का गठन किया गया था, प्रत्येक समिति में 5 सदस्य होते थे।

सैन्य समिति एवं उनके कार्य	
समिति	**कार्य**
प्रथम समिति	जल सेना की व्यवस्था
द्वितीय समिति	यातायात एवं रसद की व्यवस्था
तृतीय समिति	पैदल सैनिकों की देख-रेख
चतुर्थ समिति	अश्वारोहियों की सेना की देख-रेख
पंचम् समिति	गजसेना की देख-रेख
षष्ठम् समिति	रथ सेना की देख-रेख

- प्लूटार्क एवं जस्टिन के अनुसार चन्द्रगुप्त ने नन्दों की पैदल से तीन गुनी अधिक संख्या में अर्थात् 60,000 सैनिकों को लेकर सम्पूर्ण उत्तर भारत को रौंद डाला था।
- युद्ध क्षेत्र में सेना नेतृत्व **नायक** नामक अधिकारी करता था।
- सैन्य-विभाग का सबसे बड़ा अधिकारी **सेनापति** था।
- मौर्य प्रशासन में गुप्तचर विभाग **महामात्यापसर्प** नामक अमात्य के अधीन था।
- मौर्य साम्राज्य में (अर्थशास्त्र के अनुसार) गुप्तचर को **गुढ़ पुरुष** कहा गया है।
- मौर्य शासन में दो तरह के गुप्तचर कार्य करते थे- 1. संस्था गुप्तचर और 2. संचार गुप्तचर।
  1. **संस्था गुप्तचर**- ये एक ही स्थान पर रहकर कार्य करते थे।
  2. **संचार गुप्तचर**- ये एक स्थान से दूसरे स्थान पर भ्रमण करते हुए कार्य करते थे।
- पुरुष गुप्तचर को **संती, तिष्णा** एवं **सरद** तथा स्त्री-पुरुष को **वृषली**, **भिक्षुकी** एवं **परिव्राजक** कहते थे।
- साम्राज्य में शान्ति व्यवस्था बनाये रखने के लिए अर्थशास्त्र में **रक्षिन** (पुलिस) का उल्लेख मिलता है।
- इस काल में राजकीय कोष का मुख्य अधिकारी या कोषाध्यक्ष **सन्निधाता** कहलाते थे।
- इस काल में राजस्व विभाग का मुख्य अधिकारी **समाहर्ता** होता था।
- उधोग की देख-रेख करने वाला प्रमुख अधिकारी **कर्मान्तिक** कहलाता था।
- वन विभाग का प्रमुख अधिकारी **आटविक** होता था।
- इस काल में वणिक का, नाव व पतन कर, चारागाह, सड़क व अन्य साधनों से प्राप्त राजस्व को सामूहिक रूप से राष्ट्र कहा जाता था।
- इस काल में प्रचलित **प्रवरण** एक प्रकार का सामूहिक समारोह था।
- इस काल में न्यायालय दो भागों में बँटा था - (i) धर्मस्थीय न्यायालय (दीवानी) (ii) कंटक शोधन न्यायालय (फौजदारी)।
- धर्मस्थीय न्यायालय (दीवानी न्यायालय) का न्यायाधीश व्यावहारिक/धर्मस्थ कहलाता था।

- कंटकशोधन न्यायालय (फौजदारी न्यायालय) का न्यायाधीश प्रदेष्टि/प्रदेष्टा कहलाता था।
- सरकारी भूमि को **सीता भूमि** कहा जाता था। इस भूमि की देख-रेख करने वाला अधिकारी **सीताध्यक्ष** कहलाता था।
- बिना वर्षा के अच्छी खेती होने वाली भूमि को **अदैवमातृक** कहा जाता था।
- मौर्य काल में निःशुल्क श्रम व बेगार किये जाने को **विष्टि** कहा गया है।
- इस काल में **बलि** एक प्रकार का धार्मिक कर था जबकि **भाग** भूमिकर में राजा के हिस्से को कहा जाता था।
- **क्षेत्रक** भूस्वामी को और **उपवास** काश्तकार को कहा जाता था।
- वह कर जो अनाज के रूप में न लेकर नकद रूप में लिया जाता था उसे **हिरण्य** कहा जाता था।
- कृषि, पशुपालन एवं व्यापार को सम्मिलित रूप से अर्थशास्त्र में **वार्ता** अर्थात आजीविका का साधन कहा गया है।
- मौर्य काल में भूमिकर उपज का 1/6 अथवा 1/4 भाग लिया जाता था।
- राज्य की ओर से सिंचाई के समुचित प्रबन्ध को **सेतुबन्ध** कहा जाता था।
- इस काल में सिंचाई उपज का 1/5 से 1/3 भाग होता था।
- मौर्य काल में आय के कुछ अन्य साधनों में सेतुकर, वनकर, पशुकर, सीमाशुल्क, धर्मस्थल कर उल्लेखनीय है।
- मौर्य काल में दो प्रकार के वन पाये जाते थे- हस्तिवन एवं द्रव्यवन।
- हस्तिवन में हाथी पाये जाते थे जबकि द्रव्यवन में लकड़ी, लोहा एवं ताँबा पाया जाता था।
- कौटिल्य के अर्थशास्त्र में मौर्यकालीन मुद्राओं के निम्न नाम मिलते हैं-

  कर्षापण/पण/धरण या धारण: चाँदी एवं ताँबा निर्मित।

  सुवर्ण: सोना से निर्मित।

  माषक/भाषक: ताँबा का सिक्का था।

  काकणी: यह भी ताँबा से बना होता था।
- उपर्युक्त वर्णित मुद्राओं को जारी करने का अधिकार **लक्षणाध्यक्ष** एवं **सौवर्णिक** को होता था। स्वतन्त्र रूप से सिक्का ढालने वालों को राज्य को 13.5 प्रतिशत ब्याज रूपिका एवं परीक्षण के रूप में देना पड़ता था।
- इस काल में समस्त निर्मित वस्तुओं को **पण्याध्यक्ष** की कड़ी निगरानी में बाजारों में बेचा जाता था। इन वस्तुओं को **पण्य** वस्तु भी कहा जाता था। पण्य वस्तु पर उसके मूल्य का पाँचवाँ भाग चुंगी के रूप में तथा इस चुंगी का पाँचवाँ भाग व्यापार कर के रूप में लिया जाता था।
- इस काल में व्यापार स्थल एवं जल दोनों मार्गों से होता था।
- छोटी नदियों में **क्षुद्रका नाव** एवं बड़ी नदियों में **महानाव** चलती थी। साथ ही **प्लव (डोंगी)** के प्रचलन का भी प्रमाण मिलता है।
- इस काल के समुद्री मार्गों को कौटिल्य ने **संयानपथ** नाम दिया है।
- मौर्यकालीन समाज के विषय में महत्त्वपूर्ण जानकारी कौटिल्य के **अर्थशास्त्र**, मेगास्थनीज की **इंडिका** एवं अशोक के **अभिलेखों** से मिलती है।
- कौटिल्य ने वर्णाश्रम व्यवस्था के महत्त्व को स्पष्ट करते हुए इसकी रक्षा को राजा के कर्तव्य से जोड़ा, साथ ही ब्राह्मण, क्षत्रिय, वैश्य एवं शूद्र के व्यवसाय को अलग-अलग निर्धारित किया।
- अर्थशास्त्र में शूद्रों को मलेच्छों से भिन्न दर्जा देते हुए **आर्य** कहा गया है। साथ ही इन्हें दास बनाये जाने पर प्रतिबन्ध था। कौटिल्य ने अर्थशास्त्र में **वार्ता** (कृषि, पशुपालन एवं व्यापार) को शूद्रों का वर्णधर्म बताया है।
- मौर्यकाल में शिक्षक, यज्ञ सम्पन्न कराने वाले पुरोहित एवं वेद पाठ करने वाले ब्राह्मणों को **ब्रह्मदेय** नामक भूमि दान में दी जाती थी।

- मेगास्थनीज ने भारतीय समाज को सात वर्गों में विभाजित किया है- 1. दार्शनिक, 2. किसान, 3. अहीर, 4. कारीगर, 5. सैनिक, 6. निरीक्षक एवं 7. सभासद। मेगास्थनीज का यह वर्णन भारतीय वर्ण व्यवस्था से मेल नहीं खाता है।
- दार्शनिकों की जाति को मेगास्थनीज ने पुन: दो श्रेणियों- ब्राह्मण और श्रमण में विभाजित किया है।
- स्मृतिकाल की तुलना में मौर्यकाल में स्त्रियों की स्थिति अच्छी थी।
- स्त्रियों में पुनर्विवाह एवं नियोग प्रथा का प्रचलन था।
- इस काल में जो स्त्रियाँ घर से बाहर नहीं निकल पाती थीं उन्हें अर्थशास्त्र में **अनिष्कासिकनी** कहा गया है।
- इस काल में ऐसी स्त्रियाँ **गणिका** या **वेश्या** कहलाती थीं जो वैवाहिक सूत्र में न बँधकर स्वतन्त्र रूप से जीवन-यापन करती थीं।
- इस काल में वैसी स्त्रियों को **रूपाजीवा** कहा जाता था जो स्वतन्त्र रूप से वेश्यावृत्ति को अपनाती थी।
- मौर्यकाल में कला के दो रूप मिलते हैं- 1. राजकीय कला और 2. लोककला। राजकीय कला मौर्य प्रासाद और अशोक स्तंभों में पायी जाती है, जबकि लोककला परखम के यक्ष, दीदारगंज की चामर ग्रहिणी एवं बेसनगर की यक्षिणी में देखने को मिलता था।
- मौर्य वंश का शासन 137 वर्षों तक रहा।
- मौर्य वंश का अंतिम शासक **बृहद्रथ** था। इसकी हत्या इसके सेनापति पुष्यमित्र शुंग ने 185 ई.पू. में करने के पश्चात् मगध पर शुंग वंश (ब्राह्मण साम्राज्य) की स्थापना की।

मौर्यकालीन महत्त्वपूर्ण शब्दावली	
जेट्ठक	शिल्पी संघ का मुखिया
भोगागम	जेट्ठकों के निर्वाह के लिए राजा की ओर से मिलने वाला गाँव का राजस्व
गहपति	भूस्वामी
कार्षापण	चाँदी एवं ताँबे का एक टुकड़ा/एक सिक्का
अदेवमातृक	बिना वर्षा के ही अच्छी खेती वाली भूमि
सीता	सरकारी जमीन
विष्टि	नि:शुल्क श्रम, बेगार
बलि	एक प्रकार का धार्मिक कर या चढ़ावा
भाग	भूमि कर में राजा का हिस्सा
क्षेत्रक	भूमि का मालिक
उपवास	जमीन पर खेती करने वाला काश्तकार
हिरण्य	नकद लिया जाने वाला कर
वार्ता	कृषि, पशुपालन एवं वाणिज्य के लिए संयुक्त रूप से प्रयुक्त शब्द

10. ब्राह्मण राज्य

- मौर्य समाज के पतन के बाद ब्राह्मण साम्राज्य का उदय हुआ। इस साम्राज्य के अन्तर्गत प्रमुख शासक वंश थे- **शुंग, कण्व, आंध्र सातवाहन** एवं **वाकाटक।**

शुंग वंश (185 ई.पू. से 73 ई.पू.)

- इस वंश की स्थापना 185 ई.पू. में ब्राह्मण मौर्य सेनापति पुष्यमित्र शुंग द्वारा अंतिम मौर्य सम्राट बृहद्रथ की हत्या करके की गयी थी।

- शुंग वंश ने लगभग 112 वर्ष तक राज्य किया। शुंग शासकों ने **विदिशा** को अपनी राजधानी बनाया।
- शुंग वंश के इतिहास के विषय में जानकारी के मुख्य स्रोत हैं- बाणभट्ट कृत हर्षचरित, पतंजलि कृत महाभाष्य, कालिदास कृत मालविकाग्निमित्रम्, बौद्ध ग्रंथ दिव्यावदान एवं तिब्बती इतिहासकार तारानाथ का विवरण।
- पुष्यमित्र शुंग को अपने लगभग 36 वर्ष के शासनकाल में यवनों से दो बार युद्ध करना पड़ा। दोनों बार यवन पराजित हुए।
- प्रथम यवन-शुंग युद्ध में यवन सेनापति डेमेड्रियस था। इस युद्ध में यवन पराजित हुए। प्रथम यवन-शुंग युद्ध के भीषणता का उल्लेख गार्गी संहिता में मिलता है।
- द्वितीय यवन-शुंग युद्ध का वर्णन कालिदास के मालविकाग्निमित्रम् में मिलता हैं। इस युद्ध में शुंग सेना का प्रतिनिधित्व सम्भवत: पुष्यमित्र शुंग के पौत्र वसुमित्र ने किया था। जबकि यवन सेना का प्रतिनिधित्व मेनांडर ने किया था।
- सिन्धु नदी के तट पर लड़े गये इस युद्ध में यवन सेनापति मेनांडर को वसुमित्र ने हराया था।
- पुष्यमित्र शुंग ने दो बार अश्वमेघ यज्ञ किया। इन यज्ञों के पुरोहित पतंजलि थे।
- शुंग शासकों के काल में ही पतंजलि ने अष्टाध्यायी जैसे दुरूह ग्रन्थ पर अपना महाभाष्य लिखा।
- मनु ने मनुस्मृति की रचना शुंग काल में ही की।
- भरहूत स्तूत का निर्माण पुष्यमित्र शुंग ने करवाया।
- शुंग वंश का अंतिम शासक देवभूति था। इसकी हत्या 73 ई.पू. में वासुदेव ने कर दी और मगध की गद्दी पर कण्व वंश की स्थापना की।

कण्व वंश (73 ई.पू.-28 ई.पू.)

- कण्व वंश की स्थापना अंतिम शुंगवंशी शासक देवभूति की हत्या कर उसके अमात्य कण्ववंशी वासुदेव ने 73 ई.पू. में की थी।
- कण्ववंशी राजाओं के बारे में विस्तृत जानकारी का अभाव है। कुछ सिक्के ऐसे मिले हैं जिन पर **भूमिमित्र** खुदा है, जिनसे यह अनुमान लगाया जाता है कि यह भूमिमित्र के शासन काल में जारी किये गये होंगे।
- कण्वों के शासन काल में मगध की सीमा सिमटकर बिहार तथा पूर्वी उत्तरप्रदेश तक रह गयी थी।

ब्राह्मण वंश	
शासक	**राजवंश**
पुष्यमित्र शुंग, अग्निमित्र, वसुजेष्ठ, वसुमित्र, भद्रक, भागवत, देवभूति	शुंग वंश
वासुदेव, भूमिमित्र, नारायण, सुशर्मा	कण्व वंश
सिमुक, कृष्ण शातकर्णी, गौतमीपुत्र शातकर्णी, वशिष्ठीपुत्र पुलमावी, यज्ञश्री शातकर्णी	सातवाहन वंश

आंध्र-सातवाहन वंश (60 ई.पू.-240 ई.पू.)

- पुराणों में इस राजवंश को आंध्र भृत्य एवं आंध्र जातीय कहा गया है। यह इस बात का सूचक है कि जिस समय पुराणों का संकलन हो रहा था, सातवाहनों का शासन आंध्रप्रदेश में ही सीमित था।
- सातवाहन वंश के लिह **शालिवाहन** शब्द का भी उल्लेख मिलता है।
- सातवाहन वंश की स्थापना सिमुक नामक व्यक्ति ने लगभग 60 ई.पू. में अंतिम कण्व वंशी शासक सुशर्मा की हत्या करके की।
- पुराणों में सिमुक को सिंधुक, शिशुक, शिप्रक एवं वृषल आदि नामों से सम्बोधित किया गया है।
- सिमुक के बाद उसका छोटा भाई कृष्ण (कान्हा) गद्दी पर बैठा। इसके समय सातवाहन साम्राज्य का विस्तार पश्चिम में नासिक की ओर हुआ।
- कृष्ण के बाद उसका पुत्र एवं उत्तराधिकारी शातकर्णि प्रथम सातवाहन शासक हुआ। यह **सातवाहन वंश का प्रथम शातकर्णि उपाधि धारण करने वाला राजा था।** इसके शासन के बारे में हमें नागनिका एवं नानाघाट अभिलेख से महत्त्वपूर्ण जानकारी मिलती है।

- शातकर्णि प्रथम ने दो अश्वमेघ एवं एक राजसूय यज्ञ सम्पन्न कर सम्राट की उपाधि धारण की। इसके अलावा शातकर्णि ने **दक्खिनापथपति** एवं **अप्रतिहतचक्र** की उपाधि धारण की।
- शातकर्णि प्रथम ने गोदावरी नदी के तट पर स्थित प्रतिष्ठान (पैठान) को अपनी राजधानी बनाया।
- हाल सातवाहन वंश का एक महान कवि एवं साहित्यकार शासक था। इसका शासन काल सम्भवत: 20 ई. से 24 ई. तक माना जाता है। हाल ने **गाथासप्तशती** नामक ग्रन्थ की रचना की। यह ग्रन्थ **प्राकृत भाषा** में है।
- हाल के दरबार में **बृहतकथा** के रचयिता गुणाढ्य तथा **कातन्त्र** नामक संस्कृत व्याकरण के रचयिता सर्ववर्मन् निवास करते थे।
- सातवाहनों की भाषा **प्राकृत** एवं लिपि **ब्राह्मी** थी।
- सातवाहनों ने **चाँदी, ताँबे, सीसा, पोटीन** तथा **काँसे** की मुद्राओं का प्रचलन किया।
- ब्राह्मण को भूमि अनुदान देने की प्रथा का आरम्भ सातवाहनों ने ही **सर्वप्रथम** किया।
- सातवाहनों का समाज **मातृसत्तात्मक** था।
- कार्ले चैत्य, अजंता एवं एलोरा की गुफाओं का निर्माण तथा अमरावती कला का विकास सातवाहनों के समय ही हुआ।

वाकाटक

- सातवाहनों के पतन से लेकर चालुक्यों के उदय के बीच दक्कन में सबसे शक्तिशाली एवं प्रमुख राजवंश वाकाटकों का था।
- वाकाटक राज्य का संस्थापक विंध्यशक्ति विष्णुवृद्धि गोत्रीय ब्राह्मण था। सम्भवत: वह सातवाहनों के अधीनस्थ कोई पदाधिकारी या सरदार था। इसकी तुलना इन्द्र एवं विष्णु से की गयी है।
- संभवत: वाकाटकों का दक्कन प्रदेश में तीसरी शताब्दी से लेकर 5वीं शताब्दी तक शासन रहा।
- विंध्यशक्ति का पुत्र एवं उत्तराधिकारी प्रवरसेन-I एकमात्र वाकाटक वंश का राजा था, जिसने **सम्राट** (महाराज) की उपाधि धारण की।
- प्रवरसेन-I को सात प्रकार के यज्ञ करने का श्रेय प्राप्त है।
- प्रवरसेन-I ने चार अश्वमेघ यज्ञ भी किये।
- प्रवरसेन-I के बाद रूद्रसेन-I वाकाटक राजा बना। वह प्रवरसेन-I के बड़े पुत्र गौतमीपुत्र का पुत्र था।
- रूद्रसेन-I वाकाटकों की शक्ति को बनाये रखने का प्रयास किया। रूद्रसेन शैव मतावलंबी था।
- वाकाटकों की मुख्य शाखा में रूद्रसेन-I का उत्तराधिकारी पृथ्वीसेन-I बना। उसके शासन काल की सबसे प्रमुख घटना थी गुप्तों के साथ वैवाहिक सम्बन्ध स्थापित करना।
- पृथ्वीसेन ने अपने पुत्र रूद्रसेन-II का विवाह गुप्त सम्राट चन्द्रगुप्त-II की पुत्री प्रभावतीगुप्त से कर दिया। इस वैवाहिक सम्बन्ध से दोनों राजवंशों को लाभ हुआ, परन्तु अधिक लाभ गुप्तों को ही हुआ।
- रूद्रसेन-II अपनी पत्नी प्रभावतीगुप्त के प्रभाव में आकर बौद्ध धर्म त्याग कर वैष्णव धर्म को अपना लिया। दुर्भाग्यवश शासक बनने के कुछ समय बाद ही रूद्रसेन-II की अकाल मृत्यु हो गयी।
- वाकाटक वंश की मूल शाखा का अंतिम शक्तिशाली शासक प्रवरसेन-II था। उसका आरम्भिक नाम दामोदर सेन था।
- प्रवरसेन-II एक कुशल प्रशासक था, लेकिन उसकी अभिरूचि युद्ध से अधिक शान्ति के कार्यों, विशेषतया साहित्य और कला के विकास में थी। उसने महाराष्ट्रीय लिपि में **सेतुबन्ध** नामक काव्य की रचना की। इस काव्य को **रावणवहो** भी कहा जाता है। प्रवरसेन-II को नई राजधानी **प्रवरपुर** बनाने का श्रेय भी दिया जाता है।

- सांस्कृतिक दृष्टि से भी वाकाटकों का काल महत्त्वपूर्ण है। मूर्तिकला की दृष्टि से विदर्भ का टिगोवा एवं नचना का मंदिर उल्लेखनीय है।
- अजंता की गुफा संख्या 16, 17 एवं 19 के चित्रों का निर्माण वाकाटकों के समय ही हुआ।

कलिंग के चेत/चेदि

- मौर्य साम्राज्य के अवशेषों पर जिन राज्यों का उदय हुआ, उनमें कलिंग के चेत या चेदिवंश भी है। जिस समय दक्कन में सातवाहन शक्ति का उदय हो रहा था, उसी समय कलिंग (ओडिशा) में चेत या चेदि राजवंश का उदय हुआ।
- **वेसन्तर जातक** एवं **मिलिंदपन्हो** में चेति-राजकुमारों का उल्लेख मिलता है।
- चेदि वंश का सबसे प्रमुख राजा खारवेल था। उसके समय में कलिंग की शक्ति एवं प्रतिष्ठा में अभूतपूर्व वृद्धि हुई।
- कलिंग राज्य के विषय में जानकारी के महत्त्वपूर्ण स्रोत अष्टाध्यायी, महाभारत, पुराण, रामायण, कालिदास कृत रघुवंश महाकाव्य, दण्डी का दशकुमार चरित, जातक, जैन ग्रन्थ उत्तराध्ययनसूत्र, टाल्मी का भूगोल, अशोक के लेख एवं खारवेल का हाथी गुंफा अभिलेख है।
- हाथी गुंफा अभिलेख से खारवेल के वंश एवं उसके पिता तथा पितामह के विषय में कोई जानकारी नहीं मिलती है। बल्कि सम्पूर्ण अभिलेख में खारवेल के विभिन्न उपाधियों जैसे- ऐरा, महाराज, महामेघवाहन, कलिंगचक्रवर्ती, कलिंगाधिपति श्री खारवेल तथा राजा श्री खारवेल का उल्लेख है।
- खारवेल ने अपने शासन का प्रथम वर्ष अपनी स्थिति मजबूत करने में व्यतीत किया। कलिंग नगर में अनेक निर्माण-कार्य किये गये। नगर के फाटक और चहारदीवारी की मरम्मत कर उसे सुदृढ़ बनाया गया। जनकल्याण के कार्य भी नगर में किये गये। खारवेल ने अपने शासन के दूसरे वर्ष से विजय अभियान आरम्भ किया।
- हाथी गुंफा अभिलेख में तीसरे राजवर्ष की घटनाओं का उल्लेख नहीं मिलता, परन्तु इसके अनुसार चौथे वर्ष में खारवेल ने विद्याधर की राजधानी पर अधिकार किया। इसी वर्ष उसने **भोजकों** और **रथिकों** को भी अपनी अधीनता स्वीकार करने के लिए बाध्य कर दिया।
- खारवेल ने अपने शासन के पाँचवें वर्ष में मगधराजा नन्दराज द्वारा खुदवाई गयी नहर का विस्तार तनुसुलि से कलिंग तक करवाया। इस वर्ष प्रजा पर लगाये गये विभिन्न कर भी हटा लिए गये।
- सम्भवतः अपने शासनकाल के सातवें वर्ष में खारवेल ने अपना विवाह किया और साथ ही मसूलीपट्टम को जीता।
- अपने शासन के आठवें वर्ष में खारवेल ने उत्तरी भारत पर आक्रमण किया। अपनी सेना के साथ गया की तरफ बढ़ते हुए उसने बराबर की पहाड़ियों को पार किया तथा गोरथगिरि के सुदृढ़ दुर्ग को नष्ट कर राजगृह पर आक्रमण किया।
- अपने शासन के नौवें वर्ष में खारवेल ने ब्राह्मणों को सोने का कल्पवृक्ष भेंट किया। इस वृक्ष के पत्ते तक सोने के थे। इसी वर्ष खारवेल ने **प्राची** नदी के दोनों तरफ एक **महाविजय प्रासाद** का भी निर्माण करवाया।
- अपने शासन के 10वें और 12वें वर्ष में भी खारवेल ने उत्तरी भारत पर आक्रमण किये। इस दौरान उसने अंग सहित अनेक राज्यों को आक्रांत किय। 12वें वर्ष में मगध की राजधानी पाटलिपुत्र पर आक्रमण कर अपनी सेना के हाथी, घोड़ों को उसने गंगा में स्नान करवाया।
- अपने शासन के 11वें वर्ष में उसने पुनः दक्षिण पर आक्रमण किया। इस वर्ष उसने पिथुंड, पिहुण्ड, पिटुंड्रा या पियुद नगर को नष्ट कर गधों से हल जुतवाया।

- खारवेल का 13वाँ वर्ष धार्मिक कृत्यों में व्यतीत हुआ। इसके परिणामस्वरूप कुमारी पर्वत पर अर्हतो के लिए उसने देवालय का निर्माण करवाया।
- खारवेल ने जैन धर्मावलंबी होते हुए भी दूसरे धर्मों के प्रति सहिष्णुता की नीति अपनायी।
- खारवेल को शांति एवं समृद्धि का सम्राट, भिक्षुसम्राट एवं धर्मराज के रूप में भी जाना जाता है।

11. मौर्योत्तरकालीन भारत पर विदेशी आक्रमण

- पश्चिमोत्तर भारत में विदेशियों का आक्रमण सम्भवत: मौर्योत्तर काल की सर्वाधिक महत्त्वपूर्ण घटना थी।
- भारत पर आक्रमण करने वाले इन विदेशी आक्रमणकारियों का क्रम है-

हिन्द-यूनानी → शक → पहल्व → कुषाण।

हिन्द-यूनानी/बैक्ट्रियाई यूनानी

- सेल्यूकस के द्वारा स्थापति पश्चिमी तथा मध्य एशिया के विशाल साम्राज्य को इसके उत्तराधिकारी **ऐन्टिओकास-I** ने अक्षुण्ण बनाये रखा।
- एन्टिओकस-II के शासन काल में विद्रोह के फलस्वरूप उसके अनेक प्रांत स्वतन्त्र हो गये।
- बैक्ट्रिया के विद्रोह का नेतृत्व डियोडोट्स-I ने किया था। बैक्ट्रिया पर डियोडोट्स-I के साथ शासन करने वाले राजाओं के नाम हैं- डियोडोट्स-II, यूथिडेमस, डेमिट्रियस, मिनेण्डर, यूक्रेटाइडस, एण्टी आलकीडस तथा हर्मिक्स।
- भारत पर सबसे पहला आक्रमण बैक्ट्रिया के शासक **डेमिट्रियस** ने किया। सम्भवत: सिकंदर के बाद डेमिट्रियस ही पहला यूनानी शासक था जिसकी सेनाएँ भारतीय सीमा में प्रवेश पा सकी।
- डेमिट्रियस के अभियान की पुष्टि महाभाष्य, गार्गीसंहिता एवं मालविकाग्निमित्रम से होती है।
- डेमिट्रियस एक बड़ी सेना के साथ लगभग 183 ई.पू. में हिन्दूकुश पहाड़ी को पार कर सिन्ध और पंजाब पर अधिकार कर लिया। इसने **साकल** को अपनी राजधानी बनाया। साकल की पहचान **वर्तमान सियालकोट** से की गयी है। इस प्रकार डेमिट्रियस ने पश्चिमोत्तर भारत में इंडो-यूनानी सत्ता की स्थापना की। उसने भारतीय राजाओं की उपाधि धारण कर यूनानी तथा खरोष्ठी लिपि में सिक्के चलाये। डेमिट्रियस को हिन्द-यूनानी या बैक्ट्रियाई यूनानी कहा गया है।
- हिन्द-यूनानी शासकों में सबसे प्रसिद्ध मेनांडर/मिनान्दर (165-145 ई.पू.) था। इसकी राजधानी शाकल शिक्षा का प्रमुख केन्द्र था। यह मिलिन्द नाम से भी जाना जाता था।
- मेनांडर ने नागसेन (नागार्जुन) नामक बौद्ध भिक्षु से बौद्ध धर्म की दीक्षा ली।
- मेनांडर के प्रश्न एवं नागसेन द्वारा दिये गये उत्तर **मिलिन्दपञ्हो** नामक पुस्तक में संकलित है। मिलिन्दपन्हो अर्थात् मिलिन्द के प्रश्न या मिलिन्दप्रश्न में मेनांडर एवं बौद्ध भिक्षु नागसेन के मध्य सम्पन्न वाद-विवाद एवं उसके परिणामस्वरूप मेनांडर के बौद्ध धर्म स्वीकार करने की कथा वर्णित है।
- हिन्द-यूनानी भारत के पहले शासक हुए जिनके जारी किये गये सिक्के के बारे में निश्चित रूप से कहा जा सकता है कि सिक्के किन-किन राजाओं के हैं।
- भारत में सबसे पहले हिन्द-यूनानियों ने ही सोने के सिक्के जारी किये, जिनकी मात्रा कुषाणों के शासन में बढ़ी।
- हिन्द-यूनानी शासकों ने भारत के पश्चिमोत्तर सीमा प्रांत में यूनान की प्राचीन कला चलाई जिसे **हेलेनिस्टिक आर्ट** कहते हैं। यह कला सिकंदर की मृत्यु के बाद विजित

गैर-यूनानियों के साथ यूनानियों के सम्पर्क से उदित हुई थी। भारत में गंधार कला इसका सर्वोत्तम उदाहरण है।

मौर्योत्तर विदेशी आक्रमणकारियों के भारतीय संस्कृत साहित्य में नाम		
क्र. स.	**विदेशी आक्रमणकारी के नाम**	**भारतीय नाम**
1.	बैक्ट्रियन	यवन
2.	सीथियन	शक
3.	पार्थियन	पहलव
4.	यूची	कुषाण

शक

- यूनानियों के बाद शक आये। यूनानियों ने भारत के जितने भाग पर कब्जा किया था उससे कहीं अधिक भाग पर शकों ने किया।
- शकों की पाँच शाखाएँ थीं और प्रत्येक शाखा की राजधानी भारत और अफगानिस्तान में अलग-अलग भागों में थीं।
- शकों की **पहली शाखा** ने अफगानिस्तान में, **दूसरी शाखा** ने पंजाब (राजधानी तक्षशिला) में, **तीसरी शाखा** ने मथुरा में, **चौथी शाखा** ने पश्चिमी भारत में एवं **पाँचवीं शाखा** ने ऊपरी दक्कन पर अपना प्रभुत्व स्थापित किया।
- शक मूलत**: मध्य एशिया** के निवासी थे और चरागाह की खोज में भारत आये थे।
- शकों को न तो भारत के शासकों का और न जनता का ही प्रतिरोध झेलना पड़ा। कहा जाता है कि लगभग 58 ई.पू. में उज्जैन में एक स्थानीय राजा ने शकों से युद्ध कर उन्हें पराजित किया और उन्हें बाहर खदेड़ने में सफल हो गया। वह अपने को **विक्रमादित्य** कहता था।
- **विक्रम संवत् नाम का एक नया संवत् 57 ई.पू. में शकों पर विजय से आरंभ हुआ।** तब से विक्रमादित्य एक लोकप्रिय उपाधि हो गया, ऊँची प्रतिष्ठा और सत्ता का प्रतीक बन गया। इस प्रथा का परिणाम यह हुआ कि भारतीय इतिहास में विक्रमादित्यों की संख्या 14 तक पहुँच गयी है। **गुप्त सम्राट चन्द्रगुप्त-II सबसे अधिक विख्यात विक्रमादित्य था।**
- शकों ने भारत के कई भागों में अपना-अपना राज्य स्थापित किया, लेकिन जिन्होंने पश्चिम में राज्य स्थापित किया उन्होंने कुछ लंबे अरसे (लगभग चार सदी तक) तक शासन किया।
- शकों की इस शाखा (पश्चिमी शाखा) को गुजरात में चल रहे समुद्री व्यापार से काफी लाभ पहुँचा। इन्होंने भारी संख्या में चाँदी के सिक्के जारी किये।
- शकों का सबसे प्रतापी शासक रूद्रदामन-I (130-150 ई.) था। उसका शासन न केवल सिंध में बल्कि कोंकण, नर्मदा घाटी, मालवा, काठियावाड़ और गुजरात के एक बड़े भाग पर था।
- रूद्रदामन-I इतिहास में इसलिए प्रसिद्ध है कि उसने काठियावाड़ के अर्धशुष्क क्षेत्र की मशहूर झील **सुदर्शन सर** का जीर्णोद्धार किया। यह झील मौर्यों के समय निर्मित हुई थी।
- रूद्रदामन-I संस्कृत का बड़ा प्रेमी था। उसने ही **सबसे पहले** विशुद्ध संस्कृत भाषा में लंबा अभिलेख जारी किया। इसके पहले के जो भी लंबे अभिलेख भारत में पाये गये हैं, सभी प्राकृत भाषा में रचित हैं।
- भारत में शक शासक अपने को **क्षत्रप** कहते थे।

पह्लव

- पश्चिमोत्तर भारत में शकों के आधिपत्य के बाद पार्थियाई (पह्लव) लोगों का आधिपत्य हुआ।

- पह्लव लोगों का मूल निवास स्थान ईरान में था।
- यूनानियों और शकों के विपरीत, पह्लव लोग ईसा की पहली सदी में पश्चिमोत्तर भारत के एक छोटे से भाग पर ही सत्ता जमा सके।
- पह्लव शासकों में सबसे प्रसिद्ध गोन्दोफिर्नस था। कहा जाता है कि उसके शासन काल में **सेंट टॉमस** नामक ईसाई धर्म प्रचारक भारत में ईसाई धर्म के प्रचार हेतु आया था।

कुषाण

- पह्लवों के बाद कुषाण आये, जो यूची और तोखारी भी कहलाते हैं।
- कुषाण, यूची नामक कबीला जो पाँच कुलों में बँट गया था, उन्हीं में से एक कुल के थे।
- कुषाण वंश का संस्थापक कुंजुल कडफिसेस (कडफिसेस-I) था।
- हम कुषाणों के दो राजवंश पाते हैं जो एक के बाद एक आये।
- कुषाणों के पहले राजवंश की स्थापना कडफिसेस-I ने की। इस राजवंश में दो राजा हुए, पहला कडफिसेस-I और दूसरा कडफिससे-II।
- कडफिसेस-I ने हिन्दूकुश के दक्षिण में सिक्के चलाये। उसने रोमन सिक्कों की नकल करके ताँबे के सिक्के ढलवाये। कडफिसेस-II ने बड़ी संख्या में स्वर्ण-मुद्राएँ जारी की और अपना राज्य सिंधु नदी के पूरब में फैलाया।
- कुषाण वंश का सबसे प्रतापी राजा कनिष्क था। कनिष्क राजवंश कुषाणों का दूसरा वंश था।
- कनिष्क की **पहली** राजधानी पुरुषपुर या पेशावर में थी, जहाँ कनिष्क ने एक मठ और एक विशाल स्तूप का निर्माण करवाया था। कुषाणों की **द्वितीय** राजधानी मथुरा थी।
- कनिष्क सर्वाधिक विख्यात कुषाण शासक था। इतिहास में दो कारणों से उसका नाम है। **पहला,** उसने 78 ई. में **शक संवत्** चलाया जो भारत सरकार द्वारा प्रयोग में लाया जाता है। **दूसरा,** उसने बौद्ध धर्म का मुक्त हृदय से सम्पोषण-संरक्षण किया।
- कनिष्क के समय में कश्मीर (कुंडलवन) में बौद्धों का चौथा सम्मेलन आयोजित हुआ जिसमें बौद्ध धर्म के महायान सम्प्रदाय को अंतिम रूप दिया गया। इस सम्मेलन के अध्यक्ष वसुमित्र एवं उपाध्यक्ष अश्वघोष थे।
- चौथे सम्मेलन में ही बौद्ध धर्म दो भागों– हीनयान और महायान में बँट गया। इस सम्मेलन में नागार्जुन एवं पार्श्व भी शामिल हुए। इसी सम्मेलन में तीनों पिटकों पर टीकाएँ लिखी गयी जिनको **महाविभाष** नाम की पुस्तक में संकलित किया गया। महाविभाष को बौद्ध **धर्म का विश्वकोष** कहा जाता है।
- कनिष्क बौद्ध धर्म के **महायान सम्प्रदाय** का अनुयायी था।
- आरंभिक कुषाण शासकों ने भारी संख्या में स्वर्ण मुद्राएँ जारी कीं, जिनकी शुद्धता गुप्त काल की स्वर्ण मुद्राओं से उत्कृष्ट है।
- कनिष्क कला और विद्वता का आश्रयदाता था। इसके दरबार का सबसे महान साहित्यिक व्यक्ति **अश्वघोष** था। अश्वघोष की रचनाओं की तुलना महान मिल्टन, गेटे, कांट एवं वॉल्टेयर से की गयी है। अश्वघोष ने **बुद्धचरित, सौन्दरनंद, सारिपुत्रप्रकरण** एवं **सूत्रालंकार** की रचना की। बुद्धचरित को बौद्ध धर्म का महाकाव्य कहा जाता है। बुद्धचरित की तुलना वाल्मीकि के रामायण से की जाती है।
- कनिष्क के दरबार में एक अन्य विभूति नागार्जुन दार्शनिक ही नहीं बल्कि वैज्ञानिक भी था। इसकी तुलना **मार्टिन लूथर** से की जाती है। इसे **भारत का आईंसटाइन** कहा गया है। नागार्जुन ने अपनी पुस्तक **माध्यमिक सूत्र** में सापेक्षता के सिद्धान्त को प्रस्तुत किया।

- कनिष्क के दरबार में **राजवैद्य** और **आयुर्वेद चिकित्सक** चरक रहता था। चरक ने औषधि पर **चरक संहिता** की रचना की।
- कनिष्क की मृत्यु 102 ई. में हुई थी।
- कुषाण वंश का अंतिम शासक **वासुदेव** था। यह विष्णु एवं शिव का उपासक था।
- **गंधार शैली** एवं **मथुरा शैली** का विकास कनिष्क के शासन काल में हुआ था।

12. गुप्त साम्राज्य

- गुप्त साम्राज्य का उदय तीसरी सदी के अंत में प्रयाग के निकट कौशांबी में हुआ।
- गुप्त कुषाणों के सामंत थे। ये सम्भवतः वैश्य थे।
- गुप्त साम्राज्य उतना विशाल नहीं था जितना मौर्य साम्राज्य, फिर भी इसकी एक विशेषता यह थी कि इसने सारे उत्तर भारत को 335 ई. से 455 ई. तक एक सदी से ऊपर राजनैतिक एकता के सूत्र में पिरोये रखा।
- ऐसा प्रतीत होता है कि गुप्त शासकों के लिए बिहार की अपेक्षा उत्तरप्रदेश अधिक महत्त्व वाला प्रांत था, क्योंकि आरम्भिक गुप्त मुद्राएँ और अभिलेख मुख्यतः इसी राज्य में पाये गये हैं। यहीं से गुप्त शासक कार्य संचालन करते रहे और अनेक दिशाओं में बढ़ते गये।
- गुप्त वंश का संस्थापक श्रीगुप्त (240-280 ई.) था। प्रभावती गुप्त के पूना स्थित ताम्रपत्र अभिलेख में श्रीगुप्त का उल्लेख गुप्त वंश के आदिराज के रूप में किया गया है।
- श्रीगुप्त का उत्तराधिकारी घटोत्कच (280-319 ई.) हुआ। प्रभावती गुप्त के पूना एवं ऋद्धपुर ताम्रपत्र अभिलेखों में घटोत्कच को गुप्त वंश का प्रथम राजा बताया गया है।
- गुप्त वंश का प्रथम महान सम्राट चन्द्रगुप्त प्रथम (319-334 ई.) था। इसने उस समय के प्रसिद्ध लिच्छवि कुल की कन्या कुमारदेवी जो सम्भवतः नेपाल की थी, से विवाह किया। इस शासक ने **महाराजाधिराज** की उपाधि धारण की।
- चन्द्रगुप्त प्रथम ने एक संवत् **गुप्त संवत्** (319-320 ई.) अपने राज्यारोहण के स्मारक के रूप में चलाया। बाद में अनेक अभिलेखों में काल-निर्देशन इस संवत् में मिलता है।
- चन्द्रगुप्त प्रथम का उत्तराधिकारी समुद्रगुप्त (335-380 ई.) ने गुप्त राज्य का अपार विस्तार किया। वह अशोक की शांति एवं अनाक्रमण की नीति के विपरीत हिंसा एवं आक्रमण में विश्वास करता था।
- समुद्रगुप्त ने **धरणिबंध** (पृथ्वी को बाँधना) अपना वास्तविक लक्ष्य बनाया। उसके द्वारा जीते गये क्षेत्रों को पाँच भागों में बाँटा गया है। समुद्रगुप्त ने आर्यावर्त्त के 9 शासकों और दक्षिणावर्त्त के 12 शासकों को पराजित किया। इन्हीं विजयों के कारण इसे **भारत का नेपोलियन** कहा जाता है।
- प्रयाग प्रशस्ति लेख में समुद्रगुप्त को **लोक धाम्रोदेवस्य** अर्थात् पृथ्वी पर देवता कहा गया है। इससे स्पष्ट हो जाता है कि इस युग में भी राजा की उत्पत्ति का दैवी सिद्धान्त लोकप्रिय था।
- समुद्रगुप्त के दरबार में प्रसिद्ध कवि हरिषेण रहता था, जिसने इलाहाबाद (प्रयाग) के प्रशस्ति लेख में समुद्रगुप्त के विजय अभियानों का उल्लेख किया है। यह अभिलेख उसी स्तंभ पर खुदा है जिस पर अशोक का स्तंभ लेख है।
- समुद्रगुप्त ने अपनी विजयों की उद्घोषणा हेतु **अश्वमेघ यज्ञ** करवाया तथा **अश्वमेघकर्त्ता की उपाधि** धारण की।
- समुद्रगुप्त ने **6 प्रकार** की स्वर्ण मुद्राएँ (गरुड़, धनुर्धर, परशु, अश्वमेघ, व्याघ्रहंता एवं वीणासरण) चलवाया, जिनमें गरूड़ मुद्राएँ सर्वाधिक लोकप्रिय थी।
- समुद्रगुप्त ने अपने सिक्कों पर **अप्रतिरथ, व्याघ्रपराक्रम, पराक्रमांक** जैसे विरूद धारण किये।

- समुद्रगुप्त संगीत-प्रेमी भी था। ऐसा अनुमान उसके सिक्कों पर उसे वीणा-वादन करते हुए दिखाये जाने से लगाया गया है।
- समुद्रगुप्त ने **विक्रमांक** की उपाधि धारण की। इसे **कविराज** भी कहा जाता था।
- समुद्रगुप्त विष्णु का उपासक था।
- एक चीनी स्रोत के अनुसार समुद्रगुप्त के पास श्रीलंका के राजा मेघवर्मन ने गया में एक बौद्ध मंदिर बनवाने की अनुमति प्राप्त करने के लिए अपना एक दूत भेजा था। मंदिर निर्माण की अनुमति समुद्रगुप्त द्वारा दी गयी और यह मंदिर एक विशाल बौद्ध बिहार के रूप में विकसित हो गया।
- समस्त गुप्त राजाओं में समुद्रगुप्त का पुत्र चन्द्रगुप्त-II (380-412 ई.) सर्वाधिक शौर्य एवं वीरोचित गुणों से सम्पन्न था।
- चन्द्रगुप्त-II ने अपनी पुत्री प्रभावती का विवाह वाकाटक नरेश रूद्रसेन-II से किया, रूद्रसेन-II की मृत्यु के बाद चन्द्रगुप्त ने अप्रत्यक्ष रूप से वाकाटक राज्य को अपने राज्य में मिलाकर उज्जैन को अपनी दूसरी राजधानी बनाया।
- चन्द्रगुप्त-II के शासनकाल में चीनी बौद्ध यात्री फाह्यान भारत आया था।
- चन्द्रगुप्त-II को **देवराज** एवं **देवगुप्त** के नाम से भी जाना जाता था।
- चन्द्रगुप्त-II ने शकों को पराजित करने की स्मृति में चाँदी के विशेष सिक्के जारी किये।
- चन्द्रगुप्त-II की उज्जैन सभा में रहने वाले **नवरत्नों** (नौ विद्वानों) में- आर्यभट्ट, वाराहमिहिर, धन्वन्तरि, बह्मगुप्त, कालीदास, अमरसिंह, भारवि, विष्णुशर्मा एवं मातृगुप्त आदि का नाम उल्लेखनीय है।
- चन्द्रगुप्त-II का उत्तराधिकारी कुमारगुप्त-I या गोविंदगुप्त (415-454 ई.) हुआ। इसे कुमारगुप्त महेंद्रादित्य भी कहा जाता है।
- **नालंदा विश्वविद्यालय** की स्थापना कुमारगुप्त ने की थी।
- कुमारगुप्त ने काफी संख्या में मुद्राएँ जारी करवायीं। बयाना-मुद्राभाण्ड से कुमारगुप्त की लगभग 623 मुद्राएँ मिलती हैं। इनमें **मयूर शैली** की मुद्राएँ विशेष महत्त्वपूर्ण थीं। मयूर शैली में बनी चाँदी की कुछ मुद्राएँ सबसे पहले मध्यप्रदेश में मिलीं।
- कुमारगुप्त के सोने के एक सिक्के के अग्रभाग पर **अश्व** एवं **यूप** के चित्र हैं तो उसके पृष्ठ भाग पर चर्मधारिणी राजमहषी का चित्र एवं अश्वमेघ महेन्द्र लिखा हुआ है।
- चीनी बौद्ध यात्री ह्वेनसांग ने कुमारगुप्त का नाम **शक्रादित्य** बताया है।
- कुमारगुप्त-I का उत्तराधिकारी **स्कंदगुप्त** (455-467 ई.) हुआ।
- स्कंदगुप्त ने गिरिनार पर्वत पर स्थित सुदर्शन झील का पुनरूद्धार करवाया था। इसने पर्णदत्त को सौराष्ट्र का गवर्नर नियुक्त किया।
- स्कंदगुप्त की स्वर्णमुद्राओं पर इसकी उपाधि विक्रमादित्य से मिलती है।
- स्कंदगुप्त के शासनकाल में ही **हूणों का आक्रमण** शुरू हो गया।
- भानुगुप्त अंतिम गुप्त शासक था।
- गुप्त सम्राटों के समय में गणतन्त्रीय राजव्यवस्था का ह्रास हुआ। गुप्त प्रशासन राजतन्त्रात्मक व्यवस्था पर आधारित था। देवत्व का सिद्धान्त गुप्तकालीन शासकों में प्रचलित था। राजपद वंशानुगत सिद्धान्त पर आधारित था। राजा अपने बड़े पुत्र को युवराज घोषित करता था।
- गुप्त सम्राट न्याय, सेना एवं दीवानी विभाग का प्रधान होता था। प्रजा अपने राजा को पृथ्वी पर ईश्वर के प्रतिनिधि के रूप में स्वीकार करती थी।
- गुप्त सम्राट परमदेवता, परमभट्टारक, महाराजाधिराज, पृथ्वीपाल, परमेश्वर, सम्राट, एकाधिकार एवं चक्रवर्तिन जैसी उपाधियाँ धारण करता था।

- गुप्तकालीन रानियों को परमभट्टारिका, परमभट्टारिकाराज्ञी एवं महादेवी जैसी उपाधियाँ दी गयीं।

गुप्तकालीन अभिलेखों में वर्णित अधिकारी		
1.	सर्वाध्यक्ष	राज्य के सभी केन्द्रीय विभागों के प्रमुख अधिकारी
2.	प्रतिहार एवं महाप्रतिहार	सम्राट से मिलने की इच्छा रखने वालों को आज्ञापत्र देना इनका मुख्य कार्य था। प्रतिहार अंतःपुर का रक्षक एवं महाप्रतिहार राजमहल के रक्षकों का मुखिया होता था।
3.	कुमारामात्य	पदाधिकारियों का सर्वश्रेष्ठ वर्ग, इन्हें उच्च से उच्च पद पर नियुक्त किया जाता था।
4.	महासेनापति	सेना का सर्वोच्च अधिकारी
5.	रणभांडागारिक	सैन्य आवश्यकताओं की पूर्ति करने वाला अधिकारी
6.	महाबलाधिकृत	सैनिक अधिकारी
7.	दण्डपाशिक	पुलिस-विभाग का प्रधान। इस विभाग के साधारण कर्मचारी चाट-भाट कहलाते थे।
8.	महादण्डनायक	युद्ध एवं न्याय-विभाग का कार्य देखने वाला।
9.	महसंधिविग्रहिक	युद्ध-शान्ति या वैदेशिक नीति का प्रधान
10.	विनयस्थिति स्थापक	शान्ति-व्यवस्था का प्रधान
11.	महाभंडाराधिकृत	राजकीय कोष का प्रधान
12.	महाअक्षपटलिक	अभिलेख-विभाग का प्रधान
13.	सर्वाध्यक्ष	केन्द्रीय सचिवालय का प्रधान
14.	ध्रुवाधिकरण	कर वसूलने वाले विभाग का प्रधान
15.	अग्रहारिक	दान-विभाग का प्रधान
16.	महापीलुपति	गजसेना का अध्यक्ष

- कुशल प्रशासन के लिए गुप्त साम्राज्य कई प्रांतों में बँटा था। प्रांतों को **देश, भुक्ति** अथवा **अवनी** कहा जाता था।
- प्रशासन की सबसे बड़ी प्रादेशिक इकाई देश थी, इसके प्रमुख को गोप्ना/गोप्ता कहा जाता था।
- दूसरी प्रादेशिक इकाई भुक्ति थी, इसके प्रमुख को उपरिक कहा जाता था।
- भुक्ति के नीचे **विषय** नामक प्रशासनिक इकाई होती थी, जिसके प्रमुख **विषयपति** कहलाते थे।
- प्रशासन की सबसे छोटी इकाई **ग्राम** थी। ग्राम का प्रशासन ग्राम-सभा द्वारा संचालित होता था। ग्राम-सभा का मुखिया **ग्रामीक** कहलाता था एवं अन्य सदस्य **महत्तर** कहलाते थे।
- ग्राम समूहों की छोटी इकाई **पेठ** कहलाती थी।
- अमरसिंह ने **अमरकोष** में 12 प्रकार की भूमि का उल्लेख किया है।
- गुप्तकाल में आर्थिक उपयोगिता के आधार पर निम्न प्रकार की भूमि थी-
  1. **वास्तु**- वास करने योग्य भूमि
  2. **क्षेत्र**- कृषि करने योग्य भूमि
  3. **चारागाह भूमि**- पशुओं के चारा योग्य भूमि

4. **खिल्य**- ऐसी भूमि जो जोतने योग्य नहीं होती थी
5. **अप्रहत**- ऐसी भूमि जो जंगली होती थी

- सम्भवतः गुप्तकाल में भूराजस्व कुल उत्पादन का 1/4 से 1/6 भाग तक होता था।
- गुप्तकाल में सिंचाई के लिए **रहट** या **घंटी यन्त्र** का प्रयोग होता था।
- श्रेणी के प्रधान को **ज्येष्ठक** कहा जाता था।
- गुप्तकाल में **उज्जैन** सर्वाधिक महत्त्वपूर्ण व्यापारिक केन्द्र था।
- गुप्तशासकों ने सर्वाधिक स्वर्ण मुद्राएँ जारी की। इनकी स्वर्ण मुद्राओं को अभिलेखों में **दीनार** कहा गया है।
- कायस्थों का सर्वप्रथम वर्णन इस काल के **याज्ञवल्क्य स्मृति** में मिलता है। पृथक् जाति के रूप में कायस्थों का सर्वप्रथम वर्णन **ओशनम् स्मृति** में मिलता है।
- विंध्य के जंगलों में इस काल में निवास करने वाले **शबर जाति** के लोग अपने देवताओं को मनुष्य का मांस चढ़ाते थे।
- **सर्वप्रथम** किसी के सती होने का प्रमाण 510 ई. के भानुगुप्त के एरण अभिलेख से मिलता है, जिसमें किसी भोजराज गोपराज (सेनापति) की मृत्यु पद उसकी पत्नी के सती होने का उल्लेख है।
- गुप्तकाल में वेश्यावृति करने वाली महिलाओं को **गणिका** कहा जाता था। वृद्ध वेश्याओं को **कुट्टनी** कहा जाता था।
- गुप्त सम्राट **वैष्णव** धर्म के अनुयायी थे, लेकिन उन्होंने अन्य धर्मों के प्रति भी सहिष्णुता की नीति अपनाई।
- गुप्तकाल में वैष्णव धर्म का सबसे महत्त्वपूर्ण अवशेष **देवगढ़** (झांसी-उत्तरप्रदेश) का दशावतार मंदिर है।

गुप्तकालीन में निर्मित प्रसिद्ध मंदिर	
मंदिर	**स्थान**
विष्णु मंदिर	तिगवा (जबलपुर-मध्यप्रदेश
शिव मंदिर	भूमरा (नागौद-मध्यप्रदेश)
पार्वती मंदिर	नचना कुठार (मध्यप्रदेश)
दशावतार मंदिर (ईट से निर्मित)	देवगढ़ (झांसी-उत्तरप्रदेश)
शिव मंदिर	खोह (नागौद-मध्यप्रदेश)
भीतर गाँव का लक्ष्मण मंदिर (ईंट से निर्मित)	भीतर गाँव (कानपुर-उत्तरप्रदेश)

- अजंता में निर्मित कुल 29 गुफाओं में वर्तमान में केवल 6 ही शेष हैं, जिनमें गुफा संख्या 16 एवं 17 ही गुप्तकालीन हैं। इसमें गुफा संख्या 16 में उत्कीर्ण **मरणासन्न राजकुमारी** का चित्र प्रशंसनीय है।
- गुफा संख्या 17 के चित्र को **चित्रशाला** कहा गया है। इस चित्रशाला में बुद्ध के जन्म, जीवन, महाभिनिष्क्रमण एवं महापरिनिर्वाण की घटनाओं से सम्बन्धित चित्र उकेरे गये हैं।
- अजंता की गुफाएँ बौद्ध धर्म की महायान शाखा से संबद्ध है।
- गुप्तकाल में निर्मित अन्य गुफा बाघ की गुफा है, जो ग्वालियर के समीप बाघ नामक स्थान

पर विंध्य पर्वत को काटकर बनायी गयी थी।

- चन्द्रगुप्त-II के काल में **कालिदास** संस्कृत भाषा के सबसे प्रसिद्ध कवि थे।
- प्रसिद्ध आयुर्वेदाचार्य **धन्वंतरि** चन्द्रगुप्त-II के दरबारी थे।
- गुप्तकाल में विष्णु शर्मा द्वारा संस्कृत में रचित **पंचतन्त्र** को संसार का सर्वाधिक प्रचलित ग्रन्थ माना जाता है। बाइबिल के बाद इसका स्थान दूसरा है। इसे पाँच भागों में बाँटा गया है- 1. मित्रभेद, 2. मित्रलाभ, 3. संधि-विग्रह, 4. लब्ध-प्रणाश, 5 अपरीक्षाकारित्व।
- आर्यभट्ट ने **आर्यभट्टीयम** एवं **सूर्यसिद्धान्त** नामक ग्रन्थ लिखे। इसी ने सर्वप्रथम बताया कि पृथ्वी सूर्य के चारों ओर घूमती है।
- पुराणों की वर्तमान रूप में रचना गुप्तकाल में हुई। पुराणों में ऐतिहासिक परम्पराओं का उल्लेख है।
- गुप्तकाल में चाँदी के सिक्कों को **रूप्यका** कहा जाता था।
- याज्ञवल्क्य, नारद, कात्यायन एवं बृहस्पति स्मृतियों की रचना गुप्तकाल में ही हुई।
- मंदिर बनाने की कला का जन्म गुप्तकाल में ही हुआ।
- सांस्कृतिक उपलब्धियों के कारण गुप्तकाल को भारतीय इतिहास का **स्वर्ण युग (Golden Age)**, **क्लासिकल युग (Classical Age)** एवं **पैरीक्लीन युग (Periclean Age)** कहा जाता है।

गुप्तकालीन नाटक एवं नाटककार		
नाटक का नाम	**नाटककार**	**नाटक का विषय**
मालविकाग्निमित्रम्	कालिदास	अग्निमित्र एवं मालविका की प्रणय-कथा पर आधारित
विक्रमोर्वशीयम्	कालिदास	सम्राट पुरूरवा एवं उर्वशी अप्सरा की प्रणय-कथा पर आधारित
अभिज्ञानशाकुंतलम्	कालिदास	दुष्यन्त तथा शकुंतला की प्रणय-कथा पर आधारित
मुद्राराक्षस	विशाखदत्त	इस ऐतिहासिक नाटक में चन्द्रगुप्त मौर्य के मगध के सिंहासन पर बैठने की कथा का वर्णन है।
मृच्छकटिकम्	शूद्रक	इस नाटक में नायक चारूदत्त, नायिका वसंतसेना के अतिरिक्त राजा, ब्राह्मण, जुआरी, व्यापारी, वेश्या, चोर, धूर्त, दास आदि का वर्णन है।
स्वप्नवासवदत्तम्	भास	इसमें महाराज उदयन एवं वासवदता की प्रेमकथा का वर्णन है।
प्रतिाायौगंधरायणम्	भास	इसमें महाराज उदयन किस तरह यौगंधरायण की सहायता से वासवदत्ता को उज्जैयिनी से लेकर भागता है, का वर्णन है।
चारूदत्तम्	भास	इस नाटक का नायक चारूदत्त मूलतः भास की कल्पना है।

गुप्तकालीन तकनीकी ग्रन्थ	
रचनाकार	**रचना का नाम**
चन्द्रगोभिन	चन्द्र व्याकरण
अमरसिंह	अमरकोष (संस्कृत का प्रामाणिक कोश)
कामन्दक	नीतिसार (कौटिल्य के अर्थशास्त्र से प्रभावित)
वात्स्यायन	कामसूत्र

13. संगम काल

- भारत के सुदूर दक्षिण में कृष्णा एवं तुंगभद्रा नदियों के मध्य स्थित प्रदेश को **तमिलकम् प्रदेश** कहा जाता था। इस प्रदेश में अनेक छोटे-छोटे राज्यों का अस्तित्व था, जिनमें **चेर, चोल** और **पाण्ड्य** राज्य सर्वाधिक महत्त्वपूर्ण थे।
- सुदूर दक्षिण में पाण्ड्य राज्य था, जिसकी राजधानी **मदुरई** थी। इसके अतिरिक्त चोलों की राजधानी **उरैयुर** एवं चेरों की राजधानी **वांजी** थी।
- मेगास्थनीज के विवरण, अशोक के अभिलेख तथा कलिंग नरेश खारवेल के हाथीगुम्फा अभिलेख में भी इन तीनों राज्यों का वर्णन मिलता है। परन्तु इनके विषय में विस्तृत जानकारी **संगम साहित्य** से ही मिलती है।
- **संगम** शब्द का अर्थ है, संघ, परिषद्, गोष्ठी अथवा संस्थान। इस प्रकार संगम तमिल कवियों, विद्वानों, आचार्यों, ज्योतिषियों एवं बुद्धिजीवियों की एक परिषद् थी। तमिल भाषा में लिखे गये प्राचीन साहित्य को ही संगम साहित्य कहा जाता है। सामान्यतः इस साहित्य का विकास काल 100-250 ई. माना जाता है।
- सर्वप्रथम इन परिषदों का आयोजन पाण्ड्य राजाओं के राजकीय संरक्षण में किया गया।
- संगम का महत्त्वपूर्ण कार्य होता था उन कवियों व लेखकों की रचनाओं का अवलोकन करना, जो अपनी रचनाओं को प्रकाशित करवाना चाहते थे। परिषद् अथवा संगम की संस्तुति के उपरांत ही वह रचना प्रकाशित हो पाती थी।
- प्राप्त साक्ष्यों के आधार पर यह निष्कर्ष निकलता है कि इस प्रकार के लगभग **तीन परिषदों** (संगमों) का आयोजन पाण्ड्य शासकों के संरक्षण में किया गया।
- प्रथम संगम का आयोजन **मदुरा** में किया गया। इस संगम के अध्यक्ष **अगस्त्य ऋषि** (आचार्य अगत्तियनार) थे। इसमें रचित प्रमुख ग्रन्थ हैं- अकत्तियम, परिपदल एवं मुदुनरै आदि। परन्तु इस संगम का कोई भी ग्रन्थ उपलब्ध नहीं है।
- द्वितीय संगम का आयोजन **कपाट पुरम (अलवै)** में किया गया। इस संगम के भी अध्यक्ष आरम्भ में **अगस्त्य ऋषि** ही थे। बाद में उनका स्थान उनके शिष्य **तोलकाप्पियर** ने लिया।
- द्वितीय संगम के दौरान जिन ग्रन्थों की रचना हुई उनमें से एकमात्र ग्रन्थ **तोल्काप्पियम्** ही उपलब्ध है। तोल्काप्पियम् की रचना अगस्त्य ऋषि के शिष्य तोल्काप्पियम् ने की थी। तोल्काप्पियम् **तमिल व्याकरण** की प्रसिद्ध रचना है।
- तृतीय संगम का आयोजन **उत्तरी मुदरा** में किया गया। इस संगम के अध्यक्ष **नक्कीरर** थे।
- तृतीय संगम में शामिल विद्वानों में उल्लेखनीय थे- इरैयनार, कपिलर, परवर, सित्तलै सत्तनार और पाण्ड्य शासक उग्र।
- तृतीय संगम की रचनाओं में प्रमुख हैं- नेडुण्थोकै, कुरून्थोकै, पदिलुप्पत्तु, परिपादल आदि। इस संगम के भी अधिकांश ग्रन्थ नष्ट हो गये हैं तथापि जो संगम साहित्य अभी उपलब्ध है, वह इसी संगम की रचना मानी जाती है।
- उपर्युक्त तीनों संगमों का उल्लेख 8वीं शताब्दी के ग्रन्थ **इरैयनार अगगपोरूल** में हुआ है। किन्तु इस ग्रन्थ में दिये गये विवरण में ऐतिहासिक तथ्यों से अधिक कल्पना का सहारा लिया गया है।

संगम साहित्य के प्रमुख ग्रन्थ

- **तोल्काप्पियम्**- इसकी रचना अगस्त्य ऋषि के शिष्य तोल्काप्पियर के द्वारा की गयी। सूत्र शैली में रचा गया यह ग्रन्थ तमिल भाषा का प्राचीनतम व्याकरण ग्रन्थ है।
- **कुराल**- तिरूमल्लमीर द्वारा रचित इस ग्रन्थ को तमिल का बाइबिल कहा जाता है। इस ग्रन्थ को **कुरल या मुप्पाल** के नाम से भी जाना जाता है। यह तमिल साहित्य का **सबसे प्राचीन ग्रन्थ** है।

- संगमकालीन ग्रन्थों में शिल्पादिकारम्, मणिमेखलै, जीवक चिंतामणि, वलयपति तथा कुण्डलकेशि **महाकाव्य** है। इन पाँचों में प्रथम तीन ही उपलब्ध हैं।
- **शिल्पादिकारम्**- यह तमिल साहित्य का प्रथम महाकाव्य है, जिसका शाब्दिक अर्थ है **नूपुर** की कहानी। इस महाकाव्य की रचना चेर शासक सेन गुट्टुवन के भाई इलांगोआदीगल ने लगभग ईसा की दूसरी-तीसरी शदी में की। इस महाकाव्य की सम्पूर्ण कथा नूपुर के चारों ओर घूमती है। इस महाकाव्य के नायक और नायिका कोवलन् और कण्णगी है। यह महाकाव्य पुहारकांडम, मदुरैक्कांडम्, वंजिक्कांडम में विभाजित है जिनमें क्रमशः चोल, पाण्ड्य और चेर राज्यों का वर्णन है। यह काव्य मूलतः वर्णनात्मक है। इसे तमिल साहित्य का उज्जवलतम रत्न माना जाता है।
- **मणिमेखलै**- बौद्ध धर्म की श्रेष्ठता प्रतिपादित करने वाले इस महाकाव्य की रचना मदुरा के एक व्यापारी सीतलै सत्तनार ने की। मणिमेखलै की रचना शिल्पादिकारम के बाद की गयी। ऐसी मान्यता है कि जहाँ शिल्पादिकारम् की कहानी खत्म होती है, वहीं से मणिमेखलै की कहानी प्रारम्भ होती है। सीतलै सत्तनार कृत इस महाकाव्य की नायिका **मणिमेखलै** शिल्पादिकारम् के नायक कोवलन् की दूसरी पत्नी वेश्या माधवी की पुत्री थी।
- **जीवक चिन्तामणि**- जीवक चिन्तामणि जैन मुनि एवं महाकवि तिरक्तदेवर की अमर कृति है। इस ग्रन्थ को तमिल साहित्य के प्रसिद्ध ग्रन्थों में गिना जाता है। तेरह खण्डों में विभाजित इस ग्रन्थ में लगभग 3,145 पद है। इस महाकाव्य में कवि ने जीवक नामक राजकुमार का जीवनवृत प्रस्तुत किया है। इस काव्य का नायक जीवक आठ विवाह करता है। जीवक चिन्तामणि में आठ विवाह का वर्णन किया गया, इसलिए इसे **मणनूल** (विवाह ग्रन्थ) भी कहा जाता है।

संगम साहित्य से ज्ञात राजनैतिक इतिहास

- संगम साहित्य में तत्कालीन **तीन राजवंशों** चेर, चोल एवं पाण्ड्य के विषय में जानकारी मिलती है।

चेर राजवंश

- ऐतरेय ब्राह्मण में प्राप्त होने वाला उल्लेख- चेरपाद सम्भवतः चेरों के विषय में **प्रथम** जानकारी है। इसके अलावा रामायण, महाभारत, अशोक के शिलालेख, कालीदास कृत महाकाव्य रघुवंश से भी चेरों के बारे में जानकारी मिलती है।
- चेर राज्य आधुनिक कोंकण, मालाबार का तटीय क्षेत्र तथा उत्तरी त्रावनकोर से लेकर कोचीन तक विस्तृत था।
- चेरों का राजकीय चिह्न **धनुष** था।
- चेर वंश का प्रथम शासक उदियन जेरल था। इसका समय लगभग 130 ई. माना जाता है।
- चेर वंश का महानतम शासक शेनगुट्टवन अथवा धर्मपरायण कुट्टवन (लगभग 130 ई.) था। इसे **लाल चेर** भी कहा जाता था। इसकी प्रशंसा संगमकालीन कवियों में सर्वाधिक महत्त्वपूर्ण कवि **परणर** ने की है।
- चेरकालीन इतिहास में शेनगुट्टवन को महान योद्धा एवं कला तथा साहित्य के संरक्षक के रूप में भी जाना जाता है।
- शेनगुट्टवन की सर्वाधिक महत्त्वपूर्ण उपलब्धि थी- दक्षिणी प्रायद्वीप में सर्वप्रथम **पत्तिनी** या **कण्णगी** पूजा की प्रथा को प्रारम्भ करना। इसने शती **कण्णगी** की याद में एक विशाल मंदिर एवं उसकी प्रतिमा का निर्माण करवाया।
- चेर शासक पेरूनेजेरल इरंपोरई (लगभग 190 ई.) ने सामंतों की राजधानी तगड्र (धर्मपुरी)

पर आक्रमण कर उसे जीत लिया। उसे विद्वान, अनेक यज्ञ को सम्पन्न कराने वाला एवं अनेक वीर पुत्रों का पिता होने का गौरव प्राप्त था।

- पेरूनेजेरल इरंपोरई का विरोधी तगड्र के राजा अडिगयमान अथवा नडुमान का महत्त्वपूर्ण कार्य था- दक्षिण भू-भाग में सर्वप्रथम गन्ने की खेती को आरम्भ करवाना।
- एक अन्य चेर राजा **शेय** था जिसे हाथी की आँख वाला कहा गया है। उसे पाण्ड्य शासक ने पराजित कर दिया, परन्तु अंत में वह अपनी स्वतन्त्रता बनाये रखने में सफल रहा।

चोल राजवंश

- चोलों के विषय में **प्रथम** जानकारी पाणिनी कृत अष्टाध्यायी से मिलती है। इस विषय में जानकारी के अन्य स्रोत हैं- कात्यायन कृत वर्तिका, महाभारत, संगम साहित्य, पेरिप्लस ऑफ दी इरीथ्रियन सी एवं टॉलमी का उल्लेख आदि।
- चोल राज्य आधुनिक कावेरी नदी घाटी, कोरोमण्डल, त्रिचिरापल्ली एवं तंजोर तक विस्तृत था।
- उपलब्ध साक्ष्यों के आधार माना जाता है कि इनकी **पहली राजधानी** उत्तरी मनलूर थी। कालांतर में उरैयुर तथा तंजावुर चोलों की राजधानी बनी।
- चोलों का राजकीय चिह्न **बाघ** था।
- इस वंश का **प्रथम शासक** उरवपहर्रे इलन जेत चेन्नी था। इसने अपनी राजधानी उरैयुर में स्थापित की।
- प्रारम्भिक चोल शासकों में **करिकाल** सर्वाधिक महत्त्वपूर्ण था। अनुमानतः इस शासक ने 190 ई. में शासन किया। उसे **जले हुए पैरों वाला (The Man with the Charred Leg)** कहा गया है।
- करिकाल ने अनेक युद्धों में विजय प्राप्त की। तंजौर के निकट **वेण्णि** नामक युद्ध में विजय प्राप्त करने से उसकी ख्याति बढ़ गयी। इस युद्ध में उसने ग्यारह राजाओं के समूह को जिसमें चेर और पाण्ड्य भी थे, पराजित कर दिया। एक-दूसरे महत्त्वपूर्ण युद्ध, **वाहैप्परंदलई** के युद्ध में उसने नौ छोटे-छोटे शासकों की संयुक्त सेना को हराया।
- संगम साहित्य के अनुसार करिकाल ने कावेरी नदी के मुहाने पर **पुहार पत्तम** (कावेरीपट्टनम) की स्थापना की।
- करिकाल ने कृषि, उद्योग-धंधे तथा व्यापार-वाणिज्य के विकास को प्रोत्साहन दिया। उसके समय में कावेरीपट्टनम उद्योग और व्यापार का केन्द्र बन गया।
- शक्तिशाली नौ-सेना रखने वाला करिकाल संगम-युग का शायद सबसे महान एवं पराक्रमी शासक था।
- पट्टिनप्पालै कृति के उल्लेख के आधार पर ऐसा प्रतीत होता है कि करिकाल के समय में उद्योग तथा व्यापार उन्नति की अवस्था में थे। करिकाल ने पट्टिनप्पालै के लेखक **रूद्रन कत्रन्नार** को 1,60,000 स्वर्ण मुद्राएँ उपहार में दिया था।
- करिकाल के बाद इस वंश का अंतिम महान शासक नेडुजेलियन था। इसकी मृत्यु युद्ध क्षेत्र में हुई।
- ईसा की तृतीय शताब्दी से 9वीं शताब्दी तक चोलों का इतिहास अंधेरे में था, पर 9वीं शताब्दी के मध्य चोल नरेश विजयालय द्वारा चोल शक्ति का पुनः उद्धार किया गया।

पाण्ड्य राजवंश

- पाण्ड्य राजवंश का प्रारम्भिक उल्लेख पाणिनीकृत अष्टाध्यायी में मिलता है। इसके अतिरिक्त अशोक के अभिलेख, महाभारत एवं रामायण में भी पाण्ड्य राज्य की जानकारी मिलती है।
- पाण्ड्यों की राजधानी मदुरा (मदुरई) थी। मदुरा का दूसरा नाम कदम्बवन था तथा यह वैगा नदी के दक्षिण में बसा हुआ था। मदुरा के विषय में कौटिल्य के अर्थशास्त्र से भी जानकारी मिलती है।

- मदुरा अपने कीमती मोतियों, उच्चकोटि के वस्त्रों एवं उन्नतिशील व्यापार के लिए प्रसिद्ध था।
- इरिथ्रियन सी के विवरण के आधार पर पाण्ड्यों की प्रारम्भिक राजधानी **कोल्कई/कोर्कई** को माना जाता है।
- सम्भवत: पाण्ड्य राज्य मदुरई, रामनाथपुरम्, तिरूनेलवेलि, तिरूचिरापल्ली एवं ट्रावनकोर तक विस्तृत था।
- पाण्ड्यों का राजकीय चिह्न **मछली** (मत्स्य) था।
- संगम साहित्य में वर्णित पाण्ड्य राजाओं में पहला नाम नेडियोन का आता है। इसी ने पहरूली नदी बनाई तथा समुद्र की पूजा की प्रथा आरम्भ करवाई, परन्तु इस राजा की ऐतिहासिकता को संदिग्ध माना जाता है।
- पलशालैमुडुकुड़मी को पाण्ड्य वंश का **प्रथम ऐतिहासिक शासक** माना जाता है। अनेक यज्ञों का अनुष्ठान करवाने के कारण ही इस **पलशालै** यानि **अनेक यज्ञशालाएँ बनाने वाला** कहा गया। यह अपने द्वारा जीते गये राज्यों के साथ कठोरता का व्यवहार करता था।
- पाण्ड्य शासकों में सबसे विख्यात नेडुंजेलियन (210 ई.) था। इसकी प्रसिद्धि तलैयालंगानम् के युद्ध में विजय के परिणामस्वरूप हुई। उसने इस युद्ध में चोलों एवं चेरों को उनके अन्य पाँच सामंत मित्रों के साथ बुरी तरह परास्त किया।
- नेडुंजेलियन वीर विजेता के अतिरिक्त एक कुशल प्रशासक भी था। इसने सेना का गठन किया तथा किसानों और व्यापारियों के हित में अनेक कार्य किये।
- नेडुंजेलियन की सेना में मोती तथा मछली संग्रह करने वाले पूर्वी समुद्रतटीय लोगों को विशेष महत्त्व प्रदान किया जाता था।
- संगमकालीन शासन का स्वरूप राजतन्त्रात्मक था। राजा का पद वंशानुगत एवं ज्येष्ठता पर आधारित था। प्रशासन का समस्त अधिकार राजा के पास होता था, इसलिए उसकी प्रवृत्ति में निरंकुशता का समावेश होता था।
- राजा प्रत्येक दिन अपनी सभा (नलवै) में प्रजा की कठिनाइयों को सुनता था। राज्य का सर्वोच्च न्यायालय **मनरम** होता था, जिसका सर्वोच्च न्यायाधीश राजा होता था।
- प्रतिनिधि परिषदें राजा की निरंकुशता पर अंकुश लगाती थी, साथ ही प्रशासन में राजा का सहयोग करती थीं। इन परिषदों के सदस्य जन-प्रतिनिधि, पुरोहित, ज्योतिषी, वैद्य एवं मन्त्रीगण होते थे। इस परिषद् को **पंचवारम या पंचमहासभा** भी कहा जाता था।
- शासन में गुप्तचर भी महत्त्वपूर्ण भूमिका निभाते थे, इन्हें **औररं** या **वै** कहा जाता था।
- प्रशासनिक सुविधा के लिए राज्य या मंडलम **नाडु** में तथा नाडु **उर** में विभाजित था।
- समुद्रतटीय कस्बे को **पत्तिनाम**, बड़े गाँव को **पेरूर**, छोटे गाँव को **सिरूर** तथा पुराने गाँव को **मुडूर** कहते थे।
- संगमकाल में राजकीय आय के महत्त्वपूर्ण स्रोतों में कृषि तथा व्यापार पर लगने वाले कर थे।
- संगमकाल में भूमि पर लगने वाले कर को **कराई**, सामंतों द्वारा दिया जाने वाला कर एवं लूट द्वारा प्राप्त धन को **इराई**, सीमा शुल्क द्वारा प्राप्त धन को **उल्गू या संगम** कहा जाता था।
- राज्य की ओर से धन की अतिरिक्त माँग एवं जबरन लिए गये उपहार को **इरावू** (Iravu) कहा जाता था।
- संगमकाल में सम्भवत: सकल उत्पादन का 1/6 भाग भूमिकर के रूप में लिया जाता था।
- संगम साहित्य में व्यापारी वर्ग को **बेनिगर** कहा गया है। इस वर्ग के लोग ही आंतरिक एवं विदेशी व्यापार का संचालन करते थे।

- संगमकालीन विदेशी व्यापार का अधिकांश भाग **पुहार** बंदरगाह (कावेरी पट्टनम) से संचालित होता था। कावेरी पट्टनम के दो अन्य नाम थे - **पटिपाक्म्** एवं **मरुवरपाक्कम्**।
- संगमकाल में **उरैयुर** सूती कपड़ों के व्यापार के लिए प्रसिद्ध था।
- इस समय व्यापारिक कारवाँ का नेतृत्व करने वाले स्थल सार्थवाह को **मासात्तुवान** एवं समुद्री सार्थवाह को **मानामिकन** कहा जाता था।
- संगमकाल में **अवनम** बाजार को कहा जाता था।
- संगमकाल के प्रमुख व्यापारिक वर्ग थे- पुलैयन (रस्सी बनाने वाला), चरवाहे, **एनियर** (शिकारी), मछुआरे, कुम्हार, लुहार, स्वर्णकार, बढ़ई आदि। मलवर नाम के लोगों का व्यवसाय डाका डालना था।
- संगमकाल के व्यापार के विषय में विस्तृत जानकारी पहली सदी में किसी अज्ञात रचयिता द्वारा लिखी गयी पुस्तक **पेरिप्लस ऑफ दि एरीथ्रियन सी** से मिलती है।
- संगमकाल में महत्त्वपूर्ण कृषि उत्पादन के रूप में गन्ना, रागी, चावल एवं कपास का उत्पादन किया जाता था।
- संगमकाल में कृषकों में **बल्लाल** वर्ग का महत्त्वपूर्ण स्थान था। बल्लाल वर्ग दो भागों में बँटे थे- **सम्पन्न कृषक** या बल्लाल तथा **मजदूर कृषक** या बल्लार।
- संगमकालीन समाज पाँच वर्गों में विभाजित था-
  1. ब्राह्मण (पुरोहित वर्ग)
  2. अरसर (शासक वर्ग)
  3. बेनिगर (व्यापारी वर्ग)
  4. बेल्लाल/ वेल्लाल (बड़े कृषक एवं शासक वर्ग)
  5. बेल्लार/वेल्लार (मजदूर कृषक वर्ग)
- दास प्रथा का प्रचलन इस काल में नहीं था।
- संगमकाल में एक पत्नी प्रथा का प्रचलन था, परन्तु सम्पन्न वर्ग के लोग एक से अधिक पत्नी रखते थे।
- आमतौर पर दो प्रकार के विवाहों का प्रचलन था- **कलावु** एवं **कार्पू**। कलावु विवाह माता-पिता के अनुमति के बिना होता था जबकि कार्पू विवाह परिवार की सहमति से होता था।
- संगमकालीन ग्रन्थों में प्रेम विवाह को **पंचतिणै** एक पक्षीय प्रेम को **कैक्किणै** एवं अनुचित प्रेम को **पेरूनिदिणै** कहा गया है।
- संगमकाल में स्त्रियों की स्थिति बहुत संतोषजनक नहीं थी। उनकी भी स्थिति उत्तर भारतीय समाज के स्त्रियों के समान ही थी।
- उच्च वर्ग की कुछ स्त्रियाँ जैसे **औवैयर** एवं **नच्चेलिमर** ने एक सफल कवियित्री के रूप में अपने को स्थापित किया। इस तरह स्पष्ट है कि उच्च वर्ग की स्त्रियाँ शिक्षा प्राप्त करती थीं जबकि निम्न वर्ग की स्त्रियाँ खेतों में काम करती थीं।
- विधवाओं की स्थिति बदतर थी। वे स्वेच्छा से सती होना सरल समझती थीं। स्वैच्छिक सती प्रथा का प्रचलन संगमकालीन समाज में था।
- संगमयुगीन समाज में गणिकाओं एवं नर्तकियों के रूप में **परात्तियर** व **कणिगैचर** का उल्लेख मिलता है। ये वेश्यावृत्ति द्वारा जीवनयापन करती थीं।
- प्रायः कविता पाठ, गायन, वादन, नृत्य, नाटक आदि मनोरंजन के साधन थे। इसके अतिरिक्त मनोरंजन के अन्य साधन थे- शिकार खेलना, कुश्ती लड़ना, पासा खेलना एवं गोली खेलना आदि। **याल** नामक किसी वाद्ययन्त्र का भी उल्लेख मिलता है।

- वैदिक व ब्राह्मण धर्म का प्रचलन तमिल प्रदेश में काफी था। संगमकाल में तमिल प्रदेश में मुरुगन, शिव, बलराम एवं कृष्ण की उपासना की जाती थी। इनमें से **मुरुगन/मुरुकन** की उपासना सर्वाधिक पुरानी थी, कालांतर में मुरुगन को **सुब्रह्मण्यम** कहा गया।
- स्कंद-कार्तिकेय से मरुगन देवता की अभिन्नता स्थापित की गयी। तमिल प्रदेश के स्कंद कार्तिकेय को उत्तर भारत में शिव-पार्वती के पुत्र के रूप में जाना जाता है।
- तमिल प्रदेश में मुरुगन का प्रतीक **मुर्गा** (कुक्कुट) को माना गया, जिसे पर्वत शिखर पर क्रीड़ा करना पसन्द है।
- संगम काल में तमिल प्रदेश में बलि प्रथा का प्रचलन हुआ।
- तमिल साहित्य के महाकाव्य **मणिमेखलै** में शैव धर्म के **कापालिक सम्प्रदाय** तथा बौद्ध धर्म के श्रेष्ठता का उल्लेख है।

14. पुष्यभूति वंश

- गुप्त साम्राज्य के पतन के बाद हरियाणा के अंबाला जिले के स्थानेश्वर/थानेश्वर नामक स्थान पर **पुष्यभूति वंश** की स्थापना हुई।
- यह वंश हुणों के साथ हुए अपने संघर्ष के कारण प्रसिद्ध हुआ। इस वंश की स्थापना पुष्यभूति द्वारा की गयी थी। सम्भवत: प्रभाकरवर्धन इस वंश का चौथा शासक था। इसके विषय में जानकारी बाणभट्ट के **हर्षचरित** से मिलती है।
- प्रभाकरवर्धन दो पुत्रों राज्यवर्धन और हर्षवर्धन एवं एक पुत्री राज्यश्री का पिता था। पुत्री राज्यश्री का विवाह प्रभाकरवर्धन ने मौखरी वंश के गृहवर्मन से किया।
- पिता की मृत्यु के बाद राज्यवर्धन गद्दी पर बैठा, पर शीघ्र की उसे मालवा के खिलाफ अभियान के लिए जाना पड़ा। अभियान की सफलता के बाद लौटते हुए मार्ग में गौड़ के शासक शशांक ने राज्यवर्धन की हत्या कर दी।
- राज्यवर्धन के बाद लगभग 606 ई. में हर्षवर्धन थानेश्वर के सिंहासन पर बैठा। हर्ष के विषय में हमें बाणभट्ट के हर्षचरित से व्यापक जानकारी मिलती है।
- हर्षवर्धन ने लगभग 41 वर्ष तक शासन किया। हर्ष के साम्राज्य का विस्तार जालंधर, पंजाब, कश्मीर, नेपाल एवं बल्लभी तक था। इसने आर्यावर्त को भी अपने अधीन किया। हर्ष को बादामी के चालुक्य वंशी शासक पुलकेशिन द्वितीय ने नर्मदा नदी के किनारे 630 ई. में हराया।
- हर्षवर्धन की **पहली** राजधानी स्थानेश्वर (कुरूक्षेत्र के निकट) थी। बाद में इसने अपनी राजधानी **कन्नौज** में स्थापित की।
- हर्षवर्धन के दरबार में प्रसिद्ध कवि बाणभट्ट था, जिसने हर्षचरित की रचना की।
- हर्ष को विद्वानों के सम्पोषक के रूप में ही नहीं, बल्कि तीन नाटकों- **प्रियदर्शिका, रत्नावली** और **नागानंद** के रचयिता के रूप में भी याद किया जाता है।
- हर्ष को भारत का अंतिम हिन्दू सम्राट कहा जाता है। उसकी धार्मिक नीति सहनशील थी। हर्ष प्रारम्भिक जीवन में **शैव** था, पर धीरे-धीरे वह बौद्ध धर्म का महान संपोषक हो गया।
- एक नैष्ठिक बौद्ध के हैसियत से हर्ष ने महायान के सिद्धान्तों के प्रचार के लिए 643 ई. में कन्नौज तथा प्रयाग में दो विशाल धार्मिक सभाओं का आयोजन किया। कन्नौज सभा का सबसे महत्त्वपूर्ण निर्माण एक विशाल स्तंभ था, जिसके बीच में बुद्ध की स्वर्ण-प्रतिमा स्थापित थी। प्रतिमा की ऊँचाई उतनी ही थी, जितनी हर्ष की अपनी थी। हर्ष द्वारा प्रयाग में आयोजित सभा को **मोक्ष परिषद्** कहा गया है।
- **यात्रियों में राजकुमार, नीति का पंडित** एवं **वर्तमान शाक्यमुनि** कहा जाने वाला चीनी यात्री

ह्वेनसांग हर्ष के ही काल में भारत आया। वह लगभग 15 वर्षों तक भारत में रहा। ह्वेनसांग ने हर्ष द्वारा आयोजित दोनों धार्मिक सभाओं में भाग लिया था।

हर्षकालीन मुख्य अधिकारी	
अवंति	युद्ध एवं शान्ति का मन्त्री
सिंहनाद	हर्ष की सेना का महासेनापति
कुंतल	अश्वसेना का मुख्य अधिकारी
स्कंदगुप्त	हस्तिसेना का मुख्य अधिकारी
कुमारामात्य	उच्च प्रशासकीय सेवक
दीर्घध्वज	राजकीय संदेशवाहक
सर्वगत	गुप्तचर विभाग का सदस्य

➪ ह्वेनसांग भारत में नालंदा विश्वविद्यालय में पढ़ने एवं बौद्ध ग्रन्थ संग्रह करने के उद्देश्य से भारत आया था।

➪ हर्ष को **शिलादित्य** के नाम से भी जाना जाता था। उसने **परम भट्टा नरेश** की उपाधि धारण की।

➪ साधारण सेना को चाट एवं भाट, अश्वसेना के अधिकारी को **बृहदेश्वर**, पैदल सेना के अधिकारी को **बलाधिकृत** एवं **महाबलाधिकृत** कहा जाता था।

15. दक्षिण भारत के प्रमुख राजवंश

➪ गुप्त वंश के बाद हर्ष के अतिरिक्त कोई ऐसी शक्ति नहीं थी जो उत्तर भारत की राजनीतिक स्थिति को स्थिरता प्रदान कर सकती थी। इस समय दक्षिण भारत में दो महत्त्वपूर्ण वंश- कांची के पल्लव वंश एवं बादामी या वातापी के चालुक्य वंश शासन कर रहे थे। इन दोनों के अतिरिक्त भी कुछ अन्य वंश दक्षिण भारत में शासन करते हुए दिखायी पड़ते हैं।

पल्लव वंश

➪ कांची के पल्लव वंश के विषय में **प्रारम्भिक जानकारी** हरिषेण की 'प्रयाग प्रशस्ति' एवं ह्वेनसांग के यात्रा विवरण से मिलती है।

➪ पल्लव वंश का संस्थापक सिंहविष्णु (575-600 ई.) वैष्णव धर्मानुयायी था। सिंहविष्णु को **सिंहविष्णुयोत्तर युग** एवं **अवनिसिंह युग** भी कहा जाता था। इसकी राजधानी **कांची** (वर्तमान में तमिलनाडु में स्थित कांचीपुरम) थी। **किरातार्जुनीयम** के लेखक **भारवि** उसके दरबार में रहते थे।

➪ महेन्द्रवर्मन प्रथम (600-630 ई.), सिंहविष्णु का पुत्र एवं उत्तराधिकारी था।

➪ महेन्द्रवर्मन प्रथम के समय में पल्लव साम्राज्य न केवल राजनीतिक दृष्टि से बल्कि सांस्कृतिक, साहित्यिक एवं कलात्मक दृष्टि से भी अपने चरमोत्कर्ष पर था।

➪ महेन्द्रवर्मन प्रथम ने **मत्तविलास, विचित्र चित** एवं **गुणभर** आदि प्रशंसासूचक पदवी धारण की। **चेत्कारी** और **चित्रकारपुल्ली** आदि भी उसकी उपाधियाँ थी।

➪ महेन्द्रवर्मन प्रथम ने **मत्तविलास प्रहसन** तथा **भगवदज्जुकीयम** जैसे महत्त्वपूर्ण ग्रन्थों की रचना की। उसके संरक्षण में ही संगीत शास्त्र पर आधारित ग्रन्थ **कुडमिमालय** की रचना हुई।

➪ नरसिंहवर्मन प्रथम (630-668 ई.) महेन्द्रवर्मन प्रथम का पुत्र एवं उत्तराधिकारी था।

➪ नरसिंहवर्मन प्रथम अपने अभिलेखों में **वातापीकोंड** के उपाधि के रूप में उद्धृत है। असाधारण धैर्य एवं पराक्रम के कारण उसे **महामल्ल** भी कहा गया है। कुर्रम दान पत्र अभिलेख के उल्लेख से ज्ञात होता है कि उसने चालुक्य नरेश पुलकेशिन द्वितीय को परिमल, मणिमंगलाई एवं शूरमार के युद्धों में परास्त किया था। नरसिंह वर्मन प्रथम ने पुलकेशिन द्वितीय की पीठ पर **विजय** शब्द अंकित करवाया था।

➪ कांची के निकट एक बंदरगाह वाला नगर **महामल्लपुरम्** (महाबलिपुरम्) बसाने का श्रेय भी

नरसिंहवर्मन प्रथम को दिया जाता है। उसके शासन काल में चीनी यात्री ह्वेनसांग ने कांची की यात्रा की थी।

- महाबलीपुरम् के एकाश्मक (Monolithic) रथों का निर्माण पल्लव राजा नरसिंहवर्मन प्रथम के द्वारा करवाया गया था।
- नरसिंहवर्मन द्वितीय (695-720 ई.) पल्लव वंश का एक अन्य महत्त्वपूर्ण शासक था। उसका काल सांस्कृतिक उपलब्धियों के लिए याद किया जाता था। प्रसिद्ध वैष्णव संत तिरूमंगई अलवार इसके समकालीन थे। **राजसिंह, आगमप्रिय** और **शंकर भक्त** उसकी सर्वप्रिय उपाधियाँ थी।
- नरसिंहवर्मन द्वितीय के महत्त्वपूर्ण निर्माण कार्यों में महाबलीपुरम् का समुद्रतटीय मंदिर, कांची का कैलाशनाथ मंदिर एवं ऐरावतेश्वर मंदिर की गणना की जाती है। उसने मंदिर निर्माण शैली में एक नई शैली **राजसिंह शैली** का प्रयोग किया।
- सम्भवतः **दशकुमार चरित** का लेखक **दण्डिन** नरसिंहवर्मन द्वितीय का समकालीन था। इसकी वाद्यविद्याधर, वीणा-नारद, अंतोदय-तुम्बुरू उपाधियाँ उसकी संगीत के प्रति रूझान का परिचायक है।
- पल्लव वंश के अन्य प्रमुख शासकों में उल्लेखनीय हैं- नंदिवर्मन द्वितीय (731-795 ई.), दंतिवर्मन (796-847 ई.), नंदिवर्मन तृतीय (847-869 ई.), नृपत्तुंग वर्मन (870-879 ई.) आदि।
- पल्लव वंश का अंतिम शासक अपरजित वर्मन (879-897 ई.) था।

चालुक्य वंश (वातापी)

- चालुक्यों की उत्पत्ति का विषय अत्यंत विवादास्पद है। वराहमिहिर की **वृहतसंहिता** में इन्हें शूलिक जाति का माना गया है, जबकि पृथ्वीराजरासो में इनकी उत्पत्ति राजपूतों की उत्पत्ति के समान आबू पर्वत पर किये गये यज्ञ के अग्नि कुंड से बतायी गयी है। एफ. फ्लीट तथा के.ए. नीलकंठ शास्त्री ने इस वंश का नाम चालुक्य उल्लेख किया है। आर. जी. भंडारकर ने इस वंश का प्रारंभिक नाम चालुक्य का उल्लेख किया है। इस प्रकार चालुक्य नरेशों के वंश एवं उत्पत्ति का कोई अभिलेखीय साक्ष्य नहीं मिलता है।
- चीनी यात्री ह्वेनसांग ने चालुक्य नरेश पुलकेशिन द्वितीय को **क्षत्रिय** कहा है।
- जय सिंह ने वातापी के चालुक्य वंश की स्थापना की थी।
- इसकी राजधानी वातापी (बीजापुर के निकट) थी।
- इस वंश के प्रमुख शासक थे- पुलकेशिन प्रथम, कीर्तिवर्मन प्रथम, पुलकेशिन द्वितीय, विनयादित्य, विजयादित्य एवं विक्रमादित्य द्वितीय।
- पुलकेशिन प्रथम इस वंश का प्रथम प्रतापी राजा था।
- चालुक्यकालीन अभिलेखों से प्रमाणित होता है कि उसने हिरण्यगर्भ, अश्वमेघ, अग्निष्टोम, अग्निचयन, वाजपेय, बहुसुवर्ण तथा पुण्डरीक यज्ञ करवाया। इसने रणविक्रम, सत्याश्रय, धर्म महाराज आदि की उपाधि धारण की। इसके राज्य का आरम्भ लगभग 550 ई. से 566-567 ई. माना जाता है।
- पुलकेशिन प्रथम के बाद उसका बेटा कीर्तिवर्मन प्रथम (566-567 से 598 ई.) गद्दी पर बैठा। उसने बनवासी के कदंबों पर आक्रमण कर उन्हें पराजित किया और आगे चलकर उसने कोंकण, बेलारी तथा कर्नूलों के मौर्यों को भी पराजित किया। **वातापी का निर्माणकर्ता कीर्तिवर्मन को माना जाता है।**
- चालुक्य वंश का सबसे प्रतापी राजा पुलकेशिन द्वितीय (609-610 से 642-643 ई.) था। उसने **दक्षिणापथेश्वर** की उपाधि धारण की थी। इसके अतिरिक्त उसने श्री पृथ्वीवल्लभ, सत्याश्रय, वल्लभ परमेश्वर परम भागवत, भट्टारक तथा महाराजाधिराज की उपाधि धारण की।

- मुस्लिम इतिहासकार तबारी के अनुसार 625-626 ई. में पुलकेशिन द्वितीय ने ईरान के राजा खुसरो द्वितीय के दरबार में अपना दूत मंडल भेजा था।
- अजंता के एक गुहा चित्र में पुलकेशिन द्वितीय को फारसी दूत-मंडल का स्वागत करते हुए दिखाया गया है।
- एहोल प्रशस्ति अभिलेख का सम्बन्ध पुलकेशिन द्वितीय से है। इसमें उसके दरबारी कवि **रविकीर्ति** द्वारा रचित उसका गुणवर्णन उत्कीर्ण है। यह अभिलेख पुलकेशिन द्वितीय की जीवनी जानने का एक **मुख्य स्रोत** है।
- पल्लववंशी शासक नरसिंहवर्मन प्रथम ने पुलकेशिन द्वितीय को परास्त किया और उसकी राजधानी बादामी पर अधिकार कर लिया। सम्भवत: इसी युद्ध में पुलकेशिन द्वितीय मारा गया। इस विजय के बाद नरसिंहवर्मन प्रथम ने **वातापीकोंड** की उपाधि धारण की।
- चालुक्यों में विनयादित्य (680-696 ई.) भी एक पराक्रमी शासक था। अभिलेखों में इसका उललेख **त्रैराज्यपल्लवपति** के रूप में किया गया है।
- विनयादित्य ने मालवा को जीतने के उपरांत **सकलोत्तरपथनाथ** की उपाधि धारणी की। इसके अतिरिक्त उसने युद्ध मल्ल, भट्टारक, महाराजाधिराज राजाश्रय आदि उपाधि भी धारण की।
- विक्रमादित्य द्वितीय (733-745 ई.) के काल में ही दक्कन में अरबों ने आक्रमण किया। इस आक्रमण का मुकाबला विक्रमादित्य के भतीजे पुलकेशी ने किया। इस अभियान की सफलता पर विक्रमादित्य द्वितीय ने इसे **अवनिजनाश्रय** (पृथ्वी के लोगों का शरणदाता) की उपाधि प्रदान की।
- विक्रमादित्य द्वितीय की प्रथम पत्नी **लोकमहादेवी** ने पट्टदकल में **विरूपाक्षमहादेव मंदिर** का निर्माण करवाया, जबकि उसकी दूसरी पत्नी **त्रैलोक्य देवी** ने **त्रैलोकेश्वर मंदिर** का निर्माण करवाया।
- बादामी के चालुक्य वंश का अंतिम राजा कीर्तिवर्मन द्वितीय (745-753 ई.) था। उसे उसी के सामंत दंतिदुर्ग ने परास्त कर एक नये वंश राष्ट्रकूट वंश की स्थापना की।

चालुक्य वंश (कल्याणी)

- चालुक्य वंश की कल्याणी शाखा की स्थापना **तैलप द्वितीय** ने अंतिम राष्ट्रकूट नरेश कर्क को परास्त करके की थी। कल्याणी शाखा के चालुक्यों को पश्चिमी चालुक्य भी कहा जाता है।
- तैलप द्वितीय ने **मान्यखेत** को अपनी राजधानी बनाया।
- कल्याणी के चालुक्य वंश के अन्य शासक थे- सत्याश्रय विक्रमादित्य-V, जयसिंह-II, सोमेश्वर-I, सोमेश्वर-II, विक्रमादित्य-VI, सोमेश्वर-III एवं जगदेक मल्ल-II आदि।
- सोमेश्वर-I ने मान्यखेत से राजधानी स्थानांतरित कर कल्याणी (कर्नाटक) को अपनी नई राजधानी बनाया।
- इस वंश का सबसे प्रतापी शासक विक्रमादित्य-VI था।
- **विक्रमांकदेवचरित** का लेखक कश्मीरी कवि **विल्हण** विक्रमादित्य-VI के दरबार का अमूल्य रत्न था। इसमें विक्रमादित्य-VI के जीवन पर प्रकाश डाला गया है।
- **मिताक्षरा** (हिन्दू विधि ग्रन्थ, याज्ञवल्क्य स्मृति पर व्याख्या) नामक ग्रन्थ के रचनाकार एवं महान विधिवेत्ता विज्ञानेश्वर भी विक्रमादित्य-VI के दरबारी थे।
- विक्रमादित्य-VI ने 1706 ई. में **चालुक्य विक्रम संवत्** की स्थापना की।

चालुक्य वंश (बेंगी)

- 615 ई. में उत्तरी तथा दक्षिणी मराठा प्रदेश में पुलकेशिन-II द्वारा नियुक्त वायसराय विष्णुवर्धन ने बेंगी के चालुक्य वंश की स्थापना की। बेंगी शाखा के चालुक्यों को **पूर्वी चालुक्य** भी कहा जाता है।

- इसकी राजधानी **बेंगी** (आंध्रप्रदेश) में थी।
- विष्णुवर्धन को **विषमसिद्धि** नाम से भी जाना जाता था।
- विष्णुवर्धन के पश्चात् इस वंश के प्रमुख शासक थे-जयसिंह-I, विष्णुवर्धन-II, विष्णुवर्धन-III, विजयादित्य-I, विष्णुवर्धन-IV, विजयादित्य-II, विक्रमादित्य-III, भीम-I आदि।
- विजयादित्य-I के समय बादामी के चालुक्य वंश का राष्ट्रकूटों ने उन्मूलन कर दिया। इसके बाद राष्ट्रकूटों का बेंगी के पूर्वी चालुक्यों से संघर्ष प्रारम्भ हो गया।
- इस वंश का सबसे प्रतापी राजा विजयादित्य-III था, जिसका सेनापति पंडरंग था।

राष्ट्रकूट

- राष्ट्रकूट वंश का संस्थापक दंतिदुर्ग (752 ई.) था।
- इसकी राजधानी मान्यखेत या मालखेड़ (वर्तमान मालखेड़ शोलापुर के निकट) थी।
- दंतिदुर्ग के विषय में कहा जाता है कि उसने उज्जयिनी में **हरिण्यगर्भ** (महादान) यज्ञ किया था।
- राष्ट्रकूट वंश के प्रमुख शासक थे-कृष्ण-I, ध्रुव, गोविंद-III, अमोघवर्ष, कृष्ण-II, इन्द्र-III एवं कृष्ण-III।
- कृष्ण-I ने बादामी के चालुक्यों के अस्तित्व को पूर्णत: समाप्त कर दिया। ऐलोरा के प्रसिद्ध कैलाश मंदिर (गुहा मंदिर) का निर्माण उसी के द्वारा करवाया गया था।
- ध्रुव राष्ट्रकूट वंश का **पहला शासक** था जिसने कन्नौज पर अधिकार करने हेतु **त्रिपक्षीय संघर्ष** में भाग लेकर प्रतिहार नरेश वत्सराज एवं पाल नरेश धर्मपाल को पराजित किया। ध्रुव को **धारवर्ष,** भी कहा जाता था।
- गोविन्द-III (793-814 ई.) ने दक्कन में अपनी स्थिति मजबूत करने के बाद कन्नौज पर आधिपत्य हेतु **त्रिपुक्षीय संघर्ष** में भाग लेकर चक्रायुध एवं उसके संरक्षक धर्मपाल तथा प्रतिहार वंश के नागभट्ट-II को परास्त कर कन्नौज पर अधिकार कर लिया।
- गोविंद-III ने अपने विरूद्ध बने पल्लव, पाण्ड्य, केरल एवं गंग शासकों के संघ को लगभग 802 ई. में नष्ट कर दिया।
- गोविंद-III के शासनकाल को राष्ट्रकूट शक्ति का चरमोत्कर्ष काल माना जाता है।
- अमोघवर्ष (814-878 ई.) एक योग्य शासक होने के साथ-साथ **आदिपुराण** के रचनाकार **जिनसेन, गणितासार-संग्रह** के लेखक **महावीराचार्य** एवं **अमोघवृत्ति** के लेखक **सक्तायना** जैसे विद्वानों का आश्रयदाता भी था।
- अमोघवर्ष **जैनधर्म** का अनुयायी था। उसने स्वयं कन्नड़ के प्रसिद्ध ग्रन्थ **कविराज मार्ग** की रचना की।
- अमोघवर्ष नृपतुंग कहलाता था। उसके बारे में कहा जाता है कि उसने तुंगभ्रदा नदी में जल समाधि लेकर अपने जीवन का अंत कर लिया।
- इन्द्र-III (914-927 ई.) ने पाल वंश के देवपाल को परास्त कर कन्नौज पर अधिकार कर लिया।
- इन्द्र-III के समय ही अरब यात्री **अलमसूदी** भारत आया। उसने तत्कालीन राष्ट्रकूट शासकों को **भारत का सर्वश्रेष्ठ शासक** कहा।
- कृष्ण-III (939-965 ई.) राष्ट्रकूट वंश का **अंतिम महान शासक** था। इसने गंगों की सहायता से चोलों को परास्त कर कांची एवं तंजावुर पर अधिकार कर लिया एवं यहाँ पर विजय के उपलक्ष्य में एक स्तंभ एवं एक मंदिर का निर्माण करवाया।
- महाराष्ट्र स्थित ऐलोरा एवं ऐलिफेंटा गुहामंदिरों का निर्माण राष्ट्रकूटों के समय ही हुआ।

- ऐलोरा में शैलकृत गुफाओं की संख्या 34 है। इसमें 1 से 12 तक बौद्ध, 13 से 29 तक हिन्दू और 30 से 34 तक जैन धर्म से संबद्ध है।

चोल वंश (9वीं से 12वीं शताब्दी तक)

- चोलों का प्रारम्भिक इतिहास संगम युग से प्रारम्भ होता है। संगमकालीन साहित्य से तत्कालीन चोल शासक करिकाल (190 ई.) के बारे में काफी जानकारी मिलती है। करिकाल ने **उरैयूर** को अपनी राजधानी बनाया था। करिकाल के बाद लगभग 9वीं शताब्दी तक चोलों का इतिहास अंधकारपूर्ण रहा है।

> **चोल काल में भूमि के प्रकार**
>
> **वेल्लनवगाई:** गैर ब्राह्मण किसान स्वामी की भूमि।
>
> **ब्रह्मदेय:** ब्राह्मणों को उपहार में दी गयी भूमि।
>
> **शालाभोग:** किसी विद्यालय के रख-रखाव की भूमि।
>
> **देवदान या तिरुनमटड्क्कनी:** मंदिर को उपहार में दी गयी भूमि।
>
> **पल्लिच्चंदम:** जैन संस्थानों को दान दी गयी भूमि

- लगभग 9वीं शताब्दी (850 ई.) में पल्लवों के अवशेषों पर चोल सत्ता का पुनरूत्थान हुआ। ये पल्लवों के सामंत थे।
- 9वीं शताब्दी के मध्य लगभग 850 ई. में चोल शक्ति का पुनरूत्थान विजयालय (850-875 ई.) ने किया। विजयालय को चोल साम्राज्य का **द्वितीय संस्थापक** भी कहा जाता है।
- विजयालय ने पाण्ड्य शासकों से **तंजौर/तांजाय/तंझावुर** को छीनकर उरैयूर के स्थान पर इसे अपने राज्य की राजधानी बनाया।
- विजयालय ने तंजौर को जीतने के उपलक्ष्य में **नरकेसरी** की उपाधि धारण की।
- चोलों का स्वतन्त्र राज्य आदित्य-I (875-907 ई.) ने स्थापित किया।
- पल्लवों पर विजय पाने के उपलक्ष्य में आदित्य-I ने **कोदण्डराम** की उपाधि धारण की।
- चोल वंश के प्रमुख शासक थे- परांतक-I, परांतक-II, राजाराज-I, राजेन्द्र-I, राजेन्द्र-II एवं कुलोत्तुंग-I।
- परांतक-I (907-935 ई.) को राष्ट्रकूट नरेश कृष्ण-II ने पश्चिमी गंगों की सहायता से **तक्कोलम** के युद्ध में बुरी तरह परास्त किया। इस युद्ध में परांतक-I का बड़ा पुत्र राजादित्य मारा गया।
- परांतक-I ने भूमि का सर्वेक्षण करवाया था। उसे अनेक यज्ञ करने एवं मंदिर बनवाने का भी श्रेय है।
- परांतक-I के **उत्तरमेरूर लेख** से चोलों के स्थानीय स्वशासन की जानकारी मिलती है।
- परांतक-II (956-973 ई.) को **सुन्दर चोल** के नाम से भी जाना जाता था।
- परांतक-II ने तत्कालीन पाण्ड्य शासक **वीर पाण्ड्य** को चेचर के मैदान में पराजित किया।
- राजाराज-I (985-1014 ई.) चोल वंश का प्रतापी शासक था। उसके शासनकाल के 30 वर्ष चोल साम्राज्य के सर्वाधिक गौरवशाली वर्ष थे। राजाराज-I को **अरिमोलिवर्मन** के नाम से भी जाना जाता था।
- राजाराज-I ने अपने पितामह परांतक-I की **लौह एवं रक्त** की नीति का पालन करते हुए राजाराज की उपाधि धारण की।
- राजाराज-I ने अपने शासन के 9वें वर्ष में सामरिक अभियान प्रारम्भ किया। इस अभियान के तहत सर्वप्रथम उसने चोल विरोधी गठबंधन में शामिल पाण्ड्य, चेर एवं श्रीलंका के ऊपर आक्रमण किया।

- राजाराज-I ने श्रीलंका के शासक महेन्द्र-V/महिम-V पर आक्रमण कर उसकी राजधानी **अनुराधापुरम्** को बुरी तरह नष्ट कर दिया।
- श्रीलंका अभियान में राजाराज-I ने अपने द्वारा जीते गये प्रदेश का नाम **मामुण्डी चोलमंडलम** रखा एवं **पोलोन्नरूवा** को उसकी राजधानी बनाया।
- सम्भवतः श्रीलंका विजय के बाद राजाराज-I ने **जगन्नाथ** का विरूद धारण कर पोलोन्नरूवा का नाया नाम **जननाथमंगलम्/जगन्नाथमंगलम्** रखा।

उत्तरमेरुर अभिलेख के अनुसार सभा की सदस्यता	
1.	सभा की सदस्यता के लिए इच्छुक लोगों को ऐसी भूमि का स्वामी होना चाहिए, जहाँ से भू-राजस्व वसूला जाता है।
2.	उनके पास अपना घर होना चाहिए।
3.	उनकी उम्र 35 से 70 के बीच होनी चाहिए।
4.	उन्हें वेदों का ज्ञान होना चाहिए।
5.	उन्हें प्रशासनिक मामलों की अच्छी जानकारी होनी चाहिए और ईमानदार होना चाहिए।
6.	यदि कोई पिछले तीन सालों में किसी समिति का सदस्य रहा है, तो वह किसी और समिति का सदस्य नहीं बन सकता।
7.	जिसने अपने या अपने सम्बन्धियों के खाते जमा नहीं कराये हैं, वह चुनाव नहीं लड़ सकता।

- अपने शासन के अंतिम दिनों में राजाराज-I ने मालद्वीप को भी अपने अधिकार में कर लिया।
- राजाराज-I, शैव मतानुयायी होने के कारण **शिवपादशेखर** की उपाधि धारण की। इसके अतिरिक्त उसने रविकुल माणिक्य, मुम्माडि चोलदेव, चोल मार्त्तण्ड, जयनगोण्ड आदि अनेक उपाधियाँ धारण की।
- राजाराज-I ने तंजौर में द्रविड़ वास्तुकला शैली के अंतर्गत विश्व प्रसिद्ध मंदिर राजराजेश्वर/बृहदीश्वर मंदिर का निर्माण करवाया।
- राजाराज-I ने अपने शासन के दौरान चोल अभिलेखों का आरम्भ **ऐतिहासिक प्रशस्ति** के साथ करवाने की प्रथा की शुरुआत की।
- राजाराज-I ने शैलेन्द्र शासक श्रीमार विजयोत्तुंग वर्मन को नागपट्टम में **चूड़ामणि** नामक बौद्ध बिहार बनाने की अनुमति दी और साथ ही इसके निर्माण में आर्थिक सहायता भी दी।
- राजाराज-I ने अपने धर्मसहिष्णु होने का परिचय राजराजेश्वर मंदिरों की दीवारों पर बौद्ध प्रतिमाओं का निर्माण करवाकर दिया।
- चोल सत्ता का सर्वाधिक विस्तार राजेन्द्र-I (1014-1044 ई.) के शासनकाल में हुआ।
- राजेन्द्र-I की उपलब्धियों के बारे में सही जानकारी तिरूवालंगाडु एवं करंदाइ अभिलेखों से मिलती है।
- राजेन्द्र-I ने अपने प्रारम्भिक विजय अभियान में पश्चिमी चालुक्यों, पाण्ड्यों एवं केरलों को पराजित किया।
- राजेन्द्र-I ने सिंहल अभियान (लगभग 1017 ई.) में वहाँ के शासक महेन्द्र-V को परास्त कर सम्पूर्ण सिंहल राज्य को अपने अधिकार में कर सिंहल शासक को चोल राज्य में बन्दी बना लिया। इस सिंहल शासक की 1029 ई. में यहीं मृत्यु हो गयी।
- राजेन्द्र-I के सामरिक अभियानों का महत्त्वपूर्ण कारनामा था- उसकी सेनाओं का गंगा नदी पार कर कलिंग एवं बंगाल तक पहुँच जाना।
- कलिंग एवं बंगाल के इस अभियान में चोल सेनाओं ने कलिंग के पूर्वी गंग शासक मधुकामार्नव और बंगाल के पाल शासक महीपाल को पराजित किया।

- गंगाघाटी के अभियान की सफलता पर राजेन्द्र-I ने **गंगैकोण्डचोल** की उपाधि धारण की तथा इस विजय की स्मृति में कावेरी नदी के निकट **गंगैकोण्डचोलपुरम्** नामक नई राजधानी का निर्माण करवाया। साथी ही सिंचाई हेतु **चोलगंगम** नामक एक बड़े तालाब का भी निर्माण करवाया।
- राजेन्द्र-I ने श्री विजय (शैलेन्द्र) शासक विजयोत्तुंग वर्मन को पराजित कर जावा, सुमात्रा एवं मलाया प्रायद्वीप पर अधिकार कर लिया।
- राजेन्द्र-I ने **गंगैकोण्डचोल, वीर राजेन्द्र, मुडिगोंडचोल** आदि उपाधियाँ धारण की।
- एक महान विद्या प्रेमी होने के कारण राजेन्द्र-I को **पंडित चोल** भी कहा जाता है।
- राजाधिराज-I (1044–1052 ई.) का सर्वप्रथम संघर्ष कल्याणी के पश्चिमी चालुक्यों से हुआ। इसने तत्कालीन चालुक्य नरेश सोमेश्वर को पराजित कर राजधानी कल्याणी पर अधिकार कर लिया। इस विजय के उपलक्ष्य में राजाधिराज ने अपना **वीराभिषेक** करवाकर **विजय राजेन्द्र** की उपाधि धारण की।
- राजाधिराज-I ने राजधानी कल्याणी की विजय-स्मृति के रूप में वहाँ से एक **द्वार पालक की मूर्ति** लाकर उसे तंजौर नगर के **दारासुरम** नामक स्थान पर स्थापित करवाया।
- वीर राजेन्द्र (1064–1070 ई.) ने अपने परंपरागत शत्रु पश्चिमी चालुक्यों को **कुंडलसंगमम्** के मैदान में परास्त कर तुंगभद्रा नदी के किनारे एक विजय स्तंभ की स्थापना की।
- पश्चिमी चालुक्यों के खिलाफ एक अन्य अभियान में कम्पिलनगर को जीतने के उपलक्ष्य में वीर राजेन्द्र ने **करडिग ग्राम** में एक और **विजय स्तंभ** स्थापित करवाया।
- वीर राजेन्द्र ने अपनी पुत्री का विवाह (विक्रमादित्या-IV) कर पश्चिमी चालुक्यों के साथ कर सम्बन्धों के नये अध्याय की शुरुआत की।
- वीर राजेन्द्र की मृत्यु के बाद अधिराजेन्द्र (1070 ई.) चोल की राजगद्दी पर बैठा, पर कुछ ही माह के बाद राज्य में एक जनविद्रोही भीड़ द्वारा उसकी हत्या कर दी गयी।
- अधिराजेन्द्र की मृत्यु के साथ ही विजयालय द्वारा स्थापित चोल वंश समाप्त हो गया।
- अशांतमय परिस्थितियों का लाभ उठाकर राजेन्द्र-II कुलोतुंग-I (1070–1120 ई.) के नाम से चोल राज सिंहासन पर बैठा।
- कुलोतुंग-I के बाद का चोल इतिहास चोल-चालुक्य वंशीय इतिहास के नाम से जाना जाता है।
- कुलोतुंग-I का शासन काल कुछ युद्धों को छोड़कर शान्ति एवं सुव्यवस्था का काल था।
- कुलोतुंग-I ने 72 व्यापारियों के एक दूतमंडल को 1077 ई. में चीन भेजा।
- चोल लेखों में कुलोतुंग को **शुंगमत्विर्त्त** (करो को हटाने वाला) कहा गया है।
- विक्रम चोल (1120–1133 ई.) धार्मिक दृष्टि से असहिष्णु शासक था। उसने अभाव एवं अकाल से त्रस्त जनता से राजस्व वसूल कर चिदंबरम मंदिर का विस्तार करवाया।
- विक्रम चोल ने **अंकलैंक** एवं **त्याग समुद्र** की उपाधियाँ धारण की।
- कुलोतुंग-II (1133–1150 ई.) ने चिदम्बरम् मंदिर में स्थित गोविंदराज (विष्णु) की मूर्ति को समुद्र में फेंकवा दिया। कालांतर में वैष्णव आचार्य रामानुज ने उक्त मूर्ति को उठाकर तिरूपति के मंदिर में प्राण प्रतिष्ठित किया।
- चोल वंश का अंतिम शासक राजेन्द्र-III था।
- चोलों एवं चालुक्यों के बीच लंबे समय से चली आ रही शत्रुता को समाप्त कर शान्ति स्थापित कराने में **गोवा** के **कंदम्ब शासक जयकेस**-I ने मध्यस्थ की भूमिका निभाई।
- चोल प्रशासन में भाग लेने वाले उच्च एवं निम्न श्रेणी के पदाधिकारियों को क्रमशः **पेरून्दरम्** एवं **शेरून्दरम्** कहा जाता है।

- प्रशासन की सुविधा हेतु सम्पूर्ण चोल साम्राज्य 6 प्रांतों में बँटा था। प्रांत को **मंडलम्** कहा जाता था। मंडलम् को **कोट्टम** (कमिश्नरी) में कोट्टम को **नाडु** (जिले) में एवं प्रत्येक नाडु को कई **कुर्रमों** (ग्राम समूह) में विभक्त किया गया था।
- मंडलम् से लेकर ग्राम स्तर तक के प्रशासन हेतु स्थानीय सभाओं का सहयोग लिया जाता था। **नाडु** एवं **नगर** की स्थानीय सभा को क्रमश: **नाटूर** एवं **नगरतार** कहा जाता था।
- स्थानीय स्वशासन चोल शासन प्रणाली की महत्त्वपूर्ण विशेषता थी।
- **उर** सर्वधारण लोगों की समिति थी, जिसका कार्य होता था सार्वजनिक कल्याण के लिए तालाबों और बगीचों के निर्माण हेतु गाँव की भूमि का अधिग्रहण करना।
- **सभा/महासभा** मूलत: अग्रहारों और ब्राह्मण बस्तियों की सभा थी, जिसके सदस्यों को **पेरूमक्कल** कहा जाता था। यह सभा वरियम नाम की समितियों के द्वारा अपने कार्य को संचालित करती थी।
- सभा की बैठक गाँव में मंदिर के निकट वृक्ष के नीचे या तालाब के किनारे होती थी।
- व्यापारियों की सभा को **नगरम** कहते थे।
- चोल काल में भूमिकर उपज का 1/3 भाग हुआ करता था।
- गाँव में कार्यसमिति की सदस्यता के लिए वेतनभोगी कर्मचारी रखे जाते थे, उन्हें **मध्यस्थ** कहते थे।
- ब्राह्मणों को दी गयी करमुक्त भूमि को **चतुर्वेदि मंगलम्** कहा जाता था।
- चोल सैन्य संगठन का सबसे संगठित अंग था- पदाति सेना।
- चोलों के समय सोने के सिक्के को **काशु** कहा जाता था।
- ब्राह्मणों को दी गयी भूमि **ब्रह्मदेय** कहलाती थी।
- कुलोतुंग-I का राजकवि **जयन्गोंदर** तमिल कवियों में सर्वाधिक प्रसिद्ध था। उसकी रचना **कलिंगत्तुपर्णि** है।
- **कंबन, ओट्टक्कुट्टन** और **पुगलेंदि** को **तमिल साहित्य** का **त्रिरत्न** कहा जाता है।
- कुलोतुंग-III का दरबारी कवि कंबन का काल तमिल साहित्य का स्वर्ण काल माना जाता है। उसकी कृति **कंबन की रामायण** को तमिल साहित्य का गौरव ग्रन्थ माना जाता है।
- इस काल की अन्य रचनाएँ हैं- शेक्किल्लार द्वारा रचित **पेरिय पुराणम**, गलेंदि की **नलवेम्ब** तथा तिरक्तदेवर की **जीवक चिंतामणि**।
- प्रियपूर्णम या शेखर की **तिरूटोण्डपूर्णम** को पाँचवाँ वेद कहा जाता है।
- **पंप, पोन्न** एवं **रन्न** को **कन्नड़ साहित्य का त्रिरत्न** कहा जाता है।
- पर्सी ब्राउन ने तंजौर के **बृहदेश्वर मंदिर** के विमान को भारतीय वास्तुकला का निकष माना है।
- चोलकालीन धातु मूर्ति कला में नटराज की कांस्य प्रतिमा को चोल कला का सांस्कृतिक (कसौटी) सार या निचोड़ कहा जाता है।
- चोल काल में आम वस्तुओं के आदन-प्रदान का आधार धान था।
- चोलकालीन सबसे महत्त्वपूर्ण बंदरगाह **कावेरीपट्टनम** था।
- चोल काल में बहुत बड़ा गाँव जो एक इकाई के रूप में शासित किया जाता था, **तनियर** कहा जाता था।
- उत्तरमेरूर शिलालेख, जो सभा-संस्था का विस्तृत वर्णन उपस्थित करता है, परांतक-I के शासनकाल से संबद्ध है।

- चोलों की राजधानी **कालक्रम के अनुसार** इस प्रकार थी- उरैयूर, तंजौर, गंगैकोंडचोलपुरम् एवं कांची।
- चोलों के समय सड़कों की देखभाल बगान समिति करती थी।
- पंडित चोल के नाम से चर्चित राजेन्द्र-I के गुरु शैव संत **इसान शिव** थे।
- चोल काल के **विशाल व्यापारी** समूह इस प्रकार थे- वलंजियार, नानादेशी एवं मणिग्रामम्।
- विष्णु के उपासक **अलवार** एवं शिव के उपासक **नयनार** संत कहलाते थे।

कदंब वंश

- कदंब राज्य की स्थापना मयूरशर्वन ने की थी।
- अनुश्रुतियों के अनुसार मयूरशर्मन ने अट्ठारह अश्वमेघ यज्ञ किये।
- कदंब राजा मयूरशर्वन ने ब्राह्मणों को असंख्य गाँव दान में दिया।
- कदंबों ने जैनों को भी भूमिदान दिया पर पर उनका ब्राह्मणों की ओर अधिक झुके हुए थे।
- कदंबों ने अपनी राजधानी कर्नाटक के उत्तरी केनरा जिले में **वैजयन्ती** या **बनवासी** में बनायी।

गंगवंश

- गंगवंश का संस्थापक **ब्रजहस्त पंचम** था।
- अभिलेखों के अनुसार गंगवंश का प्रथम शासक कोंकणी वर्मा था।
- गंगों की प्रारम्भिक राजधानी **कुवलाल** (कोलार) थी, जहाँ सोने की खान होने के कारण इस राजवंश का उत्थान आसन हुआ।
- गंगों की बाद में राजधानी **तलकाड** हो गयी।
- गंग शासक **माधव प्रथम** ने **दत्तक सूत्र** पर टीका लिखा।

काकतीय वंश

- काकतीय वंश का संस्थापक **बीटा प्रथम** था, जिसने **नलगोंडा** (हैदराबाद) में एक छोटे से राज्य का गठन किया, जिसकी राजधानी **अमकोंड** थी।
- इस वंश का सबसे शक्तिशाली शासक गणपति था। रूद्रमादेवी गणपति की बेटी थी, जिसने रूद्रदेव महाराज का नाम ग्रहण किया, जिसने 35 वर्षों तक शासन किया।
- गणपति ने अपनी राजधानी वारंगल में स्थानांतरित कर ली थी।
- इस राजवंश का अंतिम शासक प्रताप रूद्र (1295-1323 ई.) था।

यादव वंश

- देवगिरि के यादव वंश की स्थापना **भिल्लम पंचम** ने की। इसकी राजधानी देवगिरि थी।
- इस वंश का सबसे प्रतापी राज **सिंहण** (1210-1246 ई.) था।
- इस वंश का अंतिम स्वतन्त्र शासक रामचन्द था, जिसने अलाउद्दीन के सेनापति मलिक काफूर के सामने आत्मसमर्पण किया।

होयसल वंश

- द्वारसमुद्र के होयसल वंश की स्थापना **विष्णुवर्धन** ने की थी। होयसलों ने **द्वारसमुद्र** (आधुनिक हलेविड) को अपनी राजधानी बनाया।
- होयसल वंश यादव वंश की एक शाखा थी।
- वेलूर में **चेन्ना केशव मंदिर** का निर्माण विष्णुवर्धन ने 1117 ई. में किया था।
- इस वंश का अंतिम शासक वीर बल्लाल-III था, जिसे मलिक काफूर ने हराया था।

16. सीमावर्ती राजवंशों का अभ्युदय

पाल वंश

- पाल वंश की स्थापना (750 ई.) कुछ प्रमुख व्यक्तियों द्वारा चुने गये (ग्रहीता) बौद्ध अनुयायी गोपाल (750–770 ई.) ने की थी।
- इस वंश की राजधानी मुंगेर थी।
- तिब्बती लामा एवं इतिहासकार तारानाथ के अनुसार गोपाल ने ओदन्तपुरी में एक मठ और विश्वविद्यालय की स्थापना की।
- पाल वंश के प्रमुख शासक थे- धर्मपाल (770–810 ई.), देवपाल (810–850 ई.), नारायणपाल (860–915 ई.), महिपाल-I (988–1038 ई.), नयपाल (1038–1055 ई.) आदि।
- पाल वंश का सबसे महान शासक **धर्मपाल** था। उसने बहुत से मठ एवं विहार का निर्माण करवाया था। धर्मपाल ने प्रसिद्ध **विक्रमशिला विश्वविद्यालय** की स्थापना पाथरघाट, भागलपुर (बिहार) में की थी। उसने **नालंदा विश्वविद्यालय** के खर्च के लिए भी 200 गाँव दान में दिया था।
- कन्नौज के लिए त्रिपक्षीय संघर्ष पाल वंश, गुर्जर-प्रतिहार वंश एवं राष्ट्रकूट वंश के बीच हुआ। इसमें पाल वंश की ओर से **सर्वप्रथम** धर्मपाल शामिल हुआ था।
- 11वीं शताब्दी के गुजराती कवि सोड्ढल ने धर्मपाल को **उत्तरापथस्वामिन** की उपाधि से सम्बोधित किया था।
- धर्मपाल का पुत्र एवं उत्तराधिकारी देवपाल इस वंश का सर्वाधिक प्रतापी शासक था। इसने अपने समकालीन अनेक शासकों को पराजित किया। पराजित शासकों में सर्वाधिक प्रसिद्ध प्रतिहार शासक **मिहिरभोज** था।
- अरब यात्री सुलेमान ने देवपाल को राष्ट्रकूट एवं प्रतिहार शासकों में **सबसे अधिक शक्तिशाली** बताया है।
- पालों की राजधानी **मुंगेर** की स्थापना देवपाल ने ही की थी।
- देवपाल के काल में ही जावा के शैलेन्द्र वंश के बलपुत्र देव ने नालंदा में एक बौद्ध मठ की स्थापना की जिसके खर्च हेतु देवपाल ने पाँच गाँव दान में दिये।
- महिपाल-I को पाल वंश का **द्वितीय संस्थापक** कहा जाता है।
- महिपाल के उत्तराधिकारी नयपाल का अधिकांश समय कलचुरी नरेश कर्ण के साथ संघर्ष में ही बीता। पाल वंश के शासक बौद्ध मतानुयायी थे। उन्होंने ऐसे समय बौद्ध धर्म को संरक्षण दिया जब भारत में उसका पतन हो रहा था।
- इस काल के प्रमुख विद्वानों में **संध्याकर नंदी** का नाम उल्लेखनीय है जिन्होंने **रामचरित** नामक ऐतिहासिक काव्यग्रन्थ की रचना की। इस ग्रन्थ में पाल वंश के राजा रामपाल (1077–1120 ई.) और कैवर्त्त जाति के किसानों के मध्य संघर्ष का वर्णन है।
  - गौड़ीरीति नामक साहित्यिक
  - विधा पालों की समय ही विकसित हुई।
- पाल काल के अन्य विद्वानों में **हरिभद्र चक्रपाणिदत्त** और वज्रदत्त आदि उल्लेखनीय हैं।

सेन वंश

- सेन वंश की स्थापना सामंत सेन ने **राढ़** में की थी।
- इसकी राजधानी **नदिया (लखनौती)** थी।

- सेन वंश के प्रमुख शासक थे- विजयसेन (1095-1158 ई.), बल्लालसेन (1158-1178 ई.) एवं लक्ष्मण सेन (1178-1205 ई.)।
- विजयसेन सेनवंश का प्रथम स्वतन्त्र एवं पराक्रमी शासक था। वह शैव धर्म का अनुयायी था। देवपाड़ा में **प्रद्युम्नेश्वर मंदिर** (शिव का मंदिर) की स्थापना विजयसेन ने ही की थी।
- विजयसेन के उत्तराधिकारी बल्लाल सेन ने अपने राजनीतिक क्षेत्र का विस्तार किया। **लघुभारत** एवं **बल्लालचरित** ग्रन्थ के उल्लेख से प्रमाणित होता है कि बल्लाल का अधिकार मिथिला और उत्तरी बिहार पर था। इसके अतिरिक्त बल्लाल सेन के अन्य चार प्रांत-राधा, वारेन्द्र, बाग्डी एवं वंगा थे।
- बल्लाल सेन कुशल प्रशासक होने के साथ-साथ योग्य लेखक भी था। उसने स्मृति पर **दानसागर** एवं खगोल विज्ञान पर **अद्भुतसागर** नामक ग्रन्थ की रचना की थी। अद्भुतसागर को लक्ष्मण सेन ने पूर्णरूप दिया था।
- अपने शासन काल में बल्लालसेन ने जाति प्रथा एवं कुलीन प्रथा को प्रोत्साहन दिया।
- लक्ष्मण सेन भी सेन वंश का महत्त्वपूर्ण शासक था। इसके काल में 1202 ई. में इख्तयारूद्दीन बख्तियार खिलजी ने राजधानी लखनौती पर आक्रमण कर उसे नष्ट कर दिया था।
- लक्ष्मण सेन का काल सांस्कृति गतिविधियों के लिए जाना जाता है। इसके दरबार में **गीतगोविंद** के लेखक जयदेव, **पवनदूत** के लेखक धोयी एवं **ब्राह्मणसर्वस्व** के लेखक हलायुद्ध रहते थे।
- हलायुद्ध लक्ष्मणसेन का प्रधान न्यायाधीश एवं मुख्यमन्त्री था।
- सेन राजवंश प्रथम राजवंश था, जिसने अपना अभिलेख सर्वप्रथम **हिन्दी** में उत्कीर्ण करवाया।
- लक्ष्मण सेन बंगाल का अंतिम हिन्दू शासक था। उसके बाद विश्वरूप सेन तथा केशवसेन ने कमजोर उत्तराधिकारी के रूप में शासन किया।

कश्मीर के राजवंश

- कश्मीर के हिन्दू राज्य के विषय में हमें कल्हण की राजतरंगिणी से जानकारी मिलती है।
- 800 से 1200 ई. के मध्य कश्मीर में **तीन राजवंशों- कर्कोट वंश, उत्पल वंश** एवं **लोहार वंश** ने शासन किया।

कर्कोट वंश

- 7वीं शताब्दी (627 ई०) में दुर्लभवर्धन ने कश्मीर में कर्कोट वंश की स्थापना की।
- कर्कोट वंश के प्रमुख शासकों में दुर्लभक (632-682 ई.), ललितादित्य मुक्तापीड (724-770 ई.) एवं जयापीड विनयादित्य (770-810 ई.) का नाम उल्लेखनीय है।
- दुर्लभक, दुर्लभवर्धन का पुत्र एवं उत्तराधिकारी था। उसने **प्रतापादित्य** की उपाधि धारण कर सिंहासन ग्रहण किया। **प्रतापपुर नगर** की स्थापना दुर्लभक द्वारा की गयी।
- दुर्लभक के तीन पुत्रों का क्रम इस प्रकार था- चन्द्रपीड, तारापीड एवं मुक्तापीड अथवा ब्रजादित्य, उदयादित्य एवं ललितादित्य। इन तीनों में तारापीड को कल्हण ने क्रूर शासक बताया है।
- ललितादित्य मुक्तापीड कर्कोट वंश का सर्वाधिक शक्तिशाली शासक था। उसने अपने समकालीन अनेक राजाओं को पराजित किया।
- विजेता होने के साथ-साथ ललितादित्य मुक्तापीड एक महान निर्माता भी था। धार्मिक दृष्टि से उदार होने के कारण उसने अनेक बौद्ध मठों एवं हिन्दू मंदिरों का निर्माण करवाया था। उसके महत्त्वपूर्ण निर्माण-कार्यों में **सूर्य का प्रसिद्ध मर्तण्ड मंदिर** शामिल था।

- जयापीड विनयादित्य के राजदरबार को **क्षीर, उद्भट भट्ट** एवं **दामोदर गुप्त** आदि विद्वान सुशोभित करते थे।
- जयापीड विनयादित्य की मृत्यु (810 ई.) के साथ ही कर्कोट वंश का अंत हो गया।

उत्पल वंश

- कश्मीर में उत्पल वंश की स्थापना अवन्ति वर्मन ने की थी।
- उत्पल वंश के प्रमुख शासक थे- अवन्ति वर्मन (855-883 ई.), शंकर वर्मन (885-902 ई.) एवं गोपाल वर्मन (902-904 ई.)।
- अवन्ति वर्मन का अधिकांश समय लोकोपकारी कार्यों में व्यतीत हुआ। उसने कृषि के विकास के लिए अभियंता (Engineer) **सुरा** के नेतृत्व में अनेक नहरों का निर्माण करवाया।
- नगरों एवं कस्बों के निर्माण के अंतर्गत अवन्ति वर्मन ने अवन्तिपुर नामक नगर एवं सुच्चापुरा (आधुनिक सोपार) नामक कस्बे का निर्माण करवाया।
- अवन्ति वर्मन के संरक्षण में दो कवि रत्नाकर एवं आनंद वर्धन उसके दरबार की शोभा बढ़ाते थे।
- लगातार युद्धों के कारण हुए धनाभाव की पूर्ति हेतु शंकर वर्मन ने अपनी प्रजा पर करों का बोझ बढ़ा दिया था। अत: वह एक अलोकप्रिय शासक हो गया था।
- गोपाल वर्मन के शासन काल में कश्मीर में चारों ओर अव्यवस्था एवं अशान्ति की स्थिति व्याप्त हो गयी। ब्राह्मणों की एक सभा ने इसे पद्च्युत कर यशस्कर को शासक बनाया। यशस्कर के काल में कश्मीर में शान्ति-व्यवस्था की स्थिति पुनः बहाल हो सकी।
- 948 ई. में यशस्कर की मृत्यु के बाद उसका मन्त्री **पूर्वगुप्त** सिंहासनरूढ़ हुआ।
- पूर्वगुप्त का पुत्र एवं उत्तराधिकारी **क्षेमगुप्त** 950 ई. में कश्मीर की गद्दी पर बैठा। क्षेमगुप्त ने लोहार वंश की राजकुमारी **दिद्दा** से विवाह किया।
- क्षेमगुप्त की मृत्यु के बाद लोहार वंश की रानी दिद्दा ने शासन की बागडोर सम्भाली।

लोहार वंश

- रानी दिद्दा की मृत्यु (1003 ई.) के बाद उसके भतीजे संग्रामराज ने कश्मीर में लोहार वंश की स्थापना की।
- संग्राम राज के बाद लोहार वंश के प्रमुख शासक थे- अनन्त, हर्ष एवं जयसिंह।
- अनन्त ने अपने शासन काल में सामंतों के विद्रोह को कुचला। उसके प्रशासन में उसकी पत्नी सूर्यमती सहयोग करती थी।
- हर्ष का काल सांस्कृतिक गतिविधियों के लिए जाना जाता है।
- हर्ष स्वयं विद्वान, कवि एवं कई भाषाओं एवं विद्याओं का जानकार था। **राजतरंगिणी** का लेखक **कल्हण हर्ष** का आश्रित था।
- लोहार वंश का अंतिम शासक जयसिंह (1128-1155 ई.) था। अपने शासन काल में उसने यवनों को परास्त किया था।
- जयसिंह के समय में ही कल्हण ने अपने प्रसिद्ध ग्रन्थ राजतरंगिणी की रचना की थी। संस्कृत भाषा के इस ग्रन्थ से कश्मीर के इतिहास के बारे में जानकारी मिलती है।
- जयसिंह के शासन के साथ ही कल्हण की राजतरंगिणी का विवरण समाप्त हो जाता है।
- 1339 ई. में कश्मीर तुर्कों के कब्जे में आ गया। तुर्क शासकों में सर्वाधिक लोकप्रिय शासक **जैन-उल-आबेदीन** था।

कामरूप (असम) का वर्मन वंश

- कामरूप में वर्मन वंश का उदय चौथी शताब्दी के मध्य हुआ।
- इस वंश का प्रथम प्रतिष्ठित शासक **पुष्यवर्मन** था।
- पुष्यवर्मन ने प्राग्यज्योतिषपुर को अपनी राजधानी बनाया था।
- भूतिवर्मन के शासन काल में वर्मन वंश की राजनैतिक प्रभुसत्ता का विकास हुआ।
- इस वंश का **अंतिम महान शासक** भास्कर वर्मन था। उसने कन्नौज के शासक हर्ष से मित्रता की। इसके विषय में चीनी यात्री ह्वेनसांग के विवरण से जानकारी मिलती है।
- भास्कर वर्मन के बाद वर्मन वंश का अंत हो गया तथा कालांतर में कामरूप पाल-साम्राज्य का एक अंग बन गया।

ओडिशा के पूर्वी गंग

- पूर्वी गंग वंश का सर्वाधिक प्रतापी शासक अनन्तवर्मा चोदगंग/चोड़गंज (1076-1148 ई.) था।
- चोड़गंग ने पुरी के प्रसिद्ध **जगन्नाथ मंदिर** का निर्माण करवाया। पुरी स्थित यह मंदिर एक विष्णु मंदिर है।
- पूर्वी गंग शासक नरसिंह-I ने प्रसिद्ध **कोणार्क सूर्य मंदिर** का निर्माण करवाया।
- पूर्वी गंग वंश के शासकों ने उत्तरी भारत के मुसलमानों और दक्षिण के बहमनी सुल्तानो के आक्रमण से ओडिशा व जाजनगर की रक्षा का अंतिम समय तक प्रयत्न किया, फिर भी 14वीं शताब्दी में ओडिशा पर मुसलमानों ने आधिपत्य स्थापित कर लिया।

17. राजपूतों की उत्पत्ति

- राजपूतों के इतिहास के बारे में अभिलेखों एवं समकालीन तथा बाद के कुछ साहित्यों से जानकारी मिलती है।
- ग्वालियर एवं एहोल अभिलेख में राजपूतों के इतिहास की जानकारी मिलती है।
- साहित्यिक रचनाओं में नयनचन्द्रसूरि का **हम्मीर महाकाव्य**, पद्मगुप्त का **नवसहसांकचरित**, हलायुध का **पिंगलसूत्र वृत्ति**, हेमचंद्र का **कुमारपाल चरित**, ज्योतिश्वर ठाकुर का **वर्णरत्नाकर** एवं चंदबरदाई कृत **पृथ्वीराज रासो** आदि से भी राजपूतों के इतिहास के बारे में जानकारी मिलती है।
- राजपूत शब्द संस्कृत के **राजपुत्र** का अपभ्रंश है। प्राचीन काल में इस शब्द का प्रयोग राजपरिवार के सदस्यों के लिए किया जाता था।
- हर्ष की मृत्यु के बाद राजपूत या राजपुत्र शब्द का प्रयोग जाति के रूप में होने लगा।
- हर्ष की मृत्यु के उपरांत जिन महान शक्तियों का उदय हुआ उनमें से अधिकांश राजपूत वर्ग के अन्तर्गत आते थे। इसीलिए 7वीं से 12वीं शताब्दी के उत्तर भारत के इतिहास को **राजपूत काल** के नाम से जाना जाता है।
- इस काल (7वीं से 12वीं सदी) के महत्त्वपूर्ण राजपूत वंशों में गुर्जर प्रतिहार, चालुक्य, चौहान, चंदेल, परमार, गहड़वाल एवं राष्ट्रकूट आदि आते हैं।
- राजपूतों की उत्पत्ति के विषय में विद्वानों के दो मत प्रचलित हैं- एक का मानना है कि राजपूतों की उत्पत्ति विदेशी है, जबकि दूसरे का मानना है कि राजपूतों की उत्पत्ति स्वदेशी (भारतीय) है।
- डॉ. गौरी शंकर ओझा राजपूतों की उत्पत्ति प्राचीन क्षत्रिय जाति से मानते हैं।
- कल्हण की राजतरंगिणी में 36 राजपूत कुलों का वर्णन मिलता है।
- विद्वानों का एक वर्ग राजपूतों को अग्निकुंड से उत्पन्न बताता है।

➩ राजपूतों का अग्निकुंड से उत्पन्न अनुश्रुति **पृथ्वीराज रासो** (चंदबरदाई कृत) के वर्णन पर आधारित है। पृथ्वीराज रासो के अतिरिक्त नवसहसांकचरित, हम्मीर रासो, वंश भास्कर एवं सिसाणा अभिलेख में भी इस अनुश्रुति का वर्णन मिलता है।

राजपूतों की उत्पत्ति के विषय में इतिहासकारों के मत	
मत	**विद्वान**
भारतीय उत्पत्ति (स्वदेशी)	
प्राचीन क्षत्रियों से उत्पत्ति	गौरी शंकर ओझा
अग्निकुंड से उत्पत्ति	चंदबरदाई कृत पृथ्वीराज रासो
विदेशी उत्पत्ति	
सीथियन जाति से	कर्नल टॉड
शक-कुषाण आदि के मिश्रण से	वी.ए. स्मिथ
विदेशी मूल के लोगों से	डी.आर. भंडारकर एवं ईश्वरी प्रसाद

गुर्जर–प्रतिहार वंश

➩ अग्निकुंड के राजपूतों में सर्वाधिक प्रसिद्ध गुर्जर-प्रतिहार थे। इन्हें गुर्जर-प्रतिहार इसलिए कहा गया क्योंकि ये गुर्जरों की शाखा से सम्बन्धित थे जिनकी उत्पत्ति गुजरात व दक्षिण-पश्चिम राजस्थान में हुई थी।

➩ प्रतिहारों के अभलेखों में उन्हें श्रीराम के अनुज लक्ष्मण का वंशज बताया गया है, जो श्रीराम के लिए प्रतिहार (द्वारपाल) का कार्य करता था।

➩ गुर्जर-प्रतिहार वंश का संस्थापक नागभट्ट-I (730-756 ई.) मालवा का शासक था।

➩ ग्वालियार अभिलेख के अनुसार नागभट्ट-I ने अरबों को सिंध से आगे नहीं बढ़ने दिया।

➩ गुर्जर-प्रतिहार वंश के प्रमुख शासक थे- वत्सराज (783-795 ई.), नागभट्ट-II (795-833 ई.), मिहिरभोज (836-889 ई.), महेन्द्रपाल (890-910 ई.) एवं महिपाल (914-944 ई.) आदि।

➩ वत्सराज ने राजस्थान के मध्य भाग एवं उत्तर भारत के पूर्वी भाग को जीतकर अपने राज्य में मिलाया। उसने पाल शासक धर्मपाल को पराजित किया पर वह राष्ट्रकूट नरेश ध्रुव से पराजित हो गया।

➩ नागभट्ट-II ने गुर्जर-प्रतिहार वंश की प्रतिष्ठा को आगे बढ़ाया।

➩ प्रतिहार वंश का सबसे शक्तिशाली एवं प्रतापी राजा **मिहिरभोज** था। उसने अपनी राजधानी **कन्नौज** में बनायी थी।

➩ मिहिरभोज विष्णु भक्त था, उसने विष्णु के सम्मान में **आदिवराह** की उपाधि धारण की। उसकी एक अन्य उपाधि **प्रभास** थी।

➩ मिहिरभोज ने पश्चिम में अरबों के प्रसार को रोका। अरबी यात्री सुलेमान के अनुसार वह अरबों का स्वाभाविक शत्रु था।

➩ मिहिरभोज के उत्तराधिकारी महेन्द्रपाल ने साम्राज्य का विस्तार मगध एवं उत्तरी बंगाल तक किया।

➩ संस्कृत के प्रसिद्ध विद्वान **राजशेखर** महेन्द्रपाल के गुरु एवं दरबारी थे।

➩ राजशेखर की प्रसिद्ध कृति है- कर्पूरमंजरी, काव्य मीमांसा, विद्धसालभन्जिका, बालरामायण, भुवनकोश और हरविलास।

- सम्भवत: महिपाल के शासन काल के दौरन 915-916 ई. में ही बगदाद निवासी अलमसूदी गुजरात आया था। अलमसूदी ने गुर्जर-प्रतिहारों को **अलगुर्जर** एवं राजा को **बौरा** कहा था।
- राज्यपाल प्रतिहार वंश का अंतिम शासक था। उसने 1018 ई. में महमूद गजनवी के सम्मुख आत्मसमर्पण कर दिया और इस प्रकार कन्नौज पर मुसलमानों का अधिकार हो गया।

गहड़वाल (राठौर) वंश

- गुर्जर-प्रतिहार के बाद चन्द्रदेव ने कन्नौज में गहड़वाल वंश की स्थापना की तथा 1080 से 1100 ई. तक शासन किया।
- चन्द्रदेव ने महाराजाधिराज की उपाधि धारण की। इसकी राजधानी वाराणसी (काशी) थी।
- गहड़वाल शासकों को काशी नरेश के रूप में भी जाना जाता था, क्योंकि बनारस इनके राज्य की पूर्वी सीमा के नजदीक था।
- गहड़वाल वंश के प्रमुख शासकों में गोविंद चन्द्र (1114-1154 ई.) तथा जयचन्द (1170-1193 ई.) का नाम उल्लेखनीय है।
- इस वंश का सर्वाधिक शक्तिशाली राजा गोविंद चन्द्र था। युवराज के रूप में गोविंद चन्द्र ने गजनी के राजा मसूद-III को पराजित किया था।
- गोविंद चन्द्र के समय में उसके मन्त्री लक्ष्मीधर ने **कल्पद्रुम** नामक विधि ग्रन्थ की रचना की। कल्पद्रुम को **कृत्यकल्पतरू** के नाम से भी जाना जाता है।
- जयचन्द इस वंश का अंतिम शासक था, जिसे गोरी ने **चन्दावर के युद्ध** में (1194) परास्त कर मार दिया था। जयचन्द्र के पुत्र हरिश्चन्द्र ने मुहम्मद गोरी के अधीन शासन किया।
- जयचन्द के दरबार में संस्कृत का प्रसिद्ध कवि श्रीहर्ष रहता था जिसने **नैषध चरित** की रचना की।
- जयचन्द की पुत्री **संयोगिता** का स्वयंवर से पृथ्वीराज-III ने अपहरण कर लिया था।

चाहमान/चौहान वंश

- चौहान वंश का संस्थापक (7वीं शताब्दी) वासुदेव था। इस वंश की प्रारम्भिक राजधानी अहिच्छत्र थी, बाद में अजयराज-II ने अजमेर नगर की स्थापना की और उसे अपनी राजधानी बनाया।
- इस वंश का सबसे शक्तिशाली शासक अर्णोराज का पुत्र विग्रहराज-IV वीसलदेव (1153-1163 ई.) हुआ।
- विग्रहराज-IV बीसलदेव महान कवि एवं लेखक भी था। उसने **हरिकेल** नामक नाटक लिखा।
- अजमेर स्थित अढ़ाई दिन का झोपड़ा नामक मस्जिद प्रारम्भ में विग्रहराज-IV द्वारा निर्मित एक संस्कृत विश्वविद्यालय था।
- विग्रहराज-IV के राजकवि सोमदेव ने अपने स्वामी के प्रशंसा मे **ललित विग्रहराज** नामक नाट्य ग्रन्थ की रचना की।
- चौहान वंश का अंतिम महान शासक पृथ्वीराज-III था। उसे रायपिथौरा भी कहा जाता था।
- **पृथ्वीराजरासो** नामक ग्रन्थ के रचयिता चंदबरदाई पृथ्वीराज-III का राजकवि था।
- 1191 ई. के तराईन के प्रथम युद्ध में पृथ्वीराज-III ने मुहम्मद गोरी को बुरी तरह परास्त किया परन्तु 1192 ई. के तराईन के द्वितीय युद्ध में मुहम्मद गोरी ने पृथ्वीराज-III को परास्त कर उसकी हत्या कर दी।

- पृथ्वीराज-III के अंत के साथ ही अजमेर एवं दिल्ली पर शासन करने वाले स्वतन्त्र शाकंभरी चौहानों के शासन का अंत हो गया।
- रणथम्भौर के जैन मंदिर का शिखर पृथ्वीराज-III द्वारा निर्मित करवाया गया था।

परमार वंश

- परमार वंशी शासक सम्भवत: राष्ट्रकूटों या फिर प्रतिहारों के सामंत थे।
- इस वंश का संस्थापक **उपेन्द्रराज** था।
- परमारों की प्रारम्भिक राजधानी उज्जैन थी किंतु बाद में उन्होंने अपनी राजधानी धार (मध्यप्रदेश) में स्थानांतरित कर ली।
- परमार वंश का प्रथम स्वतन्त्र एवं प्रतापी राजा सीयक अथवा श्रीहर्ष था। उसने अपने वंश को राष्ट्रकूटों की अधीनता से मुक्त कराया। श्रीहर्ष की प्रमुख रचना **नैषधीयचरित** था।
- वाक्पति मुंज (973-995 ई.) एक सफल विजेता होने के साथ कवियों एवं विद्वानों का आश्रयदाता भी था। उसने अपने समकालीन अनेक शक्तियों को परास्त किया।
- वाक्पति मुंज के राजदरबार में **यशोरूपावलोक** के रचयिता धनिक, **नवसाहसांकचरित** के लेखक पद्मगुप्त, **दशरूपक** के लेखक धनंजय आदि रहते थे।
- परमार वंश का सबसे शक्तिशाली एवं प्रतापी शासक राजा भोज (1000-1055 ई.) था।
- राजा भोज ने ही उज्जैन की जगह धार को **परमारों की राजधानी** बनाया।
- राजा भोज विद्वान होने के साथ-साथ विद्या तथा कला का उदार संरक्षक था। अपनी विद्वाता के कारण ही उसने **कविराज** की उपाधि धारण की।
- राजा भोज ने चिकित्सा, गणित एवं व्याकरण पर अनेक ग्रन्थों की रचना की। उसके द्व ारा रचित कुछ प्रमुख ग्रन्थ हैं- **समरांगणसूत्रधार, सरस्वतीकंठाभरण, सिद्धान्त संग्रह, राजमार्तंड, योगसूत्रवृत्ति, विद्याविनोद, युक्तिकल्पतरू, चारूचर्चा, नाममालिका, आयुर्वेद सर्वस्व, श्रृंगार प्रकाश, प्राकृत व्याकरण, कूर्मशतक, श्रृंगार मंजरी, भौजचंपू, तत्वप्रकाश, शब्दानुशासन और राजमृगांक** आदि।
- राजा भोज कृत युक्तिकल्पतरू में वास्तुशास्त्र के साथ-साथ विविध वैज्ञानिक यन्त्रों व उनके उपयोग का उल्लेख है।
- राजा भोज के दरबारी कवियों में **भास्कर भट्ट, दामोदर मिश्र, धनपाल** आदि प्रमुख थे।
- राजा भोज ने अपनी राजधानी धार को विद्या एवं कला के महत्त्वपूर्ण केन्द्र के रूप में स्थापित किया। यहाँ पर भोज ने अनेक महल एवं मंदिरों का निर्माण करवाया, जिनमें **सरस्वती मंदिर** सर्वाधिक महत्त्वपूर्ण है। इस सरस्वती मंदिर के परिसर में ही एक संस्कृत महाविद्यालय खोला गया था।
- उसके अन्य मंदिर निर्माण कार्यों में **केदारेश्वर, रामेश्वर, सोमनाथ, सुंडार** आदि मंदिर उल्लेखनीय हैं।
- राजा भोज ने चित्तौड़ में **त्रिभुवन नारायण मंदिर** का निर्माण करवाया।
- राजा भोज ने **भोजपुर नगर** एवं **भोजसेन नामक तालाब** का भी निर्माण करवाया था।
- परमार वंश के बाद तोमर वंश का, उसके बाद चौहान वंश का अंत हुआ और अंतत: 1297 ई. में अलाउद्दीन खिलजी के सेनापति नसरत खाँ ने मालवा पर अधिकार कर लिया।

चंदेल वंश

- प्रतिहार साम्राज्य के पतन के बाद बुंदेलखंड के क्षेत्र पर चंदेल वंश का स्वतन्त्र राजनीतिक इतिहास प्रारम्भ हुआ।

- बुंदेलखंड का प्राचीन नाम जेजाकभुक्ति था।
- चंदेल वंश का संस्थापक **नन्नुक** (831 ई.) था।
- चंदेलों की प्रारम्भिक राजधानी **कालिंजर** (महोबा) थी, बाद में इन्होंने खजुराहों को अपनी राजधानी बनाया।
- चंदेल वंश के प्रमुख शासकों में यशोवर्मन (925-950 ई.), धंगदेव (950-1002 ई.), विद्याधर (1019-1029 ई.) एवं कीर्तिवर्मन (1060-1100 ई.) का नाम उल्लेखनीय है।
- यशोवर्मन के समय चंदेल शक्ति अपने चरमोत्कर्ष पर थी।
- यशोवर्मन विजेता होने के साथ ही निर्माता भी था। उसने खजुराहों में एक विशाल **विष्णु मंदिर** का निर्माण करवाया। इस मंदिर को **चतुर्भुज मंदिर** भी कहा जाता है। इस मंदिर में विष्णु की स्थापित प्रतिमा को यशोवर्मन ने प्रतिहार राजा देवपाल को परास्त करके प्राप्त किया था।
- धंगदेव को चंदेलों की **वास्तविक स्वाधीनता का जन्मदाता** माना जाता है। उसने **महाराजाधिराज** की उपाधि धारण की।
- धंगदेव के काल में **निर्मित खजुराहों का विश्व विख्यात मंदिर** स्थापत्य कला का एक अनोखा उदाहरण है।
- धंगदेव ने ही अपनी राजधानी कालिंजर से **खजुराहो** स्थानांतरित की।
- धंगदेव ने **जिन्ननाथ, विश्वनाथ** एवं **वैद्यनाथ मंदिर** का निर्माण करवाया।
- धंगदेव ने गंगा-यमुना के पवित्र संगम में शिव की आराधना करते हुए अपने शरीर का त्याग किया।
- विद्याधर ने प्रतिहार शासक राज्यपाल की हत्या मात्र इसलिए कर दी क्योंकि उसने महमूद गजनवी के कन्नौज पर आक्रमण के समय बिना युद्ध किये ही गजनवी के सामने समर्पण कर दिया था।
- विद्याधर ही **अकेला** ऐसा भारतीय नरेश था, जिसने महमूद गजनवी की महत्त्वाकांक्षाओं का सफलतापूर्वक प्रतिरोध किया।
- कीर्तिवर्मन इस वंश का प्रख्यात शासक था। **प्रबोध चन्द्रोदय** नामक नाटक की रचना उसके दरबारी कृष्ण मिश्र ने की थी।
- कीर्तिवर्मन ने महोबा के निकट **कीरतसागर** नामक झील का निर्माण करवाया।
- परमार्दिदेव (परमाल) इस वंश का **अंतिम महान** शासक था।
- **आल्हा-उदल** नामक दो सेनानायक परमार्दिदेव के दरबार में रहते थे, जिन्होंने पृथ्वीराज-III के साथ युद्ध करते हुए अपनी जान गंवायी थी।
- परमार्दिदेव ने 1202 ई. में कुतुबुद्दीन ऐबक की अधीनता स्वीकार कर ली। इस पर उसके मन्त्री अजयदेव ने उसकी हत्या कर दी।

गुजरात के चालुक्य वंश/सोलंकी वंश

- चालुक्य (सोलंकी) वंश का संस्थापक मूलराज-I (995-1008 ई.) था। उसने अन्हिलवाड़ा को अपनी राजधानी बनाया।
- मूलराज-I शैव धर्म का अनुयायी था।
- मूलराज-I के अतिरिक्त इस वंश के प्रमुख शासकों में- भीम-I, जयसिंह, कुमारपाल एवं भीम-II का नाम उल्लेखनीय है।
- भीम-I अपने वंश का **सर्वाधिक शक्तिशाली** शासक था।

- भीम-I के शासन काल में लगभग 1025–1026 ई. में महमूद गजनवी ने **सोमनाथ के मंदिर पर आक्रमण** कर लूट-पाट की थी।
- महमूद गजनवी के सोमनाथ मंदिर ध्वस्त कर चले जाने के बाद भीम-I ने उसका **पुनर्निर्माण** कराया।
- भीम-I के सामंत विमल ने माउंट आबू पर्वत पर **दिलवाड़ा का प्रसिद्ध जैन मंदिर** बनवाया था।
- जयसिंह ने **सिद्धराज** (सिंधुराज) की उपाधि धारण कर शासन किया।
- जयसिंह सिद्धराज (1094–1153 ई.) इस वंश का सर्वाधिक योग्य एवं प्रतापी राजा था। जयसिंह के राजदरबार में प्रसिद्ध जैन आचार्य हेमचन्द्र रहते थे।
- जयसिंह सिद्धराज ने माउंट आबू पर्वत (राजस्थान) पर एक मंडप बनाकर अपने सातों पूर्वजों की गजारोही मूर्तियों की स्थापना की।
- सोलंकी शासक कुमारपाल (1153–1173 ई.) जैन मतानुयायी था। वह जैन धर्म के **अंतिम राजकीय प्रवर्तक** के रूप में प्रसिद्ध है।
- भीम-II ने 1178 ई. में माउंट आबू पर्वत के समीप मुहम्मद गोरी को परास्त किया।
- भीम-II को 1187 ई. में कुतुबद्दीन ऐबक ने परास्त कर दिया। भीम-II इस वंश का अंतिम शासक था।
- भीम-II के एक मन्त्री लवण प्रसाद ने गुजरात में बघेल वंश की स्थापना की।
- बघेल वंश का कर्ण-II गुजरात का अंतिम हिन्दू शासक था, इसने अलाउद्दीन खिलजी की सेनाओं का मुकाबला किया था।
- **मोढ़ेरा के सूर्य मंदिर** का निर्माण सोलंकी राजाओं के शासन काल में हुआ था।

कलचूरी–चेदी राजवंश

- कोकल्ल प्रथम ने लगभग 845 ई. में कलचूरी वंश की स्थापना की थी। उसने त्रिपुरी को अपनी राजधानी बनाया।
- कलचूरी सम्भवतः **चन्द्रवंशी** क्षत्रिय थे।
- इस वंश के प्रमुख शासकों में युवराज-I, लक्ष्मणराज, गांगेयदेव एवं कर्णदेव का नाम उल्लेखनीय है।
- युवराज-I का काल मुख्यतः साहित्यिक गतिविधियों के लिए जाना जाता है।
- राजशेखर कृत विद्धसालभंजिका में युवराज को **उज्जयिनी भुजंग** कहा गया है।
- युवराज-I के राजदरबार में रहते हुए ही राजशेखर ने अपने दो ग्रन्थों- काव्यमीमांसा एवं विद्धसालभंजिका की रचना की।
- लक्ष्मणराज विस्तारवादी प्रवृत्ति का शासक था। उसके अभियानों में ओडिशा अभियान महत्त्वपूर्ण था, जिसमें उसने वहाँ (ओडिशा) के शासक से सोने एवं मणियों से निर्मित कालिया नाग को छीन लिया था।
- लक्ष्मणराज शैव मतावलंबी था।
- कलचूरी वंश का एक अन्य शक्तिशाली शासक गांगेयदेव था, जिसने **विक्रमादित्य** की उपाधि धारण की।
- पूर्व-मध्य काल में स्वर्ण सिक्कों के विलुप्त हो जाने के पश्चात् गांगेयदेव ने सर्वप्रथम उन्हें प्रारम्भ करवाया।

➪ कर्णदेव कलचूरी वंश का सबसे महान शासक था। उसने कलिंग विजय के उपरांत **त्रिकलिंगाधि पति** की उपाधि धारण की।

सिसोदिया वंश

➪ सिसोदिया वंश के शासक अपने को सूर्यवंशी कहते थे।

➪ इस वंश के शासक **मेवाड़** (राजस्थान) पर शासन करते थे। मेवाड़ की राजधानी **चित्तौड़** थी।

➪ इस वंश के **राण कुंभा** ने अपनी विजयों की उपलक्ष्य में चित्तौड़ में विजय स्तंभ का निर्माण करवाया।

➪ **खटोली का युद्ध** राणा सांगा एवं इब्राहिम लोदी के बीच 1518 ई. में हुआ, जिसमें इब्राहिम लोदी की हार हुई।

मध्यकालीन भारत

1. भारत पर अरबों का आक्रमण

- अरबों ने **मुहम्मद बिन कासिम** के नेतृत्व में भारत पर पहला आक्रमण किया था।
- अरबों ने सिंध पर 712 ई. में विजय प्राप्त की थी।
- अरबों के आक्रमण के समय सिंध पर **दाहिर** का शासन था।
- भारत पर अरबों के आक्रमण का मुख्य उद्देश्य था, यहाँ के धन-दौलत को लूटना और इस्लाम का प्रचार करना।

अरब आक्रमण का परिणाम

1. अरबों ने भारत में अन्य विजित प्रदेशों की तरह धर्म पर आधारित राज्य स्थापित करने का प्रयत्न नहीं किया। हिन्दुओं को महत्त्वपूर्ण पदों पर बैठाया।
2. इस्लाम धर्म ने हिन्दू धर्म के प्रति सहिष्णुता का प्रदर्शन किया।
3. अरबों की सिंध विजय का आर्थिक क्षेत्र पर भी प्रभाव पड़ा।
4. अरबवासियों ने चिकित्सा, दर्शनशास्त्र, नक्षत्रविज्ञान, गणित (दशमलव प्रणाली) एवं शासन प्रबंध की शिक्षा भारतीयों से ही ग्रहण की।
5. **चरक संहिता** एवं **पंचतन्त्र ग्रन्थों** का अरबी में अनुवाद किया गया।
6. बगदाद के खलीफाओं ने भारतीय विद्वानों को संरक्षण प्रदान किया। खलीफा मंसूर के समय में अरब विद्वानों ने अपने साथ ब्रह्मगुप्त द्वारा रचित **'ब्रह्म-सिद्धान्त'** एवं **'खण्डखाद्य'** को लेकर बगदाद गये और अलफजारी ने भारतीय विद्वानों के सहयोग से इन ग्रन्थों का अरबी भाषा में अनुवाद किया।

2. महमूद गजनी/गजनवी

- अरबों के बाद तुर्कों ने भारत पर आक्रमण किया। तुर्क चीन की उत्तरी-पश्चिमी सीमाओं पर निवास करने वाली असभ्य एवं बर्बर जाति थी। उनका उद्देश्य एक विशाल मुस्लिम साम्राज्य स्थापित करना था।
- **अल्पतगीन** नामक एक तुर्क सरदार ने गजनी में स्वतन्त्र तुर्क राज्य की स्थापना की।
- अल्पतगीन के गुलाम तथा दामाद सुबुक्तगीन ने 977 ई. में गजनी पर अपना अधिकार कर लिया।
- महमूद गजनी **सुबुक्तगीन** का पुत्र था।
- अपने पिता के काल में महमूद गजनी **खुरासान** का शासक था।
- सुबुक्तगीन की मृत्यु के बाद उसका पुत्र एवं उत्तराधिकारी महमूद गजनवी गजनी की गद्दी पर 998 ई. में बैठा। उस समय उसकी आय 27 वर्ष थी।
- **तारीख-ए-गुजीदा** के अनुसार महमूद ने सीस्तान के राजा खलफ-बिन-अहमद को पराजित कर सुल्तान की उपाधि धारण की। इतिहासकारों के अनुसार सुल्तान की उपाधि धारण करने वाला महमूद **पहला तुर्क शासक** था।
- बगदाद के खलीफा **अल-आदिर विल्लाह** ने महमूद गजनी के पद को मान्यता प्रदान करते हुए उसे **यामीनुद्दौला** तथा **अमीन-उल-मिल्लाह** की उपाधि दी। उपाधि प्राप्त करते समय महमूद गजनी ने प्रतिज्ञा प्राप्त की थी कि वह प्रतिवर्ष भारत पर एक आक्रमण करेगा।
- इस्लाम धर्म के प्रचार और धन प्राप्ति के उद्देश्य से उसने भारत पर 17 बार आक्रमण किया था।
- महमूद ने अपने भारतीय आक्रमणों के समय **जेहाद** (धर्मयुद्ध) का नारा दिया और साथ ही अपना नाम **बुत शिकन** अर्थात् मूर्तिभंजक रखा।

- महमूद गजनी ने भारत पर **पहला आक्रमण** 1001 ई. में किया था। यह आक्रमण शाही राजा जयपाल के विरुद्ध उसकी पहली महत्त्वपूर्ण जीत बतायी जाती है।
- महमूद गजनी ने थानेसर (हरियाणा) के चक्रस्वामिन की कांस्य निर्मित आदमकद प्रतिमा को गजनी भेजकर रंगभूमि में रखवाया।
- महमूद गजनी का सबसे चर्चित आक्रमण 1025-1026 ई. में सोमनाथ मंदिर (सौराष्ट्र) पर हुआ, जिसमें सोमनाथ मंदिर के अपार सम्पत्ति को बुरी तरह लूट लिया गया। इस मंदिर को लूटते समय महमूद ने लगभग 50,000 ब्राह्मणों एवं हिन्दुओं का कत्ल कर दिया था।
- सोमनाथ मंदिर लूटकर ले जाने के क्रम में महमूद पर जाटों ने आक्रमण किया था और कुछ सम्पत्ति लूट ली थी।
- महमूद गजनी का अंतिम भारतीय आक्रमण 1027 ई. में जाटों के विरुद्ध था।
- महमूद गजनी की मृत्यु 1030 ई. गजनी में हो गयी।
- महमूद के भारतीय आक्रमण का वास्तविक उद्देश्य धन की प्राप्ति था।
- वह एक मूर्तिभंजक (बुत शिकन) आक्रमणकारी था।
- महमूद की सेना में **सेवंदराय** एवं **तिलक** जैसे हिन्दू उच्च पदों पर नियुक्त थे।
- महमूद के भारत आक्रमण के समय उसके साथ प्रसिद्ध इतिहासविद्, गणितज्ञ, भूगोलवेत्ता, खगोल एवं दर्शनशास्त्र का ज्ञाता तथा **किताबुल हिन्द** का लेखक अलबरूनी भारत आया। अलबरूनी महमूद का दरबारी कवि था। इसके अतिरिक्त इतिहासकार **उतबी, तारीख-ए-सुबुक्तगीन** के लेखक **वैहाकी** भी उसके साथ आये।
- **शाहनामा** का लेखक **फिरदौसी**, फारसी कवि **उजारी**, खुरासानी विद्वान **तुसी**, महान शिक्षक और विद्वान **उन्सुरी**, विद्वान **अस्जदी** और **फारूखी** आदि उसके दरबारी कवि थे।

3. मुहम्मद गोरी

- शिहाबुद्दीन उर्फ मुईजुद्दीन मुहम्मद गोरी ने भारत में तुर्क राज्य की स्थापना की।
- मुहम्मद गोरी गजनी और हिरात के मध्य स्थित छोटे पहाड़ी प्रदेश गोर/गौर का 1173 ई. में शासक बना।
- मुहम्मद गोरी ने भी भारत पर अनेक आक्रमण किये।
- उसने प्रथम आक्रमण 1175 ई. में मुल्तान के सुल्तान के विरुद्ध किया।
- मुहम्मद गोरी का दूसरा आक्रमण 1178 ई. में **पाटन** (गुजरात) पर हुआ। यहाँ पर चालुक्य वंश (सोलंकी वंश) का शासन था। इस वंश के भीम-II ने मुहम्मद गोरी को आबू पर्वत के समीप परास्त किया। संभवत: यह मुहम्मद गोरी की प्रथम भारतीय पराजय थी।
- 1191 ई. में गोरी और पृथ्वीराज चौहान के बीच तराईन के मैदान में युद्ध हुआ। इस युद्ध में गोरी बुरी तरह परास्त हुआ। इस युद्ध को **तराईन का प्रथम युद्ध** कहा जाता है।
- 1192 ई. में गोरी और पृथ्वीराज चौहान के मध्य तराईन के मैदान में पुन: युद्ध हुआ। इस युद्ध का परिणाम मुहम्मद गोरी के पक्ष में रहा तथा इसके उपरांत पृथ्वीराज चौहान की हत्या कर दी गयी। इस युद्ध को **तराईन का द्वितीय युद्ध** कहा जाता है।
- 1194 ई. में गोरी एवं गहड़वाल शासक जयचन्द के बीच **चंदावर का युद्ध** हुआ। इस युद्ध में भी गोरी को विजय प्राप्त हुई।
- मुहम्मद गोरी भारत में अपने विजित प्रदेशों का शासन अपने विश्वसनीय गुलाम कुतुबद्दीन ऐबक को सौंप कर वापस गजनी चला गया।
- मुहम्मद गोरी की हत्या 15 मार्च, 1206 ई. में गजनी वापस जाते समय मार्ग में कर दी गयी थी।

मुहम्मद गौरी द्वारा लड़ा गया प्रमुख युद्ध			
युद्ध	वर्ष	पक्ष	परिणाम
तराइन का प्रथम युद्ध	1191 ई०	मुहम्मद गौरी एवं पृथ्वीराज चौहान	पृथ्वीराज चौहान विजयी
तराइन का द्वितीय युद्ध	1192 ई०	मुहम्मद गौरी एवं पृथ्वीराज चौहान	मुहम्मद गौरी विजयी
चन्दावर का युद्ध	1194 ई०	मुहम्मद गौरी एवं जयचन्द	मुहम्मद गौरी विजयी

4. दिल्ली सल्तनत

गुलाम वंश (1206–1290 ई.)

- 1206 से 1290 ई. के मध्य दिल्ली सल्तनत पर जिन तुर्क शासकों द्वारा शासन किया गया उन्हें **गुलाम वंश** का शासक माना जाता है।
- इस काल के दौरान दिल्ली सल्तनत पर शासन करने वाले राजवंश थे- कुतुबुद्दीन ऐबक 'कुत्बी', इल्तुतमिश 'शम्शी' और बलबन 'बलबनी'।
- इन तीनों तुर्क शासकों को गुलाम वंश का शासक कहना ठीक नहीं होगा क्योंकि इनका जन्म स्वतन्त्र माता-पिता से हुआ था। अतः इनके लिए **प्रारम्भिक तुर्क शासक** व **ममलूक शासक** शब्द ज्यादा उपयुक्त है।
- ऐबक, इल्तुतमिश एवं बलबन में इल्तुतमिश एवं बलबन 'इल्बारी तुर्क' थे।
- गुलाम वंश की स्थापना 1206 ई. में **कुतुबुद्दीन ऐबक** ने किया था। यह गोरी का गुलाम था।
- कुतुबुद्दीन ऐबक ने अपना राज्याभिषेक 24 जून, 1206 ई. को किया था। उसने **लाहौर** में अपनी राजधानी बनायी थी।
- सिंहासनरूढ़ होने के समय ऐबक ने अपने को **मलिक** एवं **सिपहसालार** की पदवी से सन्तुष्ट रखा।
- ऐबक ने गोरी के भारतीय सल्तनत में मलिक एवं सिपहसालार की हैसियत से कार्य किया।
- ऐबक के शासन काल को **तीन भागों** में बाँटा जा सकता है-
  1. 1192-1206 की अवधि सैनिक गतिविधियों की अवधि थी।
  2. 1206-1208 की अवधि राजनयिक कार्यों की अवधि थी।
  3. 1208-1210 की अवधि में उसका अधिकांश समय दिल्ली सल्तनत की रूप-रेखा बनाने में बीता।
- 1208 से 1210 की अवधि में उसने स्वतन्त्र भारतीय प्रदेश पर स्वतन्त्र शासक के रूप में शासन किया।
- ऐबक ने नये प्रदेश जीतने की अपेक्षा जीते हुए प्रदेश की सुरक्षा की ओर विशेष ध्यान दिया।
- उदारता एवं दानी प्रवृत्ति के कारण ऐबक को **लाखबख्स** (लाखों का दानी) कहा जाता था।
- इतिहासकार मिनहाज ने ऐबक की दानशीलता के कारण उसे **हातिम-II** की संज्ञा दी है।
- साहित्य एवं स्थापत्य में भी ऐबक की दिलचस्पी थी।
- ऐबक के दरबार में विद्वान **हसन निजामी** एवं फख-ए-मुदब्बिर को संरक्षण प्राप्त था।
- स्थापत्य कला के क्षेत्र में ऐबक के नाम के साथ कुव्वत-उल-इस्लाम, ढ़ाई दिन का झोपड़ा एवं कुतुबमीनार के निर्माण को रखा जाता है।

- कुतुबमीनार जिसे **शेख ख्वाजा कुतुबुद्दीन बख्तियार काकी** की स्मृति में बनाया गया है, के निर्माण कार्य को प्रारम्भ करवाने का श्रेय कुतुबुद्दीन ऐबक को जाता है।
- 1210 ई. में लाहौर में चौगान (पोलो) खेलते समय घोड़े से गिरने के कारण ऐबक की मृत्यु हो गयी। उसे लाहौर में दफनाया गया।
- प्राचीन नालंदा विश्वविद्यालय को ध्वस्त करने वाला ऐबक का सहायक सेनानायक इख्तयारूद्दीन मुहम्मदबिन बख्तियार खिलजी था।
- ऐबक का उत्तराधिकारी **आरामशाह** हुआ जिसने सिर्फ आठ महीनों तक शासन किया।
- आरामशाह की हत्या करके **इल्तुतमिश** 1211 ई. में दिल्ली की गद्दी पर बैठा।
- इल्तुतमिश तुर्किस्तान का **इल्बारी तुर्क** था, जो ऐबक का गुलाम एवं दामाद था। ऐबक की मृत्यु के समय इल्तुतमिश बदायूँ का सूबेदार/गवर्नर था।

इल्तुतमिश के महत्त्वपूर्ण कार्य

1. राजधानी को लाहौर से दिल्ली स्थानांतरित किया।
2. कुतुबमीनार के निर्माण को पूर्ण करवाया।
3. **सबसे पहले** शुद्ध अरबी सिक्के जारी किये। उसके द्वारा जारी चाँदी का सिक्का **टंका** (लगभग 175 ग्रेन का) तथा ताँबे का सिक्का **जीतल** कहलाता था।
4. इक्ता व्यवस्था का प्रचलन करवाया।
5. अपने 40 गुलाम सरदारों का एक गुट या संगठन बनाया, जिसे **तुर्कान-ए-चिहालगानी** का नाम दिया गया। इस संगठन को **चरगान** भी कहा गया है।
6. सर्वप्रथम दिल्ली के अमीरों का दमन किया। इन अमीरों में **कुत्बी** अर्थात् कुतुबुद्दीन के समय के सरदार/अमीर तथा **मुइज्जी** अर्थात् गोरी के समय के अमीर मुख्य थे।

- फरवरी, 1229 ई. में बगदाद के खलीफा से इल्तुतमिश को सम्मान में **खिलअत** एवं **प्रमाण-पत्र** प्राप्त हुआ। प्रमाण-पत्र प्राप्त होने के बाद इल्तुतमिश वैध सुल्तान एवं दिल्ली सल्तनत एक वैध स्वतन्त्र राज्य बन गया।
- खलीफ से खिलअत मिलने के बाद इल्तुतमिश ने **नासिर अमीर उल मोमिन** की उपाधि ग्रहण की।
- इल्तुतमिश के दरबार में मिन्हाज-उल-सिराज, मलिक दाजुद्दीन को संरक्षण प्राप्त था।
- अवफी ने इल्तुतमिश के ही शासन काल में **जिवामी-उल-हिकायत** की रचना की। निजामुलमुल्क मुहम्मद जुनैदी, मलिक कुतुबुद्दीन हसन गोरी और फखरूल मुल्क इसामी जैसे योग्य व्यक्तियों को उसका संरक्षण प्राप्त था।
- इल्तुतमिश शेख कुतुबुद्दीन तबरीजी, शेख बहाउद्दीन जकारिया, शेख नजीबुद्दीन नख्शबी आदि सूफी संतों का बहुत सम्मान करता था।
- भारत में सम्भवत: पहला मकबरा बनवाने का श्रेय भी इल्तुतमिश को दिया जाता है। उसे मकबरा निर्माण शैली का जन्मदाता भी कहा जाता है।
- **अजमेर की मस्जिद** का निर्माण इल्तुतमिश ने ही करवाया था।
- इल्तुतमिश की अप्रैल, 1236 ई. में मृत्यु हो गयी।
- इल्तुतमिश के बाद उसका पुत्र **रूकनुद्दीन फिरोज** गद्दी पर बैठा। वह अयोग्य एवं विलासी प्रवृत्ति का शासक था। इसके अल्पकालीन शासन पर उसकी माँ **शाहतुर्कान** छायी रही।
- रूकनुद्दीन फिरोज एवं उसकी माँ शाहतुर्कान के अत्याचारों से चारों तरफ विद्रोह फूट पड़ा।

ऐसी स्थिति में अमीरों ने रूकनुद्दीन को हटाकर रजिया को सिंहासन पर आसीन किया। इस तरह **रजिया बेगम (1236-1239 ई.) प्रथम मुस्लिम महिला थी, जिसने शासन की बागडोर सम्भाली।**

➤ रजिया के सिंहासन पर बैठने का विरोध करने वाले प्रमुख तुर्की अमीरों में उल्लेखनीय नाम हैं- निजामुलमुल्क जुनैदी, मलिक अलाउद्दीन जानी, मलिक सैफुद्दीन कूची, मलिक ईजुद्दीन कबीर खाँ एवं मलिक ईजुद्ददीन सलारी आदि।

➤ रजिया ने पर्दा प्रथा का त्यागकर तथा पुरुषों की तरह **कुबा/चोंगा (कोट)** एवं **कुलाह (टोपी)** पहनकर राज-दरबार में खुले मुँह जाने लगी।

➤ रजिया ने अपने कुछ विश्वासपात्र सरदारों को उच्च पदों पर नियुक्त किया। इख्तियारूद्दीन ऐतगीन को **अमीर-ए-हाजिब**, मलिक जमालुद्दीन याकूत (अबीसीनियन) को **अमीर-ए-आखूर** (घोड़े का सरदार), मलिक ईजुद्दीन कबीर खाँ को **लाहौर का अक्तादार** और इख्तियारूद्दीन अल्तूनिया को **तबरहिन्द (भटिंडा) का अक्तादार** नियुक्त किया।

➤ गैर तुर्कों को सामंत बनाने के रजिया के प्रयासों से तुर्की अमीर विरुद्ध हो गये और उसे बन्दी बनाकर दिल्ली की गद्दी पर मुईजुद्दीन बहरामशाह (1240-1242 ई.) को बैठा दिया।

➤ रजिया की शादी **तबरहिन्द के अक्तादार अल्तूनिया** से हुई। उससे शादी करने के बाद रजिया ने पुनः गद्दी प्राप्त करने का प्रयास किया, लेकिन वह असफल रही।

➤ रजिया की 13 अक्टूबर, 1240 ई. को डाकुओं के द्वारा **कैथल** के पास हत्या कर दी गयी।

➤ मुईजुद्दीन बहरामशाह को बन्दी बनाकर उसकी हत्या मई 1242 ई में कर दी गयी।

➤ बहराम शाह के बाद **अलाउद्दीन मसूदशाह** 1242 ई. में दिल्ली का सुल्तान बना।

➤ जून, 1246 ई. में बलबन ने षड्यन्त्र के द्वारा अलाउद्दीन मसूदशाह को सुल्तान के पद से हटाकर इल्तुतमिश के प्रपौत्र **नासिरूद्दीन महमूद** (1246-1266 ई.) को सुल्तान बना दिया।

➤ नासिरूद्दीन ने राज्य की समस्त शक्ति बलबन को सौंप दिया।

➤ नासिरूद्दीन महात्वाकांक्षाओं से रहित एक धर्मपरायण व्यक्ति था। वह कुरान की नकल करता था और उसको बेचकर जीविका चलाता था।

➤ **नासिरूद्दीन महमूद** ऐसा सुल्तान था, जो टोपी सीकर अपनी जीवन-निर्वाह करता था।

➤ नासिरूद्दीन ने 7 अक्टूबर, 1249 को बलबन को **उलूगखाँ** की उपाधि प्रदान की तदुपरांत उसे अपना **अमीरे-हाजिब** बनाया।

➤ बलबन ने अपनी पुत्री का विवाह नासिरूद्दीन महमूद के साथ किया था।

➤ बलबन (1266-1290 ई.) का वास्तविक नाम **बहाउद्दीन** था। वह इल्तुतमिश के **चालीस गुलाम तुर्कों** के दल (तुर्कान-ए-चिहालगानी) का सदस्य था।

➤ इल्बारी तुर्क जाति के बलबन ने 1266 ई. में गियासुद्दीन बलबन के नाम से दिल्ली की गद्दी पर बैठा। बलबन मंगोलों के आक्रमण से दिल्ली की रक्षा करने में सफल रहा।

➤ बलबन ने इल्तुतमिश द्वारा स्थापित 40 तुर्की सरदारों के दल को समाप्त कर दिया।

➤ बलबन के काल में एकमात्र विद्रोह बंगाल में हुआ जिसे उसने कठोरता से कुचल दिया।

➤ बलबन **पहला सुल्तान** था जिसने **राजत्व के सिद्धान्त** को प्रतिपादन किया। उसने राजत्व को **नियामते-खुदाई** (ईश्वर द्वारा प्रदत्त) तथा राजा को **जिल्ले-इलाही** (ईश्वर की छाया) कहा।

➤ बलबन ने तुर्क प्रभाव को कम करने के लिए फारसी परम्परा पर आधारित **सिजदा** (घुटने पर बैठकर सम्राट के सामने सिर झुकाना) एवं **पाबोस** (पाँव को चूमना) के प्रचलन को अनिवार्य कर दिया।

- बलबन ने फारसी परंपरा (ईरानी परंपरा) पर आधारित **नवरोज** उत्सव को प्रारम्भ किया।
- बलबन ने अपने विरोधियों के प्रति **लौह एवं रक्त** नीति का पालन किया। इस नीति के अन्तर्गत विद्रोही व्यक्ति की हत्या कर उसकी स्त्री एवं बच्चों को दास बना लिया जाता था।
- पश्चिमोत्तर सीमा प्रांत पर मंगोल आक्रमण के भय को समाप्त करने के लिए बलबन ने एक सुनिश्चित योजना का क्रियान्वयन किया। उसने सैन्य विभाग, **दीवान-ए-अर्ज** को पुनर्गठित करवाया तथा सीमांत क्षेत्र में स्थित किलों का पुनर्निर्माण करवाया।
- बलबन ने अयोग्य एवं वृद्ध सैनिकों को पेंशन देकर मुक्त करने की योजना चलाई। उसने अपने सैनिकों को वेतन का नकद भुगतान किया।
- बलबन ने राज्य के अन्तर्गत होने वाले षड्यन्त्रों एवं विद्रोहों के विषय में पूर्व जानकारी के लिए **गुप्तचर विभाग** की स्थापना की।
- बलबन ने फारसी रीति-रिवाज पर आधारित एवं उनके राजाओं के नाम की तरह अपने पुत्रों का नाम रखा।
- बलबन अपने प्रिय पुत्र मुहम्मद की मृत्यु के सदमे को बर्दाश्त न कर सका और 80 वर्ष की अवस्था में 1286 ई. में उसकी मृत्यु हो गयी।
- बलबन ने अपने राजदरबार में अनेक कलाकारों एवं साहित्यकारों को संरक्षण प्रदान किया। उसके राज्याश्रय में फारसी के प्रसिद्ध कवि अमीर खुसरो एवं अमीर हसन रहते थे। इसके अतिरिक्त ज्योतिषी एवं चिकित्सक मौलाना हमीदुद्दीन मुतरिज, प्रसिद्ध मौलाना बदरूद्दीन एवं मौलाना हिसानुद्दीन भी उसके दरबार में रहते थे।
- शम्सुद्दीन कैमुर्स गुलाम वंश का **अंतिम शासक** था। इसकी हत्या करके जलालुद्दीन फिरोज खिलजी ने खिलजी वंश की स्थापना की।

खिलजी वंश (1290–1320 ई.)

- गुलाम वंश के शासन को समाप्त कर 13 जून, 1290 ई. को **जलालुद्दीन फिरोज खिलजी** (1290-1296 ई.) ने खिलजी वंश की स्थापना की। खिलजी वंश की स्थापना को **खिलजी क्रांति** के नाम से भी जाना जाता है।

खिलजी क्रांति का महत्त्व

1. गुलाम वंश की समाप्ति के बाद एक नये वंश, खिलजी वंश की स्थापना हुई।
2. दिल्ली सल्तनत का सुदूर दक्षिण तक विस्तार हुआ।
3. जातिवाद में कमी आयी।
4. यह मान्यता समाप्त हुई कि शासन केवल विशिष्ट वर्ग का व्यक्ति ही कर सकता है।
5. खिलजी मुख्यत: सर्वहारा वर्ग के थे।
6. तुर्की अमीर सरदारों के प्रभाव क्षेत्र में कमी आयी।
7. प्रशासन में धर्म और उलेमा के महत्त्व को अस्वीकार कर दिया गया।
8. शासकों की सत्ता का मुख्य स्तंभ शक्ति था।

- जलालुद्दीन ने **किलोखरी/किलखोरी** को अपनी राजधानी बनाया।
- जलालुद्दीन की हत्या 1296 ई. में उसके भतीजा एवं दामाद **अलाउद्दीन खिलजी** ने **कड़ामानिकपुर** (इलाहाबाद के निकट) में कर दी थी।
- 22 अक्टूबर, 1296 ई. में **अलाउद्दीन** दिल्ली का सुल्तान बना। अलाउद्दीन के बचपन का नाम **अली** तथा **गुरशास्प** था।

अलाउद्दीन खिलजी : एक नजर में	
1292	मालवा पर आक्रमण, भिलसा पर अधिकार
1296	जलालुद्दीन की हत्या कर शासक बना
1298	गुजरात विजय
1299	मंगोलों का आक्रमण
1301	रणथम्भौर विजय
1303	चित्तौड़ अभियान
1304	मंगोलों का चौथा आक्रमण
1305	मालवा अभियान
1305–06	मंगोलों का पाँचवाँ व अंतिम आक्रमण
1307–08	देवगिरि पर आक्रमण
1309–10	तेलंगाना (वारंगल) विजय
1310	होयसल विजय
1311	माबर (मालाबार) विजय
1312	देवगिरि का द्वितीय अभियान
1316	अलाउद्दीन की मृत्यु
नोट : अलाउद्दीन ने दक्षिण भारत की विजय के लिए मलिक काफूर को भेजा	

- अपनी प्रारम्भिक सफलताओं से प्रोत्साहित होकर अलाउद्दीन ने **सिकंदर द्वितीय** (सानी) की उपाधि ग्रहण कर इसका उल्लेख अपने सिक्कों पर करवाया।
- अलाउद्दीन ने यद्यपि खलीफा की सत्ता को मान्यता प्रदान करते हुए **यामिन-उल-खिलाफत-नासिरी-अमीर-उल-मोमिनीन** की उपाधि ग्रहण की किन्तु उसने खलीफा से अपने पद की स्वीकृति लेनी आवश्यक नहीं समझी।
- अलाउद्दीन ने उलेमा वर्ग को भी अपने शासन कार्य में हस्तक्षेप नहीं करने दिया।
- अलाउद्दीन ने शासन में इस्लाम के सिद्धान्तों को प्रमुखता न देकर राज्यहित को सर्वोपरि माना।
- अलाउद्दीन खिलजी ने सैनिकों की नियमित हाजिरी एवं स्थायी सेना का विकास किया। साथ ही सैनिकों को नकद वेतन देने की प्रथा का प्रचलन किया।
- **घोड़ा दागने** एवं सैनिकों का **हुलिया लिखने** की प्रथा की शुरुआत भी अलाउद्दीन खिलजी ने ही किया था।
- अलाउद्दीन ने भूराजस्व की दर को बढ़ाकर उपज का 1/2 भाग कर दिया।
- अलाउद्दीन ने **खम्स** (लूट का धन) में राज्य का हिस्सा 1/4 भाग के स्थान पर 3/4 भाग कर दिया।
- अलाउद्दीन ने व्यापारियों में बेईमानी रोकने के लिए कम तौलने वाले व्यक्ति के शरीर से मांस काट लेने का आदेश दिया।
- अलाउद्दीन ने अपने शासन काल में **मूल्य नियन्त्रण प्रणाली अथवा बाजार सुधार नियम** को दृढ़ता से लागू किया था। इस प्रणाली अथवा नियम को लाने का मुख्य उद्देश्य था सैनिकों को कम वेतन में ही सन्तुष्ट रखने के लिए वस्तुओं का मूल्य निर्धारित करना, ताकि कम वेतन में ही सैनिकों को सारी सुविधाएँ उपलब्ध हो सके।
- बाजार नियन्त्रण/मूल्य नियन्त्रण के लिए अलाउद्दीन खिलजी द्वारा बनाये जाने वाले नए पद थे-
  1. **दीवान-ए-रियासत :** यह व्यापारियों पर नियन्त्रण रखता था। यह बाजार नियन्त्रण की पूरी व्यवस्था का संचालक था।
  2. **शहना-ए-मंडी :** प्रत्येक बाजार में बाजार का अधीक्षक।
  3. **बरीद (गुप्तचर) :** बाजार के अंदर घूमकर बाजार का निरीक्षण करता था।
  4. **मुनहियान (व्यक्तिगत गुप्तचर) :** गुप्त सूचना प्राप्त करता था।
- अलाउद्दीन द्वारा नियुक्त **परवाना-नवीस** नामक अधिकारी वस्तुओं की परमिट जारी करता था।

➡ अलाउद्दीन ने मलिक कबूल को दीवान-ए-रियासत नियुक्त किया था।

बाजारों का वर्गीकरण

➡ **शहना-ए-मंडी :** यहाँ खाद्यानों को बिक्री हेतु लाया जाता था।

➡ **सराय-ए-अदल :** यहाँ वस्त्र, शक्कर, जड़ी-बूटी, मेवा, दीपक का तेल एवं अन्य निर्मित वस्तुएँ बिकने के लिए आते थे।

➡ अलाउद्दीन की आर्थिक नीति की व्यापक जानकारी जियाउद्दीन बरनी की कृति **तारीखे-फिरोजशाही** से मिलती है।

बाजार नियंत्रण करने के अलाउद्दीन खिलजी द्वारा बनोय जाने वाल नवीन पद (क्रमानुसार)

दीवान-ए-रियासत : यह व्यापारियों पर नियंत्रण की पूरी व्यवस्था का संचालन करता था।

शहना-ए-मंडी : प्रत्येक बाजार में बाजार का अधीक्षक।

बरीद : बाजार के अन्दर घूमकर बाजार का निरीक्षण करता था।

मुनहियान व गुप्तचर : गुप्त सूचना प्राप्त करता था।

➡ अलाउद्दीन के आर्थिक सुधारों के अन्तर्गत मूल्य नियन्त्रण के बारे में थोड़ी बहुत जानकारी अमीर खुसरो की पुस्तक **खजाइनुल-फतूह,** इब्नबतूता की पुस्तक **रिहाला** एवं इसामी की पुस्तक **फुतूहस्सलातीन** से भी मिलती है।

➡ मूल्य नियन्त्रण को सफल बनाने में **मुहतसिब** (सेंसर) एवं **नाजिर** (नाप-तौल अधिकारी) की महत्त्वपूर्ण भूमिका थी।

➡ अलाउद्दीन ने एक अधिनियम द्वारा दैनिक उपयोग की वस्तुओं का मूल्य निश्चित कर दिया था। कुछ महत्त्वपूर्ण अनाजों के मूल्य इस प्रकार थे- गेहूँ 7.5 जीतल, चावल 5 जीतल, जौ 4 जीतल, उड़द 5 जीतल, मक्खन या घी 2½ किलो 1 जीतल, 1 ताँबे का सिक्का जीतल कहलाता था।

➡ राजस्व सुधारों के अन्तर्गत अलाउद्दीन ने सर्वप्रथम मिल्क, इनाम एवं वक्फ के अन्तर्गत दी गयी भूमि को वापस लेकर उसे खालसा भूमि में बदल दिया।

➡ अलाउद्दीन द्वारा आरोपित दो नए कर थे- 1. चराई कर-दुधारू पशुओं पर लगाया जाता था, 2. गढ़ी कर- घरों एवं झोपड़ी पर लगाया जाता था।

➡ **जजिया कर** - गैर-मुसलमानों से लिया जाता था।

➡ **जकात कर** - मुसलमानों से लिया जाने वाला धार्मिक कर था। यह सम्पत्ति का 40वाँ भाग होता था।

प्रशासनिक सुधार

➡ अकसर होने वाले विद्रोहों को दबाने के लिए अलाउद्दीन ने चार नियम लागू किये-

1. कर मुक्त भूमि के सभी अनुदानों की जब्त।
2. गुप्तचर प्रणाली का पुनर्गठन।
3. मदिरा और नशीली दवाओं की खुली बिक्री पर प्रतिबन्ध।
4. अमीरों के घरों में सामाजिक समारोहों पर प्रतिबन्ध।

➡ **अमीर खुसरो** अलाउद्दीन के दरबारी कवि थे। इन्हे सितार एवं तबले के आविष्कार का श्रेय दिया जाता है।

➡ **तुतिए हिन्द** (भारत का तोता) के नाम से प्रसिद्ध अमीर खुसरो का जन्म पटियाली (पश्चिमी उत्तरप्रदेश में बदायूं के पास) में 1252 ई. में हुआ था।

➡ अलाउद्दीन ने **जमात खाना मस्जिद, अलाई दरवाजा, सीरी का किला** तथा **हजार खंभा महल** का निर्माण करवाया था।

➡ 5 जनवरी, 1316 ई. को अलाउद्दीन खिलजी की मृत्यु हो गयी।

➪ कुतुबुद्दीन मुबारक खिलजी 1316 ई. में दिल्ली के सिंहासन पर बैठा। इसे नग्न स्त्री-पुरुषों की संगत पसंद थी। वह कभी-कभी राज-दरबार में स्त्रियों के वस्त्र पहनकर आ जाता था।

➪ बरनी के अनुसार मुबारक खिलजी कभी-कभी नग्न होकर दरबारियों के बीच दौड़ा करता था।

➪ मुबारक खिलजी ने **अल-इमाम, उल इमाम** एवं **खिलाफत उल्लाह** की उपाधि धारण की। उसने खिलाफत के प्रति भक्ति को हटाकर अपने को **इस्लाम धर्म का सर्वोच्च प्रधान** और **स्वर्ग तथा पृथ्वी** के अधिपति का खलीफा घोषित किया।

➪ मुबारक खिलजी ने **अलवासिक विल्लाह** की धर्म प्रधान उपाधि धारण की।

➪ मुबारक के वजीर खुशरो खाँ ने 15 अप्रैल, 1320 ई. को इसकी हत्या कर दी और स्वयं दिल्ली की गद्दी पर बैठा।

➪ खुशरो खाँ ने अपने नाम का खुतबा पढ़वाया और **पैगंबर के सेनापति** की उपाधि धारण की।

➪ 5 सितंबर, 1320 को गाजी मलिक (गयासुद्दीन तुगलक) ने खुशरो खाँ को एक युद्ध में हराकर तुगलक वंश की स्थापना की।

तुगलक वंश (1320 – 1413 ई.)

➪ गाजी मलिक या तुगलक गाजी गयासुद्दीन तुगलक (1320-1325 ई.) के नाम से 8 सितंबर, 1320 को दिल्ली के सिंहासन पर बैठा। इसे तुगलक वंश का संस्थापक माना जाता है।

➪ गयासुद्दीन तुगलक ने लगभग **26 बार** मंगोल आक्रमण को विफल किया।

➪ गयासुद्दीन तुगलक ने आर्थिक सुधार के अन्तर्गत अपनी आर्थिक नीति का आधार **संयम एवं नरमी के मध्य संतुलन** (रस्म-ए-मियान) को बनाया।

➪ गयासुद्दीन ने अमीरों की भूमि पुन: लौटा दी। उसने लगान के रूप में उपज का 1/10 या 1/12 हिस्सा ही लेने का आदेश जारी किया।

➪ गयासुद्दीन ने अलाउद्दीन खिलजी द्वारा स्थापित सैनिक व्यवस्था, डाक-व्यवस्था को सुदृढ़ किया, लेकिन अलाउद्दीन की **मसाहत** (भूमि नाप की पद्धति) की पद्धति त्याग दी।

➪ गयासुद्दीन ने सिंचाई कार्यों के लिए नहरों एवं कुएँ का निर्माण करवाया। सम्भवत: नहरों का निर्माण करवाने वाला गयासुद्दीन **पहला शासक** था।

➪ गयासुद्दीन में धार्मिक सहिष्णुता का अभाव था, किन्तु स्वभाव से वह दानी था तथा लोक-कल्याणकारी कार्यों को कराने में दिलचस्पी रखता था।

➪ न्याय-व्यवस्था के अन्तर्गत गयासुद्दीन ने एक न्याय विधान का निर्माण करवाया।

➪ गयासुद्दीन की महत्त्वपूर्ण विजय थी- वारंगल के तेलंगाना की विजय (1321-1323 ई.), ओडिशा की विजय (1324 ई.), बंगाल की विजय (1324 ई.), तिरहुत की विजय, मंगोल विजय (1324 ई.) आदि।

➪ गयासुद्दीन तुगलक ने दिल्ली के समीप स्थित पहाड़ियों पर **तुगलकाबाद** नाम का एक नया नगर स्थापित किया। **रोमनशैली** में निर्मित इसमें एक दुर्ग का भी निर्माण किया गया था। इस दुर्ग को **छप्पनकोट** के नाम से भी जाना जाता है।

➪ बंगाल अभियान से लौटते समय तुगलकाबाद से लगभग 8 किमी की दूरी पर स्थित अफगानपुर में उसके पुत्र जौना खाँ द्वारा निर्मित लकड़ी के महल में सुल्तान गयासुद्दीन के प्रवेश करते ही महल गिर गया जिसमें दबकर मार्च, 1325 ई. उसकी मृत्यु हो गयी।

➪ गयासुद्दीन तुगलक की मृत्यु के बाद उसका पुत्र जूना खाँ/जौना खाँ मुहम्मद बिन तुगलक (1325-1351 ई.) के नाम से दिल्ली की गद्दी पर बैठा।

➪ मुहम्मद बिन तुगलक मध्यकालीन सभी सुल्तानों में सम्भवत: सर्वाधिक शिक्षित, विद्वान एवं योग्य व्यक्ति था।

- इतिहासकारों ने मुहम्मद बिन तुगलक को उसकी सनकी योजनाओं, क्रूर कृत्यों एवं दूसरे के सुख-दुःख के प्रति उपेक्षा भाव रखने के कारण **स्वप्नशील, पागल** तथा **रक्तपिपासु** कहा है।
- बरनी, सरहिंदी, निजामुद्दीन, बदायूंनी एवं फरिश्ता जैसे विद्वानों ने मुहम्मद बिन तुगलक को **अधर्मी** घोषित किया है।
- मुहम्मद बिन तुगलक के सिंहासन पर बैठते समय दिल्ली सल्तनत कुल 21 प्रांतों में बँटा था।
- राज्यारोहण के बाद मुहम्मद बिन तुगलक द्वारा क्रियान्वित चार योजनाएँ क्रमशः निम्न प्रकार से थी-
  1. दोआब क्षेत्र में कर वृद्धि (1326-1327 ई.)।
  2. राजधानी परिवर्तन (1326-1327 ई.)।
  3. सांकेतिक मुद्रा का प्रचलन (1329-1330 ई.)।
  4. खुरासान एवं कराचिल का अभियान।
- अपनी **प्रथम योजना** के तहत मुहम्मद बिन तुगलक ने दोआब क्षेत्र में कर दी वृद्धि (सम्भवतः 50%) कर दी परन्तु उसी वर्ष दोआब क्षेत्र में भीषण अकाल पड़ गया। अधिकारियों द्वारा जबरन कर वसूली से उस क्षेत्र में विद्रोह हो गया और सुल्तान की यह योजना असफल रही। मुहम्मद बिन तुगलक ने कृषि के विकास के लिए **अमीर-ए-कोही** नामक एक नवीन विभाग की स्थापना की।
- अपनी **दूसरी योजना** के तहत मुहम्मद बिन तुगलक ने राजधानी को दिल्ली से देवगिरि स्थानांतरित किया। उसने अपनी नई राजधानी का नाम **दौलताबाद** रखा। ऐसा प्रतीत होता है कि दक्षिण भारत पर प्रभावशाली ढंग से शासन के लिए वह देवगिरि को दूसरी राजधानी बनाना चाहता था। लेकिन भौगोलिक कारणों से मुहम्मद बिन तुगलक की यह योजना भी पूर्णतः असफल रही। 1335 ई. में उसने दौलताबाद से लोगों को दिल्ली लौटने की अनुमति दे दी।
- **तीसरी योजना** के तहत मुहम्मद बिन तुगलक ने सांकेतिक व प्रतीकात्मक सिक्कों का प्रचलन करवाया। इस योजना के तहत उसने चाँदी के एक टंके के बराबर **काँसे की मुद्रा** चलाने का निश्चय किया। जबकि सांकेतिक मुद्रा के अन्तर्गत सुल्तान ने फरिश्ता के अनुसार **पीतल** और बरनी के अनुसार **ताँबा** धातुओं के सिक्के चलाये जिसका मूल्य चाँदी के रुपये टंका के बराबर होता था। इस योजना की असफलता के कारण सुल्तान को भयानक आर्थिक क्षति उठानी पड़ी।
- **चौथी योजना** के तहत मुहम्मद बिन तुगलक के खुरासान एवं कराचिल विजय अभियान का उल्लेख किया जाता है, किन्तु राजनैतिक परिवर्तनों के कारण उसकी यह योजना भी असफल रही।
- अफ्रीकी यात्री **इब्नबतूता** लगभग 1333 ई. में भारत आया। सुल्तान ने इसे दिल्ली का काजी नियुक्त किया। 1342 में सुल्तान ने इसे अपने राजदूत के रूप में चीन भेजा।
- **इब्नबतूता** द्वारा रचित पुस्तक **रेहाला** में मुहम्मद बिन तुगलक काल की घटनाओं का वर्णन है।
- मुहम्मद बिन तुगलक शेख अलाउद्दीन का शिष्य था। वह दिल्ली सल्तनत का **पहला शासक** था, जो अजमेर में शेख मुइनुद्दीन चिश्ती की दरगाह और बहराइच में सालार मसूद गाजी के मकबरे में गया।
- मुहम्मद बिन तुगलक ने बदायूँ में मीरन मुलहीम, दिल्ली में शेख निजामुद्दीन औलिया, मुल्तान में शेख रूकनुद्दीन, अजोधन में शेख मुल्तान आदि संतों की कब्र पर मकबरे बनवाये।
- मुहम्मद बिन तुगलक के शासन में ही **हरिहर** और **बुक्का** नामक दो भाइयों ने 1336 ई. में स्वतन्त्र **विजयनगर राज्य** की स्थापना की।
- मुहम्मद बिन तुगलक के शासन काल में ही महाराष्ट्र में **अलाउद्दीन बहमन शाह** ने 1347 ई. में स्वतन्त्र **बहमनी राज्य** की स्थापना की।

- मुहम्मद बिन तुगलक की सिंध जाते समय **थट्टा** के निकट **गोडाल** में 20 मार्च, 1351 ई. को मृत्यु हो गयी।
- मुहम्मद बिन तुगलक की मृत्यु पर इतिहासकार **बदायूनी** ने कहा कि, "सुल्तान को उसकी प्रजा से और प्रजा को अपने सुल्तान से मुक्ति मिल गयी।"
- फिरोज शाह तुगलक (1351-1388 ई.) का राज्याभिषेक **थट्टा** के नजदीक 20 मार्च, 1351 ई. को हुआ। पुनः फिरोज का राज्याभिषेक दिल्ली में अगस्त, 1351 ई. को हुआ। खलीफा द्वारा इसे **कासिम अमीर उल मोमिनीन** की उपाधि दी गयी।
- ऐसा माना जाता है कि सुल्तान फिरोज तुगलक ने अपने शासन काल में कोई भी सैनिक अभियान साम्राज्य विस्तार के लिए नहीं किया और जो भी अभियान उसने किया वह मात्र साम्राज्य को बचाये रखने के लिए किया।
- राजस्व व्यवस्था के अंतर्गत फिरोज ने अपने शासन काल में 24 कष्टदायक करों को समाप्त कर केवल 4 कर **खराज** (लगान), **खुम्स** (युद्ध में लूट का माल), **जजिया** एवं **जकात** को वसूलने का आदेश दिया।
- फिरोज तुगलक **ब्राह्मणों** पर जजिया लागू करने वाला **पहला मुसलमान** शासक था। इससे पूर्व ब्राह्मण जजिया से मुक्त थे।
- उलेमाओं के आदेश पर सुल्तान ने एक नया कर **सिंचाई कर** (हर्ब)भी लगाया, जो उपज का 1/10 भाग था।
- फिरोज तुगलक ने सिंचाई की सुविधा के लिए 5 बड़ी नहरों का निर्माण करवाया।
- सुल्तान ने लगभग 1200 फलों के बाग लगवाये।
- फिरोज तुगलक ने **लोकनिर्माण विभाग (PWD)** की स्थापना की।
- नगर एवं सार्वजनिक निर्माण कार्यों के अंतर्गत सुल्तान ने लगभग 300 नये नगरों की स्थापना की। इनमें से हिसार, फिरोजाबाद (दिल्ली), फतेहाबाद, जौनपुर, फिरोज आदि प्रमुख थे। इन नगरों को यमुना नदी के किनारे बसाया गया, फिरोजाबाद सुल्तान को सर्वाधिक प्रिय था।
- फिरोज ने जौनपुर नगर की नींव अपने चचेरे भाई फखरूद्दीन जौना (मुहम्मद बिन तुगलक) की स्मृति में डाली थी।
- फिरोज के काल में अशोक के दो स्तंभों को क्रमशः खिज्राबाद (टोपरा गाँव, पंजाब) एवं मेरठ से लाकर दिल्ली में स्थापित किया गया।
- अपने कल्याणकारी कार्यों के अंतर्गत फिरोज ने एक रोजगार का दफ्तर एवं मुस्लिम अनाथ स्त्रियों, विधवाओं एवं लड़कियों की सहायता हेतु एक नये **दिवान-ए-खैरात** नामक विभाग की स्थापना की थी।
- सल्तनतकालीन सुल्तानों के शासनकाल में सबसे अधिक दासों की संख्या (लगभग 1,80,000) फिरोज तुगलक के समय में थी। दासों की देखभाल हेतु सुल्तान ने **दीवान-ए-बंदगान** नामक एक नये विभाग की स्थापना की।
- सैन्य व्यवस्था के अंतर्गत फिरोज ने सैनिकों को पुनः जागीर के रूप में वेतन देना प्रारंभ कर दिया। उसने **सैन्य पदों को वंशानुगत** बना दिया।
- फिरोज सम्भवतः **दिल्ली सल्तनत का प्रथम शासक** था जिसने इस्लामी नियमों का कड़ाई से पालन कर उलेमा वर्ग को प्रशासनिक कार्यों में महत्त्व दिया।
- फिरोज के सम्बन्ध में डॉ. आर.सी मजूमदार ने कहा है कि फिरोज इस युग का सबसे धर्मांध एवं इस क्षेत्र में सिकंदर लोदी एवं मुगल शासक औरंगजेब का अग्रगामी था।
- फिरोज ने अपनी आत्मकथा **फतूहात-ए-फिरोजशाही** की रचना की।

- फिरोज ने अपने दरबार में जियाउद्दीन बरनी एवं शम्स-ए-शिराज अफीफ को संरक्षण प्रदान किया। जियाउद्दीन बरनी ने **फतवा-ए-जहांदारी** एवं **तारीख-ए-फिरोजशाही** की रचना की।
- फिरोज ने **ज्वालामुखी मंदिर** के पुस्तकालय से लूटे गये 1300 ग्रन्थों में से कुछ को फारसी में विद्वान ऐजद्दीन खालिद किरमानी द्वारा **दलायते-फिरोजशाही** नाम से अनुवाद करवाया।
- मुद्रा-व्यवस्था के अंतर्गत फिरोज ने बड़ी संख्या में ताँबे एवं चाँदी के मिश्रण से निर्मित सिक्के जारी करवाये जिसे सम्भवत: **अद्धा** एवं **विख** कहा जाता था।
- सुल्तान फिरोज तुगलक ने दिल्ली में **कोटला फिरोजशाह दुर्ग** का निर्माण करवाया था। उसके काल में निर्मित **खान-ए-जहाँ तेलंगानी** के मकबरा की तुलना **जेरूसलम** में निर्मित **उमर के मस्जिद** से की जाती है।
- फिरोज तुगलक की सितंबर, 1388 ई. में मृत्यु हो गयी।
- तुगलक वंश का अंतिम शासक **नासिरूद्दीन महमूद शाह तुगलक** था। इसका शासन दिल्ली से पालम तक ही रह गया था। इसी के समय में तैमूरलंग ने दिल्ली पर आक्रमण (1398 ई.) किया था।
- नासिरूद्दीन के समय में ही **मलिक-उस-शर्क** (पूर्व का स्वामी) की उपाधि धारण कर एक हिजड़ा **मलिक सरवर (ख्वाजा जहां/जहान)** ने जौनपुर में एक स्वतन्त्र राज्य की स्थापना की।

सैय्यद वंश (1414 से 1451 ई.)

- सैय्यद वंश का संस्थापक **खिज्रखाँ** (1414-1421 ई.) था। 1414 ई. में उसने दिल्ली की राजगद्दी पर अधिकार कर लिया।
- खिज्रखाँ ने सुल्तान की उपाधि धारण न कर अपने को **रैयत-ए-आला** की उपाधि से ही खुश रखा।
- खिज्रखाँ **तैमूरलंग** का सेनापति था। तैमूरलंग जिस समय भारत से वापस जा रहा था, उसने खिज्रखाँ को मुल्तान, लाहौर एवं दीपालपुर का शासक नियुक्त कर दिया था।
- खिज्रखाँ अपने को तैमूर के लड़के शाहरूख का प्रतिनिधि बताता था और साथ ही उसे नियमित कर भेजा करता था।
- 20 मई, 1421 ई. को खिज्रखाँ की मृत्यु हो गयी।
- खिज्रखाँ के पुत्र मुबारक खाँ (1421-1434 ई.) ने **शाह** की उपाधि ग्रहण कर अपने नाम के सिक्के जारी किये।
- मुबारक शाह के समय में ही पहली बार दिल्ली सल्तनत में दो महत्त्वपूर्ण हिन्दू अमीरों का उल्लेख मिलता है।
- मुबारक शाह ने विद्वान **याहियाबिन अहमद सरहिन्दी** को अपना राज्याश्रय प्रदान किया। उसके ग्रन्थ **तारीख-ए-मुबारकशाही** में मुबारक शाह के शासन काल के विषय में जानकारी मिलती है।
- मुबारक शाह के वजीर **सरवर-उल-मुल्क** ने षड्यन्त्र द्वारा 19 फरवरी, 1434 को उस समय उसकी हत्या कर दी, जिस समय वह अपने द्वारा निर्मित नये नगर **मुबारकाबाद** का निरीक्षण कर रहा था।
- सैय्यद वंश का अंतिम सुल्तान **अलाउद्दीन आलम शाह** (1445-1450 ई.) था।
- सैय्यद वंश का शासन लगभग 37 वर्षों तक रहा।

लोदी वंश (1451-1526 ई.)

- लोदी वंश का संस्थापक बहलोल लोदी (1451-1489 ई.) था। उसका जन्म अफगानिस्तान के गिलजाई कबीले की प्रमुख शाखा शाहूरवेल में हुआ था।

- बहलोल लोदी 19 अप्रैल, 1451 को **बहलोल शाह गाजी** की उपाधि से दिल्ली के सिंहासन पर बैठा।
- दिल्ली पर **प्रथम अफगान राज्य** की स्थापना का श्रेय बहलोल लोदी को दिया जाता है।
- बहलोल लोदी के शासन काल की महत्त्वपूर्ण सफलता थी- जौनपुर को एक बार पुन: दिल्ली के राज्य में शामिल करना।
- बहलोल लोदी अपने सरदारों को **मसनद-ए-अली** कह कर पुकारता था। वह सरदारों के खड़े रहने पर खुद भी खड़ा रहता था।
- बहलोल लोदी ने **बहलोली सिक्के** का प्रचलन करवाया।
- बहलोल लोदी का अंतिम विजय अभियान ग्वालियर पर किया गया आक्रमण था। जुलाई, 1489 में उसकी मृत्यु हो गयी।
- बहलोल लोदी का पुत्र एवं उत्तराधिकारी **निजाम खाँ** 17 जुलाई, 1489 को **सुल्तान सिकंदर शाह** की उपाधि लेकर दिल्ली के सिंहासन पर बैठा।
- सिकंदर शाह लोदी (1489-1517 ई.) ने 1504 ई. में **आगरा** शहर की स्थापना की तथा इसे अपनी **नई राजधानी** बनाया।
- मोठ की मस्जिद का निर्माण सिकंदर लोदी के वजीर ने करवाया था।
- सिकंदर शाह ने भूमि माप के लिए एक प्रमाणिक पैमाना **गजे-सिकंदरी** प्रचलित की।
- धार्मिक दृष्टि से सिकंदर लोदी असहिष्णु था। उसने हिन्दू मंदिरों को तोड़कर वहाँ पर मस्जिद का निर्माण करवाया।
- सिकंदर लोदी ने नगरकोट के ज्वालामुखी मंदिर की मूर्ति को तोड़कर उसके टुकड़ों को कसाइयों को मांस तोलने के लिए दे दिया था।
- मुसलमानों को **तजिया** निकालने एवं मुसलमान स्त्रियों को **पीरों** एवं **संतों** के मजार पर जाने पर सिकंदर लोदी ने प्रतिबंध लगा दिया था।
- सिकंदर लोदी विद्या का पोषक था। उसके आदेश पर संस्कृत के एक आयुर्वेद ग्रन्थ का फारसी में **फरहंगे सिकंदरी** के नाम से अनुवाद हुआ।
- सिकंदर का उपनाम **गुलरूखी** था। इसी उपनाम से वह कविताएँ लिखा करता था।
- सिकंदर ने संगीत के एक ग्रन्थ **लज्जत-ए-सिकंदर शाही** की भी रचना की थी।
- गले की बीमारी के कारण सिकंदर लोदी की 21 नवंबर, 1517 ई. को मृत्यु हो गयी। इसी दिन इसका पुत्र इब्राहिम, **इब्राहिम शाह** की उपाधि से आगरा के सिंहासन पर बैठा।
- 21 अप्रैल, 1526 ई. को **पानीपत के प्रथम युद्ध** में इब्राहिम लोदी बाबर द्वारा परास्त हो गया और मारा गया।
- इब्राहिम की मृत्यु के साथ ही दिल्ली सल्तनत का काल समाप्त हो गया। बाबर ने भारत में एक नवीन वंश **मुगल वंश** की स्थापना की।
- बाबर को भारत पर आक्रमण के लिए पंजाब के शासक **दौलत खाँ लोदी** एवं इब्राहिम लोदी के चाचा **आलम खाँ** ने आमंत्रित किया था।

सल्तनत काल की शासन व्यवस्था
- केन्द्रीय प्रशासन का मुखिया सुल्तान था।
- **बलबन** एवं **अलाउद्दीन** के समय अमीर प्रभावहीन हो गये।
- लोदियों के काल में अमीरों का महत्त्व चरमोत्कर्ष पर था।
- सल्तनत काल में मन्त्रिपरिषद् को **मजलिस-ए-खलवत** कहा जाता था।
- मजलिस-ए-खलवत की बैठक **मजलिस-ए-खास** में होती थी।

- **बार-ए-खास** में सुल्तान सभी दरबारियों, खानों, अमीरों, मालिकों और अन्य रईसों को बुलाता था।
- **बार-ए-आजम** में सुल्तान राजकीय कार्यों का अधिकांश भाग पूरा करता था। यहाँ पर विद्वान, मुल्ला, काजी भी उपस्थित रहते थे।

मन्त्री एवं उनसे संबद्ध विभाग

1. **वजीर** (प्रधानमन्त्री)- राजस्व विभाग का प्रमुख था।
2. **मुशरिफ-ए-मुमालिक** (महालेखाकार)- प्रांतों एवं अन्य विभागों से प्राप्त आय-व्यय का लेखा-जोखा रखता था।
3. **मजमुआदार**- उधार दिये गये धन का हिसाब रखता था।
4. **खजीन** (खजांची)- यह कोषाध्यक्ष के रूप में कार्य करता था।
5. **आरिज-ए-मुमालिक**- यह सैन्य विभाग का प्रमुख अधिकारी होता था। इसके विभाग को दीवान-ए-अर्ज कहा जाता था। इस विभाग की स्थापना बलबन की थी।
6. **सद्र-उस-सुदूर**- यह धर्म विभाग एवं दान विभाग का प्रमुख था।
7. **काजी-उल-कजात**- यह सुल्तान के बाद न्याय का सर्वोच्च अधिकारी था।
8. **बरीद-ए-मुमालिक**- यह गुप्तचर विभाग का प्रमुख अधिकारी था।

राज-दरबार से संबद्ध प्रमुख पद

1. **वकील-ए-दर**- यह सुल्तान की व्यक्तिगत सेवाओं एवं शाही महल की देखभाल करता था।
2. **बारबक**- यह दरबार की शान-शौकत एवं रस्मों की देख-रेख करता था।
3. **अमीर-ए-हाजिब**- यह सुल्तान से मिलने वालों की जाँच-पड़ताल करता था।
4. **अमीर-ए-शिकार**- यह सुल्तान के शिकार की व्यवस्था किया करता था।
5. **अमीर-ए-मजलिस**- यह शाही उत्सवों एवं दावतों का प्रबंध करता था।
6. **सर-ए-जांदर/सरजानदार**- यह सुल्तान के अंगरक्षकों का अधिकारी होता था।
7. **अमीर-ए-आखूर**- यह अश्वशाला का अध्यक्ष होता था।
8. **शहना-ए-पील**- यह हस्तिशाला का अध्यक्ष होता था।

- दिल्ली सल्तनत अनेक प्रांतों में बँटा हुआ था, जिसे **इक्ता** कहा जाता था। यहाँ का शासन **नायब/वली/मुक्ति** द्वारा संचालित होता था।
- इक्ता को शिकों (जिलों) में विभाजित किया गया था। यहाँ का शासन **अमील/नजीम** अपने अन्य सहयोगियों के साथ करता था।
- एक शहर या 100 गाँवों के शासन की देख-रेख **अमीर-ए-सदा** नामक अधिकारी करता था।
- प्रशासन की सबसे छोटी इकाई **ग्राम** थी।

सल्तनतकालीन प्रमुख विभाग व उनके संस्थापक		
क्र.	**विभाग**	**संस्थापक**
1.	दीवान-ए-मुस्तखराज (वित्त विभाग)	अलाउद्दीन खिलजी
2.	दीवान-ए-अमीरकोही (कृषि विभाग)	मुहम्मद बिन तुगलक
3.	आरिज-ए-मुमालिक (सैन्य विभाग)	बलबन
4.	दीवान-ए-बंदगान (दास विभाग)	फिरोजशाह तुगलक
5.	दीवान-ए-खैरात (दान विभाग)	फिरोजशाह तुगलक
6.	दीवान-ए-इस्तिहाक (पेंशन विभाग)	फिरोजशाह तुगलक

सैन्य संगठन

- तुर्की शासन व्यवस्था मुख्यत: सैन्य शक्ति पर आधारित थी।
- सल्तनकालीन सैन्य-व्यवस्था के अंतर्गत इल्तुतमिश द्वारा स्थापित सेना को **हश्म-ए-कल्ब** (केन्द्रीय सेना) या **कल्ब-ए-सुल्तानी** कहा जाता था।
- सल्तनत काल में चार प्रकार सैनिक होते थे-
- **प्रथम**- वे सैनिक होते थे जिनको स्वयं सुल्तान नियुक्त करता था। यह सुल्तान की स्थायी सेना होती थी। इसे **खासखेल** नाम दिया गया था।
- **द्वितीय**- वे सैनिक होते थे, जो प्रांतों एवं सूबेदारों की सेना में भर्ती होते थे।
- **तृतीय**- वे सैनिक होते थे जिन्हें युद्ध के समय अस्थायी रूप से भर्ती किया जाता था।
- **चतुर्थ**- वे सैनिक होते थे जो मुस्लिम स्वयंसेवकों के रूप में काफिरों से युद्ध करते थे।
- सल्तनतकालीन सेना मुख्यत: तीन भागों में विभक्त थी- 1. घुड़सवार सेना, 2. गज (हाथी) सेना और 3. पदाति (पैदल) सेना या पायक सेना। संख्या की दृष्टि से पैदल सेना सबसे बड़ी होती थी परन्तु सामरिक दृष्टिकोण से सेना का महत्त्वपूर्ण भाग घुड़सवार सेना होती थी।
- मंगोल सेना के वर्गीकरण की दशमलव प्रणाली को सल्तनतकालीन सैन्य व्यवस्था का आधार बनाया गया था। ये इस प्रकार हैं-

दस अश्वारोही = 1 सरखेल	दस सरखेल = 1 सिपहसालार
दस सिपहसालार = 1 अमीर	दस अमीर = 1 मलिक
दस मलिक = 1 खान	

- सल्तनत काल में बारूद की सहायता से गोला फेंकने वाली मशीन को **मंगलीक** तथा **अर्रादा** कहा जाता था।
- सल्तनत काल में अच्छी नस्ल के घोड़े तुर्की, अरब एवं रूस से मँगाये जाते थे। हाथी मुख्यत: बंगाल से प्राप्त होते थे।

न्याय एवं दंड व्यवस्था

- सल्तनत काल में सुल्तान राज्य का सर्वोच्च न्यायाधीश होता था। इस समय न्याय इस्लामी कानून शरीयत, कुरान एवं हदीस पर आधारित था।
- मुस्लिम कानून के चार महत्त्वपूर्ण स्रोत थे- **कुरान, हदीस, इजमा** एवं **कयास**।
- मुस्लिम दंड विधि को **फिकह** (इस्लामी धर्मशास्त्र) में बताये गये नियमों के अनुसार कठोरता से लागू किया जाता था।
- सुल्तान सप्ताह में दो बार दरबार में न्याय करने के लिए उपस्थित होता था।
- सल्तनत काल में मुख्यत: चार प्रकार के कानून का प्रचलन था-
    1. **सामान्य कानून**- व्यापार आदि से सम्बन्धित ये कानून मुस्लिम एवं गैर-मुस्लिम दोनों पर लागू होते थे, परन्तु सामान्यत: यह कानून केवल मुसलमानों पर लागू होता है।
    2. **देश का कानून**- मुस्लिम शासकों द्वारा शासित देश में प्रचलित स्थानीय कानून।
    3. **फौजदारी कानून**- यह कानून मुस्लिम एवं गैर-मुस्लिम दोनों पर सामान्य रूप से लागू होता था।
    4. **गैर-मुस्लिमों का धार्मिक एवं व्यक्तिगत कानून**- हिन्दूओं के सामाजिक मामलों में दिल्ली सल्तनत का सीमित हस्तक्षेप होता था।

लगान व्यवस्था

➪ **बँटाई**- यह लगान निर्धारित करने की एक प्रणाली थी। इस काल में **तीन प्रकार** की बँटाई विधि प्रचलन में थी-

1. **खेत बँटाई**- खड़ी फसल या बुवाई के बाद ही खेत बाँटकर कर का निर्धारण करना।

2. **लंक बँटाई**- खेत काटने के बाद खलिहान में लाये गये अनाज से भूसा निकाले बिना ही कृषक एवं सरकार के बीच बँटवारा हो जाता था।

3. **रास बँटाई**- खलिहान में अनाज से भूसा अलग करने बाद सरकारी हिस्से को निर्धारित किया जाता था।

➪ सल्तनत काल में लगान निर्धारण की मिश्रित प्रणाली को **मुक्ताई** कहा जाता था।

➪ भूमि की नाप-जोख के बाद क्षेत्रफल के आधार पर लगान का निर्धारण **मसाहत** कहलाता था। इसे अलाउद्दीन खिलजी ने शुरू किया था।

राजस्व (कर) व्यवस्था
उश्र : मुसलमानों से लिया जाने वाला भूमि कर।
खराज : गैर-मुसलमानों से लिया जाने वाला भूमि कर।
जकात : मुसलमानों पर धार्मिक कर (सम्पत्ति का 40वाँ हिस्सा)
जजिया : गैर-मुसलमानों पर धार्मिक कर।
नोट-खम्स : यह लूटे हुए धन, खानों अथवा भूमि में गड़े-हुए खजानों से प्राप्त सम्पत्ति का 1/5 भाग था, जिस पर सुल्तान का अधिकार था तथा शेष 4/5 भाग पर उसके सैनिकों अथवा खजाने को प्राप्त करने वाले व्यक्ति का अधिकार होता था, परंतु फिरोज तुगलक को छोड़कर अन्य सभी शासकों ने 4/5 हिस्सा स्वयं अपने लिये रखा। सुल्तान सिकन्दर लोदी ने गड़े हुए खजानों में से कोई हिस्सा नहीं लिया।

भूमि का वर्गीकरण

➪ सल्तनत काल में राज्य की समस्त भूमि चार वर्गों में विभक्त थी-

1. **खालसा भूमि**- इस प्रकार की भूमि पूर्णतः केन्द्र के नियन्त्रण में रहती थी।

2. **इक्ता की भूमि**- इक्ता की भूमि की देखभाल **मुक्ति** करते थे। इस विभाग से मुक्ति व वली लगान वसूल करते थे।

3. **सामंतों की भूमि**- यह भूमि अधीनस्थ हिन्दू सामंतों व राजाओं की भूमि थी जिसके बदले प्रतिवर्ष एक निश्चित मात्रा में धन सरकारी कोष में जमा करते थे।

4. **इनाम व वक्फ**- यह करमुक्त भूमि होती थी जो विशेष लोगों को दान में दी जाती थी। भूमि को प्राप्त करने वाले का भूमि पर वंशानुगत अधिकार होता था। अलाउद्दीन खिलजी ने दान में दी गयी अधिकांश भूमि को छीनकर **खालसा भूमि** में परिवर्तित कर दिया था।

सल्तनतकालीन प्रमुख स्थान एवं उनका महत्त्व	
स्थान	**महत्त्व का कारण**
सरसुती	अच्छी किस्म के चावल के लिए
अन्हिलवाड़ा	व्यापारियों का तीर्थ-स्थल के रूप में
सतगाँव	रेशमी रजाइयों के लिए
आगरा	नील उत्पादन के लिए
बनारस	सोने-चाँदी एवं जरी के काम के लिए
देवल	अन्तरराष्ट्रीय बंदरगाह के रूप में

5. विजयनगर साम्राज्य

- विजयनगर साम्राज्य की स्थापना 1336 ई. में **हरिहर** एवं **बुक्का** नामक दो भाईयों द्वारा की गयी। विजयनगर का शाब्दिक अर्थ है- जीत का शहर।
- तुंगभ्रदा नदी के उत्तरी तट पर स्थित **अनेगुंडी दुर्ग** के सम्मुख स्थापित विजयनगर को मध्य युग का **प्रथम हिन्दू साम्राज्य** माना जाता है।
- हरिहर एवं बुक्का ने विजयनगर की स्थापना विद्यारण्य संत के आशीर्वाद से की थी।
- हरिहर एवं बुक्का ने अपने पिता **संगम** के नाम पर **संगम राजवंश** की स्थापना की।
- हरिहर एवं बुक्का पहले काकतीय शासक **रुद्रप्रताप** के सेवक थे।
- विजयनगर साम्राज्य की राजधानी **हम्पी** थी। इस साम्राज्य के खंडहर तुंगभद्रा नदी तट पर स्थित है।
- विजयनगर पर शासन करने वाले राजवंशों का क्रम इस प्रकार है- **संगम, सुलुव, तुलुव** एवं **अरावीडु वंश।**

संगम वंश के प्रमुख शासक : एक नजर में	
हरिहर	1336-1356 ई.
बुक्का-I	1356-1377 ई.
हरिहर-II	1377-1404 ई.
देवराय-I	1406-1422 ई.
देवराय-II	1422-1446 ई.
मल्लिकार्जुन	1446-1466 ई.
विरूपाक्ष-II	1466-1485 ई.

- बुक्का-I ने वेदमार्ग प्रतिष्ठापक की उपाधि धारण की।
- संगम वंश के शासकों में हरिहर-II ने सर्वप्रथम **महाराजधिराज** की उपाधि धारण की।
- देवराय-I ने तुंगभद्रा नदी पर बाँध बनाकर नहरें निकाली। उसके शासन काल में ही **इटली का यात्री निकोलो कोंती** विजयनगर की यात्रा पर आया था।
- संगम वंश का सबसे प्रतापी और प्रसिद्ध शासक देवराय-II था। इसे **इमाडिदेवराय** भी कहा जाता था। **फारसी राजदूत अब्दुल रज्जाक** देवराय-II के शासन काल में विजयनगर आया था। विजयनगर के विषय में अब्दुल रज्जाक ने लिखा है कि उसे विजयनगर दुनिया के सबसे भव्य शहरों में से एक लगा जो उसने देखे या सुने थे।
- तेलगु के प्रसिद्ध कवि **श्रीनाथ** कुछ दिनों तक देवराय-II के दरबार में रहे।
- फरिश्ता के अनुसार देवराय-II ने अपनी सेना में लगभग 2000 मुसलमानों को भर्ती किया था एवं उन्हें जागीरें दी थीं।
- देवराय-II ने मुसलमानों को मस्जिद निर्माण की स्वतन्त्रता प्रदान की थी।
- एक अभिलेख में देवराय-II को गजबेटकर (हाथियों का शिकारी) कहा गया है।
- देवराय-II ने संस्कृत ग्रन्थ **महानाटक सुधानिधि** एवं **ब्रह्मसूत्र** पर एक भाष्य लिखा।
- मल्लिकार्जुन को **प्रौढ़देवराय** भी कहा जाता था।
- संगम वंश के बाद विजयनगर में सालुव नरसिंह ने दूसरे राजवंश सालुव वंश (1485-1505 ई.) की स्थापना की।
- सालुव वंश के बाद विजयनगर पर **तुलुव वंश** (1505-1565 ई.) का शासन स्थापित हुआ। इस वंश का संस्थापक **वीर नरसिंह** था।

- तुलुव वंश का सबसे प्रसिद्ध एवं महान शासक **कृष्णदेव राय** (1509-1529 ई.) था। उसके शासन काल में विजयनगर ऐश्वर्य एवं शक्ति के दृष्टिकोण से अपने चरमोत्कर्ष पर था।
- सालुव तिम्मा कृष्णदेव राय का योग्य मन्त्री एवं सेनापति था।
- कृष्णदेव राय तेलगु साहित्य का महान विद्वान था। उसने तेलगु में प्रसिद्ध ग्रन्थ **अमुक्तमाल्यद्** और संस्कृत में **जाम्बवती कल्याणम्** की रचना की थी। अमुक्तमाल्यद् प्रशासन से संबद्ध रचना है।
- कृष्णदेव राय के काल में **पुर्तगाली यात्री डोमिगोस पायस** ने विजयनगर की यात्रा पर आया। उसने कृष्णदेव राय की खूब प्रशंसा की। एक अन्य **पुर्तमाली यात्री बारबोसा** ने भी कृष्णदेव राय के समय को सामाजिक एवं आर्थिक जीवन का बहुत सुंदर वर्णन किया है।
- कृष्णदेव राय के दरबार में तेलगु साहित्य के आठ सर्वश्रेष्ठ कवि रहते थे, जिन्हें **अष्टदिग्गज** कहा जाता था।
- अष्टदिग्गज में सर्वाधिक महत्त्वपूर्ण **अल्लसनी पेड्डना** को **तेलगु कविता के पितामह** की उपाधि प्रदान की गयी। उसकी मुख्य कृति है- **स्वारोचित संभव** या **मनुचरित** तथा **हरिकथासरनसमू** दूसरे महान कवि **नन्दी निम्मन** ने **परिजात हरण** की रचना की। तीसरे कवि **भट्टमूर्ति** ने अलंकार शास्त्र से सम्बन्धित पुस्तक **नरसभूयालियम** की रचना की। चौथे कवि **धूर्जटि** ने **कलहस्तिमहात्म्य** की रचना की। पाँचवें कवि **मादय्यगीर मल्लन** ने **राजशेखर चरित्र** की रचना की। छठे कवि **अच्युलराजु रामचन्द्र** ने **सकलकथा सारसंग्रह** एवं **रामाभ्युदय** की रचना की। सातवें कवि **जिंगलीसूत्र** ने **राघव पाण्डवीय** की रचना की। आठवें तथा अंतिम दरबारी कवि **तेनालीराम रामकृष्ण** ने **पांडुरंग महात्मय** की रचना की। इसकी गणना पाँच महाकाव्यों में की जाती है।
- कृष्णदेव राय के शासन काल को तेलगु साहित्य का क्लासिक युग कहा जाता है।
- कृष्णदेव राय ने **आंध्रभोज, अभिनव भोज, आंध्रपितामह** आदि की उपाधि धारण की।
- कृष्णदेव राय ने **नागलपुर** नामक एक नये नगर की स्थापना की, साथ ही **हजारा** एवं **विट्ठलस्वामी** मंदिर का निर्माण करवाया।

विजयनगर के प्रमुख राजवंश : एक नजर में	
राजवंश	**शासन काल**
संगम राजवंश	1336-1485 ई.
सालुव वंश	1485-1505 ई.
तुलुव वंश	1505-1565 ई.
अरावीडु वंश	1570-1650 ई.

- 1529 ई. में कृष्णदेव राय की मृत्यु हो गयी।
- तुलुव वंश का अंतिम शासक सदाशिव था।
- 5 जनवरी, 1565 में राक्षसी-तंगड़ी/तालिकोटा/बन्नीहट्टी के युद्ध के कारण विजयनगर का पतन हुआ।
- विजयनगर के विरुद्ध बने दक्षिण के मुस्लिम राज्यों के संघ में शामिल थे- बीजापुर, अहमदनगर, गोलकुंडा एवं बीदर। इस संयुक्त मोर्चे का नेतृत्व बीजापुर का **अली आदिलशाह** कर रहा था।
- तालिकोटा के युद्ध में विजयनगर का नेतृत्व राम राय कर रहा था। राम राय युद्ध में ही मारा गया।
- तालिकोटा के युद्ध के बाद सदाशिव ने तिरूमल के सहयोग से **पेनुकोंडा** को राजधानी बनाकर शासन करना प्रारम्भ किया।
- विजयनगर के चौथे राजवंश अरावीडु वंश (1570-1650 ई.) की स्थापना तिरूमल ने सदाशिव को अपदस्थ कर पेनुकोंडा में किया।
- अरावीडु वंश का अंतिम शासक रंग-III था।
- अरावीडु शासक वेंकट-II के शासन काल में ही वोडेयार/वडयार ने 1612 ई. में मैसूर राज्य की स्थापना की थी।

- विजयनगर साम्राजय की प्रशासनिक इकाई का क्रम (घटते हुए क्रम में) इस तरह था- **प्रांत** (मंडल), **कोट्टम/वलनाडू** (जिला), **नाडू** (मेलाग्राम 50 ग्रामों का समूह), **ऊर** (ग्राम)।
- विजयनगर कालीन सेनानायकों को नायक के नाम से जाना जाता था। ये नायक मुख्यत: भूसामंत थे, जिन्हें राजा वेतन के बदले अथवा उनकी अधीनस्थ सेना के रख-रखाव के लिए विशेष भूखंड दे देता था। यह भूखंड **अमरम्** कहलाता था एवं इसके सामंत **अमरनायक** कहलाते थे। इसे पूरी व्यवस्था को **नायंकर व्यवस्था** कहा जाता था।
- **आयंगर व्यवस्था** प्रशासन को सुचारु रूप से संचालित करने के लिए प्रत्येक ग्राम को एक स्वतन्त्र इकाई के रूप में संगठित किया गया था। इन संगठित इकाइयों पर शासन हेतु 12 प्रशासकीय अधिकारियों की नियुक्ति की जाती थी, जिनको सामूहिक रूप से आयंगर कहा जाता था। ये अवैतनिक होते थे। इनकी सेवाओं के बदले सरकार इन्हें पूर्णत: लगानमुक्त एवं करमुक्त भूमि प्रदान करती थी। इनका पद आनुवांशिक होता था। यह पद को बेच या गिरवी रख सकता था। ग्राम-स्तर की कोई भी सम्पत्ति इन अधिकारियों की इजाजत के बगैर न तो बेची जा सकती थी और न ही दान में दी जा सकती थी।
- **कर्णिक** नामक आयंगर के पास जमीन के क्रय-विक्रय से सम्बन्धित समस्त दस्तावेज होते थे।
- विजयनगर साम्राज्य के आय का सबसे बड़ा स्रोत लगान था। राज्य उपज का 1/6 भाग कर के रूप में वसूलता था। **शिष्ट** नामक भूमिकर विजयनगर राज्य की आय का प्रमुख एवं सबसे बड़ा स्रोत था।
- वर एवं वधू से **विवाह कर** भी लिया जाता था। विधवा से विवाह करने वाले इस कर से मुक्त थे। कृष्णदेव राय ने विवाह कर को समाप्त कर दिया था।
- ग्राम में विशेष सेवाओं के बदले दी जाने वाली लगानमुक्त भूमि की भू-धारण पद्धति **उंबलि** कहलाती थी।
- युद्ध में शौर्य प्रदर्शन करने वाले मृत लोगों के परिवार को दी गयी भूमि **रक्त कोड़गे** कहलाती थी।
- ब्राह्मण, मंदिर या बड़े भूस्वामी, जो स्वयं कृषि नहीं करते थे किसानों को पट्टे पर भूमि दे देते थे, ऐसी भूमि को **कुट्टगि** कहा जाता था।
- वे कृषक मजदूर जो भूमि के क्रय-विक्रय के साथ ही हस्तांतरित हो जाते थे **कूदि** कहलाते थे।
- विजयनगर का सैन्य विभाग **कन्दाचार** कहलाता था तथा इस विभाग का उच्च अधिकारी **दण्डनायक** या **सेनापति** होता था।
- चेट्टियों की तरह व्यापार में निपुण दस्तकार वर्ग के लोगों को **वीर पांचाल** कहा जाता था।
- उत्तर भारत से दक्षिण भारत में आकर बसे लोगों को **बड़वा/बडवा** कहा जाता था।
- विजयनगर में दास प्रथा प्रचलित थी। मनुष्यों के क्रय-विक्रय को **वेस-वग** कहा जाता था।
- मंदिरों में रहने वाली स्त्रियों को **देवदासी** कहा जाता था। इनको आजीविका के लिए भूमि या नियमित वेतन दिया जाता था।

विजयनगर आने वाले प्रमुख विदेशी यात्री

यात्री	निवासी (देश)	काल	शासक
निकोलो कोंती	इटली	1420 ई.	देवराय-I
अब्दुर्रज्जाक	फारस	1442 ई.	देवराय-II
नूनिज	पुर्तगाल	1450 ई.	मल्लिकार्जुन
डोमिगोस पायस	पुर्तगाल	1515 ई.	कृष्णदेव राय
बारबोसा	पुर्तगाल	1515-16 ई.	कृष्णदेव राय

6. बहमनी राज्य

- मुहम्मद बिन तुगलक के शासनकाल में 1347 ई. में बहमनी राज्य की स्थापना हुई थी। इसका संस्थापक एक महत्त्वाकांक्षी अफगान **अलाउद्दीन हसन** था। उसने एक ब्रह्मण गंगू की सेवा में रह कर शक्ति बढ़ाई थी। इसलिए उसे हसन गंगू भी कहा जाता है। राज्यारोहण के बाद उसने **अलाउद्दीन हसन बहमन शाह** की उपाधि धारण की।

- अलाउद्दीन हसन ने **गुलबर्गा** को अपनी राजधानी बनाया।

बहमनी वंश के प्रमुख शासक	
मुहम्मद शाह प्रथम	1358-1375 ई०
अलाउद्दीन मुजाहिद शाह	1375-1378 ई०
दाउद प्रथम	1378 ई०
मुहम्मद शाह द्वितीय	1378-1397 ई०
ताज-उद्दीन-फिरोज	1397-1422 ई०
शिहाबुद्दीन अहमद प्रथम	1422-1436 ई०
अलाउद्दीन अहमद-II	1436-1458 ई०
सुल्तान शम्सुद्दीन मुहम्मद-III	1463-1482 ई०

- अलाउद्दीन हसन के साम्राज्य को चार प्रांतों- **गुलबर्गा, दौलताबाद, बरार** और **बीदर** में बाँटा।

- 11 फरवरी, 1358 ई. को अलाउद्दीन हसन की मृत्यु हो गयी।

- अलाउद्दीन हसन के बाद के शासकों में सबसे योग्य ताजुद्दीन फिरोज (1397-1422 ई.) था।

- इसके समय रूसी यात्री अल्थनेसियस निकितिन बहमनी साम्राज्य की यात्रा (1417) पर आया।

- भीम नदी के तट पर **फिरोजाबाद नामक नये नगर** की स्थापना ताजुद्दीन फिरोज ने की थी।

- शिहाबुद्दीन अहमद-I ने अपनी राजधानी **गुलबर्गा** से हटाकर **बीदर** में स्थापित की। इसने बीदर का नया नाम **मुहम्मदाबाद** रखा।

- शिहाबुद्दीन अहमद-I (1422-1436 ई.) का शासन काल न्याय एवं धर्मनिष्ठ हेतु प्रसिद्ध था। उसका उल्लेख इतिहास में **शाहवली** या **संत अहमद** के नाम से किया गया है।

- सुल्तान शम्सुद्दीन मुहम्मद-III (1463-1482 ई.)के शासन काल में **ख्वाजा जहाँ** की उपाधि से **महमूद गवाँ** को प्रधानमन्त्री नियुक्त किया गया।

- महमूद गवाँ ने बीदर में एक महाविद्यालय (मदरसा) की स्थापना कराई। **रियाजुल इंशा** नाम से महमूद गवाँ के पत्रों का संग्रह किया गया है।

- बहमनी राज्य चार प्रांतों (तराफों या अतराफों) में बँटा हुआ था। प्रत्येक प्रांत के प्रांतपति (तरफदार) अपने विरुद् (उपाधि) विशेष से जाने जाते थे-

  1. दौलताबाद का तरफदार- मसनद-ए-आली।
  2. बरार तरफदार- मजलिस-ए-आली।
  3. बीदर का तरफदार- अजाम-ए-हुमायूँ।
  4. गुलबर्गा का तरफदार- मलिक नायब।

- बीजापुर गुलबर्गा तराफ में शामिल था। यह सबसे महत्त्वपूर्ण तराफ था।

- महमूद शाह (1482-1518 ई.) एक अयोग्य शासक था। महमूद शाह एवं उसके शेष उत्तराधिकारी दक्कन की लोमड़ी कहे जाने वाले तुर्क सरदार **बरीद-उल-मुमालिक** के कठपुतली शासक बनकर रह गये।

- अमीर अली बरीद (बरीद-उल-मुमालिक) को **दक्कन की लोमड़ी** कहा जाता है।

- कलीम उल्लाह बहमनी वंश का अंतिम शासक था। उसकी मृत्यु के बाद बहमनी राज्य पाँच स्वतन्त्र राज्यों में विभक्त हो गया। ये राज्य इस प्रकार हैं-

क्र. सं.	राज्य	वंश	संस्थापक	स्थापना वर्ष
1.	बीजापुर	आदिलशाह	युसूफ आदिलशाह	1489 ई.
2.	अहमदनगर	निजामशाही	मलिक अहमद	1490 ई.
3.	बरार	इमादशाही	फतेहउल्लाह इमादशाह	1490 ई.
4.	गोलकुंडा	कुतुबशाही	कुली कुतुबशाह	1512 ई.
5.	बीदर	बरीदशाही	अमीर अली बरीद	1526 ई.

- बहमनी राज्य से पृथक होने वाली प्रथम सल्तनत बरार थी।
- बहमनी राज्य में कुल 18 शासक हुए जिन्होंने कुल मिलाकर 175 वर्षों तक शासन किया।
- बहमनी राज्य में जनसाधारण के दशा की झाँकी रूसी यात्री अल्थनेसियस निकितिन के लेख में मिलती है।

7. स्वतन्त्र प्रांतीय राज्य

जौनपुर

- जौनपुर की स्थापना फिरोजशाह तुगलक ने अपने चचेरे भाई **जौना खाँ** (मुहम्मद बिन तुगलक) की स्मृति में की थी।
- फिरोज शाह तुगलक के पुत्र **नासिरूद्दीन महमूदशाह तुगलक** (1394-1412 ई.) के समय में **मलिक सरवर** (ख्वाजा जहांन/जहान) नामक एक हिजड़े ने सुल्तान से **मलिक-उस-शर्क** (पूर्व का स्वामी) की उपाधि धारण कर जौनपुर में स्वतन्त्र राज्य की स्थापना की।
- गंगा घाटी में सबसे पहले अपनी स्वतन्त्रता घोषित करने वालों में से एक मलिक सरवर था।
- मलिक सरवर की उपाधि (मलिक-उस-शर्क) के कारण ही उसके उत्तराधिकारी **शर्की** कहलाये।
- शर्की सुल्तानों ने जौनपुर को अपनी राजधानी बनाया और नगर को अनेक भव्य महलों, मस्जिदों और मकबरों से सुन्दर बनाया।
- जौनपुर के प्रमुख शासकों में- मुबारकशाह (1399-1402 ई.), शम्सुद्दीन इब्राहिमशाह (1402-1436 ई.), महमूद शाह (1436-1451 ई.) और हुसैनशाह (1458-1500 ई.) उल्लेखनीय थे।
- करीब 75 वर्ष तक स्वतन्त्र रहने के बाद जौनपुर को सिकंदर लोदी ने पुन: दिल्ली सल्तनत में मिला (हुसैनशाह के समय) लिया।
- शर्की शासन के अन्तर्गत विशेषकर **इब्राहिमशाह** के समय में जौनपुर में साहित्य एवं स्थापत्यकला के क्षेत्र में हुए विकास के कारण जौनपुर को **पूर्व का शीराज** के नाम से जाना गया।
- हिन्दी के प्रसिद्ध कवि और **पद्मावत** के रचयिता **जायसी** जौनपुर के ही निवासी थे।
- शर्की सुल्तान **इब्राहिमशाह** द्वारा 1408 में **अटालादेवी की मस्जिद** का निर्माण करवाया गया था। इस मस्जिद का निर्माण कन्नौज के राजा विजयचन्द्र द्वारा निर्मित अटालादेवी की मंदिर को तोड़कर किया गया था। **झंझरी मस्जिद** का निर्माण भी इब्राहिमशाह शर्की द्वारा 1430 ई. में करवाया गया।
- **लाल दरवाजा मस्जिद** का निर्माण 1450 में महमूदशाह ने करवाया था।
- जामी मस्जिद का निर्माण 1470 ई. में **हुसैनशाह शर्की** ने करवाया था।

कश्मीर

- **सूहादेव** नामक एक हिन्दू ने 1301 ई. में कश्मीर में हिन्दू राज्य की स्थापना की थी। सूहादेव के समय में ही मंगोल सरदार दलूचा ने 1320 में कश्मीर पर आक्रमण किया।
- कश्मीर में **प्रथम मुस्लिम वंश** की स्थापना 1339-1340 ई. में **शाहमीर** द्वारा की गयी।

- कश्मीर का प्रथम मुस्लिम शासक शाहमीर था, जो 1339 में **शम्सुद्दीन शाह मीर** की उपाधि धारण कर गद्दी पर बैठा। इसने **इन्द्रकोट** में अपनी राजधानी स्थापित की।
- अलाउद्दीन ने अपने शासन काल में राजधानी इन्द्रकोट से स्थानांतरित कर **अलाउद्दीनपुर** (श्रीनगर) में स्थापित की।
- कश्मीर के शासकों में सुल्तान सिकंदर (1389-1413) ने तैमूर के कश्मीर आक्रमण को असफल किया। सुल्तान सिकंदर धार्मिक रूप से असहिष्णु शासक था। उसके शासन काल में हिन्दुओं को सताया गया और उनके धार्मिक स्थलों को काफी नुकसान पहुँचाया गया।
- सुल्तान सिकंदर के समय हिन्दू मंदिरों को नष्ट करने के साथ-साथ सोने एवं चाँदी की मूर्तियों को गलाकर सिक्के ढाले गये। मूर्तियों एवं मंदिरों को तोड़ने के कारण इसे **बुतशिकन** कहा गया। इसने **जजिया** कर भी लगाया।
- मंगोल आक्रमण के 100 साल बाद **जैन-उल-आबेदीन** (1420-1470 ई.) कश्मीर की गद्दी पर बैठा। इसे **बुदशाह** (महान सुल्तान) भी कहा जाता था। इसकी धार्मिक सहिष्णुता के कारण इसे **कश्मीर का अकबर** कहा गया।
- **जैन-उल-आबेदीन** स्वयं फारसी, संस्कृत, कश्मीरी एवं तिब्बती आदि भाषाओं का ज्ञात था। इसने **महाभारत** एवं **राजतरंगिणी** का फारसी में अनुवाद करवाया।
- जैन-उल-आबेदीन ने कश्मीर की आर्थिक विकास की ओर भी ध्यान दिया।
- मुगल शासक अकबर ने 1588 ई. में कश्मीर को अपने साम्राज्य में मिला लिया।

बंगाल

- **इख्तियारूद्दीन मुहम्मद बिन बख्तियार खिलजी** ने बंगाल को दिल्ली सल्तनत में मिलाया।
- गयासुद्दीन तुगलक ने अपने काल में बंगाल को तीन भागों- **लखनौती** (उत्तरी बंगाल), **सोनार गाँव** (पूर्वी बंगाल) तथा **सतगाँव** (दक्षिणी बंगाल) में विभाजित किया।
- 1345 में हाजी इलियास बंगाल के विभाजन को समाप्त कर **शम्सुद्दीन इलियासशाह** के नाम से बंगाल का शासक बना।
- बंगाल के प्रमुख शासकों में सिकंदर शाह, गयासुद्दीन आजमशाह, अलादद्दीन हुसैनशाह एवं नासिरूद्दीन का नाम उल्लेखनीय है।
- पांडुआ में **अदीना मस्जिद** का निर्माण 1364 ई. में सुल्तान सिकंदर शाह ने करवाया था।
- गयासुद्दीन आजमशाह (1389-1409 ई.) अपनी न्यायप्रियता के लिए प्रसिद्ध था।
- गयासुद्दीन आजमशाह का अपने समय के प्रसिद्ध विद्वानों के साथ सम्पर्क था। इनमें से प्रसिद्ध फारसी कवि हाफिज शीराजी था। उसने अपने समकलीन चीन के **मिगवंश** के सम्राट **चुई-ली** से कूटनीतिक सम्बन्ध कायम किये।
- बंगाल के सुल्तानों में अलाउद्दीन हुसैन शाह (1493-1519 ई.) का काल अपनी प्रबुद्धता के लिए प्रसिद्ध था। इसने अपनी राजधानी **पांडुआ** से **गौड़** स्थानांतरित की।
- **महाप्रभु चैतन्य** अलाउद्दीन हुसैन शाह के समकालीन थे। इसने **सत्यपीर** नामक आंदोलन की शुरुआत की।
- अलाउद्दीन हुसैन शाह के काल में बंगाली साहित्य काफी विकसित हुआ। मालधर बसु ने इसके काल में **श्रीकृष्ण विजय** की रचना कर **गुणराजाखान** की उपाधि धारण की। उसके (मालधर) बसु पुत्र ने **सत्यराजा खान** की उपाधि धारण की।
- हिन्दू जनता अलाउद्दीन हुसैन शाह को कृष्ण का अवतार मानती थी। उसने **नृपति तिलक** एवं **जगत् भूषण** आदि उपाधियाँ भी धारण की।
- दो विद्वान भाई रूप एवं सनातन जो पवित्र वैष्णव माने जाते थे, उसके प्रमुख अधिकारी थे।

- नासिरूद्दीन नुसरतशाह के समय में महाभारत का बांगला भाषा में अनुवाद करवाया गया। उसने गौड़ में **बड़ासोना** एवं **कदमरसूल** मस्जिद का निर्माण करवाया।
- शेरशाह ने इस वंश का अंतिम शासक गयासुद्दीन महमूदशाह को 1538 में बंगाल से भगाकर पूरे बंगाल पर अधिकार कर लिया।

मालवा

- दिलावर खाँ 1401 ई. में मालवा को स्वतन्त्र घोषित कर यहाँ का स्वाधीन शासक बना।
- 1405 ई. में दिलावर की मृत्यु एवं तैमूर के भारत से वापस चले जाने के बाद उसके पुत्र **अल्पखाँ** ने **हुसंगशाह** की उपाधि धारण कर मालवा की गद्दी पर बैठा। उसने अपनी राजधानी को धारा से मांडू स्थानांतरित किया।
- हुसंगशाह धर्मनिरपेक्ष नीति का पालन करते हुए अपने प्रशासन में अनेक राजपूतों को शामिल किया। **नरदेव सोनी** (जैन) हुसंगशाह का खजांची था। उसके समय में **ललितपुर मंदिर** का निर्माण हुआ।
- मालवा में **खिलजी वंश** की स्थापना 1436 ई. में **महमूदशाह** ने की। मांडू स्थित **सात मंजिलों वाले महल** का निर्माण उसी के समय हुआ।
- गुजरात के शासक बहादुरशाह ने महमूद शाह-II को युद्ध में परास्त कर 1531 ई. में मालवा को गुजरात में मिला लिया।
- मांडू के किले का निर्माण हुसंगशाह ने करवाया था। इस किले में सर्वाधिक महत्त्वपूर्ण है- दिल्ली दरवाजा, हिंडोला भवन या दरबार हॉल का निर्माण भी हुसंगशाह द्वारा करवाया गया था।
- **बाजबहादुर** एवं **रूपमती का महल** का निर्माण सुल्तान **नासिरूद्दीन शाह** द्वारा करवाया गया था।
- मांडू स्थित जहाज महल का निर्माण गयासुद्दीन खिलजी ने करवाया था।
- **कुश्कमहल** को महमूद खिलजी ने **फतेहाबाद** नामक स्थान पर बनवाया था।

गुजरात

- गुजरात के शासक राजाकर्ण (रायकरन) को परास्त कर अलाउद्दीन ने 1297 में इसे दिल्ली सल्तनत में मिला लिया।
- 1391 में नासिरूद्दीन मुहम्मदशाह तुगलक द्वारा नियुक्त गुजरात के सूबेदार जफर खाँ ने 1401 ई. में दिल्ली सल्तनत की अधीनता को त्याग दिया।
- जफर खाँ 1407 ई. में **सुल्तान मुजफ्फरशाह** की उपाधि ग्रहण कर गुजरात का स्वतन्त्र सुल्तान बना।
- गुजरात के प्रमुख शासकों में- अहमदशाह-I (1411-1443), महमूदशाह बेगड़ा (1450-1511) और बहादुरशाह (1526-1537) का नाम उल्लेखनीय है।
- **अहमदशाह-I** को गुजरात के स्वतन्त्र राज्य का वास्तविक संस्थापक माना जाता है।
- अहमदशाह-I अपनी राजधानी **पाटन** से स्थानांतरित कर नये नगर **अहमदाबाद** में ले आया। इस नगर की आधारशिला 1415 में रखी गयी थी।
- अहमदशाह-I धार्मिक रूप से असहिष्णु था। उसने प्रसिद्ध तीर्थ स्थान सिद्धपुर पर आक्रमण कर वहाँ के अनेक सुंदर मंदिरों को मिट्टी में मिला दिया। उसने गुजरात के हिन्दुओं पर **जजिया कर** लगा दिया, जो पहले कभी नहीं हुआ था।
- अहमदशाह-I के काल की स्थापत्य कला के सुन्दर नमूने अहमदाबाद की जामा मस्जिद और तीन दरवाजा आज भी सुरक्षित है।
- गुजरात का सर्वाधिक प्रसिद्ध शासक **महमूद शाह बेगड़ा** था। उसने गिरनार के निकट **मुस्तफाबाद** नगर और चंपानेर के निकट **मुहम्मदाबाद** नामक नगर बसाया।

- महमूद बेगड़ा को बेगड़ा इसलिए कहा जाता था कि उसने दो सबसे मजबूत किलों सौराष्ट्र का **गिरनार** (जिले अब जूनागढ़ कहा जाता है) और दक्षिण गुजरात का **चंपानेर** जीता था। महमूद बेगड़ा **पेटू** के रूप में भी प्रसिद्ध था।
- महमूद बेगड़ा के समय में अनेक अरबी ग्रन्थों का फारसी में अनुवाद हुआ। उसका दरबारी कवि **उदयराज** था, जो संस्कृत का कवि था।
- 1572 ई. में मुगल सम्राट अकबर ने गुजरात को अपने साम्राज्य में मिला लिया।

मेवाड़
- अलाउद्दीन खिलजी ने 1303 ई. में मेवाड़ा के **गुहिलौत राजवंश** के शासक **रत्न सिंह** को पराजित कर मेवाड़ को दिल्ली सल्तनत में मिला लिया।
- गुहिलौत वंश की एक शाखा **सिसोदिया वंश** के **हम्मीरदेव** ने मुहम्मद तुगलक को पराजित कर पूरे मेवाड़ को स्वतन्त्र करा लिया।
- मेवाड़ के शासकों में **राणा कुंभा** का नाम उल्लेखनीय है। उसने मालवा के अपने प्रतिद्वन्द्वी शासक को परास्त कर 1448 ई. में चित्तौड़ में एक **कीर्ति स्तंभ** का निर्माण करवाया। कीर्ति स्तंभ को **विजय स्तंभ** भी कहा जाता है।
- स्थापत्य कला के क्षेत्र में राणाकुंभा की उपलब्धियों में मेवाड़ में उसके द्वारा निर्मित 32 किले हैं। उसने कुंभलगढ़ नामक **नवीन नगर** की स्थापना की।
- राणाकुंभा स्वयं विद्वान तथा वेद, स्मृति, मीमांसा, उपनिषद, व्याकरण राजनीति और साहित्य का ज्ञाता था। उसने चार भाषाओं में चार नाटकों की रचना की तथा जयदेव कृत **गीतगोविंद** पर टीका लिखी।
- राणासाँगा एवं बाबर के मध्य 1527 ई. में **खानवा का युद्ध** हुआ, जिसमें बाबर विजयी हुआ।
- 1576 ई. में **हल्दी घाटी का युद्ध** राणा प्रताप एवं अकबर के बीच हुआ, जिसमें अकबर की विजय हुई।
- मेवाड़ की राजधानी **चित्तौड़गढ़** थी। जहाँगीर के समय में मेवाड़ को मुगल साम्राज्य में मिला लिया गया।

खानदेश
- तुगलक वंश के पतन के समय फिरोज तुगलक के सूबेदार **मलिक अहमद राजा फारूकी** ने नर्मदा एवं ताप्ती नदियों के बीच 1382 ई. में खानदेश की स्थापना की।
- इसका नाम खानदेश इसलिए पड़ा क्योंकि यहाँ के सभी सुल्तानों ने खान की उपाधि से शासन किया।
- खानदेश की राजधानी **बुरहानपुर** थी। इसका सैनिक मुख्यालय **असीरगढ़** था।
- मुगल सम्राट अकबर ने 1601 ई. में खानदेश को अपने साम्राज्य में मिला लिया।

8. भक्ति एवं सूफी आंदोलन

भक्ति आंदोलन
- छठी शताब्दी ई. में भक्ति आंदोलन का प्रारम्भ दक्षिण भारत में हुआ जो धीरे-धीरे कर्नाटक और महाराष्ट्र में फैल गया।
- भक्ति आंदोलन का विकास 12 अलवार (वैष्णव) और 63 नयनार (शैव) संतों ने किया।
- शैव संत अप्पार की प्रेरणा से पल्लव राजा महेन्द्रवर्मन ने शैव धर्म स्वीकार कर लिया।
- भक्ति आंदोलन को दक्षिण भारत से उत्तर भारत में लाने (12वीं शताब्दी में) का श्रेय रामानन्द को है।

- बंगाल में कृष्ण भक्ति के प्रारम्भिक प्रतिपादकों में विद्यापति ठाकुर और चंडीदास थे।
- रामानंद की शिक्षा से दो सम्प्रदायों का उदय हुआ, प्रथम सगुण था, जो पुनर्जन्म में विश्वास रखता था और दूसरा निर्गुण, जो भगवान के निराकार रूप को पूजता था।
- सगुण सम्प्रदाय के सबसे प्रसिद्ध व्याख्याताओं में- तुलसीदास और नाभादास जैसे रामभक्त और निम्बार्क, बल्लभाचार्य, चैतन्य, सूरदास और मीराबाई जैसे कृष्ण भक्त थे।
- निर्गुण सम्प्रदाय के सबसे प्रसिद्ध एवं प्रमुख प्रतिनिधि थे कबीरदास जिन्हें भावी उत्तर भारतीय पंथों का आध्यात्मिक गुरु माना गया है।
- भक्ति आंदोलन का महत्त्वपूर्ण उद्देश्य था- हिन्दू धर्म एवं समाज में सुधार तथा इस्लाम एवं हिन्दू धर्म में समन्वय स्थापित करना। अपने उद्देश्यों में यह आंदोलन काफी सफल रहा।
- शंकराचार्य के **अद्वैतदर्शन** के विरोध में दक्षिण में वैष्णव संतों द्वारा 4 मतों की स्थापना की गयी थी।

मत	संस्थापक	काल
विशिष्टाद्वैतवाद	रामानुजाचार्य	12वीं सदी
द्वैतवाद	मधवाचार्य	13वीं सदी
शुद्धाद्वैतवाद	विष्णुस्वामी	13वीं सदी
द्वैताद्वैतवाद	निम्बकाचार्य	13वीं सदी

भक्ति आंदोलन के प्रमुख संत

रामानुजाचार्य (11वीं सदी)

- इन्होंने राम को अपना आराध्य माना। इनका जन्म 1016 ई. में मद्रास (आधुनिक चेन्नई) के निकट **पेरूम्बर (पेरंबूर)** नामक स्थान पर हुआ था। 1137 ई. में इनकी मृत्यु हो गयी। रामानुजाचार्य ने वेदांत में प्रशिक्षण अपने गुरु कांचीपुरम के यादव प्रकाश से प्राप्त किया था।

रामानंद

- रामानंद का जन्म 1299 ई. में प्रयाग में हुआ था। इनकी शिक्षा प्रयाग तथा वाराणसी में हुई। इन्होंने सभी जाति एवं धर्म के लोगों को अपना शिष्य बनाकर एक प्रकार से जातिवाद पर कड़ा प्रहार किया। इन्होंने मर्यादा पुरुषोत्तम राम एवं सीता की आराधना को समाज के समक्ष रखा। इनके प्रमुख शिष्य थे- कबीर (जुलाहा), रैदास (हरिजन), धन्ना (जाट), सेना (नाई), पीपा (राजपूत)।

कबीर

- मध्यकालीन संतों में कबीरदास का साहित्यिक एवं ऐतिहासिक योगदान नि:संदेह अविस्मरणी है। एक महान समाज सुधारक के रूप में उन्होंने समाज में व्याप्त हर तरह की बुराईयों के खिलाफ संघर्ष किया, जिनमें उन्हें काफी हद तक सफलता भी मिली। कबीर ने ईश्वर प्राप्ति हेतु शुद्ध प्रेम, पवित्रता एवं निर्मल हृदय की आवश्यकता बतायी। निर्गुण भक्ति धारा से जुड़े कबीर ऐसे प्रथम भक्त थे जिन्होंने संत होने के बाद भी पूर्णत: गृहस्थ जीवन का निर्वाह किया। कबीर ने अपना संदेश अपने दोहों के माध्यम से जनसाधारण के सम्मुख प्रस्तुत किया। इनके अनुयायी **कबीरपंथी** कहलाये। कबीर सुल्तान सिकंदर लोदी के समकालीन थे।

रैदास

- ये जाति से चर्मकार थे। ये रामानंद के बारह शिष्यों में एक थे। इनके पिता का नाम रघु तथा माता का नाम घुरबिनिया था। ये जूता बनाकर जीविकोपार्जन करते थे। मीराबाई ने इन्हें अपना गुरु माना। इन्होंने **रायदासी सम्प्रदाय** की स्थापना की।

धन्ना

- इसका जन्म 1415 ई. में एक जाट परिवार में हुआ था। राजपुताना से बनारस आकर ये रामानंद के शिष्य बन गये। कहा जाता है कि इन्होंने भगवान की मूर्ति को हठात् भोजन कराया था।

दादू-दयाल

- ये कबीर के अनुयायी थे। इनका जन्म 1554 ई. में **अहमदाबाद** में हुआ था। इनका सम्बन्ध धुनिया जाति से था। सांभर में आकर इन्होंने **ब्रह्म सम्प्रदाय** की स्थापना की। मुगल सम्राट अकबर ने धार्मिक चर्चा के लिए इन्हें एक बार फतेहपुर सीकरी बुलाया था। इन्होंने **निपख आंदोलन** की शुरुआत की।

गोस्वामी तुलसीदास

- इनका जन्म उत्तरप्रदेश के बांदा जिले में राजापुर गाँव में 1554 ई. में हुआ था। इन्होंने **रामचरित मानस** की रचना की।

मीराबाई

- मीराबाई का जन्म 1498 ई० में मेड़ता जिले के चौकारी (Chaukari) ग्राम में हुआ था। इनके पिता का नाम रत्न सिंह राठौर था। इनका विवाह 1516 ई० में राणा सांगा के बड़े पुत्र युवराज भोजराज से हुआ था। अपने पति के मृत्यु के उपरांत, ये पूर्णत: धर्मपरायण जीवन व्यतीत करने लगीं। इन्होंने कृष्ण की उपासना प्रेमी एवं पति के रूप में की। इनके भक्ति गीत मुख्यत: ब्रजभाषा और आंशिक रूप से राजस्थानी में लिखे गये हैं तथा इनकी कुछ कविताएँ राजस्थानी में भी है। इनकी मृत्यु 1546 ई० में हो गयी।

चैतन्य स्वामी

- चैतन्य का जन्म 1486 ई. में **नदिया** (पश्चिम बंगाल) के मायापुर गाँव में हुआ था। इनके पिता का नाम **जगन्नाथ मिश्र** एवं माता का नाम **शची देवी** था। चैतन्य वास्तविक नाम विश्वंभर मिश्र था। पाठशाला में चैतन्य को **निमाई पंडित** कहा जाता था। चैतन्यु महाप्रभु ने **गोसाई संघ** की स्थापना की और साथ ही **संकीर्तन प्रथा** को जन्म दिया। उनके दार्शनिक सिद्धान्त को **अचिंत्य भेदाभेदवाद** के नाम से जाना जाता है। संन्यासी बनने के बाद ये बंगाल छोड़कर पुरी चले गये, जहाँ उन्होंने दो दशक तक भगवान जगन्नाथ की उपासना की। चैतन्य का प्रभाव बंगाल के अतिरिक्त बिहार एवं ओडिशा में भी था।
  चैतन्य के शिष्य इन्हें **गौरांग महाप्रभु** के नाम से पूजते है। **चैतन्य चरितामृत** कृष्णराज कविराज द्वारा लिखित चैतन्य की जीवनी है।

गुरु नानक

- कबीर के बाद तत्कालीन समाज को प्रभावित करने वालों में नानक का महत्त्वपूर्ण स्थान है। उन्होंने बिना किसी वर्ग पर आघात किये ही उसके अंदर छिपे कुसंस्कारों को नष्ट करने का प्रयास किया। उन्होंने धर्म के बाह्य आडंबर, जात-पात, छूआछूत, ऊँच-नीच, उपवास, मूर्तिपूजा, अंधविश्वास, बहुदेववाद आदि की आलोचना की। हिन्दू-मुस्लिम एकता, सच्ची ईश्वर भक्ति एवं सच्चरित्रता पर विशेष बल दिया। उनका दृष्टिकोण विशाल मानवतावादी था। उनके उपदेशों को सिक्ख पंथ के पवित्र ग्रन्थ **गुरुग्रन्थ साहब** में संकलित किया गया है।

सूफी आंदोलन

- सूफी शब्द की उत्पत्ति अरबी शब्द **सफा** से हुई, जिसका अर्थ है **पवित्रता और विशुद्धता** अर्थात् वे लोग जो आचार-विचार से पवित्र थे सूफी कहलाये।
- भारत में सूफी मत का प्रवेश तो इस्लाम धर्म के साथ ही हुआ, लेकिन इसका विकास तुर्की शासन की स्थापना के बाद ही हुआ।
- **वहादतुल-उल-वुजूद** अथवा आत्मा-परमात्मा की एकता का सिद्धान्त सूफी मत का आधार था।
- सूफी संतों से शिष्यता ग्रहण करने वाले लोग **मुरीद** कहलाते थे।
- सूफी जिन आश्रमों में निवास करते थे, उन्हें **खनकाह** या **मठ** कहा जाता था।
- भारत में सूफी धर्म कई सम्प्रदायों में बँटा हुआ था जिसे **सिलसिला** कहा जाता था। ये सिलसिले दो वर्गों में विभाजित थे-
  1. बा-शरा- वे जो इस्लामी विधि (शरा) का अनुकरण करते थे।
  2. बे-शरा- वे जो इस्लामी विधि से नहीं बँधे हुए थे।

प्रमुख सूफी सम्प्रदाय एवं उनके संस्थापक		
क्र. सं.	**सम्प्रदाय**	**संस्थापक**
1.	चिश्ती सम्प्रदाय	शेख मुईनुद्दीन चिश्ती
2.	सुहरावर्दी सम्प्रदाय	बहाउद्दीन जकारिया (भारत में)
3.	फिरदौसी सम्प्रदाय	शेख बदरूद्दीन
4.	सत्तारी सम्प्रदाय	शाह अब्दुल्ला सत्तारी
5.	कादिरी सम्प्रदाय	शेख अब्दुर कादिर जिलानी
6.	नक्शबंदी सिलसिला	ख्वाजा वाकी विल्लाह
7.	महादवी सम्प्रदाय	सैय्यद मुहम्मद माधी
8.	रौशनिया सम्प्रदाय	मियाँ बयाजिद अंसारी
9.	कलंदरी सम्प्रदाय	नजीमुद्दीन कलंदर
10.	मलामती सिलसिला	जूल नून
11.	मदारी सम्प्रदाय	शाह मदार
12.	उबैसी सम्प्रदाय	अबुसुल करनी

- भारत में चिश्ती एवं सुहरावर्दी सिलसिले की जड़ें काफी गहरी थीं।
- चिश्ती मत/सिलसिला के संस्थापक शेख ख्वाजा मुईनुद्दीन चिश्ती **मुहम्मद गोरी के साथ 1192 ई. में भारत आये थे**। चिश्ती परंपरा का **केन्द्र** अजमेर था।
- चिश्ती सिलसिला के कुछ अन्य महत्त्वपूर्ण संत थे- निजामुद्दीन औलिया, बाबा फरीद, बख्तियार काकी एवं शेख बुरहानुद्दीन गरीब।
- बाबा फरीद की रचनाएँ गुरुग्रन्थ साहब में शामिल है। बाबा फरीद के दो महत्त्वपूर्ण शिष्य थे- हजरत निजामुद्दीन औलिया एवं हजरत अलाउद्दीन साबिर।
- हजरत निजामुद्दीन औलिया ने अपने जीवन काल में दिल्ली के सात सुल्तानों का शासन देखा था। इनके प्रमुख शिष्य थे- शेख सलीम चिश्ती, अमीर-खुसरो एवं अमीर हसन देहलवी।
- योग में हजरत निजामुद्दीन औलिया की दक्षता के कारण इन्हें **योगी सिद्ध** कहा जाता था। इन्हें **महबूब-ए-इलाही** की उपाधि मिली। मुहम्मद बिन तुगलक ने दिल्ली में इनका मकबरा बनवाया।
- शेख बुरहानुद्दीन गरीब ने 1340 ई. में दक्षिण भारत में चिश्ती सम्प्रदाय की शुरुआत की और **दौलताबाद** को मुख्य केन्द्र बनाया था।
- **सुहरावर्दी सिलसिला** की स्थापना **शेख शिहाबुद्दीन उमर सुहरावर्दी** ने की किन्तु भारत में इसके सुदृढ़ संचालन का श्रेय **बदरूद्दीन जकारिया** को है। इन्होंने सिंध एवं मुल्तान को मुख्य केन्द्र बनाया।
- सुहरावर्दी सिलसिला के अन्य प्रमुख संत थे- जलालुद्दीन तबरीजी, सैय्यद सुर्ख जोश, बुरहान आदि। सुहरावर्दी सिलसिला ने राज्य के संरक्षण को स्वीकार किया।
- **सत्तारी सिलसिला** की स्थापना **शेख अब्दुल सत्तारी** द्वारा की गयी थी। इसका मुख्य केन्द्र बिहार था।
- कादरी सिलसिला की स्थापना **सैय्यद अबुल कादिर अल जिलानी** ने की थी। भारत में इस सिलसिले के प्रवर्तक **मुहम्मद गौस** थे।

- **राजकुमार दारा** (मुगल सम्राट शाहजहाँ का ज्येष्ठ पुत्र) **कादिरी सिलसिला** के **मुल्ला शाहबादख्शी** का शिष्य था।
- नक्शबंदी सिलसिला की स्थापना ख्वाजा बाकी बिल्लाह के शिष्य **शेख अहमद सरहिन्दी** ने किया था।
- शेख अहमद सरहिन्दी मुगल सम्राट अकबर के समकालीन थे।

9. मुगल साम्राज्य

- मुगल वंश का संस्थापक **बाबर** था। बाबर एवं उत्तरवर्ती मुगल शासक तुर्क एवं सुन्नी मुसलमान थे।
- मुगल वंश की स्थापना के साथ ही बाबर ने **पद-पादशाही** की स्थापना की, जिसके तहत शासक को **बादशाह** कहा जाता था।

बाबर (1526–1530 ई.)

- बाबर का जन्म 14 फरवरी, 1483 ई. को मावराउन्नहर (ट्रांस अक्सियाना) की छोटी सी रियासत **फरगना** में हुआ था।
- बाबर के पिता **उमरशेख मिर्जा** फरगना की जागीर के मालिक थे। बाबर की माँ का नाम **कुतलुगनिगार खाँ** था।
- बाबर ने जिस नवीन राजवंश की नींव डाली, वह तुर्की नस्ल का **चगताई वंश** था।
- बाबर फरगना की गद्दी पर 8 जून, 1494 ई. में बैठा।
- काबुल पर अधिकार (1504) के कुछ समय पश्चात् बाबर ने 1507 में **बादशाह** की उपाधि धारण की। बादशाह से पूर्व बाबर **मिर्जा** की पैतृक उपाधि धारण करता था। बाबर से पूर्व अभी तक किसी तैमूर शासक ने बादशाह की उपाधि धारण नहीं की थी।
- बाबर के चार पुत्र थे- हुमायूँ, कामरान, असकरी तथा हिंदाल।
- बाबर ने भारत पर **पाँच बार** आक्रमण किया।
- बाबर का भारत के विरुद्ध किया गया प्रथम अभियान 1519 ई. में **युसूफजाई जाति** के विरुद्ध था। इस अभियान में बाबर ने **बाजौर** और **भेरा** को अपने अधिकार में कर लिया। यह बाबर का प्रथम अभियान था जिसमें उसने तोपखाने का प्रयोग किया था।
- बाबर को भारत पर आक्रमण का आमंत्रण पंजाब के शासक **दौलता खाँ लोदी** एवे मेवाड़ के शासक **राणा सांगा** ने दिया था।

बाबर द्वारा भारत में लड़े गये युद्ध

1. **पानीपत का प्रथम-** 21 अप्रैल, 1526 ई. को इब्राहिम लोदी एवं बाबर के बीच हुआ, जिसमें बाबर विजयी हुआ।
2. **खानवा का युद्ध-** 17 मार्च, 1527 ई. को राणा साँगा एवं बाबर के बीच हुआ, जिसमें बाबर विजयी हुआ।
3. **चंदेरी का युद्ध-** 29 जनवरी, 1528 ई. को मेदनी राय एवं बाबर के बीच हुआ, जिसमें बाबर विजयी हुआ।
4. **घाघरा का युद्ध-** 6 मई, 1529 ई. में बाबर और अफगानों के बीच हुआ, जिसमें बाबर विजयी हुआ।

- पानीपत के प्रथम युद्ध बाबर ने उजबेकों की युद्ध नीति **तुलगमा युद्ध पद्धति** तथा तोपों को सजाने में **उस्मानी विधि** (रूमी विधि) का प्रयोग किया था।
- बाबर ने **तुलगमा युद्ध पद्धति** उजबेकों से ग्रहण की थी।
- पानीपत के युद्ध में बाबर के तोपखाने का नेतृत्व **उस्ताद अली** और **मुस्तफा खाँ** नामक दो योग्य तुर्क अधिकारियों ने किया था।

- पानीपत युद्ध में विजय के उपलक्ष्य में बाबर ने काबुल के प्रत्येक निवासी को एक-एक चाँदी का सिक्का दिया था। उसकी इस उदारता के कारण उसे **कलंदर** की उपाधि दी गयी।
- खानवा युद्ध में अपने सैनिकों का मनोबल बढ़ाने के लिए बाबर ने **जिहाद** का नारा दिया तथा मुसलमानों पर लगने वाले **तमगा** नामक कर की समाप्ति की घोषणा की थी। तमगा एक प्रकार का व्यापारिक कर था, जिसे राज्य द्वारा लगाया जाता था। खानवा के युद्ध में विजय की प्राप्ति के बाद बाबर ने **गाजी** (योद्धा एवं धर्म प्रचारक) की उपाधि धारण की।
- बाबर ने अपनी आत्मकथा **बाबरनामा** (तुर्की भाषा में) की रचना की, जिसका **अब्दुर्रहीम खानखाना** ने फारसी में तथा **लीडेन** एवं **एर्सकिन** ने अंग्रेजी में अनुवाद किया।
- बाबर को **मुबईयान** नामक पद्यशैली का भी जन्मदाता माना जाता है।
- बाबर प्रसिद्ध नक्शबंदी सूफी संत ख्वाजा उबैदुल्ला अहरार का अनुयायी था।
- 27 दिसंबर, 1530 को लगभग 48 वर्ष की आयु में बाबर की आगरा में मृत्यु हो गयी। प्रारंभ में उसके शव को आगरा के **आरामबाग** में दफनाया गया, बाद में उसे काबुल में उसके द्वारा चुने गये स्थान पर दफनाया गया।
- बाबर का उत्तराधिकारी हुमायूँ हुआ।

बाबर द्वारा लड़े गये प्रमुख युद्ध			
पानीपत का प्रथम युद्ध	21 अप्रैल, 1526 ई०	इब्राहिम लोदी एवं बाबर	बाबर विजयी
खानवा का युद्ध	17 मार्च, 1527 ई०	राणा सांगा एवं बाबर	बाबर विजयी
चन्देरी का युद्ध	29 जनवरी, 1528 ई०	मेदनी राय एवं बाबर	बाबर विजयी
घाघरा का युद्ध	6 मई, 1529 ई०	अफगानों एवं बाबर	बाबर विजयी

हुमायूँ (1530–1556)

- बाबर के चार पुत्रों (हुमायूँ, कामरान, अस्करी और हिन्दाल) में हुमायूँ सबसे बड़ा था।
- दिल्ली की गद्दी पर बैठने से पूर्व हुमायूँ **बदख्शाँ** का सूबेदार था।
- अपने पिता के आज्ञानुसार हुमायूँ ने अपने भाइयों में राज्य का बँटवारा कर दिया। इसने कामरान को काबुल और कंधार, मिर्जा असकरी को संभल, मिर्जा हिंदाल को अलवर एवं मेवाड़ की जागीरें दी। अपने चचेरे भाई सुलेमान मिर्जा को हुमायूँ ने बदख्शाँ प्रदेश दिया।

हुमायूँ का सैन्य अभियान

1. **कालिंजर पर आक्रमण (1532 ई.)**- हुमायूँ को कालिंजर अभियान गुजरात के शासक बाज बहादुर शाह की बढ़ती हुई शक्ति को रोकने के लिए करना पड़ा।
2. **दौहरिया का युद्ध (1532 ई.)**- जौनपुर की ओर अग्रसर हुमायूँ की सेना एवं महमूद लोदी की सेना के बीच अगस्त, 1532 में दौहरिया नामक स्थान पर संघर्ष हुआ जिसमें महमूद की पराजय हुई।
3. **चुनार का घेरा (1532 ई.)**- हुमायूँ के चुनार के किले पर आक्रमण करने के समय यह किला अफगान नायक शेरखाँ के कब्जे में था। चार महीने लगातार किले को घेरे रहने के बाद शेरखाँ एवं हुमायूँ में एक समझौता हो गया।

- 1533 ई. में हुमायूँ ने **दीनपनाह** नामक नये नगर की स्थापना की थी।
- 25 जून, 1539 ई. में शेर खाँ एवं हुमायूँ के बीच **चौसा का युद्ध** हुआ। इस युद्ध में शेर खाँ विजयी रहा। इसी के बाद शेर खाँ ने **शेरशाह** की पदवी ग्रहण की।
- **बिलग्राम** या **कन्नौज** युद्ध 17 मई, 1540 ई. में शेर खाँ एवं हुमायूँ के बीच हुआ। इस युद्ध में भी हुमायूँ परास्त हुआ। शेर खाँ ने आसानी से आगरा एवं दिल्ली पर कब्जा कर लिया।

- बिलग्राम युद्ध में पराजय के बाद हुमायूँ सिंध चला गया, जहाँ उसने 15 वर्षों तक घुमक्कड़ों जैसा निर्वासित जीवन व्यतीत किया।
- निर्वासन काल में ही हुमायूँ ने **हिन्दाल** के आध्यात्मिक गुरु फारसवासी **शिया मीर बाबा दोस्त उर्फ मीर अली अकबर जामी** की पुत्री **हमीदन बेगम** से 29 अगस्त, 1541 ई. में निकाह कर लिया। कालांतर में हमीदा से ही अकबर जैसे महान सम्राट का जन्म हुआ।
- 22 जून, 1555 ई. में हुमायूँ ने पंजाब के सूरी शासक सिकंदर शूरी को पराजित कर पुनः दिल्ली की गद्दी पर बैठा।
- हुमायूँ द्वारा लड़े गये चार प्रमुख युद्धों का क्रम है- देवरा (1531 ई.), चौसा (1539 ई.), बिलग्राम (1540 ई.) एवं सरहिन्द का युद्ध (1555 ई.)।
- 1 जनवरी, 1556 ई. को **दीनपनाह भवन** में स्थित पुस्तकालय की सीढ़ियों से गिरने के कारण हुमायूँ की मृत्यु हो गयी।
- इतिहासकार **लेनपूल** ने हुमायूँ के बारे में कहा है कि "हुमायँ गिरते-पड़ते इस जीवन से मुक्त हो गया, ठीक उसी तरह जिस तरह तमाम-जिन्दगी वह गिरते-पड़ते चलता रहा था"।
- हुमायूँ ज्योतिष में विश्वास करता था, इसलिए उसने सप्ताह के सातों दिन सात रंग के कपड़े पहनने के नियम बनाये।
- **हुमायूँनामा** की रचना **गुलबदन बेगम** ने की थी।

शेरशाह (1540–1545 ई.)

- सूर साम्राज्य का संस्थापक अफगान वंशीय शेरशाह सूरी था। शेरशाह द्वारा स्थापित अफगान साम्राज्य भारत में **दूसरा अफगान साम्राज्य** था।
- शेरशाह का जन्म 1472 ई. में **बजवाड़ा** (होशियारपुर) में हुआ था। उसके बचपन का नाम **फरीद खाँ** था। वह **सूर वंश** से सम्बन्धित था।
- शेरशाह के पिता **हसन खाँ** जौनपुर राज्य के तहत सासाराम के जमींदार थे।
- फरीद ने एक शेर को तलवार के एक ही वार से मार दिया था। उसकी इस बहादुर से खुश होकर बिहार के अफगान शासक सुल्तान **मुहम्मद बहार खाँ लोहानी** ने उसे **शेर खाँ** की उपाधि प्रदान की।
- शेरशाह ने 1540 ई. में हुमायूँ को **कन्नौज (बिलग्राम)** के युद्ध में परास्त कर दिल्ली की गद्दी पर बैठा।
- शेरशाह की मृत्यु 22 मई, 1545 ई. में कालिंजर के किले को जीतने के क्रम में हुई। मृत्यु के समय वह **उक्का** नाम का आग्नेयास्त्र चला रहा था।
- शेरशाह के कालिंजर अभियान के समय वहाँ का शासक **कीरत सिंह** था।
- शेरशाह का उत्तराधिकारी उसका पुत्र **इस्लामशाह** था।

शेरशाह के सुधार/कार्य

- शेरशाह की लगान व्यवस्था मुख्यतः **रैय्यतवाड़ी** थी जिसमें किसानों से प्रत्यक्ष सम्पर्क स्थापित किया गया था।
- शेरशाह ने उत्पादन के आधार पर भूमि को तीन श्रेणियों में विभाजित किया- **अच्छी, मध्यम** और **खराब।**
- शेरशाह ने लगान निर्धारण के लिए मुख्यतः तीन प्रकार की प्रणालियाँ अपनाई- 1. गलाबख्शी अथवा बटाई, 2. नश्क या मुक्ताई अथवा कनकूत और 3. नकदी अथवा जब्ती या जमई। इन तीनों प्रणालियों में **जब्ती** या **जमई** (जिसे मापन पद्धति भी कहा जाता था) व्यवस्था किसानों में अधिक लोकप्रिय था।

- शेरशाह ने भूमि कर निर्धारण के लिए **राई** (फसल दरों की सूची) को लागू करवाया।
- शेरशाह के समय पैदावार का लगभग 1/3 भाग सरकार लगान के रूप में वसूलती थी। जबकि मुल्तान में पैदावार का 1/4 भाग लिया जाता था।
- शेरशाह ने भूमि माप के लिए **सिकंदरी गज** (39 अंगुल या 32 इंच) एवं **सन की डंडी** का प्रयोग किया।
- शेरशाह के समय किसानों को लगान के अतिरिक्त **जरीबाना** (सर्वेक्षण शुल्क) एवं **मुहसिलाना** (कर-संग्रह शुल्क) नामक कर भी देने पड़ते थे, जो क्रमशः भू-राजस्व का 2.5 प्रतिशत एवं 5 प्रतिशत होता था।
- शेरशाह ने मुद्रा सुधार के तहत 178 ग्रेन का चाँदी का **रुपया** एवं 380 ग्रेन का ताँबे का **दाम** चलाया।
- शेरशाह ने अनेक सड़कों का निर्माण एवं मरम्मत करवाया था। उसके द्वारा निर्मित सड़कों में **ग्रैंड ट्रंक रोड** सर्वाधिक प्रसिद्ध है। उसने यात्रियों के ठहरने के लिए 1700 सरायों का भी निर्माण करवाया था।
- शेरशाह ने 1541 में पाटलिपुत्र को पटना के नाम से पुनः स्थापित किया।
- शेरशाह का मकबरा सासाराम में झील के बीच ऊँचे टीले पर निर्मित किया गया है।
- रोहतासगढ़ किला, किला-ए-कुहना (दिल्ली) नामक मस्जिद का निर्माण शेरशाह के द्वारा किया गया था।
- शेरशाह ने रोहतासगढ़ के दुर्ग एवं कन्नौज के स्थान पर शेरशूर नामक नगर बसाया।
- शेरशाह ने डाक-प्रथा की शुरुआत की।
- प्रसिद्ध सूफी कवि मलिक मुहम्मद जायसी शेरशाह के समकालीन थे।

अकबर (1542–1605 ई.)

- अकबर का जन्म अमरकोट के **राणा वीरसाल** के महल में 15 अक्टूबर, 1542 ई. को हमीदा बानू बेगम के गर्भ से हुआ था।
- अकबर अपने जन्म के प्रारम्भिक तीन वर्ष अस्करी के संरक्षण में रहा।
- अकबर ने बाल्यकाल में ही **गजनी** और **लाहौर** के सूबेदार के रूप में कार्य किया था।
- अकबर का राज्याभिषेक **बैरमखाँ** की देखरेख में पंजाब के गुरुदासपुर जिले के **कालानौर** नामक स्थान पर 14 फरवरी, 1556 ई. को **मिर्जा अबुल कासिम** ने किया था। अकबर **जलालुद्दीन मुहम्मद अकबर बादशाह गाजी** की उपाधि से राजसिंहासन पर बैठा।
- शासक बनने के बाद अकबर 1556 से 1560 तक बैरमखाँ के संरक्षण में रहा था।
- अकबर की प्रारम्भिक स्थिति को सुदृढ़ करने में बैरमखाँ का सबसे बड़ा हाथ था, जो फारस के शिया सम्प्रदाय से सम्बन्धित था।
- पानीपत का द्वितीय युद्ध (5 नवंबर, 1556 ई.) वास्तविक रूप से अकबर के वकील एवं संरक्षक बैरमखाँ और मुहम्मद आदिलशाह सूर के वजीर एवं सेनापति **हेमू** जिसने दिल्ली पर अधिकार कर अपने को स्वतन्त्र शासक घोषित कर **विक्रमादित्य** की उपाधि धारण की थी, के बीच हुआ था। हेमू विक्रमादित्य की उपाधि धारण करने वाला 14वाँ शासक था। इस युद्ध में अकबर की विजय हुई।
- आपसी विवाद के कारण बैरमखाँ एवं अकबर के बीच **तिलवाड़ा** नामक स्थान पर युद्ध हुआ जिसमें बैरमखाँ की पराजय हुई।
- मक्का की तीर्थ यात्रा के दौरान **पाटन** (गुजरात) नामक स्थान **मुबारक खाँ** नामक अफगान युवक ने बैरमखाँ की हत्या कर दी थी।

अकबर के कुछ महत्त्वपूर्ण कार्य	
वर्ष	**कार्य**
1562 ई.	दास प्रथा का अन्त
1562 ई.	अकबर की 'हरमदल' से मुक्ति
1563 ई.	तीर्थ यात्रा कर समाप्त
1564 ई.	जजिया कर समाप्त
1571 ई.	फतेहपुर सीकरी की स्थापना एवं राजधानी का आगरा से फतेहपुर स्थानांतरण
1575 ई.	इबादतखाने की स्थापना
1578 ई.	इबादतखाने में सभी धर्मों के लोगों के प्रवेश की अनुमति
1579 ई.	'मजहर' की घोषणा
1582 ई.	दीन-ए-इलाही की घोषणा

- अकबर ने मई, 1562 ई. में अपने को **हरमदल** से पूर्णतः मुक्त कर लिया।
- हल्दीघाटी का युद्ध 18 जून, 1576 ई. को मेवाड़ के शासक महारणा प्रताप एवं अकबर के बीच हुआ। इस युद्ध में अकबर विजयी हुआ। इस युद्ध में मुगल सेना का नेतृत्व **मानसिंह** एवं **आसफ खाँ** ने किया था।
- मानसिंह अकबर का सेनापति था।
- फरवरी, 1597 में 51 वर्ष की आयु में सख्त धनुष की प्रत्यंचा चढ़ाते समय अंदरूनी चोट लग जाने के कारण महाराणा प्रताप की मृत्यु हो गयी थी।
- गुजरात अभियान (1571) के दौरान अकबर ने सर्वप्रथम पुर्तगालियों से मिला और यहीं उसने **सर्वप्रथम** समुद्र को देखा।
- 1582 ई. में अकबर ने दीन-ए-इलाही नामक धर्म की स्थापना की। अकबर दीन-ए-इलाही धर्म का प्रधान पुरोहित था। इस धर्म को स्वीकार करने वाला **प्रथम** एवं **अंतिम** हिन्दू शासक बीरबल था। इस नये धर्म में दीक्षा के लिए **इतवार** (रविवार) का दिन निश्चित था।
- बीरबल के बचपन का नाम **महेश दास** था। अकबर ने बीरबल को **कविप्रिय** की उपाधि प्रदान की। युसुफजाईयों के विद्रोह को दबाने के क्रम में बीरबल की मृत्यु हो गयी।
- अकबर ने 1575 ई. में फतेहपुर सीकरी (आगरा) में इबादतखाने की स्थापना की। 1578 ई. में इबादतखाने को सभी धर्मों के लिए खोल दिया गया।
- अकबर ने जैन धर्म के जैनाचार्य **हरिविजय सूरी** को **जगतगुरु** की उपाधि प्रदान की।

इबादतखाने में आमंत्रित धर्माचार्य	
हिन्दू धर्म	देवी एवं पुरुषोत्तम
जैन धर्म	हरिविजय सूरी, जिनचन्द्र सूरी, विजय सेन सूरी तथा शान्ति चन्द्र इत्यादि
पारसी धर्म	दस्तूर मेहर जी राणा
ईसाई धर्म	एकाबीवा और मोंसेरात

- अकबर के शासन काल में राजस्व प्राप्ति के लिए जब्ती प्रणाली प्रचलित थी।
- अकबर के दीवान राजा टोडरमल ने 1580 ई. **दहसाला बंदोबस्त** व्यवस्था लागू की।
- अकबर ने शासन की प्रमुख विशेषता थी- **मनसबदारी प्रथा**।

- अकबर के दरबार का प्रसिद्ध संगीतकार **तानसेन** था। इसे अकबर ने **कण्ठाभरण वाणीविलास** की उपाधि दी थी। तानसेन के अतिरिक्त बाज बहादुर, बाबा रामदास एवं बैजूबावरा भी अकबर के काल के प्रमुख गायक थे।
- अकबर के समय के प्रमुख चित्रकारों में दसवंत, बसावन, महेश, लाल मुकुंद, सावलदास तथा अब्दुस्समद प्रमुख थे।
- प्रमुख सूफी संत **शेख सलीम चिश्ती** अकबर के समकालीन थे।
- अकबर के दरबार को सुशोभित करने वाले **नौ रत्न** इस प्रकार थे- 1. बीरबल 2. अबुल फजल 3. टोडरमल 4. भगवान दास 5. तानसेन 6. मानसिंह 7. अबदुर्रहीम खानखाना 8. मुल्ला दो प्याजा 9 हकीम हुकाम।
- अबुल फजल का बड़ा भाई फैजी अकबर के दरबार में **राजकवि** के पद पर आसीन था।
- अबुल फजल ने **अकबरनामा** की रचना की थी। अकबरनामा तीन जिल्दों/भागों में विभाजित है। तीसरा जिल्द/भाग **आइने अकबरी** है- यह पाँच भागों में बँटा है।
- संगीत सम्राट तानसेन की प्रमुख कृतियाँ थीं- मियाँ की टोड़ी, मियाँ का मल्हार, मियाँ का सारंग आदि। तानसेन का जन्म ग्वालियर (मध्यप्रदेश) में हुआ था। तानसेन अकबर के नवरत्नों में से एक था, जिसे अकबर ने **रीवां** के **राजा रामचन्द्र** से प्राप्त किया था।
- अकबर ने भगवान दास (आमेर के राजा भारमल के पुत्र) को **अमीर-उल-उमरा** की उपाधि दी थी।
- **सलीम** (जहाँगीर) के निर्देश पर दक्षिण से आगरा की ओर आ रहे अबुल फजल की हत्या रास्ते में बीर सिंह बुंदेला नामक सरदार ने 1602 ई. में कर दी।
- स्थापत्य कला के क्षेत्र में अकबर के महत्त्वपूर्ण निर्माण कार्य हैं- दिल्ली में हुमायूँ का मकबरा, आगरा का लाल किला, फतेहपुर सिकरी में शाहीमहल, दीवाने खास, पंचमहल, बुलंद दरवाजा, जोधाबाई का महल, इबादतखाना, इलाहाबाद का किला एवं लाहौर का किला।
- मुगल सम्राट अकबर ने **अनुवाद विभाग** की स्थापना की थी।
- फारसी मुगलों की **राजकीय भाषा (Official Language)** थी।
- महाभारत का **रज्मनामा** के नाम से फारसी में अनुवाद **बदायूँनी, नकीब खाँ** और **अब्दुल कादिर** ने किया।
- **पंचतन्त्र** का फारसी में अनुवाद **अब्दुल फजल** ने **अनवर-ए-सादात** के नाम से तथा **मौलाना हुसैन फैज** ने **यार-ए-दानिश** नाम से किया था।
- अकबर के काल को हिन्दी साहित्य का **स्वर्णकाल** कहा जाता है।
- अकबर ने **बीरबल** को **कविप्रिय** एवं **नरहरि** को **महापात्र** की उपाधि प्रदान की थी।
- अकबर ने प्रसिद्ध चित्रकार **अब्दुस्समद को शीरी कलम** तथा ग्रन्थकर्ता **मुहम्मद हुसैन कश्मीरी** को **जरीकलम** की उपाधि दी थी।
- अकबर ने **बुलंद दरवाजा** का निर्माण गुजरात विजय के उपलक्ष्य में करवाया था।
- अक्टूबर, 1605 ई. में अकबर की मृत्यु हो गयी। अकबर को बौद्ध प्रभाव से प्रभावित सिकंदरा के मकबरे में दफनाया गया।

अकबर के सैन्य अभियान : एक नजर में

क्र.	प्रदेश	काल	हारने वाला शासक	मुगल सेना का नेतृत्व
1.	मालवा	1561 ई.	बाज बहादुर	आधम खाँ, पीर मुहम्मद
2.	चुनार	1561 ई.	अफगान शासक	अब्दुल्लाखाँ
3.	गोंडवाना	1564 ई.	वीर नारायण (संरक्षिका-दुर्गावती)	आसफ खाँ

4.	**राजपुताना राज्य**			
	आमेर	1561 ई.	भारमल ने स्वेच्छा से अधीनता स्वीकार की	
	मेड़ता	1562 ई.	जयमल (मेवाड़ के अधीन जागीरदार)	सरफुद्दीन
	मेवाड़	1568 ई.	उदय सिंह	अकबर स्वयं
	हल्दीघाटी युद्ध	1576 ई.	महाराणा प्रताप	आसफ खाँ, मानसिंह
	रणथम्भौर	1569 ई.	सुरजन राय हाड़ा	भगवान दास एवं अकबर
	कालिंजर	1569 ई.	रामचन्द्र	मजनू खाँ
	मारवाड़	1570 ई.	चन्द्रसेन (मालदेव का पुत्र)	स्वेच्छा से अधीनता स्वीकार किया।
	जैसलमेर	1570 ई.	हरराय	अधीनता स्वेच्छा से स्वीकृत
	बीकानेर	1570 ई.	राय कल्याणमल	स्वेच्छा से अधीनता स्वीकृत
5.	गुजरात द्वितीय आक्रमण	1571 ई. 1572 ई.	मुजफ्फर खाँ तृतीय मिर्जा हुसैन मिर्जा द्वारा किया विद्रोह	खाने आजम (मिर्जा अजीज कोका), अकबर स्वयं
6.	बंगाल एवं बिहार	1574 1576 ई.	दाउद खाँ	मुनीम खाँ
7.	काबुल	1581 ई.	हकीम मिर्जा	मानसिंह एवं अकबर
8.	कश्मीर	1586 ई.	यूसूफ खाँ, याकूब खाँ	कासिम खाँ और भगवान दास
9.	सिंध	1591 ई.	जानी बेग	अब्दुर्रहीम खानखाना
10.	ओडिशा	1590 1591 ई.	निसार खाँ	मानसिंह
11.	बलूचिस्तान	1595 ई.	पन्नी अफगान	मीर मासूम
12.	कन्धार	1595 ई.	मुजफ्फर हुसैन	मुगल सूबेदार शाहवेग को स्वेच्छा से किला सौंप दिया
13.	**दक्षिण विजय**		**उद्देश्य** 1. एक अखिल भारतीय साम्राज्य की स्थापना। 2. पुर्तगालियों को समुद्र तक वापस धकेलना।	
	खानदेश	1591 ई.	अली खाँ	स्वेच्छा से अधीनता स्वीकार
	अहमदनगर	1597 1600 ई.	बहादुर निजामशाह (चाँद बीबी संरक्षिका)	शाहजादामुराद, अब्दुर्रहीम खानखाना
	असीरगढ़	1601 ई.	मीर बहादुर	यह अकबर की अंतिम विजय थी।

जहाँगीर (1605–1627 ई.)

- अकबर का उत्तराधिकारी **सलीम** (जहाँगीर) हुआ, जो 3 नवंबर, 1605 ई. को **नूरूद्दीन मुहम्मद जहाँगीर बादशाह गाजी** की उपाधि लेकर हिन्दुस्तान की राजगद्दी पर बैठा।

- **मुहम्मद सलीम** का (जहाँगीर) का जन्म फतेहपुर सीकरी में स्थित शेख सलीम चिश्ती की कुटिया में भारमल की बेटी मरियम उज्जमानी के गर्भ से 30 अगस्त, 1569 ई. को हुआ था। अकबर सलीम को **शेखूबाबा** कहा करता था।
- सलीम का पहला विवाह 1585 ई. में आमेर के राजा भगवान दास की पुत्री और मानसिंह की बहन **मानबाई** से हुआ। मानबाई से खुसरो का जन्म हुआ था। मानबाई को सलीम ने **शाह बेगम** का पद प्रदान किया, किन्तु बाद में मानबाई ने जहाँगीर की शराब की आदतों से दु:खी होकर आत्महत्या कर ली थी।
- जहाँगीर अपने पिता अकबर की भाँति उदार प्रवृत्ति का शासक था। बादशाह बनने के बाद उसने **न्याय की जंजीर** के नाम से प्रसिद्ध **सोने की जंजीर** को आगरा किले के शाहबुर्ज एवं यमुना के किनारे खड़े पत्थर के एक खंभे में लगवाया। इस जंजीर में 60 घंटियाँ थी।

लोककल्याण से संबद्ध जहाँगीर की 12 घोषणाएँ/आदेश	
1.	तमगा नाम के कर की वसूली पर प्रतिबन्ध।
2.	सड़कों के किनारे सराय, मस्जिद एवं कुँओं का निर्माण।
3.	व्यापारियों के सामान की तलाशी उनके इजाजत के बिना नहीं।
4.	किसी भी व्यक्ति के मरने के बाद उसकी संपत्ति उसके उत्तराधिकारी को, उत्तराधिकारी के अभाव में उस धन को सार्वजनिक निर्माण कार्य पर खर्च किया जाये।
5.	शराब एवं अन्य मादक पदार्थों की बिक्री एवं निर्माण पर प्रतिबंध।
6.	दंड स्वरूप नाक एवं कान को काटने की प्रथा समाप्त।
7.	किसी भी व्यक्ति के घर पर अवैध कब्जा के लिए राज्य कर्मचारियों को मनाही।
8.	किसानों की भूमि पर जबरन अधिकार करने पर रोक।
9.	कोई भी जागीरदार सम्राट की आज्ञा के बगैर परिणय सूत्र में नहीं बँध सकता था।
10.	गरीबों के लिए अस्पताल एवं इलाज के लिए डॉक्टरों की व्यवस्था का आदेश।
11.	सप्ताह के दो दिन गुरुवार (जहाँगीर के राज्याभिषेक का दिन) एवं रविवार (अकबर का जन्म दिन) को पशु हत्या पर पूर्ण प्रतिबन्ध।
12.	अकबर के शासन काल के समय के सभी कर्मचारियों एवं जमींदारों को पुन: उनके पद दिये गये।
नोट : जहाँगीर की 12 घोषणाओं को **आइने-जहाँगीरी** कहा जाता है।	

- जहाँगीर द्वारा शुरू की गयी **तुजक-ए-जहाँगीरी** नामक आत्मकथा को **मौतमिद खाँ** ने पूरा किया।
- जहाँगीर को गद्‌दी पर बैठते ही सर्वप्रथम 1606 ई. में खुसरो के विद्रोह का सामना करना पड़ा। खुसरो एवं जहाँगीर की सेना के बीच जालंधर के निकट भैरावल नामक स्थान पर युंद्ध हुआ। खुसरो को पकड़कर कैद में डाल दिया गया।
- खुसरो को सहायता पहुँचाने के कारण जहाँगीर ने सिखों के 5वें गुरु **अर्जुनदेव** को फाँसी की सजा दे दी। खुसरो गुरु अर्जुनदेव से गोइंदवाल में मिला था।
- अहमदनगर के वजीर मलिक अम्बर के विरुद्ध सफलता से खुश होकर जहाँगीर ने खुर्रम को शाहजहाँ की उपाधि प्रदान की।
- जहाँगीर के काल में 1622 ई. में **कंधार** मुगलों के हाथ से निकल गया। शाह अब्बास ने इस पर अधिकार कर लिया।

- **नूरजहाँ**- नूरजहाँ का वास्तविक नाम **मेहरून्निसा** था। वह ईरान निवासी मिर्जा गयास वेग की पुत्री थी 1594 ई. में नूरजहाँ का विवाह अलीकुली बेग से सम्पन्न हुआ। जहाँगीर ने एक शेर मारने के कारण अली कुल बेग को **शेर अफगान** की उपाधि प्रदान की। शेर अफगान की मृत्यु (1607 ई. में) के बाद मेहरून्निसा अकबर की विधवा सलीमा बेगम की सेवा में नियुक्त हुई। जहाँगीर ने सर्वप्रथम नौरोज त्यौहार के अवसर पर मेहरून्निसा को देखा और उसके सौन्दर्य पर मोहित होकर मई, 1611 ई. में उससे विवाह कर लिया। विवाह के पश्चात् जहाँगीर ने उसे **नूरमहल एवं नूरजहाँ** की उपाधि दी।
- जहाँगीर ने नूरजहाँ के पिता गयासबेग को शाही दीवान बनाया एवं एतमादुद्दौला की उपाधि दी।
- **लाडली बेगम** शेर अफगान एवं मेहरून्निसा की पुत्री थी, जिसकी शादी जहाँगीर के पुत्र शहरयार के साथ हुई थी।
- नूरजहाँ की माँ **अस्मत बेगम** ने गुलाब से इत्र निकालने की विधि की खोज की थी।
- **नूरजहाँ गुट** में उसका पिता एतमादुद्दौला, माता अस्मत बेगम, भाई आसफ खाँ तथा शाहजादा खुर्रम सम्मिलित थे। इस गुट को **जुन्ता गुट** भी कहा जाता था।
- जहाँगीर, नूरजहाँ एवं उसके भाई आसफ खाँ को महावत खाँ ने झेलम नदी के तट पर 1662 ई. में बंदी बना लिया था।
- 7 नवंबर, 1627 ई. को **भीमवार** नामक स्थान पर जहाँगीर की मृत्यु हो गयी। उसे **शहादरा (लाहौर)** में रावी नदी के किनारे दफनाया गया।
- मुगल चित्रकला जहाँगीर के काल में अपने चरमोत्कर्ष पर थी।
- जहाँगीर के दरबार के प्रमुख चित्रकार थे- आगाराजा, अबुल हसन, मुहम्मद नासिर, मुहम्मद मुराद, उस्ताद मंसूर, विशनदास, मनोहर एवं गोवर्धन, फारूख बेग एवं दौलत।
- जहाँगीर ने उस्ताद मंसूर एवं अबुल हसन को क्रमशः **नादिर-अल-उस्र** एवं **नादिरूज्जमा** की उपाधि प्रदान की।
- जहाँगीर ने आगा राजा के नेतृत्व में एक चित्रणशाला की स्थापना आगरा में की।
- जहाँगीर के शासन काल को **चित्रकला** का **स्वर्णकाल** कहा जाता है।
- जहाँगीर ने अपनी आत्मकथा में लिखा है- कोई भी चित्र चाहे वह किसी मृतक व्यक्ति या जीवित व्यक्ति द्वारा बनाया गया हो, मैं देखते ही तुरंत बता सकता हूँ कि यह किस चित्रकार की कृति है।
- एतमादुद्दौला का मकबरा 1626 ई. में नूरजहाँ बेगम ने बनवाया। मुगलकालीन स्थापत्य कला के अंतर्गत निर्मित यह प्रथम ऐसी इमारत है, जो पूर्णरूप से बेदाग सफेद संगमरमर से निर्मित है। सर्वप्रथम इसी इमारत में **पित्रादुरा** नाम का जड़ाऊ काम किया गया। मकबरे के अंदर सोने एवं अन्य कीमती रत्न से जड़ावत का काम किया गया है।
- जहाँगीर के मकबरे का निर्माण नूरजहाँ ने करवाया था।
- अशोक के कौशांबी स्तंभ (वर्तमान में प्रयाग) पर समुद्रगुप्त की प्रयाग प्रशस्ति तथा जहाँगीर का लेख उत्कीर्ण है।
- जहाँगीर के समय ही कैप्टन हॉकिन्स, सर टॉमस रो, विलियम फिंच एवं एडवर्ड टैरी जैसे यूरोपीय यात्री भारत आये।

शाहजहाँ (1627 – 1658 ई.)

- जहाँगीर की मृत्यु के बाद 24 फरवरी, 1628 को शाहजहाँ आगरा में अबुल मुजफ्फर शहाबुद्दीन मुहम्मद साहिब किरन-ए-सानी की उपाधि से सिंहासन पर बैठा।
- शाहजहाँ ने अपने विश्वासपात्र आसफ खाँ को 7000 जात, 7000 सवार एवं राज्य के **वजीर** का पद प्रदान किया।
- शाहजहाँ ने अपने एक अन्य विश्वासपात्र महावत खाँ को 7000 जात, 7000 सवार के साथ **खान खाना** की उपाधि प्रदान की।

- शाहजहाँ ने नूरजहाँ को दो लाख रुपये प्रतिवर्ष की पेंशन देकर लाहौर जाने दिया, जहाँ 1645 ई. में उसकी मृत्यु हो गयी।
- खुर्रम (शाहजहाँ) का जन्म जोधपुर के शासक मोटा राजा उदय सिंह की पुत्री जगत गोसाईं के गर्भ से 5 फरवरी, 1592 ई. को लाहौर में हुआ था।
- 1612 ई. में खुर्रम का विवाह आसफ खाँ की पुत्री अरजुमन्द बानो बेगम से हुआ, जिसे शाहजहाँ ने **मलिका-ए-जमानी** की उपाधि प्रदान की। 1631 ई. में प्रसव पीड़ा के कारण उसकी मृत्यु हो गयी थी।
- शाहजहाँ के शासन काल को स्थापत्य कला का **स्वर्णकाल** कहा जाता है। शाहजहाँ द्वारा बनवाई गयी **प्रमुख इमारते** हैं- दिल्ली का लाल किला, दीवाने आम, दीवाने खास, दिल्ली का जामा मस्जिद, आगरा का मोती मस्जिद, ताजमहल आदि।
- शाहजहाँ ने अपनी बेगम मुमताज महल की याद में आगरा में उसकी कब्र के ऊपर ताजमहल का निर्माण करवाया।
- ताजमहल का निर्माण करने वाला मुख्य स्थापत्य कलाकार (वास्तुकार) **उस्ताद अहमद लाहौरी** था। इसका निर्माण शाहजहां की देखरेख में **उस्ताद ईशा खां** ने सम्पन्न करवाया।
- शाहजहाँ ने 1638 ई. में अपनी राजधानी को आगरा से दिल्ली लाने के लिए यमुना नदी के दायें तट पर **शाहजहाँनाबाद** की नींव डाली।
- शाहजहाँ ने शाहजहाँनाबाद (वर्तमान पुरानी दिल्ली) में चर्तुभुज आकार का **लाल किला** नामक एक किले का निर्माण करवाया। इस किले का वास्तुकार **हमीद एवं अहमद** थे। इस किले के पश्चिमी दरवाजे का नाम **लाहौरी दरवाजा** एवं दक्षिणी दरवाजे का नाम **दिल्ली दरवाजा** है।
- आगरा के **जामा मस्जिद** की निर्माण शाहजहाँ की पुत्री जहाँआरा ने करवाई थी।
- शाहजहाँ ने दिल्ली में एक कॉलेज का निर्माण एवं **दारूल बका** नामक कॉलेज की मरम्मत करवाई।
- **मयूर सिंहासन** का निर्माण शाहजहाँ ने करवाया था। मयूर सिंहासन का मुख्य कलाकार **बे बादल खाँ** था।
- शाहजहाँ के दरबार का प्रमुख चित्रकार **मुहम्मद फकीर** एवं **मीर हासिम** थे।
- शाहजहाँ ने संगीतज्ञ लाल खाँ को **गुण समंदर** की उपाधि दी थी।
- शाहजहाँ के पुत्रों में दाराशिकोह सर्वाधिक विद्वान था। इसने भगवद्गीता, योगवशिष्ठ, उपनिषद एवं रामायण का अनुवाद फारसी में करवाया। उसने **सीर-ए-अकबर** (महान रहस्य) नाम से 52 उपनिषदों का भी अनुवाद कराया था। दाराशिकोह **कादिरी सिलसिले** के सूफी संत **मुल्ला शाह** का शिष्य था।
- दारा शिकोह को **शाह बुलंद इकबाल (King of Lofty Fortune)** के रूप में जाना जाता है।
- शाहजहाँ के काल में अनेक विदेशी यात्रियों ने मुगलकालीन भारत की यात्रा की। इन विदेशी यात्रियों में दो यात्री- **जीन वपतिस्ते ट्रेवर्नियर** एवं **फ्रेंसिस वर्नियर** फ्रांसीसी थे, जबकि अन्य दो यात्री- **पीटर मुंडी** एवं **निकोलाओ मनूची** इतालवी थे।
- फ्रांसीसी यात्रियों में वपतिस्ते ट्रेवर्नियर पेशे से एक **जौहरी** था, उसने शाहजहाँ और औरंगजेब के शासनकाल में छह बार मुगल साम्राज्य की यात्रा की थी। जबकि फ्रेंसिस वर्नियर पेशे से एक फ्रांसीसी चिकित्सक था।
- इतालवी यात्रियों में से निकोलाओं मनूची अनेक घटनाओं विशेषत: उत्तराधिकार के युद्ध का प्रत्यक्षदर्शी था। उसने **स्टोरियो मोगोर** नामक अपने यात्रा वृतांत में समकालीन जनजीवन का बहुत सुंदर वर्णन किया है।
- शाहजहाँ द्वारा दारा को उत्तराधिकारी घोषित करने के साथ ही उसके पुत्रों के बीच उत्तराधिकार का युद्ध 1657 ई. में शुरू हुआ। युद्धों की इस श्रृंखला का प्रथम युद्ध शाहशूजा एवं दारा के लड़के सुलेमान शिकोह तथा आमेर के राजा जय सिंह के मध्य 25 अप्रैल, 1658 को बहादुरपुर में हुआ। शाहशूजा इस संघर्ष में पराजित हुआ।

- दूसरा युद्ध 25 अप्रैल, 1658 ई. दारा एवं औरंगजेब के बीच **घरमट का युद्ध** हुआ। इस युद्ध में दारा की हार हुई। औरंबजेब ने इस विजय स्मृति में **फतेहाबाद** नामक नगर की स्थापना की।
- तीसरा युद्ध 8 जून, 1658 ई. में दारा एवं औरंगजेब के बीच **सामूगढ़ का युद्ध** हुआ। इस युद्ध में भी दारा की हार हुई।
- उत्तराधिकार का चौथा व **अंतिम युद्ध** दारा एवं औरंगजेब के मध्य 12 से 14 अप्रैल, 1659 ई. को **देवराई की घाटी** में लड़ी गयी, इस युद्ध में पराजित होने के उपरांत दारा को इस्लाम धर्म की अवहेलना करने के अपराध में 30 अगस्त, 1659 को कत्ल कर दिया गया।
- 18 जून, 1658 ई. को औरंगजेब ने शाहजहाँ को बन्दी लिया। आगरा के किले में अपने बंदी जीवन के आठवें वर्ष अर्थात् 31 जनवरी, 1666 ई. को 74 वर्ष की अवस्था में शाहजहाँ की मृत्यु हो गयी। शाहजहाँ को ताजमहल में मुमताज के बगल में दफनाया गया।

औरंगजेब (1658–1707 ई.)

- आगरा पर कब्जा कर औरंगजेब ने जल्दबाजी में अपना प्रथम राज्याभिषेक **अबुल मुजफ्फर मुहीउद्दीन मुजफ्फर औरंगजेब बहादुर आलमगीर** की उपाधि 31 जुलाई, 1658 को करवाया।
- **खजवा** एवं **देवराई** के युद्ध में सफल होने के बाद 15 मई, 1659 ई. को औरंगजेब ने दिल्ली में प्रवेश किया और शाहजहाँ के शानदार महल में 5 जून, 1659 को **दूसरी बार** अपना राज्याभिषेक करवाया।
- औरंगजेब का जन्म 3 नवंबर, 1618 ई. को उज्जैन के **दोहाद** नामक स्थान पर मुमताज के गर्भ से हुआ था। औरंगजेब के बचपन का अधिकांश समय नूरजहाँ के पास बीता।
- 18 मई, 1637 ई. को फारस के राजघराने की **दिलरास बानो बेगम** (रबिया बीबी) के साथ औरंगजेब का विवाह हुआ था।
- सम्राट बनने के बाद औरंगजेब ने जनता के आर्थिक कष्टों के निवारण के लिए **राहदारी** (आंतरिक पारगमन शुल्क) और **पानदारी** (व्यापारिक चुंगियों) आदि प्रमुख **आबवाओं** (स्थानीय करों) को समाप्त कर दिया।
- औरंगजेब ने शरीयत के विरुद्ध लिए जाने वाले लगभग 80 करों को समाप्त कर दिया।
- औरंगजेब के गुरु थे- **मीर मुहम्मद हकीम**।
- औरंगजेब **सुन्नी धर्म** को मानता था। उसे **जिन्दा पीर** के नाम से जाना जाता था।
- औरंगजेब ने इस्लाम के महत्त्व को स्वीकारते हुए **कुरान** को अपने शासन का आधार बनाया। उसने सिक्कों पर कलमा खुदवाना, नौरोज का त्यौहार मनाना, भाँग की खेती करना तथा गाने-बजाने आदि पर रोक लगा दी।
- औरंगजेब अपने शासन के 11वें वर्ष में **झरोखा दर्शन** एवं 12वें वर्ष में **तुलादान प्रथा** पर प्रतिबंध लगा दिया।
- औरंगजेब ने शासन के 22वें वर्ष (1679 ई.) में **जजिया कर** को पुनः लगा दिया।
- उसने 1699 ई. में हिन्दू मंदिरों को तोड़ने का आदेश दिया।
- बड़े-बड़े नगरों में औरंगजेब द्वारा **मुहतसिब** (सार्वजनिक सदाचार निरीक्षक) नामक अधिकारी की नियुक्ति की गयी।
- इस्लाम स्वीकार नहीं करने के कारण सिखों के 9वें गुरु **तेगबहादुर** की हत्या औरंगजेब ने करवा दी।
- औरंगजेब **दारूल हर्ब** (काफिरों का देश) को **दारूल इस्लाम** (इस्लाम का देश) में परिवर्तित करने को अपना लक्ष्य मानता था।
- जयसिंह एवं शिवाजी के बीच पुरंदर की संधि 22 जून, 1665 ई. को सम्पन्न हुई।
- 22 मई, 1666 ई. को आगरा के किले के दीवान-ए-आम में औरंगजेब के समक्ष शिवाजी उपस्थित हुए। यहाँ शिवाजी को कैद कर जयपुर भवन में रखा गया।

- 1686 ई. में **बीजापुर** एवं 1697 ई. में **गोलकुंडा** को औरंगजेब ने मुगल साम्राज्य में मिला लिया।
- **मदन्ना** एवं **अकन्ना/अखन्ना** नामक ब्राह्मणों का सम्बन्ध गोलकुंडा के शासक **अबुल हसन** से था।
- औरंगजेब के समय **जाट विद्रोह** का नेतृत्व गोकुला एवं राजाराम ने किया था।
- भारतपुर के जाट राजवंश की नींव औरंगजेब के शासनकाल में जाट नेता एवं राजाराम के भतीजा चूरामन ने डाली।
- औरंगजेब के पुत्र **अकबर** ने प्रसिद्ध राठौर राजपूत सरदार दुर्गादास के बहकावे में आकर अपने पिता के खिलाफ विद्रोह कर दिया।
- औरंगजेब के काल में मुगल साम्राज्य का सर्वाधिक विस्तार हुआ। इसके समय में मुगल सूबों की संख्या 20 थी।
- औरंगजेब ने अपनी प्रिय पत्नी **रबिया दुर्रानी** की याद में 1678 ई. में औरंगाबाद (महाराष्ट्र) में एक मकबरा बनवाया, जो **बीबी का मकबरा** नाम से प्रसिद्ध है। इसे ताजमहल की **घटिया (फूहड़) नकल** माना जाता है। इस मकबरे को **दक्षिण का ताजमहल** भी कहा जाता है।
- औरंगजेब की मृत्यु 4 मार्च, 1707 ई. को हुई। इसे दौलताबाद में स्थित फकीर बुहरानुद्दीन की कब्र के अहाते में दफना दिया गया।

10. मुगलकालीन प्रशासन

- मुगलकालीन प्रशासन के सम्बन्ध में जानकारी देने वाली प्रमुख कृतियाँ हैं- आइन-ए-अकबरी, दस्तूर-उल-अमल, अकबरनामा, इकबालनामा, जहाँगीरी, तबकाते अकबरी, पादशाहनामा, बहादुरशाहनामा, तुजुक-ए-जहाँगीरी, मुन्तखाब-उलतवरीख आदि।
- कुछ विदेशी पर्यटकों जैसे- टॉमस रो, हॉकिन्स, वर्नियर, डिलेट एवं टेरी आदि से भी मुगलकालीन प्रशासन के विषय में जानकारी मिलती है।
- मुगलकालीन शासन व्यवस्था का स्वरूप अत्यधिक केन्द्रीकृत नौकरशाही व्यवस्था थी। इसमें भारतीय तथा विदेशी (फारसी-अरबी) तत्त्वों का सम्मिश्रण था।
- मुगल शासकों ने दिल्ली सल्तनत के शासकों के सल्तनत के उपाधि के विपरीत **पादशाह** की उपाधि धारण की। पादशाह शब्द के **पाद** का शाब्दिक अर्थ है- स्थायित्व एवं स्वामित्व तथा **शाह** का अर्थ है- मूल एवं स्वामी। इस तरह पूरे शब्द पादशाह का शाब्दिक अर्थ ऐसा स्वामी या शक्तिशाली राजा जिसे अपदस्थ न किया जा सके।
- मुगल साम्राज्य चूँकि पूर्ण रूप से केन्द्रीकृत था, इसलिए पादशाह की शक्ति असीम थी। नियम बनाना, उसको लागू करना, न्याय करना आदि उसके सर्वोच्च अधिकार थे।
- मुगल बादशाह शासन की सम्पूर्ण शक्तियों को अपने में समेटे हुए पूर्णरूप से निरंकुश थे, परंतु स्वेच्छाचारी नहीं थे। इन्हें **उदार निरंकुश** शासक भी कहा जाता था।
- सम्राट को प्रशासन की गतिविधियों को संचालित करने में सहायता के लिए एक मन्त्रिपरिषद् थी। मन्त्रिपरिषद् को **विजारत** कहा जाता था।
- सम्राट के बाद शासन के कार्यों को संचालित करने वाला सबसे महत्त्वपूर्ण अधिकारी **वकील** था।
- अकबर ने वकील के पद के कर्तव्यों को **दीवान, मीरबख्शी, सद्र-उस-सद्र** एवं **मीर-ए-सामां** में विभाजित कर दिया। इन सभी पदों का संक्षिप्त विवरण निम्न प्रकार है-
  1. **दीवान (वजीर)**- दीवान का नियन्त्रण राजस्व एवं वित्तीय विभाग पर होता था। औरंगजेब के समय असद खान सर्वाधिक 31 वर्षों तक दीवान के पद पर कार्य किया।
  2. **मीर बख्शी**- इसके पास सैन्य विभाग से सम्बन्ध अधिकार होते थे। मीर बख्शी द्वारा सरखत नाम के पत्र पर हस्ताक्षर के बाद ही सेना को हर महीने का वेतन मिल पाता था। मनसबदारों के नियुक्ति, सैनिकों की नियुक्ति उनके वेतन प्रशिक्षण एवं अनुशासन की जिम्मेदारी, घोड़ों

को दागने एवं मनसबदारों के नियन्त्रण में रहने वाले सैनिकों की संख्या का निरीक्षण आदि के जिम्मेदारी का निर्वाह मीरबख्शी को करना पड़ता था।

3. **सद्र-उस-सद्र (सुदूर)**- यह धार्मिक मामलों, धार्मिक धन-सम्पत्ति एवं दान विभाग का प्रधान होता था। शरीयत की रक्षा करना इसका मुख्य कर्तव्य था। साम्राज्य के प्रमुख सद्र को **सद्र-उस-सुदूर** एवं **सद्र-ए-कुल** कहा जाता था। जब कभी सद्र न्याय विभाग के प्रमुख के रूप में कार्य करता था तब उसे **काजी** (काजी-उल-कुजात) कहा जाता था। सद्र दान में दी जाने वाली लगानहीन भूमि का भी निरीक्षण करता था। इस भूमि को **सयूरगल** या **मदद-ए-माश** कहा जाता था।
4. **मीर-ए-समां**- यह सम्राट के घरेलू विभागों का प्रधान होता था। यह सम्राट के दैनिक व्यय, भोजन एवं भंडार का निरीक्षण करता था। मुगल साम्राज्य के अन्तर्गत आने वाले **कारखानों** (बयूतात) का संगठन एवं प्रबंधन भी मीर-ए-समां को करना पड़ता था।

- शरियत के प्रतिकूल कार्य करने वालों को रोकना, आम जनता को दुश्चरित्रता से बचाने का कार्य **मुहतसिब** नामक अधिकारी करता था। इस पद की स्थापना औरंगजेब ने की थी।
- सूचना एवं गुप्तचर विभाग का प्रधान **दरोगा-ए-डाक चौकी** कहलाता था।
- प्रशासनिक दृष्टि से मुगल साम्राज्य का विभाजन **सूबों** में, सूबे का **सरकार** में, सरकार का **परगना या महाल** में, महाल का **जिला या दस्तूर** में और दस्तूर का **ग्राम** में किया गया था।
- प्रशासन की सबसे छोटी इकाई गाँव थी जिसे **मावदा या दीह** कहते थे। मावदा के तहत छोटी-छोटी बस्तियों को **नागला** कहा जाता था।
- शाहजहाँ के शासन काल में सरकार एवं परगना के मध्य **चकला** नाम की एक नई इकाई स्थापित की गयी।
- अकबर ने समय (सूबों) प्रांतों की कुल संख्या 15 थी। जहाँगीर के समय भी सूबों की संख्या 15 ही रही। शाहजहाँ ने कश्मीर, थट्टा एवं ओडिशा को जीतकर सूबों की संख्या 18 की। औरंगजेब ने गोलकुंडा एवं बीजापुर को जोड़कर सूबों की संख्या 20 कर दी।

मुगल काल के प्रमुख अधिकारी एवं कार्य

पद	कार्य
सूबेदार	प्रांतों में शान्ति स्थापित करना (प्रांत कार्यकारिणी का प्रधान)
दीवान	प्रांतीय राजस्व का प्रधान (सीधे शाही दीवान के प्रति जवाबदेह)
बख्शी	प्रांतीय सैन्य प्रधान
फौजदार	जिले का प्रधान फौजी अधिकारी
आमिल या अमलगुजार	जिले का प्रमुख राजस्व अधिकारी
कोतवाल	नगर प्रधान
शिकदार	परगने का प्रमुख अधिकारी
आमिल	ग्राम के कृषकों से प्रत्यक्ष सम्बन्ध बनाना एंव लगान निर्धारित करना

- मुगल काल में राजस्व का प्रमुख स्रोत भूमिकर था। भूमिकर के विभाजन के आधार पर मुगल साम्राज्य की समस्त भूमि तीन वर्गों में विभक्त थी-

1. **खालसा भूमि**- इस प्रकार की भूमि प्रत्यक्ष रूप से बादशाह के नियन्त्रण में होती थी। सम्पूर्ण साम्राज्य का लगभग 20 प्रतिशत क्षेत्र खालसा भूमि के अन्तर्गत शामिल था।
2. **जागीर भूमि**- यह भूमि राज्य के प्रमुख कर्मचारियों को उनकी तनख्वाह के बदले दी जाती थी। साम्राज्य की अधिकांश भूमि जागीर भूमि के अन्तर्गत होती थी।

3. **सयूरगल या मदद-ए-माश-** यह भूमि अनुदान के रूप में धार्मिक प्रवृत्ति के व्यक्ति को दे दी जाती थी। इस तरह की अधिकांश भूमि अनुत्पादक होती थी। इस भूमि को मिल्क भी कहा जाता था।

◘ मुगल शासकों में अकबर ने सर्वप्रथम भूमि तथा भूमिकर व्यवस्था को संगठित करने का प्रयास किया। शेरशाह द्वारा भूराजस्व निर्धारण हेतु अपनाई जाने वाली पद्धति **राई** (फसलों की दर तालिका) का प्रयोग अकबर ने भी किया था।

◘ अकबर के द्वारा करोड़ी नामक अधिकारी की नियुक्ति 1573 ई. में की गयी। इसे अपने क्षेत्र से एक करोड़ दाम वसूल करना होता था। करोड़ी को **आमिल** या **अमलगुजार** के नाम से भी जाना जाता था।

◘ अकबर ने 1580 ई. में **दहसाला** नाम की नवीन कर प्रणाली प्रारम्भ की। इस व्यवस्था को टोडरमल बंदोबस्त भी कहा जाता है। इस व्यवस्था के अन्तर्गत भूमि को चार भागों में बाँटा गया-

1. **पोलज-** इस भूमि पर नियमित खेती होती थी।
2. **परती-** इस भूमि में उर्वरा-शक्ति प्राप्त करने हेतु एक या दो वर्ष के अंतराल पर खेती की जाती थी।
3. **चाचर-** ऐसी भूमि जिस पर लगभग तीन या चार वर्षों तक खेती नहीं की जाती थी।
4. **बंजर-** यह खेती योग्य भूमि नहीं थी, इस पर लगान नहीं वसूला जाता था।
   नोट- लगान खेती के लिए प्रयुक्त भूमि पर ही वसूला जाता था।

◘ अकबर के शासन काल के 15वें वर्ष लगभग 1570-71 में टोडरमल ने खालसा भूमि पर भू-राजस्व की नवीन प्रणाली, **जब्ती** को प्रारम्भ किया। इसमें कर निर्धारण की दो श्रेणी थी, एक को **तखशीस** (कर निर्धारण) और दूसरे को **तहसील** (वास्तविक वसूली) कहते थे।

◘ लगान निर्धारण के समय राजस्व अधिकारी द्वारा लिखे गये पत्र को **पट्टा, कौल** या **कौल करार** कहा जाता था।

◘ लगान निर्धारण की अन्य प्रणाली **बँटाई** या **गल्ला बख्शी** (फारसी) मुगल काल की सर्वाधिक प्राचीन प्रचलित प्रणाली थी। इस प्रणाली में किसानों को उपज या नकदी दोनों ही रूपों में कर देने की छूट होती थी, परन्तु सरकार का प्रयास राजस्व को नकद लेने में ही रहता था।

◘ **नस्क** लगान प्रणाली का भी मुगल काल में खूब प्रचलन था। कर निर्धारण की इस कच्ची प्रणाली को **कंकूत** भी कहा जाता था।

◘ औरंगजेब ने अपने शासलकाल में **नस्क प्रणाली** को अपनाया और भू-राजस्व की राशि को उपज का आधार कर दिया।

◘ मुगल काल में कृषक तीन वर्गों में विभाजित थे-

1. **खुद्रकाश्त-** ये किसान उसी गाँव की भूमि पर खेती करते थे, जहाँ के वे निवासी थे। इनका भूमि पर अस्थायी अधिकार था, इसे **मालिक-ए-जमीन** भी कहते थे।
2. **पाही काश्त-** ये किसान दूसरे गाँव में जाकर कृषि कार्य कर जीविकोपार्जन करते थे, वहाँ इनकी अस्थायी झोपड़ियाँ होती थीं।
3. **मुजारियन-** ये खुदकाश्त कृषकों की जमीन किराये पर लेकर कृषि कार्य करते थे।

◘ मुगलकाल में मुख्य रूप से तीन प्रकार के धातु के सिक्के- **सोने की मुहर, चाँदी का रुपया एवं ताँबे के दाम** प्रचलन में थे।

◘ चाँदी का रुपया मुगलकालीन अर्थव्यवस्था का आधार था, यह 175.5 ग्रेन का होता था।

◘ अकबर ने **जलाली** नाम का चौकोर आकार का रुपया चलाया।

◘ ताँबे का **दाम** व **पैसा** या **फलूस** 323.5 ग्रेन का बना होता था।

- सोने का **सर्वाधिक प्रचलित** सिक्का **इलाही** एवं सोने का **सबसे बड़ा** सिक्का **शंसब** था। इलाही का मूल्य 10 रुपये के बराबर था जबकि शंसब 101 तोले का था।

- दैनिक लेन-देन व छोटे लेन-देन में ताँबे के **दाम** का प्रयोग होता था।

- जहाँगीर ने **निसार** नामक एक सिक्का चलाया जो रुपये के चौथाई मूल्य के बराबर था।

- जहाँगीर ने अपने समय में सिक्कों पर अपनी आकृति बनवायी साथ ही अपना नाम तथा नूरजहाँ का नाम उस पर अंकित करवाया था।

- शाहजहाँ ने दाम और रुपये के मध्य एक नये **आना** सिक्का का प्रचलन करवाया।

- मुगल काल में सर्वाधिक रुपये की ढलाई औरंगजेब के शासन काल में हुई थी।

- औरंगजेब के समय में रुपये का वजन 180 ग्रेन होता था। एक रुपये में **40 दाम** होते थे।

- मुगलकाल में टकसाल का अधिकारी चौधरी कहलाता था। केन्द्रीय टकसाल से कोई भी व्यक्ति 5 या 6 प्रतिशत शुल्क देकर सिक्का ढलवा सकता था।

- मुगलकाल में उद्योग के क्षेत्र में सर्वाधिक विकसित रूई का उत्पादन एवं उससे निर्मित सूती वस्त्र निर्माण उद्योग था।

- जहाँगीर ने अमृतसर में ऊनी वस्त्र उद्योग की स्थापना की थी।

- मुगलकाल में निर्यात की जाने वाली या आयात की जाने वाली वस्तुओं पर $3\frac{1}{2}$ प्रतिशत चुंगी (व्यापारिक कर) लिया जाता था।

- मुगल सेना चार भागों में विभक्त थी–

  1. पैदल सेना
  2. घुड़सवार सेना
  3. तोपखाना सेना और
  4. हाथी सेना

- मुगलकालीन सैन्य व्यवस्था पूर्णतः मनसबदारी व्यवस्था पर आधारित थी। अकबर द्वारा प्रारम्भ की गयी इस व्यवस्था में उन व्यक्तियों को सम्राट द्वारा एक पद प्रदान किया जाता था, जो शाही सेना में होते थे, दिये जाने वाले पद को मनसब एवं ग्रहण करने वाले को मनसबदार कहा जाता था।

- सम्भवतः अकबर की मनसबदारी व्यवस्था मंगोल नेता चंगेज खाँ की दशमलव प्रणाली पर आधारित थी।

- मनसब प्राप्त करने वाले मुख्यतः तीन वर्गों में विभक्त थे–

  1. 10 से 500 तक मनसब प्राप्त करने वाले **मनसबदार** कहलाते थे।
  2. 500 से 2500 तक मनसब प्राप्त करने वाले **उमरा** कहलाते थे।
  3. 2500 से ऊपर तक मनसब प्राप्त करने वाले **अमीर-ए-आजम** कहलाते थे।

- मनसबदारी व्यवस्था में **जात** से व्यक्ति के वेतन एवं प्रतिष्ठा का ज्ञान होता था, जबकि **सवार** पद से घुड़सवार दस्तों की संख्या का ज्ञान होता था।

- जहाँगीर ने सवार पद में **दो-अस्पा** एवं **सिंह-अस्पा** की व्यवस्था की। सर्वप्रथम यह पद महावत खाँ को दिया गया। दु-अस्पा में मनसबदारों को निर्धारित संख्या में घुड़सवारों के साथ उतने ही अतिरिक्त घोड़े रखने होते थे, जबकि सिंह-अस्पा में मनसबदारों को दुगने अतिरिक्त घोड़े रखने होते थे।

- औरंगजेब के समय में सक्षम मनसबदारों के किसी महत्वपूर्ण अभियान पर जाते समय उसके सवार पद में अतिरिक्त वृद्धि का एक और माध्यम निकाला गया जिसे **मशरूत** कहा गया।

- मनसबदारों के अतिरिक्त दो तरह के सैनिक होते थे। प्रथम **अहदी** (सभ्य) सैनिक एवं द्वितीय **दाखिली** (पूरक) सैनिक।

11. मराठों का उत्कर्ष

- मध्यकालीन भारतीय इतिहास में शिवाजी के प्रतिनिधित्व में मराठा शक्ति का उत्थान एक महत्त्वपूर्ण घटना माना जाता है।
- मराठा साम्राज्य के संस्थापक शिवाजी का जन्म 1627 ई. में **शिवनेर दुर्ग** (जुन्नार के समीप) में हुआ था।
- शिवाजी के पिता का नाम **शाहजी भोंसले** एवं माता का नाम **जीजाबाई** था।
- शाहजी भोंसले अपनी दूसरी पत्नी **तुकाबाई मोहिते** के साथ रहते थे, जिसके कारण जीजाबाई ने पुत्र शिवाजी के साथ जीवन का अधिकांश भाग परित्यक्त नारी की तरह बिताया।
- शिवाजी के व्यक्तित्व पर सर्वाधिक प्रभाव उनकी माँ जीजाबाई का था।
- शिवाजी अपने गुरु एवं संरक्षक **दादाजी कोंणदेव** से भी प्रभावित थे।
- आध्यात्मिक क्षेत्र में शिवाजी के आचरण पर **गुरु रामदास** का काफी प्रभाव था।
- राष्ट्रप्रेम की भावना एवं देवता, गौ, ब्राह्मण तथा धर्म की रक्षा करने की प्रेरणा शिवाजी को **गुरु रामदास** से ही मिली थी।
- 1640 ई. में 12 वर्ष की आयु में शिवाजी का विवाह **साइबाई निम्बालकर** के साथ हुआ।
- शाहजी ने शिवाजी को **पूना** की जागीर प्रदान कर स्वयं **बीजापुर** रियासत में नौकरी कर जी।
- शिवाजी ने **मावल प्रदेश** को अपने जीवन की प्रारम्भिक कार्यस्थली बनाया।
- अपने सैन्य अभियान के अन्तर्गत शिवाजी ने 1644 ई. में सर्वप्रथम बीजापुर के **तोरण** नामक पहाड़ी किले पर अधिकार किया।
- शिवाजी ने 1656 ई. में रायगढ़ को अपनी राजधानी बनाया।
- बीजापुर के सुल्तान ने अपने योग्य सेनापति **अफजल खाँ** को सितंबर 1659 ई. में शिवाजी को पराजित करने के लिए भेजा, किन्तु शिवाजी ने अपने बघनखे से नवंबर, 1659 ई. में अफजल खाँ की हत्या कर दी।
- शिवाजी ने दक्षिण भारत के मुगल सूबेदार **शाइस्ता खाँ** के शिविर पर 15 अप्रैल, 1663 के रात्रि में अपने कुछ सिपाहियों के साथ आक्रमण कर दिया।
- शिवाजी ने व्यापारिक दृष्टि से महत्त्वपूर्ण बंदरगाह नगर **सूरत** को दो बार क्रमशः 1664 और 1670 में लूटा।

महाराष्ट्र के प्रमुख संत	
1.	**ज्ञानदेव या ज्ञानेश्वर (1275-1296:** महाराष्ट्र में भक्ति आंदोलन के जनक, मराठी भाषा और साहित्य के संस्थापक, भगवत्गीता पर भावार्थदीपिका नामक बृहत टीका लिखी, जिसे सामान्य रूप से ज्ञानेश्वरी के नाम से जाना जाता है।
2.	**नामदेव (1270-1350) :** इनके आराध्य देव पंढरपुर के बिठोबा या विट्ठल (विष्णु के रूप) थे। बिठोबा या विट्ठल की उपासना को वरकरी संप्रदाय के नाम से जाना जाता है, जिसकी स्थापना नामदेव ने की थी।
3.	**एकनाथ (1533-1599) :** इन्होंने रामायण पर भावार्थ रामायण नामक टीका लिखी।
4.	**तुकाराम : (1598-1650) :** इन्होंने भक्तिपरक कविताएँ लिखी जिन्हें अभंग कहा जाता है। ये अभंग भक्तिपरक काव्य के ज्योतिपुंज है।
5.	**रामदास (1608-1681) :** महाराष्ट्र के अंतिम महान संत कवि। दशबोध उनकी रचनाओं और उपदेशों का संकलन है।

- महाराजा जयसिंह एवं शिवाजी के मध्य 22 जून, 1665 में **पुरंदर की संधि** की हुई।
- शिवाजी ने 1666 ई आगरा की यात्रा की।

➯ शिवाजी को औरंगजेब ने 16 मई, 1666 ई. में **जयपुर भवन** में कैद कर लिया, जहाँ से वह 16 अगस्त, 1666 ई. में भाग निकले।

➯ 1672 ई. में शिवाजी ने बीजापुर से **पन्हाला दुर्ग** को छीन लिया।

➯ 16 जून, 1674 ई. को शिवाजी ने रायगढ़ में काशी के प्रसिद्ध विद्वान **श्री गंगाभट्ट** द्वारा अपना राज्याभिषेक करवाया, साथ ही **छत्रपति, हैंदव धर्मोद्धारक** एवं **गौ-ब्राह्मण प्रतिपालक** की उपाधि धारण की।

➯ श्री गंगाभट्ट मूलतः महाराष्ट्र का एक सम्मानित ब्राह्मण था, जो लंबे समय से काशी (वाराणसी) में रह रहा था।

➯ राज्याभिषेक के बाद शिवाजी का **अंतिम महत्त्वपूर्ण अभियान** कर्नाटक का अभियान (1676 ई.) था।

➯ 14 अप्रैल, 1680 को शिवाजी की मात्र 53 वर्ष की अवस्था में मृत्यु हो गयी।

➯ शासन कार्यों में सहायता के लिए शिवाजी ने मन्त्रियों की आठ परिषद् जिसे **अष्ट प्रधान** कहते थे, की व्यवस्था की थी। ये मन्त्री सचिव के रूप में कार्य करते थे। इनकी भूमिका मात्र सलाहकार की होती थी।

➯ शिवाजी के अष्ट प्रधान में पेशवा का पद सर्वाधिक महत्त्वपूर्ण एवं सम्मान का होता था।

अष्टप्रधान और उनके कार्य		
1.	पेशवा (प्रधानमन्त्री)	राज्य का प्रशासन एवं अर्थव्यवस्था की देख-रेख
2.	सर-ए-नौबत (सेनापति)	सैन्य प्रधान
3.	अमात्य (राजस्व मन्त्री)	आय-व्यय का लेखा-जोखा
4.	वाकयानवीस	सूचना, गुप्तचर एवं संधि-विग्रह के विभागों का अध्यक्ष
5.	चिटनिस (शुरूनवीस)	राजकीय पत्रों को पढ़कर उसकी भाषा-शैली को देखना
6.	सुमंत (दबीर)	विदेश मन्त्री
7.	पंडितराव (सदर)	धार्मिक कार्यों के लिए तिथि का निर्धारण
8.	न्यायाधीश	न्याय विभाग का प्रधान
नोट : पंडितराव एवं न्यायाधीश के अतिरिक्त अष्टप्रधान के सभी पदाधिकारियों को समय-समय पर सैनिक कार्यवाही में हिस्सा लेना होता था।		

➯ शिवाजी ने शासन की सुविधा के लिए **स्वराज** कहे जाने विजित प्रदेशों को 3 प्रांतों में विभक्त किया था। ये प्रांत थे- उत्तरी प्रांत, दक्षिणी प्रांत एवं दक्षिणी-पूर्वी प्रांत।

➯ शिवाजी ने दुर्गों की सुरक्षा के लिए निम्न अधिकारी नियुक्त किये थे-

1. **हवलदार**- यह किले की आंतरिक व्यवस्था की देख-रेख करता था।
2. **सर-ए-नौबत**- यह किले की सेना का नेतृत्व एवं उन पर नियन्त्रण रखता था।
3. **सवनिस**- यह किले की अर्थव्यवस्था, पत्र-व्यवहार एवं भंडार आदि की देखभाल करता था।

➯ शिवाजी के सेना तीन महत्त्वपूर्ण भागों में विभक्त थी-

1. **पागा सेना**- नियमित घुड़सवार सैनिक
2. **सिलहदार**- अस्थायी घुड़सवार सैनिक
3. **पैदल**- पैदल सेना

➯ शिवाजी की कर-व्यवस्था **मलिक अंबर** की कर-व्यवस्था पर आधारित थी।

➯ शिवाजी ने जमींदारी एवं जागीरदारी की व्यवस्था का विरोध करते हुए **रैय्यतवाड़ी व्यवस्था** को अपनाया।

- शिवाजी ने रस्सी द्वारा माप की व्यवस्था के स्थान पर **काठी एवं मानक छड़ी** के प्रयोग को आरम्भ किया था।
- शिवाजी के समय में कुल उपज का 33 प्रतिशत भाग राजस्व के रूप में लिया जाता था, जो कालांतर में बढ़कर 40 प्रतिशत हो गया।
- राजस्व के प्रमुख स्रोत के रूप में भूमिकर, चौथ एवं सरदेशमुखी का प्रचलन था। इसके अतिरिक्त व्यापार कर, उद्योग कर, युद्ध में प्राप्त धन, भेंट आदि भी राजस्व के स्रोत थे।
- चौथ किसी एक क्षेत्र को बर्बाद न करने के बदले दी जाने वाली रकम को कहा जाता था। यह आय का चौथा हिस्सा होता था।
- **सरदेशमुखी** को शिवाजी इसलिए वसूल करते थे क्योंकि वह महाराष्ट्र के पुश्तैनी सरदेशमुख थे। यह कर राज्यों की आय का 1/10 भाग होता था।

शिवाजी के उत्तराधिकारी

- शिवाजी के उत्तराधिकारी शम्भा जी थे।
- शम्भा जी ने उज्जैन के हिन्दी एवं संस्कृत के प्रकांड विद्वान **कवि कलश** को अपना सलाहकार नियुक्त किया।
- औरंगजेब के विद्रोही पुत्र अकबर को शरण देने के कारण शम्भाजी को मुगल सेनाओं के आक्रमण का सामना करना पड़ा था।
- 21 मार्च, 1689 ई. में मुगल सेनापति **मुकर्रब खाँ** ने संगमेश्वर में छिपे हुए शम्भाजी एवं कवि कलश को गिरफ्तार कर लिया और उसकी हत्या कर दी।
- शम्भाजी के बाद 1689 ई. में राजाराम का नये छत्रपति के रूप में राज्याभिषेक किया गया।
- राजाराम ने **सतारा** को अपनी दूसरी राजधानी बनाया।
- राजाराम मुगलों से संघर्ष करता हुआ तीस वर्ष की अल्प आयु में 12 मार्च, 1700 ई. में मारा गया।
- राजाराम के मृत्यु के बाद उसकी विधवा पत्नी **ताराबाई** अपने चार वर्षीय पुत्र शिवाजी-II का राज्याभिषेक कराकर मराठा साम्राज्य की वास्तविक संरक्षिका बन गयी।
- ताराबाई के शासन के दौरान मुगलों ने (औरंगजेब ने) 1700 ई. में पन्हाला, 1702 में विशालगढ़ एवं 1703 ई. में सिंहगढ़ पर कब्जा कर लिया था।
- ताराबाई के महत्त्वपूर्ण समर्थकों में परशुराम त्रियम्बक, धनाजी यादव, शंकरजी नारायण जैसे योग्य मराठा सरदार थे।
- औरंगजेब की मृत्यु (1707) के बाद शम्भाजी का पुत्र शाहू, जो कि औरंगजेब के कब्जे में था वापस महाराष्ट्र आया।
- शाहू एवं ताराबाई के बीच 1707 ई. में **खेड़ा का युद्ध** हुआ, जिसमें शाहू विजयी हुआ।
- शाहू ने 22 जनवरी, 1708 ई. को **सतारा** में अपना राज्याभिषेक करवाया।
- शाहू के नेतृत्व में नवीन मराठा साम्राज्यवाद के प्रवर्तक पेशवा लोग थे, जो छत्रपति शाहू के पैतृक प्रधानमन्त्री थे। पेशवा पद पहले पेशवा के साथ ही वंशानुगत हो गया था।
- शाहू ने 1713 ई. में **बालाजी विश्वनाथ** को पेशवा बनाया। इनकी मृत्यु 1720 ई. में हुई थी।
- बालाजी विश्वनाथ की मृत्यु के बाद शाहू ने इसके बड़े लड़के **बाजीराव प्रथम** (1720-1740 ई.) को अपना पेशवा बनाया।
- बाजीराव प्रथम ने हिन्दू जाति की कीर्ति को विस्तृत करने के लिए ही हिन्दू पद पादशाही के आदर्श को फैलाने का प्रयत्न किया।

- बाजीराव प्रथम ने मुगल साम्राज्य की कमजोर हो रही स्थिति का फायदा उठाने के लिए शाहू को उत्साहित करने के लिए कहा कि- 'आओ हम इस पुराने वृक्ष के खोसले तने पर प्रहार करें, शाखाएँ तो स्वयं ही गिर जायेंगी, हमारे प्रयत्नों से मराठा पताका कृष्णा नदी से अटक तक फहराने लगेगी।' उत्तर में शाहू ने कहा- 'निश्चित रूप से ही आप इसे हिमालय के पार गाड़ देंगे, निस्संदेह आप योग्य पिता के योग्य पुत्र हैं।'
- सर्वप्रथम बाजीराव प्रथम ने दक्कन के निजाम निजामुलमुल्क से लोहा लिया जो मराठों के बीच मतभेद के द्वारा फूट पैदा कर रहा था। 7 मार्च, 1728 ई. में **पालखेड़ा के युद्ध** में निजाम की हार हुई। निजाम के साथ **मुंशी शिवगाँव** की संधि हुई।
- बुंदेलखंड की विजय बाजीराव की **सर्वाधिक महान** विजयों में से एक मानी जाती है।
- बाजीराव प्रथम ने मराठा शक्ति के प्रदर्शन हेतु 29 मार्च, 1737 ई. को दिल्ली पर धावा बोल दिया। मात्र तीन दिन के दिल्ली प्रवास के दौरान उसके भय से मुगल सम्राट मुहम्मदशाह दिल्ली को छोड़ने के लिए तैयार हो गया था। इस प्रकार उत्तर भारत में मराठा शक्ति की सर्वोच्चता सिद्ध करने के पहले प्रयास में बाजीराव प्रथम सफल रहा।
- बाजीराव प्रथम **मस्तानी** नाम की मुस्लिम स्त्री से प्रेम सम्बन्ध के कारण भी चर्चित रहा।
- शिवाजी के बाद बाजीराव प्रथम दूसरा ऐसा मराठा सेनापति था, जिसने गुरिल्ला युद्ध प्रणाली को अपनाया। इसे **लड़ाकू पेशवा** के नाम से भी जाना जाता है।
- 28 अप्रैल, 1740 को नर्मदा नदी के किनारे बाजीराव प्रथम की मृत्यु हो गयी।
- बाजीराव प्रथम की मृत्यु के बाद शाहू ने बालाजी बाजीराव (1740–1761 ई.) को अपना पेशवा नियुक्त किया। बालाजी के समय में पेशवा का पद पैतृक बन गया था।

- 1750 ई. में संगोला संधि के बाद पेशवा के हाथ सारे अधिकार सुरक्षित हो गये। अब छत्रपति दिखावे भर का राजा रह गया।
- बालाजी बाजीराव को **नाना साहब** के नाम से भी जाना जाता था।
- बालाजी बाजीराव ने हैदराबाद के निजाम को एक युद्ध में पराजित कर 1752 ई. में उसके साथ **झलकी की संधि** की।
- बालाजी बाजीराव के समय में ही **पानीपत का तृतीय युद्ध** (14 जनवरी, 1761 ई.) में हुआ, जिसमें अफगानिस्तान के शासक अहमदशाह अब्दाली ने मराठों को बुरी तरह हराया। इस हार को नहीं सह पाने के कारण बालाजी की 1761 ई. में मृत्यु हो गयी।
- माधवराव नारायण-I 1761 ई. में पेशवा बना। इसने मराठों की खोई हुई प्रतिष्ठा को पुनः प्राप्त करने का प्रयास किया।
- माधवराव नारायण-I ने मुगल बादशाह शाहआलम-II (1759–1806 ई.) जो इलाहाबाद में ईस्ट इंडिया कंपनी की पेंशन पर रह रहा था, को पुनः 1771 ई. में दिल्ली के तख्त पर बैठाया। मुगल बादशाह अब मराठों का पेंशन भोगी बन गया।
- 1772 ई. में अचानक पेशवा माधवराय नारायण का देहांत हो गया। इसकी मृत्यु के बारे में **ग्राण्ट डफ** ने लिखा- 'मराठा साम्राज्य के लिए पानीपत का मैदान उतना घातक सिद्ध नहीं हुआ जितना कि इस श्रेष्ठ शासक का असामयिक देहावसान।'
- पेशवा नारायण राव (1772–1773 ई.) की हत्या उसके चाचा रघुनाथ राव के द्वारा कर दी गयी।
- पेशवा नारायण राव की मृत्यु के बाद उसकी विधवा **गंगाबाई** ने एक पुत्र को जन्म दिया, जिसे 28 मई, 1775 ई. में माधवराव नारायण-II के नाम से पेशवा बनाया गया। पेशवा की अल्पायु

के कारण मराठा राज्य की देख-रेख **बारभाई** नाम की 12 सदस्यों की एक परिषद् करती थी। इस परिषद् के दो महत्त्वपूर्ण सदस्य थे- **महादजी सिंधिया** एवं **नाना फड़नवीस।**

- 18वीं सदी में मराठा सरदारों द्वारा कुछ अर्द्धस्वतन्त्र राज्यों की स्थापना की गयी, जैसे- बड़ौदा के गायकवाड़, इंदौर के होल्कर, नागपुर के भोंसले एवं ग्वालियर के सिंधिया।
- अंतिम पेशवा राघोवा का पुत्र **बाजीराव-II** था, जो अंग्रेजों की सहायता से पेशवा बना था।
- मराठों के पतन में सर्वाधिक योगदान इसी का था। यह सहायक संधि स्वीकार करने वाला प्रथम मराठा सरदार था।

प्रथम आंग्ल-मराठा युद्ध

यह युद्ध 1775-1782 ई. तक चला। इसके बाद 1776 ई. में पुरंदर की संधि हुई। इसके तहत कंपनी ने रघुनाथ राव के समर्थन को वापस लिया।

द्वितीय आंग्ल-मराठा युद्ध

यह 1803-1805 ई. में हुआ था। इसमें भोंसले ने अंग्रेजों को चुनौती दी थी। इसके फलस्वरूप 7 सितंबर 1803 ई. को देवगाँव की संधि हुई।

तृतीय आंग्ल-मराठा युद्ध

यह 1816-1818 ई. में हुआ। इस युद्ध के बाद मराठा शक्ति और पेशवा के वंशानुगत पद को समाप्त कर दिया गया।

- पेशवा बाजीराव-II ने **कोरेगाँव** एवं **अष्टी** के युद्ध में हारने के बाद फरवरी 1818 ई. में **मेल्कम** के सामने आत्म-समर्पण कर दिया। अंग्रेजों ने पेशवा के पद को समाप्त कर बाजीराव-II को कानपुर के निकट **बिठूर** में पेंशन पर जीने के लिए भेज दिया, जहाँ पर 1853 ई. में इसकी मृत्यु हो गयी थी।

महत्त्वपूर्ण संधियाँ (अंग्रेज-मराठा संघर्ष के अन्तर्गत)		
संधियाँ	**अंग्रेजों से संधि करने वाले मराठा सरदार**	**वर्ष**
सूरत की संधि	रघुनाथ राव (राघोवा)	1775
पुरंदर की संधि	पेशवा	1776
बड़गाँव की संधि	मराठा	1779
सालाबाई की संधि	मराठा (सिंधिया की मध्यस्था से)	1782
बसीन की संधि	पेशवा	1802
देवगाँव की संधि	भोंसले	1803
सुर्जी अर्जुन गाँव की संधि	सिंधिया	1803
राजपुर घाट की संधि	होल्कर	1804
नागपुर की संधि	भोंसले (अप्पा साहब)	1816
ग्वालियर की संधि	सिंधिया	1817
पूना की संधि	पेशवा	1817
मांडसोर की संधि	होल्कर	1818

आधुनिक भारत

1. उत्तरकालीन मुगल सम्राट

- औरंगजेब की मृत्यु के बाद उत्तराधिकार के युद्ध में विजय के बाद बहादुरशाह (1707-1712 ई.) मुगल सिंहासन पर बैठा।
- उत्तराधिकार के युद्ध में गुरु गोविन्द सिंह ने बहादुरशाह का साथ दिया था।
- बहादुरशाह का पूर्व नाम **मुअज्जम** (शाहआलम) था।
- बहादुरशाह को **शाह बेखबर** का नाम से भी जाना जाता था।
- जहाँदारशाह (1712-1713 ई.) अयोग्य एवं विलासी सम्राट था। इसने अपने शासन कार्यों में **लालकुमारी** नाम की वेश्या को हस्तक्षेप करने का अधिकार दे रखा था।
- जहाँदार शाह मुगल वंश का **प्रथम अयोग्य** शासक था, इसे **लम्पट मूर्ख** कहा जाता था।
- मुगलकालीन इतिहास में सैय्यद बंधु हुसैन अली खाँ एवं अब्दुल्ला खाँ को शासक निर्माता के रूप में जाना जाता है।
- फर्रूखसियर (1713-1719 ई.) को मुगल वंश का **घृणित कायर** कहा गया है। सैय्यद बंधुओं के सहयोग से ही फर्रूखसियर राजसिंहासन पर बैठा।
- फर्रूखसियर के काल में ही सिख नेता **बंदासिंह** को उसके 740 समर्थकों के साथ बंदी बना लिया गया और बाद में मुस्लिम धर्म न स्वीकार करने के कारण इन सबकी निर्दयापूर्वक हत्या कर दी गयी।
- सुंदर युवतियों के प्रति अत्यधिक रुझान के कारण मुहम्मदशाह (1719-1748 ई.) को **रंगीला** बादशाह कहा जाता था।
- तुरानी सैनिक **हैदर बेग** ने 9 अक्टूबर, 1720 ई. को सैय्यद बंधु हुसैन अली खाँ की हत्या कर दी थी।
- 15 नवंबर, 1720 ई. को सैय्यद बंधु अब्दुला खाँ को कैद कर लिया गया। कुछ समय के बाद कैद के दौरान ही उसकी हत्या कर दी गयी और इस प्रकार सैय्यद बंधुओं का अंत हो गया।
- मुहम्मदशाह के समय में ही निजामुलमुल्क ने स्वतन्त्र हैदराबाद राज्य की स्थापना की। मुगल सम्राट ने निजामुलमुल्क को आसफजाह की उपाधि प्रदान की। निजामुलमुलक को चिनकिलिच खाँ के नाम से भी जाना जाता था।
- मुहम्मदशाह के समय ही ईरान (फारस) के सम्राट नादिरशाह ने 1739 ई. में दिल्ली पर आक्रमण किया। नादिरशाह को **ईरान का नेपोलियन** कहा जाता था।
- नादिरशाह लगभग 70 करोड़ रुपये की धनराशि और शाहजहाँ का बनवाया हुआ **तख्ते ताऊस** तथा **कोहिनूर हीरा** लेकर फारस वापस लौटा।
- तख्ते ताऊस (मयूर सिंहासन) पर बैठने वाला अंतिम मुगल शासक **मुहम्मदशाह** था।
- अहमदशाह (1748-1754 ई.) के शासन के दौरान अफगानिस्तान के शासक अहमदशाह अब्दाली के भारत पर कई आक्रमण हुए, फलतः मुगल साम्राज्य सिमट कर दिल्ली के इर्द-गिर्द के कुछ क्षेत्रों तक सीमित रह गया। अहमदशाह के वजीर गाजीउद्दीन फिरोज जंग ने उसे अपदस्थ कर अंधा करवा दिया।
- अहमदशाह अब्दाली का वास्तविक नाम **अहमद खाँ** था। इसने 8 बार भारत पर आक्रमण किया।
- शाहआलम-II (अली गौहर) के शासन काल में 1803 ई. में अंग्रेजों ने दिल्ली पर कब्जा कर लिया।

- पानीपत का तृतीय युद्ध 1761 ई. में मराठों एवं अहमदशाह अब्दाली की सेना के बीच हुआ। इस युद्ध में मराठों की हार हुई। इस युद्ध के दौरान मुगल सम्राट शाहआलम-II ही था।
- शाहआलम-II ने बंगाल के मीर कासिम एवं अवध के शुजाउद्दौला के साथ बक्सर के युद्ध (1764 ई.) में भाग लिया।
- गुलाम कादिर खाँ ने 1806 ई. में शाहआलम-II की हत्या करवा दी।
- बहादुरशाह-II (जफर) अंतिम मुगल शासक था।
- 1857 ई. की क्रांति में भाग लेने के कारण अंग्रेजों द्वारा बहादुरशाह जफर को बंदी बना लिया एवं रंगून भेज दिया गया जहां 1862 में इसकी मृत्यु हो गयी।
- एक कुशल शायर होने के कारण बहादुर शाह-II को **जफर** की उपाधि मिली थी।

उत्तरकालीन मुगल सम्राट		
1.	बहादुरशाह	1707-1712 ई.
2.	जहाँदारशाह	1712-1713 ई.
3.	फर्रूखसियर	1713-1719 ई.
4.	मुहम्मदशाह	1719-1748 ई.
5.	अहमदशाह	1748-1754 ई.
6.	आलमगीर-II	1754-1759 ई.
7.	शाहआलम-II	1759-1806 ई.
8.	अकबर-II	1806-1837 ई.
9.	बहादुरशाह-II (जफर)	1837-1857 ई.

2. नए स्वतन्त्र राज्य

मुगल साम्राज्य के पतन के बाद उभरने वाले स्वतंत्र राज्य थे- अवध, हैदराबाद, बंगाल, कर्नाटक, रूहेले व बंगश पठान, राजपूत, मैसूर, जाट और सिक्ख।

अवध

- **सआदत खाँ बुरहानुलमुल्क** अवध के स्वतन्त्र राज्य का संस्थापक था। 1720-1722 ई. तक इसने आगरा के सूबेदार के पद पर कार्य किया। 1722 में मुगल सम्राट ने इसे अवध का सूबेदार नियुक्त किया जहाँ बाद में इसने मुगल साम्राज्य से अलग स्वतन्त्र राज्य की स्थापना की। सआदत खाँ का असली नाम मीर मुहम्मद अमीन था।
- सआदत खाँ के मृत्यु के बाद **सफदरजंग** अवध का नवाब बना। इसने मराठों के विरुद्ध एक लड़ाई लड़ी। इसने हिन्दू एवं मुसलमानों में कोई भेद न करते हुए दोनों को बराबर महत्त्व दिया। इसने अपनी सरकार में महाराज नवाब राय को उच्च पद प्रदान किया। 1754 में इसकी मृत्यु हो गयी।
- 1754 में **शुजाउद्दौला** अवध का नवाब एवं मुगल सम्राट का वजीर बना। इसने बक्सर के युद्ध (1764 ई.) में भाग लिया। 1774 ई. में रूहेलों को परास्त कर इसने रूहेलखंड पर अधिकार कर लिया।
- शुजाउद्दौला के बाद **आसफाउद्दौला** (1775-1795 ई.) अवध का शासक हुआ। इसने अपनी राजधानी **फैजाबाद** से **लखनऊ** स्थानांतरित किया।
- आसफाउद्दौला ने लखनऊ में **मुहर्रम** मनाने के लिए एक भवन **इमामबाड़ा** का निर्माण करवाया।
- अवध के सातवें शासक सआदत खाँ (1738-1814 ई.) ने **अवध के राजा** की उपाधि धारण की। सआदत खाँ ने अंग्रेजों से 1801 ई. में **सहायक संधि** कर ली।
- अवध का अंतिम नवाब वाजिदअलीशाह (1847-1856 ई.) था। इसी के शासनकाल में लार्ड डलहौजी ने कुशासन का आरोप लगाकर अवध को 1856 ई. में ब्रिटिश शासन के अधीन कर लिया।

हैदराबाद

- हैदराबाद में स्वतन्त्र **आसफजाही वंश** की स्थापना मुगल सम्राट द्वारा दक्कन में नियुक्त सूबेदार **चिनकिलिच खाँ** ने 1724 ई. में की। प्राय: इन्हें निजामुलमुल्क के रूप में जाना जाता था।
- चिनकिलिच खाँ द्वारा 1724 में स्वतन्त्र हैदराबाद राज्य की स्थापना के बाद मुगल सम्राट मुहम्मदशाह ने उसे **आसफजाह** की उपाधि प्रदान की।
- चिनकिलिच खाँ की मृत्यु के बाद हैदराबाद में कोई ऐसा योग्य निजाम नहीं था जो अंग्रेजों से टक्कर ले सके।
- हैदराबाद भारतीय राज्यों में ऐसा प्रथम राज्य था जिसने वेलेजली की सहायक संधि (नवंबर 1798 ई.) के तहत एक आश्रित सेना रखना स्वीकार किया।

बंगाल

- **मुर्शीदकुली खाँ** को बंगाल के स्वतन्त्र सूबे का संस्थापक माना जाता है। इसने 1704 ई. में बंगाल की राजधानी को ढाका से हटाकर **मुर्शिदाबाद** स्थानांतरित किया।
- मुर्शीदकुली खाँ ने बंगाल में नई भू-राजस्व व्यवस्था के अंतर्गत किसानों को **तकावी ऋण** प्रदान किया तथा बंगाल में **इजारेदारी प्रथा** को बढ़ावा दिया।
- मुर्शीदकुली खाँ को बंगाल में नई जमींदारी पर आधारित **कुलीन वर्ग** का जनक माना जाता है। उसने व्यापार की गति को भी बढ़ाया।
- **अलवर्दी खाँ** (1740-1756 ई.) बंगाल का अंतिम शक्तिशाली नवाब था।
- अलवर्दी खाँ एक योग्य शासक था। इसने अपने शासन काल में भूमि सुधारों के अलावा व्यापार को भी प्रोत्साहित किया। इसने अंग्रेजों और फ्रांसीसियों की स्वेच्छाचारिता पर अंकुश लगाते हुए क्रमश: कलकत्ता और चन्द्रनगर की उनके अपनी-अपनी बस्तियों के किलेबंदी का विरोध किया। मराठा आक्रमण से बचने के लिए 1751 में अलीवर्दी खाँ ने मराठों के साथ एक संधि की।
- अलीवर्दी खाँ ने **यूरोपियनों** की तुलना मधुमक्खियों से करते हुए कहा कि- 'यदि उन्हें छेड़ा न जाये तो वे शहद देंगी और छेड़ा जाये तो काट-काट डालेंगी'।
- अलीवर्दी खाँ का उत्तराधिकारी **सिराजुद्दौला** था। इसी के समय **प्लासी की लड़ाई** (1757 ई.) लड़ी गयी थी। यह बंगाल का **अंतिम स्वतन्त्र शासक** था। इसके बाद के शासकों ने अंग्रेजों के अधीन शासन किया।

कर्नाटक

- स्वतन्त्र कर्नाटक राज्य का संस्थापक **सादुतुल्ला खाँ** को माना जाता है। इसने **आरकाट** को अपनी राजधानी बनाया।
- कर्नाटक का प्रयोग अंग्रेज और फ्रांसीसियों ने भारतीय युद्धों के मैदान के रूप में किया।
- ब्रिटिश गवर्नर जनरल लार्ड वेलेजली ने मैसूर के शासक टीपू सुल्तान के साथ गुप्त षड्यन्त्रात्मक पत्राचार करने का आरोप लगाकर कर्नाटक के नवाब मुहम्मद अली और उनके उत्तराधिकारी ओमदुत उलउमेर से राजगद्दी का अधिकार छीन लिया।

रूहेले व बंगश पठान

- स्वतन्त्र रूहेलखंड की स्थापना **वीरदाऊद** एवं उसके पुत्र **अली मुहम्मद** को माना जाता है।
- उत्तरप्रदेश के **फर्रूखाबाद** के आसपास बंगश पठानों ने 1714 ई. में एक स्वतन्त्र बंगश पठान राज्य की स्थापना की जिसे **मुहम्मद खाँ बंगश** ने अपना नेतृत्व प्रदान किया।

राजपूत

- 18वीं शताब्दी में मुगल साम्राज्य की कमजोर हो रही स्थिति का लाभ उठाकर राजपूतों ने अपनी स्वतन्त्रता पुन:स्थापित कर ली।
- 18वीं शताब्दी के राजपूत शासकों में सर्वाधिक योग्य शासक **मिर्जाराजा सवाई जयसिंह** (1681-1743 ई.) था। इन्होंने विज्ञान और कला के महान केन्द्र के रूप में जयपुर की स्थापना की।
- सवाई जयसिंह कुशल शासक होने के साथ-साथ महान विधिवेत्ता, खगोलशास्त्री, नगर-नियोजक, नगर-संस्थापक एवं वैज्ञानिक थे।
- सवाई जयसिंह ने दिल्ली, जयपुर, उज्जैन, वाराणसी एवं मथुरा में वेधशालाओं का निर्माण करवाया।
- सवाई जयसिंह ने **जिंजमुहम्मदशाही** नाम से सारणियों का एक ऐसा सेट तैयार करवाया जिससे खगोलशास्त्र सम्बन्धी पर्यवेक्षण में मदद मिलती थी।

नये स्वतन्त्र राज्य : एक नजर में		
राज्य	काल	संस्थापक
हैदराबाद (दक्कन)	1724 ई.	निजामुलमुल्क (चिनकिलिच खाँ)
अवध	1722-1724 ई.	सआदत खाँ बुरहानुल मुल्क
भरतपुर (जाट राज्य)	18वीं शताब्दी	चूड़ामन एवं बदन सिंह
कर्नाटक	18वीं शताब्दी	सादुतुल्ला खाँ
रूहेलखंड एवं बंगश पठान	18वीं शताब्दी	बीरदाऊद एवं अली मुहम्मद, मुहम्मद खाँ बंगश
मैसूर	18वीं शताब्दी	हैदरअली
जयपुर (राजपूत)	18वीं शताब्दी	जयसिंह

मैसूर

- तालीकोटा का निर्णायक युद्ध (1565 ई.) जिसने विजयनगर साम्राज्य का अंत कर दिया के अवशेषों पर जिन स्वतन्त्र राज्यों का जन्म हुआ, उनमें मैसूर एक प्रमुख राज्य था।
- मैसूर पर वाड्यार वंश का शासन था। इस वंश के अंतिम शासक चिक्का कृष्णराज-II के शासनकाल में राज्य की वास्तविक सत्ता देवराज और नंजराज के हाथों में थी।
- **चिक्का कृष्णराज-II** के समय में दक्कन में मराठों, निजामों, अंग्रेजों और फ्रांसीसियों में अपने-अपने प्रभुत्व को लेकर संघर्ष चल रहा था।
- मैसूर इस समय मराठों और निजाम के बीच संघर्ष का मुद्दा बना क्योंकि मराठों ने लगातार मैसूर पर आक्रमण कर उसे वित्तीय और राजनीतिक दृष्टि से कमजोर कर दिया था, दूसरी ओर निजाम मैसूर को मुगल प्रदेश मानकर इस पर अपना अधिकार समझते थे।
- नंजराज जो कि मैसूर राज्य में राजस्व और वित्त नियन्त्रक था, ने 1749 ई. में हैदरअली को एक सैनिक अधिकारी के रूप में जीवन शुरू करने का अवसर दिया।
- 1755 ई. में हैदरअली ने डिंडीगुल का फौजदार बना। इसी समय मैसूर की राजधानी श्रीरंगपट्टनम् पर मराठों के आक्रमण का भय व्याप्त हो गया, परिणामस्वरूप हैदरअली ने राजधानी की राजनीति में हस्तक्षेप कर नंजराज व देवराज को राजनीति से संन्यास लेने के लिए विवश किया।

- 1761 ई. तक हैदरअली के पास मैसूर की समस्त शक्ति केन्द्रित हो गयी। **डिंडीगुल** में हैदरअली ने फ्रांसीसियों के सहयोग से एक शस्त्रागार की स्थापना (1755 ई.) की।

प्रथम आंग्ल-मैसूर युद्ध (1767-1769 ई.)

- यह युद्ध अंग्रेजों की आक्रामक नीति का परिणाम था। हैदरअली ने अंग्रेजों को करारा जवाब देने के उद्देश्य से मराठे तथा निजाम से संधि कर एक संयुक्त सैनिक मोर्चा बनाया। बाद में निजाम इस मोर्चा को छोड़कर अंग्रेजों की ओर चला गया। इस युद्ध में अंग्रेजों की हार हुई।
- 1769 ई. में अंग्रेजों ने हैदरअली की शर्तों पर **मद्रास की संधि** की जिसकी शर्तों के अनुसार दोनों पक्षों ने एक-दूसरे के जीते हुए क्षेत्रों को छोड़ दिया। इस प्रकार आंग्ल-मैसूर युद्ध समाप्त हुआ।

द्वितीय आंग्ल-मैसूर युद्ध (1780-1784 ई.)

- इस युद्ध में पुनः हैदरअली ने निजाम और मराठों से अंग्रेजों के विरुद्ध संधि कर ली।
- अंग्रेजों ने 1773 ई. में मैसूर स्थित फ्रांसीसी कब्जे वाले **माहे** पर आक्रमण कर अधिकार कर लिया जो हैदरअली के लिए एक खुली चुनौती थी।
- 1780 में हैदरअली ने कर्नाटक पर आक्रमण कर द्वितीय आंग्ल-मैसूर युद्ध की शुरुआत की। उसने अंग्रेज जनरल बेली को बुरी तरह परास्त कर **आरकाट** पर अधिकार कर लिया।
- 1781 ई. में हैदरअली का सामना अंग्रेज जनरल आयरकूट से हुआ जिसे वारेन हेस्टिंग्स ने हैदरअली के विरुद्ध भेजा था, आयरकूट ने **पोर्टोनोवा के युद्ध** में हैदरअली को परास्त अवश्य किया लेकिन इसका उसे कोई तात्कालिक लाभ नहीं मिला।
- 1782 ई. में हैदरअली एक बार पुनः अंग्रेजी सेना को पराजित करने में सफल हुआ, लेकिन युद्ध क्षेत्र में घायल हो जाने के कारण 7 दिसंबर, 1782 ई. को उसकी मृत्यु हो गयी।
- हैदरअली की मृत्यु के बाद युद्ध का संचालन का भार उसके पुत्र टीपू सुल्तान पर आ गया।, इसने अंग्रेजी सेना के **ब्रिगेडियर मैथ्यूज** को 1783 में बंदी बना लिया।
- 1784 ई. तक टीपू ने इस युद्ध को जारी रखा। अंततः **मंगलौर संधि** से द्वितीय आंग्ल-मैसूर युद्ध की समाप्ति हुई। इस संधि के तहत दोनों पक्षों ने एक-दूसरे के जीते हुए प्रदेशों को वापस कर दिया।

टीपू सुल्तान

- टीपू सुल्तान अपने पिता हैदरअली की मृत्यु (1782) के बाद मैसूर की गद्दी पर बैठा।
- टीपू सुल्तान एक शिक्षित एवं योग्य शासक था। इसे अरबी, फारसी, उर्दू एवं कन्नड़ भाषाओं का ज्ञान था। अपने नवीन प्रयोगों के तहत उसने नई मुद्रा, नई माप-तौल की इकाई और नवीन संवत् का प्रचलन करवाया।
- टीपू सुल्तान ने अपने पिता हैदरअली के विपरीत (जिसने सार्वजनिक रूप से शाही उपाधि धारण नहीं की) खुलेआम सुल्लान की उपाधि धारण की तथा 1787 ई. में अपने नाम से सिक्के जारी करवाया।
- टीपू सुल्तान द्वारा जारी सिक्कों पर हिन्दू देवी-देवताओं के चित्र तथा हिन्दू संवत की आकृतियाँ अंकित थी।
- टीपू सुल्तान नेशृंगेरी के जगद्गुरु शंकराचार्य के सम्मान में मंदिरों के पुनर्निर्माण हेतु धन दान किया।
- टीपू सुल्तान प्रथम भारतीय शासक था जिसने प्रशासनिक व्यवस्था में पाश्चात्य प्रशासनिक व्यवस्था का मिश्रण किया।

- फ्रांसीसी क्रांति से प्रभावित टीपू सुल्तान ने श्रीरंगपट्टनम में **जैकोबिन क्लब** की स्थापना की और उसका सदस्य बना।
- टीपू सुल्तान ने अपनी राजधानी में फ्रांस और मैसूर के मैत्री का प्रतीक **स्वतन्त्रता का वृक्ष** लगाया।
- टीपू सुल्तान ने अपने समकालीन विदेशी राज्यों से मैत्री सम्बन्ध बनाने तथा अंग्रेजों के विरुद्ध उनकी सहायता प्राप्त करने के उद्देश्य से अरब, कुस्तुनतुनिया अथवा वार्साय, काबुल और मॉरीशस को दूतमंडल भेजा।
- अंग्रेजी नौसेना से मुकाबला करने के उद्देश्य से टीपू ने 1796 में एक नौसेना बोर्ड का गठन किया। मंगलौर, मोलीदाबाद, दाजिदाबाद आदि में टीपू सुल्तान ने पोत निर्माण घाट (Dock Yard) का निर्माण कराया।
- टीपू सुल्तान ने जमींदारी व्यवस्था को समाप्त कर सीधे रैय्यत से सम्पर्क स्थापित किया, साथ ही कर मुक्त भूमि इनाम पर अधिकार कर पॉलिगर के पैतृक अधिकार को जब्त कर लिया।

तृतीय आंग्ल-मैसूर युद्ध (1790-1792 ई.)

- टीपू सुल्तान के समय लड़े गये तृतीय आंग्ल-मैसूर युद्ध का कारण अंग्रेजों द्वारा टीपू के ऊपर आरोप लगाया गया कि उसने फ्रांसीसियों से अंग्रेजों के विरुद्ध गुप्त समझौता किया है तथा त्रावणकोर पर उसने (टीपू) आक्रमण किया।
- मराठों और निजाम के सहयोग से अंग्रेजों ने **श्रीरंगपट्टनम** पर आक्रमण किया। **मिडोज** के नेतृत्व में टीपू पराजित हुआ।
- अंग्रेजों और टीपू सुल्तान के मध्य 1792 में **श्रीरंगपट्टनम की संधि** सम्पन्न हुई। सन्धि की शर्तों के अनुसार टीपू को अपने राज्य का आधा हिस्सा अंग्रेजों और उसके सहयोगियों को देना था साथ ही युद्ध के हर्जाने के रूप में टीपू को तीन करोड़ रुपये अंग्रेजों को देना था। इस संधि में यह भी शामिल था कि जब तक टीपू तीन करोड़ रुपये नहीं देंगे तब तक उसके दो पुत्र अंग्रेजों के कब्जे में रहेंगे।
- इस युद्ध के बारे में **कार्नवालिस** ने कहा कि- 'बिना अपने मित्रों को शक्तिशाली बनाये हमने अपने शत्रु को कुचल दिया'।

चतुर्थ आंग्ल-मैसूर युद्ध (1799)

- इस युद्ध के समय टीपू ने अंग्रेजों से मुकाबले के लिए अन्तरराष्ट्रीय सहयोग लेने की दिशा में प्रयास किया। इसने नेपोलियन से भी पत्र-व्यवहार किया।
- इस युद्ध में अंग्रेजों ने निजाम और मराठों से युद्ध में प्राप्त लाभ को तीन बराबर भागों में बाँटने की शर्त पर समझौता किया।
- 4 मई, 1799 ई. को टीपू सुल्तान संयुक्त अंग्रेजी सेना से बहादुरी के साथ लड़ता हुआ मारा गया।
- इस युद्ध (आंग्ल-मैसूर) युद्ध के समय अंग्रेजी सेना को **वेलेजली हैरिस** और **स्टुअर्ट** ने अपना नेतृत्व प्रदान किया।
- अंग्रेजों ने मैसूर की गद्दी पर फिर से **आड्यार वंश** के एक बालक **कृष्णराय** को बिठा दिया तथा कनारा, कोयम्बटूर और श्रीरंगपट्टनम को अपने राज्य में मिला लिया।
- मैसूर को जीतने की खुशी में आयरलैंड के लार्ड समाज ने वेलेजली को **मार्क्विस** की उपाधि प्रदान की।

आंग्ल-मैसूर संघर्ष : एक नजर में		
प्रथम आंग्ल-मैसूर युद्ध, (1767-1769 ई.)		मद्रास की संधि (हैदरअली व अंग्रेजों के विरुद्ध) (1769 ई.)
द्वितीय आंग्ल-मैसूर युद्ध (1780-1784 ई.)	वारेन हेस्टिंग्स	मंगलौर की संधि (हैदरअली व अंग्रेजों के विरुद्ध) (1784 ई.)
तृतीय आंग्ल-मैसूर युद्ध (1790-1792 ई.)	कार्नवालिस	श्रीरंगपट्टनम की संधि (टीपू व अंग्रेजो के विरुद्ध) (1792 ई.)
चतुर्थ आंग्ल-मैसूर युद्ध (1799 ई.)	वेलेजली	टीपू की मृत्यु

जाट

- ➡ भरतपुर में स्वतन्त्र जाट राज्य की स्थापना **चूड़ामन** एवं **बदनसिंह** ने की थी।
- ➡ अहमदशाह अब्दाली ने बदनसिंह को **राजा** की उपाधि प्रदान की जिसमें **महेन्द्र** शब्द भी जोड़ दिया गया।
- ➡ सूरजमल के समय जाट शक्ति चरमोत्कर्ष पर था। सूरजमल को जाट जाति का **प्लूटो** कहा जाता है।

सिक्ख

- ➡ गुरु नानक ने 15वीं शताब्दी में सिक्ख धर्म की शुरुआत की।
- ➡ सिक्ख जाति को एक **लड़ाकू जाति** के रूप में परिवर्तित करने का काम **गुरु हर गोविंद** ने किया।
- ➡ सिक्खों के दसवें गुरु गोविंद सिंह के नेतृत्व में सिक्ख एक राजनैतिक एवं फौजी शक्ति बने।
- ➡ गुरु गोविंद सिंह के मरने के बाद गुरु की परंपरा समाप्त हो गयी। उनके शिष्य **बंदासिंह** जिसे बंदा बहादुर के नाम से भी जाना जाता है, ने सिक्खों का नेतृत्व संभाला।
- ➡ बंदासिंह के शिष्य उसे **सच्चा पादशाह** कहते थे।
- ➡ बंदा बहादुर के बचपन का नाम **लक्ष्मणदेव** था। इसने पंजाब के सिक्ख किसानों को एकत्र कर मुगलों से लगातार आठ वर्ष (1707-1715 ई.) तक संघर्ष किया तथा सिक्खों को दुर्जेय शक्ति बनाया।
- ➡ 1715 ई. में मुगल बादशाह फर्रूखसियर द्वारा बंदा बहादुर की उसके पुत्र समेत हत्या कर दी गयी।
- ➡ 1748 ई. में नवाब **कर्पूर सिंह** ने सिक्खों के अलग-अलग दल को **खालसा दल** में शामिल किया जिसका नेतृत्व कर्पूर सिंह की मृत्यु के बाद **जस्सा सिंह अहलुवालिया** ने किया।
- ➡ जस्सा सिंह के नेतृत्व में ही खालसा दल 12 स्वतन्त्र मिसल या जत्थों में विभाजित हुआ था।

सिक्खों के मिसल और उसके संस्थापक		
क्र.	मिसल	संस्थापक
1.	सिंपुरिया मिसल	कर्पूर सिंह
2.	अहलुवालिया मिसल	जस्सासिंह अहलुवालिया
3.	रामगढ़िया मिसल	जस्सासिंह रामगढ़िया

4.	कन्हैया/कनहिया मिसल	जय सिंह
5.	फुलकिया मिसल	फूल सिंह
6.	भंगी मिसल	हरि सिंह
7.	सुकरचकिया मिसल	चरत सिंह
8.	निशानवालिया मिसल	सरदार संगत सिंह
9.	करोड़ सिंधिया मिसल	भगेल सिंह
10.	बुले वालिया/उल्लेवालिया मिसल	गुलाब सिंह
11.	नकी/नकाई मिसल	हीरा सिंह
12.	शहीदी मिसल	बाबा दीप सिंह

- 1760 ई. तक सिक्खों का पंजाब पर पूर्ण अधिकार हो गया।
- सिक्खों ने 1763-1773 ई. के मध्य सिक्ख शक्ति का विकास पूर्व में सहारनपुर, पश्चिम में अटक, दक्षिण में मुल्तान और उत्तर में जम्मू कश्मीर तक कर लिया।

3. भारत में यूरोपीय व्यापारिक कंपनियों का आगमन

- मध्यकाल में भारत और यूरोप के व्यापारिक सम्बन्ध थे। ये व्यापार मुख्यत: भारत के पश्चिमी समुद्र तट से लाल सागर और पश्चिमी एशिया के माध्यम से होता था।
- यह व्यापार मसालों और विलासता की वस्तुओं से जुड़ा था। मसालों की आवश्यकता यूरोप में ठंडे के दिनों में मांस को सुरक्षित रखने और उसकी उपयोगिता को बढ़ाने के लिए होती थी।
- पुर्तगीज राजकुमार **हेनरी द नेविगेटर** ने लंबी समुद्री यात्राओं को संभव बनाने के लिए **दिक्सूचक यन्त्र** तथा नक्षत्र यन्त्र के द्वारा गणनाएँ करने वाली तालिकाएँ और सारणियों का निर्माण कराया, जिससे समुद्र की लंबी यात्राएँ संभव हुई।
- 1486 ई. में पुर्तगाली नाविक **बार्थोलेम्यूडिआज** ने उत्तमाशा अंतरीप (Cape of Good Hope) तथा 1498 में **वास्कोडिगामा** ने भारत की खोज की।
- भारत में यूरोपीय व्यापारिक कंपनियों के आगमन का क्रम इस प्रकार था- **पुर्तगाली-डच-अंग्रेज-डेन-फ्रांसीसी।**

पुर्तगाली

- प्रथम पुर्तगाली तथा प्रथम यूरोपीय यात्री **वास्कोडिगामा** नौ दिन की समुद्री यात्रा के बाद **अब्दुल मनीक** नामक गुजराती पथ प्रदर्शक की सहायता से 1498 ई. में कालीकट (भारत) के समुद्र तट पर उतरा।
- कालीकट के शासक जमोरिन ने वास्कोडिगामा का स्वागत किया, लेकिन कालीकट के समुद्र तटों पर पहले से ही व्यापार कर रहे अरबों ने इसका विरोध किया।
- वास्कोडिगामा ने भारत में कालीमिर्च के व्यापार से 60 गुना अधिक मुनाफा कमाया, जिससे अन्य पुर्तगीज व्यापारियों को भी प्रोत्साहन मिला।
- पुर्तगालियों के दो उद्देश्य थे- अरबों और वेनिश के व्यापारियों का भारत से प्रभाव समाप्त करना तथा ईसाई धर्म का प्रचार करना।
- पुर्तगाली सामुद्रिक साम्राज्य को **एस्तादो द इण्डिया** नाम दिया गया।

- वास्कोडिगामा के बाद भारत आने वाला दूसरा पुर्तगाली यात्री **पेड्रो अल्ब्रेज कैब्राल** (1500 ई.) था।
- 1502 ई. में वास्कोडिगामा दूसरी बार भारत आया।
- पुर्तगाली व्यापारियों ने भारत में कालीकट, गोवा, दमन, दीव एवं हुगली के बंदरगाहों में अपनी व्यापारिक कोठियाँ (फैक्ट्रियाँ) स्थापित की।
- भारत में प्रथम पुर्तगाली वायसराय के रूप में **फ्रांसिस्को-डी-अल्मेडा** (1505-1509 ई.) का आगमन हुआ। इसने सामुदिक नीति को अधिक महत्त्व दिया।
- पूर्वी जगत् के कालीमिर्च और मसालों के व्यापार पर एकाधिकार प्राप्त करने के उद्‌देश्य से पुर्तगालियों ने **1503 ई.** में **कोचीन** में अपने पहली व्यापारिक कोठी की स्थापना की।
- अल्मेडा के बाद **अल्फांसो डी अल्बुकर्क** 1509 ई. में पुर्तगालियों का वायसराय बनकर भारत आया। उसने 1510 ई. में बीजापुरी शासक यूसुफ आदिल शाह से गोवा को छीनकर अपने अधिकार में कर लिया।
- अल्फांसो डी अल्बुकर्क ने भारत में पुर्तगालियों की आबादी बढ़ाने के उद्‌देश्य से भारतीय स्त्रियों से विवाह को प्रोत्साहन दिया।
- गोवा को पुर्तगालियों ने अपनी सत्ता और संस्कृति के महत्त्वपूर्ण केन्द्र के रूप में स्थापित किया।
- अल्फांसों डी अल्बुकर्क को भारत में पुर्तगाली साम्राज्य का **वास्तविक संस्थापक** माना जाता है।
- अल्फोसों डी अलबुकर्क ने अपनी सेना में भारतीयों की भी भर्ती की।
- भारत आये पुर्तगाली वायसराय **नीनू डी कुन्हा** (1529-1538 ई.) ने 1530 ई. में कोचीन की जगह गोवा को राजधानी बनाया।
- नीनू डी कुन्हा ने सैनथोमा (मद्रास), हुगली (बंगाल) और दीव (काठियावाड़) में पुर्तगीज बस्तियों की स्थापना की।
- पुर्तगालियों ने **काफिला पद्धति** के तहत छोटे स्थानीय व्यापारियों के जहाजों को समुद्री यात्रा के समय संरक्षण प्रदान किया। इसके लिए जहाहों को चुंगी देनी होती थी।
- पुर्तगाली गवर्नर **अल्फांसो डिसूजा** (1542-1545 ई.) के साथ प्रसिद्ध जेसुइट संत **फ्रांसिस्को जेवियर** भारत आया।
- पुर्तगालियों के भारत आगमन से भारत में **तंबाकू की खेती, जहाज निर्माण** (गुजरात और कालीकट) तथा **प्रिटिंग प्रेस** की शुरुआत हुई।
- 1556 ई. में गोवा में पुर्तगालियों ने **भारत का प्रथम प्रिंटिंग प्रेस** स्थापित किया। भारतीय जड़ी-बूटियों और औषधीय वनस्पतियों पर यूरोपीय लेखक द्वारा लिखित पहले वैज्ञानिक ग्रन्थ का 1563 ई. में गोवा से प्रकाशन हुआ।
- ईसाई धर्म का मुगल शासक अकबर के दरबार में प्रवेश फादर एकाबिवा और मांसरेत के नेतृत्व में हुआ।
- पुर्तगालियों के साथ भारत में **गोथिक** स्थापत्य कला का आगमन हुआ।
- पुर्तगाली गोवा, दमन और दीव पर 1961 तक शासन करते रहे। इस प्रकार वे सबसे पहले (1498) आये और सबसे अंत (1961) में वापस गये।
- भारत में पुर्तगालियों ने सबसे पहले प्रवेश किया लेकिन 18वीं सदी तक आते-आते भारतीय व्यापार के क्षेत्र में उनका प्रभाव जाता रहा।

डच

- डच लोग हालैण्ड के निवासी थे। हालैण्ड को वर्तमान में नीदरलैण्ड के नाम से जाना जाता है।

- भारत **डच ईस्ट इंडिया कंमनी** **(Vereenigde Oost-Indische Compagnie-VOC)** की स्थापना 1602 ई. में की गयी।
- भारत में आने वाला प्रथम डच नागरिक **कारनेलिस डेहस्तमान** था। वह 1596 में भारत आया था।
- डचों का पुर्तगालियों से संघर्ष हुआ और धीरे-धीर डचों ने भारत के सभी महत्त्वपूर्ण मसाला उत्पादन के क्षेत्रों पर कब्जा कर पुर्तगालियों की शक्ति को कमजोर कर दिया।
- 1605 ई. में डचों ने पुर्तगालियों से अंवायना ले लिया तथा धीरे-धीरे मसाला द्वीप पुंज (इंडोनेशिया) में उन्हीं को हराकर अपना प्रभुत्व स्थापित किया।
- डच ईस्ट इंडिया कंपनी की भारत से अधिक रुचि इंडोनेशिया के साथ मसाला व्यापार में थी।
- भारत में डच फैक्ट्रियों की सबसे बड़ी विशेषता यह थी कि पुलीकट स्थित **गेल्ड्रिया के दुर्ग** के अलावा सभी डच बस्तियों में कोई किलेबंदी नहीं थी।
- डचों ने 1613 ई. में जकार्ता को जीतकर **बैटविया** नामक नये नगर की स्थापना की। डचों ने 1641 ई. में **मलक्का** और 1658 ई. में **सिलोन** पर कब्जा कर लिया।
- डचों ने 1605 ई. में **मुसलीपट्टनम्** में **प्रथम डच कारखाना** की स्थापना की।
- डचों द्वारा भारत में स्थापित कुछ कारखाने- पुलीकट-1610 ई., सूरत-1616 ई., विमलीपट्टम-1641 ई., करिकाल-1645 ई., चिनसुरा-1653 ई., कोचीन-1663 ई. कासिम बाजार, पटना, बालासोर, नागपट्टम-1658 ई.।
- डचों द्वारा भारत से नील, शोरा और सूती वस्त्र का निर्यात किया जाता था।
- डच लोग मुसलीपट्टम से नील का निर्यात करते थे। मुख्यत: डच लोग भारत से सूती वस्त्र का व्यापार करते थे।
- बंगाल में प्रथम डच फैक्ट्री **पीपली** में स्थापित की गयी लेकिन शीघ्र ही पीपली की जगह **बालासोर** में फैक्ट्री की स्थापना की गयी।
- 1653 ई. में चिनसुरा अधिक शक्तिशाली डच व्यापार केन्द्र बन गया। यहाँ पर डचों ने **गुस्तावुल** नाम के किले का निर्माण कराया।
- बंगाल से डच मुख्यत: सूती वस्त्र, रेशम, शोरा और अफीम का निर्यात करते थे।
- डचों द्वारा **कोरोमण्डल** तटवर्ती प्रदेशों से सूती वस्त्र का व्यापार किया जाता था। मालाबार के तटवर्ती प्रदेश से डच मसालों का व्यापार करते थे।
- डचों ने पुलीकट में अपने स्वर्ण निर्मित **पैगोडा** सिक्के का प्रचलन करवाया।
- डचों ने भारत में पुर्तगालियों को समुद्री व्यापार से एक तरह से निष्कासित कर दिया, लेकिन अंग्रेजों के नौसैनिक शक्ति के सामने डच नहीं टिक सके।
- डचों और अंग्रेजों के बीच 1759 ई. में लड़े गये **बेदरा के युद्ध** ने अंग्रेजी नौसेना की सर्वश्रेष्ठता को सिद्ध करते हुए डचों को भारतीय व्यापार से अलग कर दिया।

प्रमुख यूरोपीय कंपनी

कंपनी	स्थापना वर्ष
पुर्तगाल ईस्ट इंडिया कंपनी (एस्तादो द इंडिया)	1498 ई.
अंग्रेजी ईस्ट इंडिया कंपनी	1600 ई.
डच ईस्ट इंडिया कंपनी	1602 ई.
डैनिश ईस्ट इंडिया कंपनी	1616 ई.
फ्रांसीसी ईस्ट इंडिया कंपनी	1664 ई.
स्वीडिश ईस्ट इंडिया कंपनी	1731 ई.

अंग्रेज

- उन यूरोपीय व्यापारिक कंपनियों में जिन्होंने भारत में आकर अपनी व्यापारिक गतिविधियाँ आरंभ की उनमें अंग्रेज सर्वाधिक सफल रहे।

- अंग्रेजों की सफलता का कारण था इनका भारत सहित समूचे एशियाई व्यापार के स्वरूप को समझना तथा व्यापार विस्तार में राजनैतिक सैनिक शक्ति का सहारा लेना।
- 1599 ई. में इंग्लैण्ड के मर्चेंट एडवेंचर्स नामक दल ने अंग्रेजी ईस्ट इंडिया कंपनी अथवा दि गवर्नर एण्ड कंपनी ऑफ मर्चेंट्स ऑफ ट्रेडिंग इन टू द ईस्ट इंडीज की स्थापना की।
- दिसंबर, 1600 ई. में ब्रिटेन की महारानी **एलिजाबेथ टेलर प्रथम** ने ईस्ट इंडिया कंपनी को पूर्व के साथ **15 वर्षों** के लिए अधिकार पत्र प्रदान किया।
- प्रारम्भ में ईस्ट इंडिया कंपनी में 217 साझीदार थे और पहला गवर्नर **टॉमस स्मिथ** था।
- 1608 ई. में इंग्लैण्ड के राजा जेम्स प्रथम के दूत के रूप में **कैप्टन हॉकिन्स** सूरत पहुँचा, जहाँ से वह मुगल सम्राट जहाँगीर से मिलने आगरा गया।
- हॉकिन्स **फारसी भाषा** का बहुत अच्छा ज्ञाता था, जहाँगीर उससे बहुत अधिक प्रभावित था।
- जहाँगीर हॉकिन्स के व्यवहार से प्रसन्न होकर उसे आगरा में बसने तथा 400 की मनसब एवं जागीर प्रदान की।
- 1609 ई. में हॉकिन्स ने जहाँगीर से मिलकर सूरत में बसने की इजाजत माँगी परन्तु पुर्तगालियों के विद्रोह तथा सूरत के सौदागरों के विद्रोह के काण उसे स्वीकृति नहीं मिली।
- **सर टॉमस रो** ब्रिटेन के सम्राट जेम्स प्रथम के दूत के रूप में 18 सितंबर, 1615 ई. को सूरत पहुँचा, 10 जनवरी, 1616 ई. को रो **अजमेर** में जहाँगीर के दरबार में उपस्थित हुआ।
- रो मुगल दरबार में 10 जनवरी, 1616 ई. से 17 फरवरी, 1618 ई. तक रहा। इसी बीच रो ने मुगल दरबार से साम्राज्य के विभिन्न हिस्सों में व्यापार करने तथा व्यापारिक कोठियाँ खोलने की अनुमति प्राप्त कर ली।
- 1619 ई. तक अहमदाबाद, भड़ौच, बड़ौदा व आगरा में कंपनी के व्यापारिक कारखाने स्थापित हो गये। सभी व्यापारिक कोठियों का इस समय नियन्त्रण सूरत से होता था।
- दक्षिण भारत में ईस्ट इंडिया कंपनी का पहला कारखाना 1611 ई. में **मुसलीपट्टम** और **पेटापुली** में स्थापित हुआ। यहाँ से स्थानीय बुनकरों द्वारा निर्मित वस्त्रों को कंपनी खरीद कर फारस और बंतम को निर्यात करती थी।
- 1632 ई. में अंग्रेजों ने गोलकुण्डा के सुल्तान से एक **सुनहरा फरमान** प्राप्त कर 500 पैगोडा वार्षिक कर अदा करने के बदले गोलकुण्डा राज्य में स्थित बंदरगाहों से व्यापार करने का एकाधिकार प्राप्त कर लिया।
- 1633 ई. में पूर्वी तट पर अंग्रेजों ने अपना पहला कारखाना **बालासोर** और **हरिहरपुरा** में स्थापित किया था।
- 1639 ई. में **फ्रांसिस डे** नामक अंग्रेज को चन्द्रगिरी के राजा से मद्रास पट्टे पर प्राप्त हो गया। यहीं पर अंग्रेजों ने **फोर्ट सेंट जार्ज** नामक किले की स्थापना की थी। 1641 ई. में कोरोमण्डल तट पर फोर्ट सेंट जार्ज कंपनी का मुख्यालय बन गया।
- 1661 ई. में इंग्लैण्ड के सम्राट चार्ल्स द्वितीय का विवाह पुर्तगाल की राजकुमारी **कैथरीन ब्रेगांजा** से होने के कारण चार्ल्स को **बम्बई** दहेज के रूप में प्राप्त हुआ था जिसे उन्होंने दस पौण्ड वार्षिक किराए पर ईस्ट इंडिया कंपनी को दे दिया।
- 1669 से 1677 ई. तक बम्बई का गवर्नर **गोराल्ड औंगियार** ही वास्तव में बम्बई का संस्थापक था। 1687 ई. तक बम्बई पश्चिमी तट का प्रमुख व्यापारिक केंन्द्र बन बया।
- गेराल्ड औंगियार ने बम्बई में किलेबंदी के साथ ही वहाँ गोदी का निर्माण कराया तथा बम्बई नगर, एक न्यायालय और पुलिस दल की स्थापना की।

⮞ गेराल्ड औंगियार ने बम्बई के गवर्नर के रूप यहाँ ताँबे और चाँदी के सिक्के ढालने के लिए टकसाल की स्थापना की।

⮞ 1651 ई. में तक बंगाल, बिहार, ओडिशा और कोरोमण्डल की समस्त अंग्रेज फैक्ट्रियाँ फोर्ट सेंट जार्ज (मद्रास) के अन्तर्गत आ गयी।

⮞ 1633-1663 ई. के बीच अंग्रेज फैक्ट्रियों का उद्देश्य मुगल संरक्षण में शांतिपूर्वक व्यापार करना था, किंतु 1683-1685 ई. में अंग्रेज व्यापारी, स्थानीय शक्तियों के साथ विवादों, अन्य यूरोपियन कंपनियों के अधिकृत और अनाधिकृत व्यापारियों तथा आपसी झगड़े में व्यस्त हो गये।

⮞ 17वीं शताब्दी के उत्तरार्द्ध में अनेक कारणों से ईस्ट इंडिया कंपनी की नीति में परिवर्तन आया, अब वह सिर्फ व्यापारिक संस्था भर न रहकर भारतीय राजनीति में दिलचस्पी लेने लगी।

⮞ बंगाल में सुल्तान **शाहशुजा** ने 1651 ई. में एक फरमान निकाला, जिसमें कंपनी को 3000 रुपये वार्षिक कर के बदले व्यापार का विशेषाधिकार दे दिया गया। 1656 ई. में दूसरा निशान (फरमान) मंजूर किया। इसी प्रकार कंपनी ने 1672 ई. में शाइस्ता खाँ से तथा 1680 ई. में अंग्रेज से व्यापारिक रियायतों के सम्बन्ध में फरमान प्राप्त किया।

⮞ 1686 ई. में हुगली को लूटने के बाद अंग्रेज और मुगल सेनाओं में संघर्ष हुआ जिसके परिणामस्वरूप कंपनी को सूरत, मुसलीपट्टम, विशाखापट्टनम आदि कारखानों से अपने अधिकार खोने पड़े परन्तु अंग्रेजों द्वारा क्षमा याचना करने पर औरंगजेब ने उन्हें डेढ़ लाख रुपये मुआवजा देने के बदले पुन: व्यापार के अधिकार दे दिये और 1691 ई. में एक फरमान निकाला जिसमें 3000 रुपये के निश्चित वार्षिक कर के बदले बंगाल में कंपनी को सीमा शुल्क देने से छूट दे दी गयी।

⮞ 1698 ई. में कंपनी ने तीन गाँव- सूतानाटी, कोलिकत्ता एवं गोविंदपुरी की जमींदारी 12000 रुपये भुगतान कर प्राप्त कर ली। यहाँ पर निर्मित कारखाने के अगल-बगल **फोर्ट विलियम** का निर्माण किया गया और कालांतर में यही कलकत्ता नगर कहलाया जिसकी नींव **जॉब चार्नाक** के प्रयास से पड़ी।

⮞ ईस्ट इंडिया कंपनी के इतिहास की महत्त्वपूर्ण घटना 1717 ई. में घटी। **जॉन सुर्मन** के नेतृत्व में एक ब्रिटिश दूतमंडल कुछ और व्यापारिक रियासतें प्राप्त करने के उद्देश्य से मुगल बादशाह फर्रूखसियर के दरबार में पहुँचा।

⮞ इस ब्रिटिश दूतमंडल में एडवर्ड स्टिफेन्सन, विलियम हैमिल्टन (सर्जन) तथा ख्वाजा सेहूर्द (आर्मेनियन दुभाषिया) शामिल थे।

⮞ इस दूतमंडल में शामिल सर्जन डॉक्टर हैमिल्टन ने मुगल सम्राट फर्रूखसियर को एक प्राण घातक फोड़े से निजात दिलाई। इस सर्जन डॉक्टर की सेवा से खुश होकर 1717 ई. में मुगल सम्राट ने ईस्ट इंडिया कंपनी के लिए निम्नलिखित सुविधाओं वाला फरमान जारी किया-

1. बंगाल में कंपनी 3000 रुपये वार्षिक देने पर नि:शुल्क व्यापार का अधिकार मिल गया।
2. कंपनी को कलकत्ता के आस-पास भूमि किराये पर लेने का अधिकार मिल गया।
3. कंपनी द्वारा बम्बई की टकसाल से जारी किये गये सिक्कों को मुगल साम्राज्य में मान्यता मिल गयी।
4. सूरत में 10,000 रुपये वार्षिक कर देने पर नि:शुल्क व्यापार का अधिकार प्राप्त हो गया।

⮞ इतिहासकार **ओर्म्स** (Orms) ने मुगल सम्राट द्वारा जारी किये गये कंपनी के फरमान को कंपनी का **महाधिकार पत्र** (Magnacarta of the Company) कहा।

⮞ 1634 ई. में ब्रिटिश संसद द्वारा पारित एक प्रस्ताव द्वारा ब्रिटेन की सभी प्रजा को भारत में व्यापार करने का अधिकार मिल गया।

- इस अधिकार पत्र के बाद इंग्लैण्ड में एक अन्य प्रतिद्वन्द्वी कंपनी **इंगलिश कंपनी ट्रेडिंग इन द ईस्ट** का जन्म हुआ। इस कंपनी ने व्यापारिक विशेषाधिकार प्राप्त करने के लिए **विलियम नौरिस** को औरंगजेब के दरबार में भेजा था।
- नई और पुरानी ईस्ट इंडिया कंपनी को आपस में विलय करने का निर्णय 22 जुलाई, 1702 को लिया गया। दोनों कंपनियों का विलय **अर्ल ऑफ गोडोलफिन** के निर्णय के अनुसार 1708-1709 ई. में कर दिया गया।
- संयुक्त कंपनी का नाम **द यूनाइटेड कंपनी ऑफ मर्चेंट्स ऑफ इंग्लैण्ड ट्रेडिंग विथ ईस्ट इंडीज** रखा गया।
- कंपनी और उसके व्यापार की देख-रेख **गवर्नर-इन-काउंसिल** द्वारा किया जाता था।
- बंगाल के नवाब मुर्शीद कुली खाँ ने फर्रूखसियर द्वारा दिये गये फरमान (1717 ई.) के स्वतन्त्र प्रयोग को नियन्त्रित करने का प्रयास किया।
- मराठा सेनानायक **कान्होंजी आंगरिया** ने पश्चिमी तट पर अंगेजों की स्थिति को काफी कमजोर बना दिया था।

डेन

- ईस्ट इंडिया कंपनी के गठन के बाद सन् 1616 ई. में डेन (डेनमार्क के निवासी) भारत आये।
- 1620 ई. में त्रावणकोर (तमिलनाडु) और 1676 ई. में सेरामपुर (बंगाल) में अपनी फैक्टरी स्थापित की।
- भारत में इनका मुख्यालय सेरामपुर था।
- ये व्यापार की अपेक्षा धर्म-प्रचार के कार्य-कलापों में ज्यादा संलग्न थे।
- ये भारत में अपनी स्थिति सुदृढ़ नहीं कर सके और अंतत: 1845 ई. में अपनी भारतीय बस्तियाँ अंग्रेजों को बेच दी।

फ्रांसीसी

- फ्रांसीसियों ने भारत में सबसे अंत में प्रवेश किया। फ्रांसीसियों के भारत आगमन के समय फ्रांस का शासक लुई 14वाँ था।
- फ्रांस के सम्राट लुई 14वें के मन्त्री **कॉलबर्ट** द्वारा 1664 ई. में भारत में फ्रांसीसी ईस्ट इंडिया कंपनी की स्थापना की गयी। इसे **कंपने देस इण्दसे ओरियंटलेस** (Compagnie des Indes Orientals) कहा गया।
- फ्रांसीसी कंपनी सरकार के संरक्षण तथा उसके द्वारा दी जाने वाली आर्थिक सहायता पर निर्भर थी, इसलिए इसे सरकारी व्यापारिक कंपनी भी कहा जाता था।
- भारत में फ्रांसीसियों की पहली कोठी फ्रैंक कैरो द्वारा सूरत में 1668 ई. में स्थापित की गयी।
- 1669 ई. में **मर्कारा** ने गोलकुण्डा के सुल्तान से अनुमति प्राप्त कर **मसुलीपट्टनम** में दूसरी फ्रेंच कोठी/फैक्टरी की स्थापना की।
- 1672 ई. में एडमिरल **डेला हे** ने गोलकुण्डा के सुल्तान को परास्त कर सैनथोमा (मद्रास) को छीन लिया।
- 1672 ई. में कंपनी के निदेशक **फ्रांसिस मार्टिन** ने वलिकोण्डापुर के सूबेदार शेरखाँ लोदी से **पर्दुचुरी** नामक एक गाँव प्राप्त किया, जिसे कालांतर (1674 ई.) में **पांडिचेरी** के नाम से जाना गया।
- बंगाल के सूबेदार शाईस्ता खाँ ने 1674 ई. में फ्रांसीसियों को एक जगह दी जहाँ पर 1690-1692 ई. के मध्य चन्द्र नगर की सुप्रसिद्ध फ्रांसीसी फैक्टरी की स्थापना की गयी।

- डचों ने अंग्रेजों की सहायता से 1693 ई. में पांडिचेरी को छीन लिया, लेकिन 1697 ई. में सम्पन्न **रिजविक की संधि** के बाद पांडिचेरी पुन: फ्रांसीसियों को वापस मिल गया।

- फ्रांसीसियों ने 1721 ई. में मॉरीशस, 1725 ई. में मालाबार तट पर स्थित माही एवं 1739 ई. में कारीकल पर अपना अधिकार जमा लिया।

- 1701 ई. में पांडिचेरी को पूर्व में फ्रांसीसी बस्तियों का मुख्यालय बनाया गया और मार्टिन को भारत में फ्रांसीसी मामलों का महानिदेशक नियुक्त किया गया।

- पांडिचेरी के कारखाने में ही फ्रांसिस मार्टिन ने **फोर्ट लुई** का निर्माण कराया। मार्टिन ने भारतीय व्यापारियों और राजाओं के साथ निष्पक्षता एवं न्यायपूर्ण व्यवहार करके उनका व्यक्तिगत विश्वास, सम्मान और आदर प्राप्त किया। 1706 ई. में मार्टिन की मृत्यु के बाद फ्रांसीसी बस्तियों एवं व्यापार के स्तर में कमी आयी।

- 1742 ई. से पूर्व भारत में फ्रेंच ईस्ट इंडिया कंपनी का मूल उद्देश्य व्यापारिक लाभ कमाना था परन्तु 1742 ई. के बाद डूप्ले के पांडिचेरी का गवर्नर नियुक्त होने पर कंपनी का राजनीतिक लाभ व्यापारिक लाभ से अधिक महत्त्वपूर्ण हो गया। डूप्ले की इस महत्त्वाकांक्षा से ही फ्रांसीसियों और अंग्रेजों के बीच युद्ध प्रारम्भ हो गया।

- अंग्रेजों और फ्रांसीसियों के बीच लड़े गये युद्ध को **कर्नाटक युद्ध** के नाम से जाना गया। कोरोमण्डल समुद्र तट पर स्थित क्षेत्र जिसे कर्नाटक कहा जाता था, पर अधिकार को लेकर इन दोनों कंपनियों में लगभग बीस वर्ष तक संघर्ष हुआ।

- कोरोमण्डल समुद्रतट पर स्थित किलाबंद मद्रास और पांडिचेरी क्रमश: अंग्रेजों और फ्रांसीसियों की सामरिक दृष्टिकोण से महत्त्वपूर्ण बस्तियाँ थीं।

- तत्कालीन कर्नाटक दक्कन के सूबेदार के नियन्त्रण में था, जिसकी राजधानी **आरकाट** थी।

- अंग्रेजों और फ्रांसीसियों के बीच बीस वर्षों तक चले **तीनों कर्नाटक युद्ध** का संक्षिप्त विवरण निम्नलिखित है–

- **प्रथम कर्नाटक युद्ध** (1746-1748 ई.) यह युद्ध आस्ट्रिया के उत्तराधिकार युद्ध से प्रभावित था। 1748 ई. में हुई ए-ला-शापल की संधि के द्वारा आस्ट्रिया का उत्तराधिकार युद्ध समाप्त हो गया और संधि के तहत प्रथम कर्नाटक युद्ध समाप्त हुआ।

- **दूसरा कर्नाटक युद्ध** (1749-1754 ई.) यह युद्ध में फ्रांसीसी गवर्नर डूप्ले की हार हुई। उसे वापस बुला लिया गया और उसकी जगह पर भारत में **गोडेहू** को अगला फ्रांसीसी गवर्नर बनाया गया। **पांडिचेरी की संधि** (जनवरी, 1755 ई.) के साथ युद्धविराम हुआ।

- **तीसरा कर्नाटक युद्ध** (1756-1763 ई.) यह युद्ध 1756 ई. में शुरू हुए सप्तवर्षीय युद्ध का ही एक अंश था। यह युद्ध पेरिस की संधि होने पर समाप्त हुआ।

- 1700 ई. में अंग्रेजी सेना ने **सर आयरकूट** के नेतृत्व में **वांडिवाश की लड़ाई** में फ्रांसीसियों को बुरी तरह हराया। यही पराजय भारत में फ्रांसीसियों के पतन की शुरुआत थी।

- 1761 ई. में अंग्रेजों ने पांडिचेरी को फ्रांसीसियों से छीन लिया।

- 1763 ई. में हुई पेरिस की संधि के द्वारा अंग्रेजों ने **चन्द्रनगर** को छोड़कर शेष अन्य प्रदेशों को लौटा लिया, जो 1749 ई. तक फ्रांसीसी कब्जे में थे। ये प्रदेश भारत की स्वतन्त्रता तक फ्रांसीसियों के कब्जे में रहे।

- भारत में फ्रांसीसी शक्ति की असफलता के प्रमुख कारण थे–
  1. फ्रांसीसी सरकार का असहयोग।
  2. कंपनी का सामंती स्वरूप और अत्यधिक शाही नियन्त्रण।

3. इंग्लैण्ड की नौ-सैनिक सर्वोच्चता।
4. फ्रांसीसी सेनापति डूप्ले और बुसी की तुलना में अंग्रेज सेनापति क्लाइव लारेंस, आयरकूट आदि अधिक सूझबूझ वाले थे।

स्वीडिश

- स्वीडिश ईस्ट इंडिया कंपनी की स्थापना 1731 ई. में हुई।
- स्वीडिश ईस्ट इंडिया कंपनी का व्यापारिक सम्बन्ध अधिकतर चीन के साथ रहा।
- समान महत्त्वाकांक्षा एवं राज्य विस्तार की आकांक्षा ने इन व्यापारिक कंपनियों में संघर्ष अवश्यंभावी कर दिया। फलतः इनका पतन हों गया।

4. बंगाल पर अंग्रेजी आधिपत्य

- इस समय बंगाल में आधुनिक पश्चिम बंगाल प्रांत, समूचा बांगलादेश, बिहार और ओडिशा सम्मिलित थे। यह मुगलकालीन भारत का सर्वाधिक सम्पन्न राज्य था।
- बंगाल के प्रथम स्वतन्त्र शासक मुर्शीदकुली खाँ तथा उसके उत्तराधिकारी शुजाउद्दीन और अलीवर्दी खाँ के समय बंगाल इतना अधिक सम्पन्न हो गया कि इसे **भारत का स्वर्ग** कहा जाने लगा।
- डचों, अंग्रेजों और फ्रांसीसियों ने बंगाल में जगह-जगह अपनी व्यापारिक बस्तियाँ स्थापित कर ली जिनमें हुगली सर्वाधिक मत्त्वपूर्ण पत्तन था।
- 1633 से 1663 के बीच बंगाल में अंग्रेजी ईस्ट इंडिया कंपनी ने मुगल शासन के अधीन फैक्ट्रियाँ और कारखाने (व्यापारिक) स्थापित करने तथा शान्तिपूर्वक व्यापार करने के लक्ष्य पर कार्य किया।
- 1670 से 1700 के बीच बंगाल में **अनधिकृत अंग्रेज** व्यापारियों अथवा दस्तनदाजों (Interlopers) का बोलबाला था, ये स्वतन्त्र तथा कंपनी के नियन्त्रण से मुक्त होकर व्यापार करते थे। इन व्यापारियों की गतिविधियाँ ही कालांतर में अंग्रेज और मुगलों के बीच संघर्ष का कारण बनी।
- अलीवर्दी खाँ के बाद उसका नाती सिराजुद्दौला (1756-1757) बंगाल का नवाब बना, लेकिन बंगाल के नवाब पद के कई और भी दावेदार थे, जिनमें पूर्णिया का नवाब शौकत जंग (चचेरा भाई), सिराजुद्दौला की मौसी घसीटी बेगम तथा उसका सेनापति मीरजाफर (अलीवर्दी खाँ का दामाद) आदि। अंग्रेज, सिराजुद्दौला के इन विरोधियों का समर्थन कर रहे थे। यह बात सिराजुद्दौला को पसंद नहीं था।
- अंग्रेज लोग पहले से प्राप्त **दस्तक (Free Pass)** का दुरुपयोग निजी व्यापार के लिए करने लगे थे। दस्तक का दुरुपयोग ही कालांतर में सिराजुद्दौला और अंग्रेजों के बीच संघर्ष का कारण बना।
- सिराजुद्दौला का अंग्रेजों से सम्बन्ध कड़ुवाहट भरा था जिसके लिए कई कारण जिम्मेदार थे, जिनमें प्रमुख कारण निम्नलिखित थे-
  1. अंग्रेजों द्वारा नवाब की सत्ता की अवहेलना कर उसके विरुद्ध षडयन्त्र में शामिल लोगों को बढ़ावा देना।
  2. नवाब के राज्यारोहण के समय उसे उचित सम्मान एवं उपहार कंपनी द्वारा न देना।
  3. नवाब को कंपनी द्वारा कासिम बाजार फैक्टरी के निरीक्षण की अनुमति नहीं देना।
  4. नवाब की अनुमति के बिना **फोर्ट विलियम** के किलेबन्दी को सुदृढ़ करना।
  5. फर्रुखसियर द्वारा प्रदत्त व्यापार का विशेष अधिकार दस्तक (Free Pass) का कंपनी के कर्मचारियों द्वारा अपने निजी व्यापार में किया जा रहा दुरुपयोग।

- दस्तक वस्तुत: कर मुक्त व्यापार करने का परमिट या परिपत्र था। 1717 ई. में मुगल सम्राट फर्रुखसियर द्वारा जारी फरमान में सीमाशुल्क से मुक्त व्यापार करने की अनुमति के बाद कलकत्ता की अंग्रेज फैक्टरी का प्रेसीडेंट दस्तक को जारी करता था।
- दस्तक से कंपनी के कर्मचारी दो तरह से लाभ कमाते थे, एक तरफ तो वे दस्तक द्वारा बिना चुंगी दिये व्यापार करते थे और दूसरी ओर ये दस्तक अपने भारतीय मित्रों को बेचकर पैसा कमाते थे।
- प्लासी के युद्ध के बाद दस्तक का दुरुपयोग बड़े पैमाने पर होने लगा। कार्नवालिस के समय दस्तक की सुविधा को समाप्त कर दिया गया।
- सिराज ने समुचित कारणों के आधार पर मई, 1756 ई. में कासिम बाजार पर आक्रमण का आदेश देकर उस पर कब्जा कर लिया।
- कलकत्ता पर अधिकार (15 जून, 1756) करने हेतु नवाब ने स्वयं आक्रमण का नेतृत्व किया। कलकत्ता के गवर्नर ड्रेक को ज्वारग्रस्त फुल्टा द्वीप में शरण लेनी पड़ी। मिस्टर हॉलवेल ने अपने कुछ साथियों के साथ नवाब के समक्ष आत्मसमर्पण कर दिया।
- 20 जून, 1756 ई. को फोर्ट विलियम के पतन के बाद सिराज ने बंदी बनाये गये 146 अंग्रेज कैदियों को जिसमें स्त्री और बच्चे भी थे को एक घुटनयुक्त अंधेरे कमरे में बंद कर दिया। 21 जून को प्रात:काल तक कमरे में केवल 21 व्यक्ति ही जीवित बचे जिनमें अंग्रेज अधिकारी हॉलवेल भी शामिल था।
- अंग्रेज इतिहासकारों ने 20-21 जून, 1756 ई. की इस घटना को **काल कोठरी त्रासदी (Black Hole Tragedy)** की संज्ञा दी।
- अंग्रेजों द्वारा कलकत्ता पर पुन: अधिकार करने के लिए अक्टूबर 1756 ई. में मद्रास से राबर्ट क्लाइव के नेतृत्व में सैनिक अभियान को कलकत्ता भेजा गया। इस सैन्य अभियान में एडमिरल वाट्सन क्लाइव का सहायक था।
- क्लाइव ने पहले बजबज पर, फिर 2 जून, 1757 ई. को कलकत्ता पर अधिकार कर लिया, क्लाइव के बढ़ते हुए प्रभाव से भयभीत नवाब ने संधि का प्रस्ताव रखा।
- 9 फरवरी, 1757 ई. को कंपनी और नवाब सिराज के मध्य सम्पन्न **अलीनगर की संधि** (नवाब सिराजद्दौला द्वारा कलकत्ता को नया नाम, अलीनगर दिया गया था) की शर्तों के अनुसार नवाब ने मुगल बादशाह द्वारा कंपनी को प्रदत्त समस्त व्यापारिक सुविधाओं को स्वीकार कर लिया। इस संधि की मुख्य शर्तें निम्नलिखित थी-
    1. जिन अंग्रेज फैक्ट्रियों पर नवाब ने कब्जा किया हुआ था, को वापस करते हुए तीन लाख रुपये युद्ध हर्जाना भी दिया।
    2. अंग्रेजों को सिक्का ढालने एवं कलकत्ते में किलेबंदी का भी अधिकार मिल गया। 18 अगस्त, 1757 ई. को अंग्रेजों ने कलकत्ता में अपनी टकसाल स्थापित की।
- सिराजुद्दौला की कमजोर हो रही स्थिति को महसूस कर अंग्रेजों ने मुर्शिदाबाद की गद्दी पर किसी कठपुतली शासक को बैठाना चाहते थे।
- इस योजना के तहत अंग्रेजों ने (क्लाइव) सेनापति मीर जाफर, साहूकार जगत् सेठ, राय दुर्लभ तथा अमीन चन्द जैसे नवाब के विरोधियों से षड्यन्त्र कर सिराजुद्दौला को हटाने का प्रयास किया। इसी बीच मार्च, 1757 ई. में अंग्रेजों ने फ्रांसीसियों से चन्द्रनगर को जीत लिया। अंग्रेजों के इन समस्त कृत्यों से नवाब सिराजुद्दौला का क्रोध सीमा से बाहर हो गया जिसकी अंतिम परिणति **प्लासी के युद्ध** (1757 ई.) के रूप में हुई।
- प्लासी के युद्ध की गणना भारत के निर्णायक युद्धों में की जाती है। वर्तमान में प्लासी पश्चिम बंगाल के नदिया जिले में गंगा नदी के किनारे स्थित है।

- प्लासी युद्ध में अंग्रेजी सेना ने (1100 यूरोपीय, 200 सिपाही तथा बंदूकची) क्लाइव के नेतृत्व में हिस्सा लिया। दूसरी ओर 4500 सैनिकों वाली नवाब की सेना का नेतृत्व तीन राजद्रोही- मीरजाफर, यारलतीफ खाँ और राय दुर्लभ ने किया।
- 23 जून, 1557 ई. को मुर्शिदाबाद के दक्षिण में 22 मील की दूरी पर स्थित प्लासी नामक गाँव में दोनों सेनाएँ आमने-सामने हुई। नवाब की सेना के वफादार सिपाही **मीरमदान** और **मोहनलाल** मैदान में लड़ते हुए वीरगति को प्राप्त हुए। सिराजुद्दौला की सेना के तीनों धोखेबाज- मीरजाफर, यारलतीफ और राय दुर्लभ अपनी सेनाओं के साथ निष्क्रिय रहे।
- सेना को बिखरता देख नवाब घबड़ाकर अपने महल की ओर भागा, अंतत: उसकी हत्या कर दी गयी।
- 28 जून, 1757 ई. को अंग्रेजों ने मीरजाफर को बंगाल का नवाब बना दिया। इसी समय से बंगाल में अंग्रेजों ने **नृप निर्माता** की भूमिका की शुरुआत की।

युद्ध का परिणाम

- इतिहासकार **युदनाथ सरकार** ने कहा कि '23 जून, 1757 ई. को भारत में मध्यकालीन युग का अंत हो गया और आधुनिक युग का शुभारंभ हुआ। एक पीढ़ी से कम समय या प्लासी के युद्ध के 20 वर्ष बाद ही देश धर्मतन्त्री शासन के अभिशाप से मुक्त हो गया।'
- **डॉक्टर दीनानाथ वर्मा** के शब्दों में 'प्लासी का युद्ध एक ऐसे विशाल और गहरे षडयन्त्र का प्रदर्शन था, जिसमें एक ओर कुटिल नीति निपुण बाघ था और दूसरी ओर भोला शिकार, युद्ध में अदूरदर्शिता की हार हुई और कुटिलता की जीत। यदि इसका नाम युद्ध है तो प्लासी का प्रदर्शन भी युद्ध था। लेकिन सामान्य भाषा में जिसे युद्ध कहते हैं वह प्लासी में कभी हुआ ही नहीं।'
- इतिहासकार **के.एम. पन्निकर** के अनुसार 'प्लासी सौदा था, जिसमें बंगाल के धनी लोगों और मीरजाफर ने नवाब को अंग्रेजों को बेच दिया।'
- **अल्फ्रेड लायल** के अनुसार 'प्लासी में क्लाइव की सफलता ने बंगाल में युद्ध तथा राजनीति का एक अत्यन्त विस्तृत क्षेत्र अंग्रेजों के लिए खोल दिया।'
- प्लासी के युद्ध के बाद बंगाल में **ल्यूक स्क्राफ्टन** को नवाब के दरबार में अंग्रेजी रेजिडेंट नियुक्त किया गया।
- प्लासी के युद्ध के बाद आर्थिक रूप से भारत के इस सबसे समृद्ध प्रांत को जी भर कर लूटा गया। 1757 ई. से 1760 ई. के बीच मीरजाफर ने अंग्रेजों को तीन करोड़ रुपये घूस दिया, क्लाइव को युद्ध क्षतिपूर्ति के रूप में 37,70,833 पौण्ड प्राप्त हुआ।
- प्लासी के युद्ध के परिणामों की बक्सर के युद्ध में अंग्रेजों की विजय के साथ पुष्टि हुई। युद्ध ने अंग्रेजों को तात्कालिक सैनिक एवं वाणिज्यिक लाभ प्रदान किया, कंपनी का बंगाल, बिहार और ओडिशा पर राजनीतिक प्रभुत्व स्थापित हुआ।

मीरजाफर (1757–1760 ई.)

- बंगाल की नवाबी प्राप्त करने (28 जून, 1757 ई.) के उपलक्ष्य में मीर जाफर ने कंपनी को **24 परगना** की जमींदारी पुरस्कार के रूप में दिया।
- कालांतर में मीरजाफर के अंग्रेजों से सम्बन्ध अच्छे नहीं रहे क्योंकि नवाब के प्रशासनिक कार्यों में अंग्रेजों का हस्तक्षेप अधिक बढ़ गया। साथ ही मीजाफर चिनसुरा स्थित डचों के साथ अंग्रेजों के विरुद्ध षड्यन्त्र करने लगा।
- अंग्रेजी सरकार के खर्च में दिन-प्रतिदिन हो रही बेतहासा वृद्धि और उसे वहन न कर पाने के कारण मीरजाफर ने अक्टूबर, 1760 में अपने दामाद मीरकासिम के पक्ष में सिंहासन त्याग दिया। भारतीय इतिहास में इस वर्ष (अक्टूबर, 1760) को **शांतिपूर्ण क्रांति** का वर्ष कहा जाता है।

⇨ मुर्शिदाबाद में मीरजाफर को **कर्नल क्लाइव का गीदड़** कहा जाता था।

मीरकासिम (1760–1765 ई.)

⇨ अलीवर्दी खाँ के बाद बंगाल के नवाब के पद पर शासन करने वालों में मीरकासिम सर्वाधिक योग्य था।

⇨ कंपनी तथा उसके अधिकारियों को भरपूर मात्रा में धन देकर मीरकासिम अंग्रेजों के हस्तक्षेप से बचने के लिए शीघ्र ही अपनी राजधानी को मुर्शिदाबाद से **मुंगेर** स्थानांतरित किया।

⇨ मीरकासिम ने राजस्व प्रशासन में व्याप्त भ्रष्टाचार को खत्म करने एवं आमदनी बढ़ाने हेतु कई उपाय अपनाये जिसमें प्रमुख हैं– अधिक धन वालों का धन जब्त करना, सरकारी खर्च में कटौती, कर्मचारियों की छँटनी, नये जमींदारों से बकाया धन की वसूली आदि।

⇨ सैन्य व्यवस्था में सुधार करने के उद्देश्य से मीरकासिम ने अपने सैनिकों की संख्या में वृद्धि की, साथ ही उन्हें यूरोपीय ढंग से प्रशिक्षित किया। इसने अपनी सेना को **गुर्गिन खाँ** नामक आर्मेनियाई के नियन्त्रण में रखा।

⇨ मीरकासिम ने मुंगेर में तोपों तथा तोड़दार बंदूकों के निर्माण हेतु कारखाने की स्थापना की।

⇨ 1717 ई. में मुगल बादशाह द्वारा प्रदत्त व्यापारिक फरमान (दस्तक) का इस समय बंगाल में दुरुपयोग देखकर नवाब मीरकासिम ने आंतरिक व्यापार पर सभी प्रकार के शुल्कों की वसूली बंद करवा दी।

⇨ 1762 ई. में मीरकासिम द्वारा समाप्त की गयी व्यापारिक चुंगी और कर का लाभ अब भारतीयों को भी मिलने लगा। पहले यह लाभ 1717 ई. के फरमान द्वारा केवल कंपनी को मिलता था। कंपनी ने नवाब के इस निर्णय को अपने विशेषाधिकार की अवहेलना के रूप में लिया। सम्भवत: नवाब का यही निर्णय कालांतर में **बक्सर के युद्ध** (1764 ई.) का कारण बना।

⇨ 1763 ई. जुलाई में मीरकासिम को कंपनी ने अपदस्थ कर मीरजाफर को पुन: बंगाल का नवाब बनाया।

⇨ 19 जुलाई, 1763 ई. को मीरकासिम और एडम्स के नेतृत्व में करवा नामक स्थान पर **करवा का युद्ध** हुआ जिसमें अपदस्थ नवाब पराजित हुआ।

⇨ करवा के युद्ध के बाद और बक्सर के युद्ध से पूर्व मीरकासिम को अंग्रेजों ने तीन बार पराजित किया, परिणामस्वरूप मीरकासिम ने मुंगेर छोड़कर पटना में शरण ली।

⇨ 1763 ई. में हुए पटना हत्याकाण्ड, जिसमें अनेक अंग्रेज मारे गये, से मीरकासिम प्रत्यक्ष रूप से जुड़ा था।

⇨ बक्सर के युद्ध से पूर्व मीरकासिम निम्नलिखित युद्धों में पराजित हुआ–
  1. करवा का युद्ध (19 जुलाई, 1763 ई.)
  2. गीरिया का युद्ध (4–5 सितंबर, 1763 ई.)
  3. उधौनला का युद्ध (1763 ई.)

बक्सर का युद्ध (1764 ई.)

⇨ बक्सर के मैदान में अवध के नवाब, मुगल सम्राट तथा मीरकासिम की संयुक्त सेना अक्टूबर, 1764 को पहुँची, दूसरी ओर अंग्रेजी सेना **हेक्टर मुनरो** के नेतृत्व में पहुँची।

⇨ 23 अक्टूबर, 1764 को निर्णायक **बक्सर का युद्ध** प्रारम्भ हुआ। युद्ध प्रारम्भ होने से पूर्व ही अंग्रेजों ने अवध के नवाब की सेना से असद खाँ, रोहतास के सूबेदार साहूमल और जैनुल अबादीन को धन का लालच देकर फोड़ लिया।

⇨ शीघ्र ही हेक्टर मुनरो के नेतृत्व में अंग्रेजी सेना ने बक्सर के युद्ध को जीत लिया।

बक्सर के युद्ध का महत्त्व

1. प्लासी के युद्ध ने अंग्रेजों की प्रभुता बंगाल में स्थापित की परंतु बक्सर के युद्ध ने कंपनी को एक अखिल भारतीय शक्ति का रूप दे दिया।

2. बक्सर के युद्ध में पराजित होने के बाद मुगल सम्राट शाहआलम-II जहाँ पहले ही अंग्रेजों के शरण में आ गया था वहीं अवध का नवाब कुछ दिनों तक अंग्रेजों के विरुद्ध सैनिक सहायता हेतु भटकने के बाद मई, 1765 ई. में अंग्रेजों के समक्ष आत्मसमर्पण कर दिया।

3. बक्सर के युद्ध ने भारतीयों की हथेली पर **दासता** शब्द लिख दिया जिसे स्वतन्त्रता प्राप्त करने के बाद ही मिटाया जा सका।

- 5 फरवरी, 1765 ई. को मीरजाफर की मृत्यु के बाद कंपनी ने उसके पुत्र निजामुद्दौला को अपने संरक्षण में बंगाल का नवाब बनाया।

- मई, 1765 ई. में **क्लाइव दूसरी बार बंगाल का गवर्नर** बनकर आया। उसने आते ही मुगल बादशाह शाहआलम-II और अवध के नवाब शुजाउद्दौला से अलग-अलग **इलाहाबाद की संधि** की।

- 12 अगस्त, 1765 ई. को क्लाइव ने मुगल बादशाह शाहआलम-II से **इलाहाबाद की प्रथम संधि** की। जिसमें निम्न शर्तें थीं-
  1. मुगल बादशाह ने बंगाल, बिहार, ओडिशा की दीवानी कंपनी को सौंप दी।
  2. कंपनी ने अवध के नवाब से कड़ा और मानिकपुर छीनकर मुगल बादशाह को दे दिया।
  3. एक फरमान द्वारा बादशाह शाहआलम-II ने निजामुद्दौला को बंगाल का नवाब बनाया।
  4. कंपनी ने मुगल बादशाह को 26 लाख रुपये वार्षिक पेंशन देना स्वीकार किया।

- 16 अगस्त, 1765 ई. को क्लाइव ने अवध के नवाब शुजाउद्दौला से **इलाहाबाद की दूसरी संधि** की। जिसकी निम्न शर्तें थीं-
  1. नवाब ने कंपनी की क्षतिपूर्ति के रूप में 50 लाख रुपये देने का वायदा किया।
  2. अवध प्रांत से कड़ा और इलाहाबाद के जिले लेकर मुगल बादशाह को दिये गये।
  3. अंग्रेजों की संरक्षता में बनारस और गाजीपुर की जागीर राजा बलवंत सिंह को पैतृक जागीर के रूप में दे दी गयी।
  4. शुजाउद्दौला को अवध वापस मिल गया तथा उसने चुनार अंग्रेजों को सौंप दिया।
  5. नवाब को एक और संधि द्वारा यह वचन देना पड़ा कि अपनी सीमाओं की सुरक्षा के लिए वह अंग्रेजों से सैनिक सहायता लेने पर पूरा सैन्य खर्च वहन करेगा।

- अवध के साथ संधि पर **रेम्जेम्योर** ने लिखा कि 'अब से अवध के साथ मित्रता के सम्बन्ध रखना अंग्रेजों की स्थायी नीति बन गयी, जो मराठों की बढ़ती हुई शक्ति के मार्ग में एक लाभदायक बाधा थी।'

- फरवरी, 1765 ई. में क्लाइव ने बंगाल के नवाब निजामुद्दौला से संधि की, जिसकी शर्तें इस प्रकार थी- बंगाल में प्रशासनिक अधिकारियों की नियुक्ति का अधिकार कंपनी को होगा, साथ ही नवाब की सेना को लगभग समाप्त कर दिया गया।

- बंगाल के नवाब के साथ संधि के बाद बंगाल में **द्वैध शासन** की शुरुआत हुई।

क्लाइव की द्वैध शासन प्रणाली

- क्लाइव ने बंगाल में दोहरी सरकार कायम की, जिसमें वास्तविक शक्ति कंपनी के पास थी, पर प्रशासन का भार नवाब के कंधों पर था।

- मुगल काल में प्रांतीय प्रशासन में दो प्रकार के श्रेष्ठ अधिकारी होते थे जिसमें **पहला पद सूबेदार** का था, जिसे निजामत भी कहा जाता था, का कार्य सैनिक प्रतिरक्षा, पुलिस, न्याय

एवं विदेशी मामलों से जुड़ा था। **दूसरा पद दीवान** का था, जो राजस्व एवं वित्त व्यवस्था की देख-रेख करता था।

- द्वैध शासन की व्यवस्था के आधार पर कंपनी द्वारा वसूले गये राजस्व में से 26 लाख रुपये प्रतिवर्ष मुगल सम्राट को तथा 50 लाख रुपये बंगाल के नवाब को शासन के कार्यों के संचालन के लिए दिया जाना था, शेष बचे हुए भाग को वह अपने पास रखने के लिए स्वतन्त्र थे। इस प्रकार कंपनी ने राजस्व वसूलने का अधिकार तथा नवाब ने शासन चलाने की जिम्मेदारी ग्रहण की।
- दीवनी और निजामत दोनों अधिकार प्राप्त कर लेने के बाद ही कंपनी ने बंगाल में **द्वैध** शासन की शुरुआत की।
- कंपनी और नवाब दोनों द्वारा प्रशासन की व्यवस्था को ही बंगाल में द्वैध शासन कहा गया जिसकी विशेषता थी उत्तरदायित्व रहित अधिकार और अधिकार रहित उत्तरदायित्व।
- बंगाल में द्वैध शासन के दुष्परिणाम शीघ्र ही देखने को मिले। पूरे बंगाल में अराजकता, अव्यवस्था तथा भ्रष्टाचार का माहौल बन गया। व्यापार और वाणिज्य का पतन हुआ, व्यापारियों की स्थिति भिखारियों जैसी हो गयी, समृद्ध और विकसित उद्योग विशेषत: रेशम और कपड़ा उद्योग नष्ट हो गये, किसान भयानक गरीबी के शिकार हो गये।

बंगाल के नवाब

क्र.	नवाब	कार्यकाल
1.	मुर्शीदकुली खाँ	1713-1727 ई.
2.	शुजाउद्दीन	1727-1739 ई.
3.	सरफराज खाँ	1739-1740 ई.
4.	अलीवर्दी खाँ	1740-1756 ई.
5.	सिराजुद्दौला	1756-1757 ई.
6.	मीर जाफर	1757-1760 ई.
7.	मीर कासिम	1760-1763 ई.
8.	मीर जाफर	1763-1765 ई.
9.	निजामुद्दौला	1765-1766 ई.
10.	शैफुद्दौला	1766-1770 ई.
11.	मुबारकुद्दौला	1770-1775 ई.

स्मरणीय तथ्य

- बंगाल के नवाब सिराजुद्दौला के समय 20-21 जून को 1756 को प्रसिद्ध कालकोठरी या ब्लैक होल की घटना घटी
- निर्णायक **प्लासी का युद्ध** 23 जून, 1757 को लड़ा गया, क्लाइव के नेतृत्व में लड़े गये इस युद्ध के निर्णय ने भारत अंगेजी राज्य की स्थापना कर दी।
- प्लासी के युद्ध के समय भारत का मुगल बादशाह आलमगीर द्वितीय था।
- मीरजाफर को **कन्नल क्लाइव का गीदड़** कहा गया।
- बंगाल में व्यापार करने वाले अनधिकृत ब्रिटिश व्यापारियों को **इंटरलोपर** (Interloper) कहा जाता था।
- मीरजाफर द्वारा प्रदत्त 24 परगना की जमींदारी को क्लाइव की **व्यक्तिगत जागीर** के रूप में जाना जाता था।
- सिराज के विरोधियों में शामिल थे- पूर्णिया का सूबेदार शौकत जंग, मौसी घसीटी बेगम तथा सेनापति मीरजाफर।
- मीरकासिम अलीवर्दी खाँ के बाद बंगाल का सर्वाधिक योग्य नवाब था, इसने अन्तर्देशीय व्यापार से सभी प्रकार की चुंगी समाप्त कर दी थी।
- मुर्शिदाबाद से मीरकासिम ने अपनी राजधानी मुंगेर हस्तांतरित किया।
- 22 अक्टूबर, 1764 ई. में बक्सर के युद्ध के समय बंगाल का नवाब मीरजाफर था।
- बक्सर के युद्ध में अंग्रेजी सेना का नेतृत्व हेक्टर मुनरो ने किया।

- अंग्रेजों के विद्ध बक्सर के युद्ध में लड़ने वाली भारतीय सेनाओं में शामिल थे- मुगल बादशाह शाहआलम, अवध के नवाब शुजाउद्दौला तथा मीरकासिम।
- इलाहाबाद की प्रथम संधि (1765 ई.) क्लाइव और मुगल बादशाह के बीच हुई।
- इलाहाबाद की द्वितीय संधि (1765 ई) क्लाइव और अवध के नवाब के बीच सम्पन्न हुई।
- द्वैध शासन का जनक **लियोनिस कार्टिस** को माना जाता है। बंगाल में द्वैध शासन की शुरुआत 1765 ई. में हुई, जो 1772 ई. तक प्रचलन में रही।
- अंग्रेज संरक्षण प्राप्त बंगाल का **प्रथम नवाब** निजामुद्दौला था।
- बंगाल का अंतिम नवाब मुबारक उद्दौला (1770-1775 ई.) था।

5. सिक्ख एवं अंग्रेज

- सिक्ख सम्प्रदाय की स्थापना **गुरु नानक** द्वारा की गयी। गुरु नानक के अनुयायी ही सिक्ख कहलाये। ये मुगल सम्राट बाबर एवं हुमायूँ के समकालीन थे।
- गुरु नानक को 1496 ई. की कार्तिक पूर्णिमा को आध्यात्मिक पुनर्जीवन का आभास हुआ।
- गुरु नानक ने **गुरु का लंगर** नामक नि:शुल्क सहभागी भोजनालय की स्थापना की।
- गुरु नानक ने अनेक स्थानों पर **पंगत (लंगर)** और **संगत (धर्मशाला)** स्थापित किये।
- गुरु नानक द्वारा स्थापित पंगत और संगत ने उनके अनुयायियों के लिए एक संस्था का कार्य किया जहाँ वे प्रतिदिन मिलते थे।
- 1539 ई. में करतारपुर में गुरु नानक की मृत्यु हो गयी।
- सिक्खों के **दूसरे गुरु अंगद** (1539-1552 ई.) थे। इनका प्रारम्भिक नाम **लहना** था। इन्होंने नानक द्वारा प्रारम्भ की गयी लंगर व्यवस्था को स्थायी बना दिया। **गुरुमुखी लिपि** का आरंभ गुरु अंगद ने ही किया था।
- सिक्खों के **तीसरे गुरु अमरदास** (1552-1574 ई.) थे। गुरु अमरदास ने हिन्दुओं से पृथक होने वाले कई कार्य किये। हिन्दुओं से अलग विवाह पद्धति **लवन** को इन्होंने ही प्रचलित किया था।
- मुगल सम्राट अकबर ने गुरु अमरदास से गोविन्दवाल जाकर भेंट की और गुरु-पुत्री **बीबी मानी** को अनेक गाँव दान दिये।
- गुरु अमरदास ने 22 गद्दियों की स्थापना की और प्रत्येक पर एक महंत की नियुक्ति की।
- बीबी मानी के पति **रामदास** (1574-1581 ई.) सिक्खों के **चौथे गुरु** हुए। अकबर ने इन्हें 500 बीघा भूमि दी। इन्होंने **अमृतसर** नामक जलाशय खुदवाया और **अमृतसर नगर** की स्थापना की।
- गुरु रामदास ने अपने तीसरे पुत्र अर्जुन को गुरु का पद सौंपा। इस प्रकार इन्होंने गुरु पद को पैतृक बनाया।
- गुरु अर्जुन (1581-1605 ई.) सिक्खों के **पाँचवें गुरु** हुए। इन्होंने सिक्खों के पवित्र धार्मिक ग्रन्थ आदिग्रन्थ की रचना की। इसमें गुरु नानक की प्रेरणादायक प्रार्थनाएँ और गीत संकलित हैं।
- गुरु अर्जुन ने अमृतसर जलाशय के मध्य में **हरमंदर साहब** का निर्माण करवाया था।
- मुगल सम्राट जहाँगीर के विद्रोही पुत्र राजकुमार खुसरो की सहायता करने के कारण जहाँगीर ने 1606 ई. में गुरु अर्जुन को फाँसी की सजा दे दी।
- सिक्खों के **छठे गुरु हरगोविन्द** (1606-1644 ई.) हुए। इन्होंने सिक्खों को सैन्य-शक्ति के रूप में संगठित किया तथा **अकाल तख्त** या ईश्वर के सिंहसन का निर्माण करवाया।

- गुरु हरगोविन्द दो तलवार बाँधकर गद्दी पर बैठते थे। उन्होंने दरबार में नगाड़ा बजाने की व्यवस्था की।
- गुरु हरगोविन्द ने अमृतसर की किलेबंदी की। इन्होंने स्वयं को **सच्चा बादशाह** कहना शुरू किया। साथ ही सिक्खों को **मांस खाने** की भी आज्ञा दी।
- सिक्खों के **सातवें गुरु हरराय** (1644-1661 ई.) हुए। राजकुमार दाराशिकोह ने इनसे मिलकर आशीर्वाद प्राप्त किया था।
- सिक्खों के **आठवें गुरु हरकिशन** (1661-1664 ई.) हुए। इन्हें दिल्ली जाकर मुगल सम्राट औरंगजेब को गुरुपद के बारे में समझाना पड़ा। इनकी चेचक से मृत्यु हो गयी थी।
- सिक्खों के **नौवें गुरु तेगबहादुर** (1664-1675 ई.) हुए। इस्लाम स्वीकार नहीं करने के कारण औरंगजेब ने दिल्ली स्थित वर्तमान **शीशगंज गुरुद्वारा** के निकट इनकी हत्या करवा दी थी। इनके बारे में प्रसिद्ध उक्ति है- 'उन्होंने अपना सिर दिया सार न दिया।'
- सिक्खों के **दसवें** एवं अंतिम गुरु **गुरु गोविन्द सिंह** (1675-1708 ई.) हुए। इनका जन्म 1666 ई. में **पटना** में हुआ था।
- गुरु गोविन्द सिंह ने अपने को **सच्चा बादशाह** कहा। इन्होंने सिक्खों के लिए **पाँच ककार** अनिवार्य किया, अर्थात् प्रत्येक सिक्ख को केश, कंघा, कृपाण, कच्छा और कड़ा रखने की अनुमति दी और लोगों को अपने **नाम के अंत में सिंह शब्द जोड़ने के लिए कहा।**
- गुरु गोविन्द सिंह का निवास स्थान **आनंदपुर साहिब** था एवं कार्यस्थली **पाओता** थी।
- इनके दो पुत्र **फतह सिंह** एवं **जोरावर सिंह** को सरहिंद के मुगल फौजदार वजीर खाँ ने दीवार में चिनवा दिया था।
- 1699 में वैशाखी के दिन गुरु गोविन्द सिंह ने **खालसा पंथ** की स्थापना की। **पाहुल प्रणाली** की शुरुआत गुरु गोविन्द सिंह ने की।
- सिक्खों के धार्मिक ग्रन्थ **आदिग्रन्थ** का जो वर्तमान रूप है वह गुरु गोविन्द सिंह जी की ही देन है। साथ ही उन्होंने कहा कि अब से **गुरुवाणी** ही सिक्ख सम्प्रदाय के गुरु का कार्य करेगी।
- गुरु गोविन्द सिंह की हत्या 1708 में **नादेड़ (महाराष्ट्र)** नामक स्थान पर **गुल खाँ** नामक पठान के कर दी थी।
- **बंदा बहादुर** का जन्म 1670 ई. में पुंछ जिले के रजौली गाँव में हुआ था। इसके बचपन का नाम **लक्ष्मणदास** था। इनके पिता **रामदेव भारद्वाज** राजपूत थे।
- बंदा का मुख्य उद्देश्य पंजाब में एक सिक्ख राज्य स्थापित करने का था। इसके लिए इन्होंने **लौहगढ़** को राजधानी बनाया। इसने गुरु नानक एवं गुरु गोविन्द सिंह के नाम के सिक्के चलवाये।
- बंदा ने सरहिंद के मुगल फौजदार **वजीर खाँ** की हत्या कर दी थी।
- मुगल बादशाह **फर्रुखसियर** के आदेश पर 1715 ई. में **बंदा सिंह** को गुरुदासपुर के **नांगल** नामक स्थान पर पकड़कर मौत के घाट उतार दिया गया।
- शाहदरा **कत्लगढ़ी** के नाम से प्रसिद्ध है जहाँ बंदा ने हजारों मुगल सैनिकों को मौत के घाट उतार दिया था।
- बंदा की मृत्यु के बाद सिक्ख अनेक छोटे-छोटे टुकड़ों में बँट गये थे। 1748 ई. में **नवाब कर्पूर सिंह** की पहल पर सभी सिक्ख टुकड़ियों का **दल खालसा** में विलय हुआ।
- दल खालसा या खालसा दल को **जस्सा सिंह आहलूवालिया** के नेतृत्व में रखा गया, जिसे बाद में 12 दलों में बाँटा गया। इसे **मिसल** कहा गया। अरबी शब्द मिसल का अर्थ समान होता है।

महाराज रणजीत सिंह

- रणजीत सिंह का जन्म गुजरांवाला में 2 नवंबर, 1780 ई. को **सुकरचकिया मिसल** के मुखिया महासिंह के यहाँ हुआ था। इनके दादा चरत सिंह सिक्खों के 12 मिसलों में से एक सुकरचकिया मिसल के संस्थापक थे।
- रणजीत सिंह ने 1797 में रावी एवं चिनाब के प्रदेशों के प्रशासन का कार्यभार संभाला।
- 1798-1799 ई. में अफगानिस्तान के शासक जमान शाह ने पंजाब पर आक्रमण कर दिया। वापस जाते हुए उसकी कुछ तोपें चिनाब में गिर गयीं। रणजीत सिंह ने उन्हें निकलवाकर उसके पास भिजवा दिया। उस सेवा के बदले जमान शाह ने रणजीत सिंह को लाहौर का शासक नियुक्त किया। साथ ही उन्हें (रणजीत सिंह) **राजा** की उपाधि दी।
- 1799 से 1805 के बीच रणतीत सिंह ने भंगी मिसल के अधिकार से लाहौर और अमृतसर को छीनकर **लाहौर** को अपनी राजधानी बनाया। इस प्रकार पंजाब की राजनैतिक राजधानी (लाहौर) तथा धार्मिक राजधानी (अमृतसर) दोनों ही रणजीत सिंह के अधीन आ गयी थी।
- अंग्रेजों तथा विरोधी सिक्ख राज्यों के भय के कारण रणजीत सिंह ने 1809 में लार्ड मिंटो के दूत चार्ल्स मेटकाफ से **अमृतसर की संधि** कर ली।
- अमृतसर की संधि द्वारा रणजीत सिंह के सतलज नदी के पूर्वी तट पर विस्तार को सीमित कर दिया गया तथा उत्तर में राज्य विस्तार की छूट दी गयी। संधि के बाद रणजीत सिंह ने राज्य विस्तार की पूर्वी सीमा को सतजल नदी तक स्वीकार कर लिया।
- रणजीत सिंह को अफगान शासक शाहशुजा से ही वह प्रसिद्ध **कोहिनूर हीरा** प्राप्त हुआ जिसे नादिरशाह लाल किले से लूटकर ले गया था।

प्रशासन

- रणजीत सिंह महान विजेता होने के साथ-साथ कुशल प्रशासक भी था। इसने ब्रिटिश एवं फ्रांसीसी सैन्य व्यवस्था के आधार पर एक कुशल, सुप्रशिक्षित एवं सुसंगठित सेना का गठन किया।
- रणजीत सिंह ने यूरोपीय प्रशिक्षकों अलार्ड, बेंतुस, कोर्ट अविटेबिल के सहयोग से एक ऐसी सेना का गठन किया जिसमें यूरोपीय सैनिक एवं अधिकारियों के साथ-साथ सिक्ख, गोरखा, बिहारी, उड़िया, पठान, डोगरे, पंजाबी, मुसलमान आदि शामिल थे।
- रणजीत सिंह की स्थायी सेना **फौज-ए-आइन** के नाम से जानी जाती थी, जो उस समय एशिया में दूसरे स्थान पर थी। रणजीत सिंह की सेना में दो तरह के घुड़सवार थे- 1. घुड़चढ़खास और 2. मिसलदार।
- रणजीत सिंह ने **लाहौर** में तोप निर्माण का कारखाना खोला, जिसमें मुस्लिम तोपची नौकरी पर रखे गये।
- रणजीत सिंह ने विभिन्न सिक्ख मिसलों को संगठित करने के उद्देश्य से राज्य को **सरकार-ए-खालसा** नाम दिया तथा अपने द्वारा चलाये गये सिक्कों को **नानक शाही सिक्के** का नाम दिया।
- रणजीत सिंह के सर्वाधिक विश्वसनीय मन्त्री **हरिसिंह नौला, दीनानाथ** (वित्त मन्त्री) और **फकीर अजीमुद्दीन** (विदेश मन्त्री) थे।
- रणजीत सिंह का राज्य चार सूबों में बँटा था- **पेशावर, कश्मीर, मुल्तान** एवं **लाहौर**।
- रणजीत सिंह भारत के **प्रथम शासक** थे जिन्होंने सहायक संधि को अस्वीकार कर अंग्रेजों के समक्ष समर्पण नहीं किया।
- रणजीत सिंह के राजस्व का मुख्य स्रोत भू-राजस्व था, जिसमें नवीन प्रणालियों का समावेश होता रहता था। रणजीत सिंह नीलामी के आधार पर सबसे ऊँची बोली बोलने वाले को

भू-राजस्व वसूली का अधिकार दिया। राज्य की ओर से लगान उपज का 2/5 से 1/3 भाग लिया जाता था।

- न्याय प्रशासन के क्षेत्र में राजधानी में **अदालत उल आला** (आधुनिक उच्च न्यायालय के समान) खोला गया था, जिसके निर्णय उच्च अधिकारी किया करते थे।
- 7 जून, 1839 ई. रणजीत सिंह की मृत्यु के बाद उसके अल्पायु पुत्र दिलीप सिंह के सिंहासनारोहण के बीच (1843) तीन अयोग्य उत्तराधिकारी क्रमशः **खड़ग सिंह, नौनिहाल सिंह** और **शेर सिंह** ने शासन किया।
- 1843 में महाराज रणजीत सिंह के अल्पायु पुत्र दिलीप सिंह राजमाता जिंदा के संरक्षण में सिंहासनारूढ़ हुआ। **दिलीप सिंह** के समय अंग्रेजों ने पंजाब पर आक्रमण किया, परिणामस्वरूप **प्रथम आंग्ल-सिक्ख युद्ध** शुरू हुआ।
- **प्रथम आंग्ल-सिक्ख युद्ध** (1845-1846 ई.) के समय अंग्रेजी सेना ने लाहौर पर अधिकार कर लिया। **लार्ड हार्डिग्ज** गवर्नर जनरल तथा **लार्ड गफ** इस युद्ध के समय भारत के प्रधान सेनापति थे।
- अंग्रेजी सेना ने लार्ड गफ के नेतृत्व में 13 दिसंबर, 1845 को **मुदकी** नामक स्थान पर लाल सिंह के नेतृत्व वाली सिक्ख सेना को पराजित किया।
- सिक्ख सेनाओं को क्रमशः फिरोजशाह, ओलीवाल, सोवरांव में पराजित होने के बाद अंग्रेजों के साथ **लाहौर की संधि** (9 मार्च, 1846) करने के लिए विवश होना पड़ा।

लाहौर की संधि की शर्तें

1. सिक्खों ने सतलज नदी के दक्षिणी ओर के सभी प्रदेशों को अंग्रेजों को सौंप दिया।
2. लाहौर दरबार पर 1.5 करोड़ रुपये युद्ध का हर्जाना थोपा गया।
3. सिक्ख सेना में कटौती कर उसे 20,000 पैदल सेना और 12,000 घुड़सवारों तक सीमित कर दिया गया।
4. एक ब्रिटिश रेजिडेंट को लाहौर में नियुक्त किया गया।

- संधि की बदले अंग्रेजों ने दिलीप सिंह को महाराजा तथा रानी झिंदन (जिंदा) को संरक्षिका और लालसिंह को वजीर के रूप में मान्यता दी गयी।
- 22 दिसंबर, 1846 ई. को सम्पन्न एक अन्य संधि **भैरोवाल की संधि** की शर्तों के अनुसार दिलीप सिंह के वयस्क होने तक ब्रिटिश सेना का लाहौर प्रवास निश्चित कर दिया गया। साथ ही लाहौर का प्रशासन 8 सिक्ख सरदारों की एक परिषद् को सौंपा तथा महारानी जिंदा को 48,000 रुपये वार्षिक की पेंशन देकर शेखपुरा भेज दिया गया।
- **द्वितीय आंग्ल-सिक्ख युद्ध** (1848-1849 ई.) का तात्कालिक कारण था मुल्तान के सूबेदार मूलराज का विद्रोह। मूलराज, शेरसिंह और छत्तर सिंह पंजाब को ब्रिटिश प्रभाव से मुक्त कराना चाहते थे।
- द्वितीय आंग्ल-सिक्ख युद्ध के दौरान पहली लड़ाई **चिलियानवाला** (13 जनवरी, 1849 ई.) की लड़ाई थी, जिसमें सिक्ख सेना की तरफ से शेरसिंह और अंग्रेजी सेना के तरफ से कमाण्डर गफ थे। यह लड़ाई अनिर्णीत समाप्त हुआ तथा इसमें अंग्रेजों को भारी क्षति हुई। **दूसरी लड़ाई** गुजरात के चिनाब नदी के किनारे **चार्ल्स नेपियर** के नेतृत्व में अंग्रेजों ने 21 फरवरी, 1849 ई. को लड़ी। इस लड़ाई में सिक्ख बुरी तरह पराजित हुए। गुजरात की लड़ाई को **तोपों के युद्ध** के नाम से भी जाना जाता है। इस युद्ध को जीतने के बाद डलहौजी ने 30 मार्च, 1849 ई. को चार्ल्स नेपियर के नेतृत्व में पंजाब को अंग्रेजी राज्य में मिला लिया।

➪ महाराजा दिलीप सिंह को अंग्रेजों ने 5 लाख रुपये की वार्षिक पेंशन पर रानी जिंदा के साथ इग्लैंड भेज दिया।

सिक्ख गुरु : एक नजर में			
क्र.	**नाम**	**काल**	**प्रमुख कार्य एवं विशेषताएँ**
1.	गुरु नानक	1469-1538 ई.	सिक्ख धर्म के संस्थापक, हिन्दू-मुस्लिम एकता पर बल, अवतारवाद एवं कर्मकाण्ड का विरोध, समानता एवं सत्कर्मों पर सर्वाधिक बल, धर्मप्रचार के लिए संगतों की स्थापना
2.	गुरु अंगद (लहना) बाबा श्रीचन्द्र	1538-1552 ई.	गुरु नानक के शिष्य, गुरु के उपदेशों का सरल भाषा में प्रचार, लंगर व्यवस्था को स्थायी बनाया, गुरुमुखी लिपि की शुरुआत की, हुमायूँ 1504 में अंगद से पंजाब में मिला।
3.	गुरु अमरदास	1552-1574 ई.	गुरु अंगद के शिष्य, सिक्ख सम्प्रदाय को एक संगठित रूप दिया जिसके लिए 22 गद्दियाँ बनायी, अपने शिष्यों के लिए **पारिवारिक सन्त** होने का उपदेश दिया, सती प्रथा, पर्दा प्रथा मादक द्रव्यों के सेवन का विरोध किया। हिन्दुओं से अलग विवाह पद्धति के लिए **लवन पद्धति** शुरू किया।
4.	गुरु रामदास	1574-1581 ई.	अकबर इनसे बहुत प्रभावित था, 1577 ई. में अकबर ने 500 बीघा जमीन दी थी जिसमें एक प्राकृतिक तालाब था, यहीं पर **अमृतसर** नगर की स्थापना हुई, गुरु का पद पैतृक हो गया।
5.	गुरु अर्जुनदेव	1581-1606 ई.	सिक्ख सम्प्रदाय को शक्तिशाली बनाया, अपना और अपने पहले के गुरुओं के उपदेश संकलन 1604 में आदिग्रन्थ में करवाया, अर्जुन ने सूफी संत मियाँ मीर द्वारा अमृतसर में हरमिंदर साहब की नींव डलवायी, कालांतर में रणजीत सिंह द्वारा हरमिंदर साहब में स्वर्ण जड़वाने के बाद अंग्रेजों द्वारा पहली बार **स्वर्ण मंदिर** (Golden Temple) नाम दिया गया। स्थायी रूप से धर्म प्रचारक (मसंद और मेउरा) नियुक्त किया, गुरु पद को सिक्खों का आध्यात्मिक तथा सांसारिक प्रमुख बनाकर **शान-ओ-शोकत** से रहना प्रारम्भ किया। सिक्खों से उनकी आय का 10 प्रतिशत दान के रूप में लेने की प्रथा प्रारम्भ की, विद्रोही खुसरो को आशीर्वाद देने के कारण राजद्रोह के आरोप में 1606 ई. में फाँसी दी गयी। गुरु के मृत्यु दण्ड को सिक्खों ने मुगलों द्वारा धर्म पर पहला आक्रमण माना। **तरनतारन** नामक नगर की स्थापना की गयी।

6.	गुरु हरगोविन्द	1606-1645 ई.	गुरु ने सिक्खों को एक **सैनिक सम्प्रदाय** बना दिया, अपने समर्थकों से धन के बजाय घोड़े और हथियार लेना प्रारम्भ किया, उनहें मांस खाने की अनुमति दी गयी। गुरु ने अकाल तख्त की नींव डाली तथा अमृतसर की किलेबंदी की, सिक्खों को धार्मिक शिक्षा के साथ-साथ सैनिक शिक्षा दी गयी, शाहजहाँ से बाज प्रकरण के कारण संघर्ष हुआ।
7.	गुरु हरराय	1645-1661 ई.	दारा के सामूगढ़ युद्ध में पराजित होकर पंजाब भागने पर उसकी मदद की, औरंगजेब द्वारा दरबार में बुलाने पर अपने पुत्र रामराय को दरबार में भेजा। फलस्वरूप दूसरे पुत्र हरिकिशन को गद्दी सौंपी।
8.	गुरु हरिकिशन	1661-1664 ई.	गद्दी के लिए बड़े भाई रामराय से विवाद।
9.	गुरु तेगबहादुर	1664-1675 ई.	हरिकिशन के मृत्यु से पहले उन्हें **बाकला दे बाबा** कहा तत्पश्चात् वे बाकला में गुरु स्वीकृत हो गये। धीनामल और रायमल प्रमुख विरोधी थे, औरंगजेब की धार्मिक नीतियों का विरोध किया फलस्वरूप 1675 ई. में इस्लाम धर्म नहीं स्वीकार करने के कारण गुरु की हत्या कर दी गयी।
10.	गुरु गोविन्द सिंह	1675-1708 ई.	पटना में जन्म हुआ, पंजाब की तराई **मखोवल** अथवा **आनन्दपुर** में अपना मुख्यालय बनाया **पाहुल** प्रथा प्रारम्भ की। इस मत में दीक्षित व्यक्ति को **खालसा** कहा गया, तथा नाम के अन्त में **सिंह** उपाधि दी गयी, 1699 ई. में खालसा का गठन, अपनी मृत्यु के पहले गद्दी को समाप्त कर दिया, एक पूरक ग्रन्थ **दसवें बादशाह का ग्रन्थ** संकलन किया, सिक्खों के अन्तिम गुरु।

6. भारत के गवर्नर/गवर्नर जनरल/वायसराय के महत्त्वपूर्ण कार्य

बंगाल के गवर्नर

राबर्ट क्लाइव (1757-1760 ई. एवं पुनः 1765-1767 ई.)

- इसने बंगाल में दोहरी सरकार (द्वैध शासन) कायम की जिसके तहत राजस्व वसूलने, सैनिक संरक्षण एवं विदेशी मामले कंपनी के अधीन थे, जबकि शासन चलाने की जिम्मेदारी नवाब के हाथों में थी।
- इसने कर्मचारियों द्वारा उपहार लेने पर प्रतिबंध लगा दिया था।
- इसने कंपनी के सैनिकों को जो दोहरे भत्ते शान्ति काल में मिलते थे, उस पर रोक लगा दी, यह सुविधा केवल बंगाल के सैनिकों को ही प्राप्त थी। क्लाइव के आदेश के अनुसार 1766 से यह भत्ता केवल उन सैनिकों को दिया जाने लगा जो बंगाल एवं बिहार की सीमा से बाहर कार्य करते थे। मुंगेर तथा इलाहाबाद में कार्यरत श्वेत सैनिक अधिकारियों ने इस व्यवस्था का विरोध किया जिसे कालांतर में **श्वेत विद्रोह** के नाम से जाना गया। क्लाइव ने इस विद्रोह को सफलता से दबा लिया।

- इसने कंपनी के कार्यकर्ताओं के लिए **सोसायटी ऑफ ट्रेड** का निर्माण किया, जिसको नमक, सुपारी, तंबाकू के व्यापार का एकाधिकार प्राप्त था। यह संस्था उत्पादकों से समस्त माल नकद में लेकर निश्चित केन्द्रों पर फुटकर व्यापारियों को बेच देता था।
- इसने बंगाल के समस्त क्षेत्र के लिए दो **उप-दीवान**, बंगाल के लिए **मुहम्मद रजा खाँ** और बिहार के लिए **राजा सिताब राय** को नियुक्त किया।
- अन्य गवर्नर थे- वेरेलास्ट (1767-1769 ई.), कार्टियर (1709-1772), वारेन हेस्टिंग्स (1772-1774 ई.)।

कंपनी के अधीन गवर्नर जनरल

- वारेन हेस्टिंग्स 1750 ई. में कंपनी के क्लर्क के रूप में कलकत्ता आया था किन्तु अपनी कार्यकुशलता के कारण वह शीघ्र ही कासिम बाजार का अध्यक्ष बन गया।
- 1772 ई. में वारे हेस्टिंग्स को बंगाल का गवर्नर बनाया गया। 1773 ई. के रेग्युलेटिंग एक्ट के द्वारा उसे 1774 ई. में बंगाल का गवर्नर जनरल बनाया गया।
- 1773 ई. के रेग्युलेटिंग एक्ट के अनुसार बंगाल के गवर्नर को अब अंग्रेजी क्षेत्रों का गवर्नर जनरल कहा जाने लगा तथा उसका कार्यकाल पाँच वर्षों का निर्धारित किया गया। मद्रास एवं बम्बई के गवर्नर को इसके अधीन कर दिया गया। इस प्रकार कंपनी के अधीन भारत में प्रथम गवर्नर जनरल **वारेन हेस्टिंग्स** (1774-1785 ई.) हुआ।

वारेन हिस्टिंग्स (1774-1785 ई.)

- अपने प्रशासनिक सुधारों के तहत हेस्टिंग्स ने सर्वप्रथम 1772 ई. में कोर्ट ऑफ डाइरेक्टर के आदेशानुसार बंगाल से द्वैध शासन की समाप्ति की घोषणा की और सरकारी कोषागार का स्थानांतरण मुर्शिदाबाद से कलकत्ता कर दिया।
- राजस्व सुधार के अन्तर्गत हेस्टिंग्स ने राजस्व की वसूली का अधिकार कंपनी के अधीन कर दिया। उसने **बोर्ड ऑफ रेवेन्यू** की स्थापना की जिसमें कंपनी के राजस्व संग्राहक नियुक्त किये गये।
- भूमि कर सुधार के अन्तर्गत 1772 ई. तक संग्रहण के अधिकार ऊँची बोली बोलने वाले जमींदारों को पाँच वर्ष के लिए दिये गये और उन्हें भूस्वामित्व से मुक्त कर दिया गया।
- 1776 ई. में पाँच वर्ष के ठेके पर भू-राजस्व वसूलने की व्यवस्था खत्म कर दी गयी और इसके स्थान पर **एक वर्षीय व्यवस्था** को पुनः लागू किया गया।
- इसने 1772 ई. में प्रत्येक जिले में एक **फौजदारी** तथा **दीवानी अदालतों** की स्थापना की।
- इसने 1781 ई. में कलकत्ता में मुस्लिम शिक्षा के विकास के लिए **प्रथम मदरसा** स्थापित किया।
- इसके समय **जोनाथन डंकन** ने बनारस में संस्कृत विद्यालय की 1792 में स्थापना की।
- गीता के अंग्रेजी अनुवादक **विलियम विलकिन्स** को हेस्टिंग्स ने आश्रय प्रदान किया।
- इसी के काल में सर **विलियम जोंस** ने 1784 ई. में **द एशियाटिक सोसायटी ऑफ बंगाल** की स्थापना की।
- इसी के काल में संस्कृत में एक पुस्तक **Code of Gento Laws** प्रकाशित (1776 ई.) हुई तथा **विलियम जोंस, कोलब्रुक** की **Digest of Hindu Law** छपी (1791 ई.)।
- व्यावसायिक सुधार के तहत इसने जमींदारों के क्षेत्र में कार्य कर रहे शुल्क गृहों को बंद करवा दिया। अब केवल कलकत्ता, हुगली, मुर्शिदाबाद, ढाका तथा पटना में ही शुल्क गृह रह गये। शुल्क मात्र **डेढ़ प्रतिशत** था जो सबको देना होता था।
- इसने कंपनी के अधिकारियों को व्यक्तिगत व्यापार पर दी जाने वाली छूट समाप्त कर दी।
- इसने मुगल सम्राट को मिलने वाली 26 लाख रुपये की वार्षिक पेंशन बंद करवा दी।

- इसी के समय में **रूहेला युद्ध, प्रथम आंग्ल-मराठा युद्ध** एवं **द्वितीय आंग्ल-मैसूर युद्ध** हुए।
- इसी के समय में **रेग्युलेटिंग एक्ट** के तहत 1774 ई. में कलकत्ता में एक उच्च न्यायालय की स्थापना की गयी, जिसका अधिकार क्षेत्र कलकत्ता तक था। कलकत्ता से बाहर का मामला यह तभी सुनता था जब दोनों पक्ष सहमत हों। इस न्यायालय में न्याय अंग्रेजी कानूनों द्वारा किया जाता था।
- इसने बंगाली ब्राह्मण नंद कुमार पर झूठा आरोप लगाकर न्यायालय से फाँसी की सजा दिलवा दी थी।

  नोट : पिट्स इंडिया एक्ट (1784) के विरोध में इस्तीफा देकर जब वारेन हेस्टिंग्स फरवरी, 1785 में इंग्लैण्ड पहुँचा तो **बर्क** द्वारा उसके ऊपर **महाभियोग** लगाया गया। ब्रिटिश संसद में यह महाभियोग 1788 से 1795 ई. तक चला, परंतु अंत में उसे आरोपों से 1795 में मुक्त कर दिया गया।

सर जॉन मैकफरसन (1785-1786 ई.)

- इन्होंने भारत में अस्थायी गवर्नर जनरल के पद पर मात्र एक वर्ष तक कार्य किया।

लार्ड कार्नवालिस (1786-1793 ई.)

- इसके समय में जिले की समस्त शक्ति कलेक्टर के हाथ में केन्द्रित कर दी गयी व 1787 ई. में जिले के प्रभारी कलेक्टरों को दीवानी अदालत का दीवानी न्यायाधीश नियुक्त कर दिया गया।
- इसने भारतीय न्यायाधीशों से युक्त जिला फौजदारी अदालतों को समाप्त (1790-1792 ई.) कर उसके स्थान पर चार **भ्रमण करने वाली अदालतें** (Circuit Courts) नियुक्त की, जिनमें तीन बंगाल के लिए और एक बिहार के लिए थी। इन अदालतों की अध्यक्षता यूरोपीय व्यक्ति द्वारा भारतीय काजी व मुफ्ती के सहयोग से की जाती थी।
- 1793 ई. में इसने प्रसिद्ध **कार्नवालिस कोड** का निर्माण करवाया, जो शक्तियों के पृथक्कीकरण सिद्धान्त पर आधारित था।
- इसने वकालत पेशा को नियमित बनाया।
- पुलिस सुधार के अन्तर्गत पुलिस कर्मचारियों के वेतन में वृद्धि के साथ ही ग्रामीण क्षेत्रों में पुलिस अधिकार प्राप्त जमींदारों को इस अधिकार से वंचित कर दिया गया।
- कंपनी के अधिकारियों एवं कर्मचारियों के वेतन में वृद्धि की गयी और व्यक्तिगत व्यापार पर पाबंदी लगा दी गयी।
- जिलों में पुलिस थाना की स्थापना कर एक दरोगा को इसका इंचार्ज बनाया गया।
- भारतीयों को सेना में सूबेदार, जमादार तथा प्रशासनिक सेवा में मुंसिफ, सदर, अमीन या डिप्टी कलेक्टर से ऊँचा पद नहीं दिया जाता था।
- इसने 1793 ई. में स्थायी बंदोबस्त की पद्धति लागू की, जिसके तहत जमींदारों को अब भू-राजस्व का 90 प्रतिशत कंपनी को तथा 10 प्रतिशत अपने पास रखना था।
- कार्नवालिस को भारत में **नागरिक सेवा** का जनक माना जाता है।

सर जॉन शोर (1793-1798 ई.)

- इसके समय 1793 ई. का चार्टर एक्ट पारित हुआ।
- इसने देशी राज्यों के प्रति अहस्क्षेप अर्थात् तटस्थता की नीति अपनाई।

लॉर्ड वेलेजली (1798-1805 ई.)

- यह अपनी **सहायक संधि** प्रणाली के कारण प्रसिद्ध हुआ। सहायक संधि का प्रयोग भारत में वेलेजली से पूर्व फ्रांसीसी गवर्नर डूप्ले ने किया था।

- सहायक संधि करने वाले राज्य थे- हैदराबाद (सितंबर, 1798), मैसूर (1799), तंजौर (अक्टूबर, 1799), अवध (नवंबर, 1801), पेशवा (दिसंबर, 1801), बरार के भोंसले (दिसंबर, 1803), सिंधिया (फरवरी, 1804)। अन्य सहायक संधि करने वाले राज्य थे- जोधपुर, जयपुर, मच्छेड़ी, बूँदी तथा भरतपुर।
- **चतुर्थ आंग्ल-मैसूर युद्ध** (1799) इसी के समय में हुई थी जिसमें टीपू सुल्तान मारा गया था।
- इसी ने नागरिक सेवा में भर्ती किये गये युवकों को प्रशिक्षित करने के लिए कलकत्ता में **फोर्ट विलियम कॉलेज** की स्थापना करवाई थी।
- वेलेजली स्वयं को **बंगाल का शेर** कहा करता था।
- लार्ड कार्नवालिस का (1805) दूसरा कार्यकाल शुरू हुआ, परंतु शीघ्र ही इसकी मृत्यु हो गयी।

सर जार्ज वार्लो (1805-1807 ई.)

- इसके समय में वेल्लोर में **सैन्य विद्रोह** (1806) हुआ, जिसमें अनेक अंग्रेज सैनिक मारे गये।

लार्ड मिन्टो प्रथम (1807-1813 ई.)

- चार्ल्स मेटकाफ को मिन्टो ने ही महाराजा रणजीत सिंह के दरबार में भेजा था, जहाँ 25 अप्रैल, 1809 में अंग्रेजों एवं रणजीत सिंह के बीच **अमृतसर की संधि** हुई थी।
- मिन्टो ने बुंदेलखण्ड और नागपुर के विद्रोहों को दबाया।

लार्ड हेस्टिंग्स (1813-1823 ई.)

- इसी के समय **आंग्ल-नेपाल युद्ध** (1814-1816 ई.) हुआ। इसमें नेपाल के अमर सिंह थापा को आत्मसमर्पण करना पड़ा। मार्च, 1816 ई. में अंग्रेजों एवं गोरखों के बीच **सुगौली की संधि** हुई।
- इसके समय में पिण्डारियों का दमन कर दिया गया। पिण्डारियों के नेताओं में वासिल मुहम्मद ने आत्महत्या कर ली, करीम खाँ को गोरखपुर में एक छोटी-सी रियासत दे दी गयी और चीतू को जंगल में शेर मार कर खा गया।
- हेस्टिंग्स के समय में ही मराठों के साथ अंग्रेजों की **अंतिम लड़ाई** (तृतीय आंग्ल-मराठा युद्ध) लड़ी गयी, जिसमें मराठे पराजित हुए। 13 जून, 1817 को पेशवा ने हार स्वीकार कर एक संधि (पूना की संधि) पर हस्ताक्षर किया जिसके अनुसार **मराठा संघ** समाप्त हो गया।
- इसने प्रेस पर लगे प्रतिबंध को समाप्त कर प्रेस के मार्गदर्शन के लिए नियम बनाये।
- इसी के समय 1822 ई. को **काश्तकारी अधिनियम (Tenancy Act, 1822)** लागू किया गया।

लार्ड एमहर्स्ट (1823-1828 ई.)

- इसके समय में आंग्ल-बर्मा युद्ध (1824-1826 ई.) हुआ था।
- 1826 ई. में बर्मा एवं अंग्रेजों के बीच **यांदबो की संधि** हुई।
- 1824 ई. का बैरकपुर का **सैन्य विद्रोह** भी इसी के समय में हुआ था। इस सैन्य विद्रोह का कारण भारतीय सैनिक की एक फौजी टुकड़ी का बर्मा जाने के आदेश की अवहेलना करना था। सैनिकों ने इस आदेश की अवहेलना इस आधार पर की कि वे विदेश जाकर अपनी जाति को भ्रष्ट नहीं करेंगे। अंग्रेज अधिकारियों ने कड़ाई से इस विद्रोह को कुचला और विद्रोही फौजियों को गोली से उड़ा दिया गया।

लार्ड विलियम बैंटिक (1828-1835 ई.)

- भारत के गवर्नर जनरल के पद पर आसीन होने से पूर्व 1803 ई. में वह मद्रास का गवर्नर रह चुका था। उसी के समय 1806 ई. में माथे पर जातीय चिह्न लगाने तथा कानों में बालियाँ न पहनने देने पर वेल्लोर के सैनिकों ने विद्रोह कर दिया था।

- 1833 ई. के **चार्टर एक्ट** द्वारा बंगाल के गवर्नर जनरल को भारत का गवर्नर जनरल बना दिया गया। इस प्रकार **लॉर्ड विलियम बैंटिक भारत का पहला गवर्नर जनरल** हुआ।
- राजा राम मोहन राय के सहयोग से बैंटिक ने 1829 ई. में **सती-प्रथा** को समाप्त कर दिया। बैंटिक ने इस प्रथा के खिलाफ कानून बनाकर दिसंबर, 1829 ई. में धारा 17 के द्वारा विधवाओं के सती होने को अवैध घोषित कर दिया।
- बैंटिक ने कर्नल सलीमन की सहायता से 1830 ई. तक **ठगी प्रथा** को पूर्णत: समाप्त कर दिया।
- बैंटिक ने सरकारी सेवाओं में भेदभावपूर्ण व्यवहार को खत्म करने के लिए 1833 ई. के एक्ट की धारा 87 के अनुसार योग्यता को सेवा का आधार माना।
- 1835 ई. में लार्ड बैंटिक ने कलकत्ता में **कलकत्ता मेडिकल कॉलेज** की स्थापना की।
- इसी के समय **मैकाले की अनुशंसा** पर अंग्रेजी को शिक्षा का माध्यम बनाया गया। मैकाले के द्वारा कानून का वर्गीकरण भी किया गया।
- इसने शिशु बालिका की हत्या पर प्रतिबंध लगाया।
- इसने भारतीयों को उत्तरदायी पदों पर नियुक्त किया।
- बैंटिक ने 1831 ई. में मैसूर तथा 1834 ई. में कुर्ग एवं कछार को अंग्रेजी साम्राज्य में शामिल किया।
- बैंटिक ने समाचार पत्रों के प्रति उदार दृष्टिकोण अपनाते हुए उनकी स्वतन्त्रता की वकालत की। वह इसे **असंतोष से रक्षा का अभिद्वार** मानता था।

चार्ल्स मेटकॉफ (1835 – 1836 ई.)

- इसने मात्र एक वर्ष तक भारत के गवर्नर जनरल के पद पर कार्य किया।
- इसने अपने कार्यकाल में प्रेस पर से नियन्त्रण हटाया। इसीलिए इसे भारतीय **प्रेस का मुक्तिदाता** कहा जाता है।

लार्ड ऑकलैण्ड (1836 – 1842 ई.)

- इसके समय की सबसे महत्त्वपूर्ण घटना है- **प्रथम आंग्ल-अफगान युद्ध** (1839-1842 ई.)।
- 1839 ई. में ऑकलैण्ड ने कलकत्ता से दिल्ली तक ग्रांड ट्रंक रोड की मरम्मत करवायी।

लार्ड एलनबरो (1842 – 1844 ई.)

- इसके समय प्रथम आंग्ल-अफगान युद्ध समाप्त हुआ।
- इसी के समय में अगस्त, 1843 ई. में सिंध को पूर्ण रूप से ब्रिटिश साम्राज्य में मिला लिया गया।
- दास प्रथा का उन्मूलन (1843 ई.) इसी के समय में हुआ।

लॉर्ड हॉर्डिंग (1844 – 1848 ई.)

- इसके काल की सबसे महत्त्वपूर्ण घटना थी- **प्रथम आंग्ल-सिक्ख युद्ध** (1845-1846 ई.। इस युद्ध में अंग्रेज विजयी हुए।
- इसने नरबलि-प्रथा पर प्रतिबंध लगाया।
- इसके सुधारों में मुख्य रूप से उत्पाद कर से बहुत सी वस्तुओं को मुक्त करना तथा नमक पर वसूली जाने वाली कर की राशि को आधा करना आदि शामिल है।

लार्ड डलहौजी (1848 – 1856 ई.)

- इसी के समय **द्वितीय आंग्ल-सिक्ख युद्ध** (1848-1849 ई.)जिसमें सिक्ख पराजित हुए तथा पंजाब का ब्रिटिश साम्राज्य में विलय (1849 ई.) हो गया।
- इसी के समय **द्वितीय आंग्ल-बर्मा युद्ध** (1852 ई.) लड़ा गया, जिसका परिणाम था बर्मा की हार तथा **लोअर बर्मा** एवं **पीगू** का अंग्रेजी साम्राज्य में विलय (1852 ई.)।

- इसने सिक्किम पर दो अंग्रेज डॉक्टरों के साथ दुर्व्यहार का आरोप लगाकर 1850 ई. में इस पर अधिकार कर लिया।
- इसका शासन उसके **व्यपगत सिद्धान्त** (Doctrine of Lapse) के कारण अधिक याद किया जाता है। इस नीति के तहत अनेक राज्यों का अंग्रेजी साम्राज्य में विलय हुआ।
- इसने उपाधियों तथा पेंशनों पर प्रहार करते हुए 1853 ई. में कर्नाटक के नवाब की पेंशन बंद करवा दी तथा 1855 ई. में तंजौर के राजा की मृत्यु होने पर उसकी उपाधि छीन ली।
- इसने तोपखाने के मुख्यालय को कलकत्ता से मेरठ स्थानांतरित किया और सेना का मुख्यालय **शिमला** में स्थापित किया। यह सभी कार्य डलहौजी ने 1856 ई. में किया।
- शिक्षा सम्बन्धी सुधारों के तहत डलहौजी ने 1854 ई. में **बुड डिस्पैच** को लागू किया। प्राथमिक शिक्षा से लेकर विश्वविद्यालय स्तर की शिक्षा के लिए एक व्यापक योजना बनायी गयी। इसके तहत जिलों में एंग्लो-वर्नाक्यूलर स्कूल, प्रमुख नगरों में सरकारी कॉलेज तथा 1857 ई. में तीनों प्रेसेडेंसियों-कलकत्ता, मद्रास एवं बम्बई में एक-एक विश्वविद्यालय स्थापित किये गये और साथ ही प्रत्येक प्रदेश में एक शिक्षा निदेशक नियुक्त किया गया।
- डलहौजी को भारत में **रेलवे का जनक** माना जाता है। इसी के समय भारत में पहली बार 16 अप्रैल, 1853 ई. में बम्बई से थाणे के बीच (34 किमी.) पहली बार **रेलगाड़ी** चलायी गयी।
- इसी के समय 1854 ई. में नया **पोस्ट ऑफिस एक्ट** पारित हुआ। इस एक्ट के तहत तीनों प्रेसीडेंसी में एक-एक महानिदेशक नियुक्त करने की व्यवस्था की गयी। साथ ही देश के अंदर 2 पैसे की दर से पत्र भेजने की व्यवस्था की गयी।
- इसी ने आधुनिक भारत में पहली बार **सार्वजनिक निर्माण विभाग** (PWD) की स्थापना की।
- इसने 1854 ई. में एक स्वतन्त्र विभाग के रूप में **लोक सेवा विभाग** की स्थापना की।
- इसी के समय में कलकत्ता से आगरा के बीच पहली बार **विद्युत तार सेवा** (टेलीग्राफ) 1853 ई. में शुरू हुआ।
- इसने शिमला को ग्रीष्मकालीन **राजधानी** बनाया।
- इसी के समय में भारतीय नागरिक सेवा हेतु **पहली बार** प्रतियोगिता परीक्षा शुरू हुई।

डलहौजी द्वारा विलय किये गये राज्य

राज्य	वर्ष
सतारा	1848 ई.
जैतपुर, संभलपुर	1849 ई.
बघाट	1850 ई.
उदयपुर	1852 ई.
झांसी	1853 ई.
नागपुर	1854 ई.
करौली	1855 ई.
अवध (कुशासन के आरोप में)	1856 ई.

लार्ड कैनिंग (1856–1862 ई.)

- यह भारत में कंपनी द्वारा नियुक्त **अंतिम गवर्नर जनरल** तथा ब्रिटिश सम्राट के अधीन नियुक्त भारत का **प्रथम वायसराय** (भारतीय कौंसिल एक्ट 1858 के अधीन) था।

- इसके समय की सबसे महत्त्वपूर्ण घटना थी 1857 ई. का ऐतिहासिक विद्रोह। इसी विद्रोह के बाद प्रशासनिक सुधार के अन्तर्गत भारत का शासन कंपनी के हाथों से सीधे ब्रिटिश सरकार के नियन्त्रण में ले लिया गया।
- सैन्य सुधार के अन्तर्गत कैनिंग ने भारतीय सैनिकों की संख्या घटाकर उनके हाथों से तोपखाने का अधिकार छीन लिया।
- इसी के समय **इंडियन हाईकोर्ट एक्ट 1861** पारित हुआ, जिसके द्वारा बम्बई, कलकत्ता तथा मद्रास में एक-एक उच्च न्यायालय की स्थापना की गयी।
- 1856 ई. में **विधवा पुनर्विवाह अधिनियम** पारित हुआ।
- मैकाले द्वारा प्रारूपित दंड संहिता (IPC) को 1856 में कानून बना दिया गया तथा 1859 में अपराध विधान संहिता (CPC) लागू किया गया।
- इसने **व्यपगत सिद्धान्त** (Doctrine of Lapase) अर्थात् राज्य विलय की नीति को समाप्त कर दिया।
- 1861 ई. में भारतीय कौंसिल एक्ट पारित हुआ तथा **मन्त्रिमण्डलीय प्रणाली** (Portfolio System) लागू की गयी।

लार्ड एल्गिन (1862 – 1863 ई.)
- इसकी महत्त्वपूर्ण सफलता थी वहाबी आंदोलन का दमन।
- 1863 ई. में धर्मशाला (हिमाचल प्रदेश) में इसकी मृत्यु हो गयी थी।

सर जॉन लारेंस (1863 – 1869 ई.)
- इसके समय भूटान का महत्त्वपूर्ण युद्ध हुआ।
- 1865 ई. में भूटानियों ने ब्रिटिश साम्राज्य पर आक्रमण कर दिया, अंतत: दोनों पक्षों में समझौता हुआ। अंग्रेजों ने भूटानियों को 5000 रुपये की वार्षिक सहायता का वचन दिया और इसके बदले में उन्हें 18 पहाड़ी दर्रे पर अधिकार मिला।
- अफगानिस्तान के संदर्भ में लारेंस ने **अहस्तक्षेप की नीति** का पालन किया, जिसे **शानदार निष्क्रियता** के नाम से जाना जाता है।
- इसके समय में ओडिशा में 1866 ई. में तथा बुंदेलखण्ड एवं राजपूताना में 1863-1869 ई. में भीषण अकाल पड़ा।
- इसने **चेम्बवेल हेनरी** के नेतृत्व में एक **अकाल आयोग** का गठन किया।
- इसके द्वारा 1865 ई. में भारत एवं यूरोप के बीच **प्रथम समुद्री टेलीग्राफ** सेवा शुरू की गयी।

लार्ड मेयो (1869 – 1872 ई.)
- इसने अफगानिस्तान के संदर्भ में सर जॉन लारेंस की अहस्तक्षेप की नीति का समर्थन किया।
- इसने भारत में वित्तीय विकेन्द्रीकरण की नीति की शुरुआत की।
- इसने भारतीय राजाओं के पुत्रों की उचित शिक्षा के लिए अजमेर में **मेयो कॉलेज** की स्थापना 1872 ई. में की।
- इसने 1872 ई. में एक **कृषि विभाग** की स्थापना की।
- 1872 ई. में एक अफगान ने उसकी अंडमान में चाकू मारकर हत्या कर दी। मेयो प्रथम भारतीय गवर्नर जनरल था जिसकी हत्या उसके ऑफिस में की गयी थी।

लार्ड नार्थब्रुक (1872 – 1876 ई.
- इसके समय में बंगाल में भयानक अकाल पड़ा।
- इसने बड़ौदा के मल्हाराव गायकवाड़ को भ्रष्टाचार के आरोप में पदच्युत कर मद्रास भेज दिया।
- पंजाब का प्रसिद **कूका आंदोलन** 1872 ई. इसी के समय हुआ।

- इसने अफगानिस्तान के संदर्भ में अहस्तक्षेप नीति का पलन किया।
- 1873 ई. में नार्थब्रुक ने घोषणा की 'मेरा उद्देश्य करों को हटाना तथा अनावश्यक वैधानिक कार्यवाहियों को बंद करना है'।
- इसी के समय स्वेज नहर खुला जिसके कारण ब्रिटेन और भारत के मध्य व्यापार में वृद्धि हुई।
- इसी के समय **प्रिंस ऑफ वेल्स** (किंग एडवर्ड सप्तम) भारत आये।

लार्ड लिटन (1876–1880 ई.)

- यह एक सुप्रसिद्ध उपन्यासकार, निबन्धकार एवं साहित्यकार था। इसे **ओवन मैरिडिथ** (Owen Meredith) के नाम से जाना जाता है।
- इसके समय में 1876-1878 में बम्बई, मद्रास, हैदराबाद, पंजाब, मध्य भारत आदि में भयानक अकाल पड़ा जिसमें लगभग 50 लाख लोग भूख के कारण मारे गये।
- इसने रिचर्ड **स्ट्रेची** की अधयक्षता में एक **अकाल आयोग** की स्थापना की।
- इसके समय 1 जनवरी, 1877 ई. को ब्रिटेन की महारानी विक्टोरिया को **कैसर-ए-हिन्द** की उपाधि से सम्मानित करने के लिए **दिल्ली दरबार** का आयोजन किया गया।
- मार्च, 1878 ई. में लिटन ने भारतीय भाषा **समाचार पत्र अधिनियम** (Vernacular press Act) पारित कर भारतीय समाचार पत्रों पर कठोर प्रतिबंध लगा दिया। पायनियर अखबार ने भारतीय भाषा समाचार पत्र अधिनियम 1878 ई. का समर्थन किया।
- इसी के समय 1878 ई. का भारतीय शस्त्र अधिनियम (Indian Arms Act) पारित हुआ। इस अधिनियम के तहत बिना लाइसेंस के कोई व्यक्ति न तो शस्त्र रख सकता है न ही व्यापार कर सकता था। यूरोपीय, एंग्लो-इंडियन तथा कुछ विशिष्ट सरकारी अधिकारी इस अधिनियम की सीमा से बाहर थे।
- इसने भारतीय सिविल सेवा परीक्षाओं में प्रवेश की अधिकतम आयु 21 वर्ष से घटाकर 19 वर्ष कर दी थी।
- इसी के समय **द्वितीय आंग्ल-अफगान युद्ध** (1876-1880) हुआ जिसमें आंग्ल सेनाएँ बुरी तरह असफल रहीं।
- लिटन ने अलीगढ़ में एक **मुस्लिम-एंग्लो प्राच्य महाविद्यालय** की स्थापना की।

लार्ड रिपन (1880–1884 ई.)

- इसने सर्वप्रथम समाचार पत्रों की स्वतन्त्रता को बहाल करते हुए 1882 ई. में भरतीय भाषा समाचारपत्र अधिनियम (Vernacular Press Act) को समाप्त कर दिया।
- इसके सुधार कार्यों में सर्वाधिक महत्त्वपूर्ण कार्य था **स्थानीय स्वशासन** की शुरुआत।
- इसके समय में ही 1881 ई. में भारत में सर्वप्रथम नियमित जनगणना करवायी गयी, तब से लेकर अब तक प्रत्येक 10 वर्ष के अंतराल पर जनगणना की जाती है।
- **नोटः** भारत में पहली बार जनगणना 1872 ई. में हुई थी।
- इसने सिविल सेवा में प्रवेश की आयु को 19 वर्ष से बढ़ाकर 21 वर्ष कर दिया।
- **प्रथम फैक्टरी** अधिनियम, 1881 रिपन द्वारा ही लाया गया। इस अधिनियम के तहत यह व्यवस्था की गयी कि जिस कारखाने में 100 से अधिक श्रमिक कार्य करते हैं, वहाँ पर 7 वर्ष से कम आयु के बच्चों के लिए काम करने के घंटे तय कर दिये गये और इसके पालन के लिए एक निरीक्षक को नियुक्त कर दिया गया।
- इसके समय में ही शैक्षिक सुधारों के अन्तर्गत **विलियम हण्टर** की अध्यक्षता में एक आयोग गठित किया गया।

- इसी के समय चर्चित **इल्बर्ट विधेयक** प्रस्तुत किया गया। इस विधेयक में भारती न्यायाधीशों को यूरोपीय लोगों के मुकदमों को सुनने का अधिकार दिया गया। भारत में रहने वाले यूरोपीय लोगों के विरोध के कारण इस विधेयक को वापस लेकर संशोधन करके पुनः प्रस्तुत करना पड़ा। इस विधेयक के विरोध में अंग्रेजों द्वारा किये गये विद्रोह को **श्वेत विद्रोह** के नाम से जाना जाता है।
- फ्लोरेंस नाइटिंगेल ने रिपन को **भारत के उद्धारक** की संज्ञा दी।
- रिपन के शासनकाल को भारत में **स्वर्णयुग** का आरंभ कहा जाता है।

लार्ड डफरिन (1884 – 1888 ई.)

- इसके काल में **तृतीय आंग्ल-बर्मा युद्ध** (1885-1888 ई.) में हुआ, जिसमें बर्मा पराजित हुआ और उसे अंतिम रूप से अंग्रेजी राज्य में मिला लिया गया।
- इसी के समय बंगाल टेनेन्सी एक्ट, अवध टेनेन्सी एक्ट तथा पंजाब टेनेन्सी एक्ट पारित किये गये।
- इसके समय की सबसे महत्त्वपूर्ण घटना थी- 28 दिसंबर, 1885 को बम्बई में ए.ओ. ह्यूम के नेतृत्व में **भारतीय राष्ट्रीय कांग्रेस** की स्थापना।

लार्ड लैन्सडाऊन (1888 – 1894 ई.)

- इसी के समय ड्यूरोड को अफगानिस्तान भेजा गया, जिनके प्रयास से भारत और अफगानिस्तान के मध्य सीमा का निर्धारण हुआ, जिसे **डूरण्ड लाइन** के नाम से जाना जाता है।
- मणिपुर में हुए विद्रोह को शान्त करने का श्रेय लैन्सडाऊन को दिया जाता है।
- इसी के समय 1891 में दूसरा फैक्ट्री अधिनियम लाया गया, जिसमें स्त्रियों को 11 घंटे प्रतिदिन से अधिक काम करने पर प्रतिबंध लगाया गया। साथ ही सप्ताह में एक दिन छुट्टी की व्यवस्था की गयी।

लार्ड एल्गिन द्वितीय (1894 – 1899 ई.)

- इसने भारत के विषय में कहा था 'भारत को तलवार के बल पर विजित किया गया है और तलवार के बल पर ही इसकी रक्षा की जायेगी।'
- इसके काल में 1895-1898 ई. के मध्य उत्तरप्रदेश, बिहार, पंजाब एवं मध्यप्रदेश में भयंकर अकाल पड़ा। एल्गिन ने एक अकाल आयोग की नियुक्ति की।

लार्ड कर्जन (1899 – 1905 ई.)

- भारत का वायसराय बनने से पूर्व कर्जन चार बार भारत आ चुका था।
- कर्जन के विषय में पी. राबर्ट्स ने लिखा है- 'भारत में किसी अन्य वायसराय को अपना पद संभालने से पूर्व भारत की समस्याओं का इतना ठीक ज्ञान नहीं था जितना कि लार्ड कर्जन को। कर्जन ने जनमानस की आकांक्षाओं की पूर्णरूप से अवहेलना करते हुए भारत में ब्रिटिश हुकूमत को पत्थर की चट्टान पर खड़ा करने का प्रयास किया।'
- इसने 1901 ई. में **सर कॉलिन स्कॉट मॉनक्रीफ** की अध्यक्षता में एक **सिंचाई आयोग** का गठन किया और आयोग के सुझाव पर सिंचाई के क्षेत्र में कुछ महत्त्वपूर्ण सुधार किये गये।
- पुलिस सुधार के तहत कर्जन ने 1902 ई. में **सर एण्ड्रयू फ्रेजर** की अध्यक्षता में **पुलिस आयोग** की स्थापना की गयी।
- शैक्षिक सुधार के तहत कर्जन ने 1902 में **सर टामस रैले** की अध्यक्षता में **विश्वविद्यालय आयोग** का गठन किया। आयोग द्वारा दिये गये सुझावों के आधार पर भारतीय विश्वविद्यालय अधिनियम 1904 पास किया गया।

- आर्थिक सुधारों के तहत कर्जन ने 1899-1900 ई. में पड़े अकाल व सूखे की स्थिति के विश्लेषण के लिए **सर एण्टनी मैकडॉनल** की अध्यक्षता में 1900 ई. में एक **अकाल आयोग** की नियुक्ति की।
- इसने सैन्य अधिकारियों के प्रशिक्षण के लिए **क्वेटा** में एक कॉलेज की स्थापना की।
- प्राचीन स्मारक परीक्षण अधिनियम 1904 के द्वारा कर्जन ने भारत में पहली बार ऐतिहासिक इमारतों की सुरक्षा एवं मरम्मत की ओर ध्यान दिया। इस कार्य के लिए कर्जन ने **भारतीय पुरातत्त्व विभाग** की स्थापना की।
- इसने अपनी विदेश नीति के तहत फारस की खाड़ी में अधिक सक्रियता दिखायी।
- इसने तिब्बत के गुरु दलाई लामा पर रूस की ओर झुकाव का आरोप लगाकर तिब्बत में हस्तक्षेप किया। कर्नल यंग हस्बैंड के नेतृत्व में गयी सेना ने 1904 में तिब्बतियों से एक संधि की।
- इसने 1905 में रेलवे बोर्ड का गठन किया।
- कर्जन के भारत विरोधी कार्यों में सर्वाधिक महत्त्वपूर्ण कार्य था- **1905 में बंगाल का विभाजन**।

लार्ड मिन्टो द्वितीय (1905 – 1910 ई.)

- इसके समय में ढाका के नवाब सलीमुल्ला के नेतृत्व में 30 दिसंबर, 1906 को ढाका में **मुस्लिम लीग** की स्थापना की गयी।
- 1907 ई. के कांग्रेस के सूरत अधिवेशन में कांग्रेस का विभाजन हो गया।
- इसके काल में 1907 ई. में आंग्ल एवं रूसी प्रतिनिधि मंडलों के बीच बैठक हुई जिसके बाद दोनों के मध्य सभी मतभेद सुलझ गये।
- इसके समय का सर्वाधिक महत्त्वपूर्ण कार्य भारत सचिव मॉरले के सहयोग से लाया गया भारतीय परिषद् एक्ट 1909, जिसे **मिन्टो-मॉरले सुधार** भी कहा जाता है। मिन्टो मॉरले अधिनियम 1909 के द्वारा ही मुसलमानों के लिए अलग निर्वाचन क्षेत्र की व्यवस्था की गयी।

लार्ड हार्डिंग द्वितीय (1910 – 1915 ई.)

- इसके समय में ब्रिटेन के राजा जार्ज पंचम का भारत आगमन (12 दिसंबर, 2011), दिल्ली में एक भव्य दरबार का आयोजन हुआ। यहाँ पर बंगाल-विभाजन को रद्द करने की घोषणा की गयी एवं भारत की राजधानी कलकत्ता से दिल्ली स्थानांतरित करने की घोषणा की गयी। 1912 में दिल्ली भारत की राजधानी बनीं
- 23 दिसंबर, 1912 को जिस समय लार्ड हार्डिंग दिल्ली में प्रवेश कर रहे थे, उन पर एक बम फेंका गया जिसमें वे घायल हो गये।
- 4 अगस्त, 1914 ई. को प्रथम विश्व युद्ध प्रारंभ हुआ।
- 1913 ई. में फिरोजशाह मेहता ने **बाम्बे क्रोनिकल** एवं गणेश शंकर विद्यार्थी ने **प्रताप** का प्रकाशन किया।
- गांधी जी दक्षिण अफ्रीका से भारत वापस (1915) लौटे।
- 1916 में इसे बनारस हिन्दू विश्वविद्यालय (BHU) का कुलाधिपति नियुक्त किया गया।

लार्ड चेम्स फोर्ड (1916 – 1921 ई.)

- इसी के समय कांग्रेस का लखनऊ अधिवेशन (1916) हुआ, जिसमें कांग्रेस का एकीकरण हुआ। साथ ही इस अधिवेशन में कांग्रेस और **मुस्लिम लीग** में समझौता हुआ।
- 1916 ई. में पूना में **महिला विश्वविद्यालय** की स्थापना हुई।
- 1917 ई. में शिक्षा पर **सैडलर आयोग** का गठन किया गया।

- 1919 ई. में **रौलेट एक्ट** पास हुआ तथा प्रसिद्ध **जलियाँवाला बाग हत्याकांड** 13 अप्रैल, 1919 ई. को हुआ।
- भारत सरकार अधिनियम 1919 ई. में लाया गया, जिसे **मांटेग्यू चेम्सफोर्ड** सुधार भी कहा जाता है।
- खिलाफत आंदोलन (1920-1921 ई.) एवं गांधी जी के चंपारण सत्याग्रह (1917) की शुरुआत हुई।
- बाल गंगाधर तिलक एवं एनी बेसेंट द्वारा क्रमशः अप्रैल एवं सितंबर 1916 ई. में होमरूल लीग की स्थापना की गयी।
- गांधी जी द्वारा असहयोग आंदोलन की शुरुआत (1 अगस्त, 1920 ई.) और अलीगढ़ मुस्लिम विश्वविद्यालय की स्थापना (1920 ई.) की गयी।
- तृतीय अफगान युद्ध इसी के समय में हुआ था।

लार्ड रीडिंग (1921–1926 ई.)

- इसी के समय **प्रिंस ऑफ वेल्स** ने नवंबर, 1921 ई. में भारत की यात्रा की। इस दिन पूरे भारत में हड़ताल का आयोजन किया गया।
- 20 नवंबर, 1921 ई. में भारत के दक्षिणी-पश्चिमी समुद्र तट पर **मोपाला विद्रोह** हुआ।
- एम.एन. राय द्वारा 1921 ई. में **भारतीय कम्युनिस्ट पार्टी** का गठन किया गया।
- असहयोग आंदोलन के दौरान 5 फरवरी, 1922 को **चौरी-चौरा काण्ड** (उत्तरप्रदेश के गोरखपुर जिले में) की घटना हुई, जिसके परिणामस्वरूप गांधी जी ने असहयोग आंदोलन वापस ले लिया।
- 1922 ई. में **विश्वभारती विश्वविद्यालय** (पश्चिम बंगाल) ने कार्य करना शुरू किया।
- 1 जनवरी, 1923 ई. में चितरंजन दास एवं मोतीलाल नेहरू ने इलाहाबाद में कांग्रेस के खिलाफ **स्वराज पार्टी** की स्थापना की। इसी पार्टी के अन्य सदस्य थे- विट्ठल भाई पटेल, मदन मोहन मालवीय और जयकर।
- 1923 से 1925 के मध्य मुल्तान, अमृतसर, दिल्ली, अलीगढ़ एवं कलकत्ता में भयानक साम्प्रादयिकता की लहर फैली।
- दिसंबर, 1925 में प्रसिद्ध आर्य समाजी राष्ट्रवादी नेता स्वामी सहजानंद की हत्या कर दी गयी।

लार्ड इरविन (1926–1931 ई.)

- इसी के समय साइमन कमीशन की नियुक्ति (1927) हुई तथा 3 फरवरी, 1928 ई. को साइमन कमीशन के भारत (बम्बई) पहुँचने पर जोरदार तरीके से विरोध हुआ।
- 12 मार्च, 1930 ई. में गांधी जी द्वारा **दाण्डी मार्च** से सविनय अवज्ञा आंदोलन प्रारंभ किया गया।
- लाला लाजपत राय की मृत्यु के बदले भगत सिंह एवं बटुकेश्वर दत्त जैसे क्रांतिकारियों द्वारा दिल्ली के असेम्बली हॉल में 1929 ई. में बम फेंका गया।
- 64 दिन की भूख हड़ताल के बाद **जतिनदास** की लाहौर जेल में मृत्यु (1929) हो गयी।
- इसके समय कांग्रेस ने अपने लाहौर अधिवेशन (1929) में **पूर्ण स्वराज** की घोषणा की तथा 26 जनवरी, 1930 ई. को स्वतन्त्रता दिवस मनाने का निर्णय लिया गया।
- 12 नवंबर, 1930 ई. में लंदन में **प्रथम गोलमेज सम्मेलन** हुआ। इस सम्मेलन में कांग्रेस ने हिस्सा नहीं लिया।
- इसके समय 5 मार्च, 1931 ई. को गांधी-इरविन समझौते पर हस्ताक्षर किये गये साथ ही सविनय अवज्ञा आंदोलन को स्थगित कर दिया गया।

लार्ड विलिंगटन (1931–1936 ई.)

- 7 सितंबर से 1 दिसंबर, 1931 ई. तक **द्वितीय गोलमेज सम्मेलन** का आयोजन हुआ। इस सम्मेलन में गांधीजी ने कांग्रेस का प्रतिनिधित्व किया।

- गांधी जी एवं अंबेडकर के बीच 25 सितंबर, 1932 ई. को **पूना समझौता** हुआ।
- द्वितीय गोलमेज सम्मेलन की असफलता के बाद महात्मा गांधी जी ने 3 जनवरी, 1932 ई. को **दूसरा सविनय अवज्ञा आंदोलन** प्रारंभ किया।
- ब्रिटेन के प्रधानमंत्री रैम्जे मैकडोनाल्ड ने 16 अगस्त, 1932 को विवादास्पद **साम्प्रदायिक पंचाट** (Communal Award) की घोषणा की। इसके अनुसार दलितों को हिन्दुओं से अलग मानकर उन्हें अलग प्रतिनिधित्व देने को कहा गया और दलित वर्गों के लिए अलग निर्वाचन मंडल का प्रावधान किया गया।
- 17 नवंबर से 24 दिसंबर, 1932 ई. तक लंदन में तृतीय गोलमेज सम्मेलन का आयोजन हुआ। कांग्रेस ने इस सम्मेलन में भाग नहीं लिया।
- भारत सरकार अधिनियम 1935 पास किया गया।
- 5 जनवरी, 1934 ई. को बिहार में आये भूकंप से काफी जानमाल की हानि हुई।
- लार्ड विलिंगटन ने बम्बई में सम्पन्न कांग्रेस के 31वें अधिवेशन-1935 में भाग लिया था। इस अधिवेशन की अध्यक्षता सर सत्येन्द्र प्रसन्न सिन्हा ने की थी।

लार्ड लिनलिथगो (1936 – 1943 ई.)

- इसके समय 1937 ई. में पहली बार चुनाव कराये गये। चुनाव परिणाम कांग्रेस के पक्ष में रहा। कांग्रेस ने 11 में से 7 प्रांतों में अपनी सरकार बनायी।
- 1 सितंबर, 1939 ई. को द्वितीय विश्वयुद्ध आरंभ हुआ। ब्रिटिश सरकार ने बिना भारतीयों के सहमति के लिए भारत को युद्ध में झोंक दिया। कांग्रेस ने इसका विरोध करते हुए नारा दिया, **'न कोई भाई, न कोई पाई'** और इसने अपने द्वारा शासित प्रांतों के सभी मंत्रीमंडलों से त्यागपत्र दे दिया।
- कांग्रेस मंत्रिमंडल के त्यागपत्र दिये जाने के बाद मुस्लिम लीग ने 22 दिसंबर, 1939 ई. को **मुक्ति दिवस** के रूप में मनाया।
- सुभाष चन्द्र बोस ने 3 मई, 1939 ई. में **फारवर्ड ब्लाक** नाम की एक नई पार्टी का गठन किया।
- 1940 ई. में मुस्लिम लीग के लाहौर अधिवेशन में **पहली** बार **पाकिस्तान** की मांग की गयी।
- क्रिप्स ने नेतृत्व में 23 मार्च 1942 ई. को क्रिप्स मिशन भारत आया।
- 8 अगस्त, 1940 ई. को **अगस्त प्रस्ताव** की घोषणा की गयी।
- गांधी जी ने 17 अक्टूबर, 1940 को **व्यक्तिगत सत्याग्रह** आंदोलन शुरू किया। यह आंदोलन एक तरह से व्यक्तिगत सविनय अवज्ञा आंदोलन था। इस आंदोलन के **पहले सत्याग्रही बिनोवा भावे** थे। उन्होंने 17 अक्टूबर, 1940 ई. को **पवनार** में सत्याग्रह शुरू किया, दूसरे सत्याग्रही जवाहरलाल नेहरू थे। इस आंदोलन को **दिल्ली चलो आंदोलन** भी कहा गया।
- कांग्रेस ने 8 अगस्त, 1942 को **भारत छोड़ो आंदोलन** प्रारंभ किया।
- 1943 ई. में बंगाल में भयानक अकाल पड़ा।

लार्ड वेवेल (1944 – 1947 ई.)

- 25 जून, 1947 ई. को शिमला में सर्वदलीय सम्मेलन का आयोजन किया गया जिनमें कुल 22 प्रतिनिधियों ने हिस्सा लिया।
- 19 फरवरी, 1946 ई. को नौसेना विद्रोह हुआ।
- कैबिनेट मिशन 24 मार्च, 1946 ई. को दिल्ली आया। इस मिशन ने अपने प्रस्ताव की घोषणा 16 मई, 1946 ई. की।
- मुस्लिम लीग ने कैबिनेट मिशन प्रस्ताव को अस्वीकार करते हुए 16 अगस्त, 1946 ई. को **प्रत्यक्ष कार्यवाही दिवस** मनाया। फलत: भारत के अनेक क्षेत्रों में भयानक साम्प्रदायिक दंगे हुए।

- तत्कालीन ब्रिटिश प्रधानमंत्री क्लीमेण्ड एटली ने भारत को जून, 1948 ई. के पहले स्वतन्त्र करने की घोषणा की।

लार्ड माउंटबेटन (मार्च, 1947 से जून 1948 ई.)

- 24 मार्च, 1947 ई. को माउंटबेटन भारत के वायसराय बने।
- 3 जून, 1947 ई. को इसने **माउंटबेटन योजना** जो जनसाधारण में **मनबाटन** योजना के नाम से प्रसिद्ध है प्रस्तुत की। माउंटबेटन योजना को **जून थर्ड प्लान** के नाम से भी जाना जाता है।
- माउंटबेटन योजना के आधार पर ही भारतीय स्वतन्त्रता विधेयक 4 जुलाई, 1947 ई. को ब्रिटिश संसद में प्रधानमंत्री क्लीमेण्ट एटली द्वारा प्रस्तुत किया गया, जिसे 18 जुलाई 1947 ई. को स्वीकृति मिली। विधेयक के अनुसार भारत और पाकिस्तान दो स्वतन्त्र राष्ट्रों की घोषणा की गयी।
- 15 अगस्त, 1947 ई. को भारत स्वतन्त्र हुआ।
- स्वतन्त्र भारत के प्रथम गवर्नर जनरल **लार्ड माउंटबेटन** हुए।
- **नोट :** स्वतन्त्र भारत के प्रथम एवं अंतिम भारतीर गवर्नर जनरल चक्रवर्ती राजगोपालाचारी हुए।

7. 1757 से 1857 के मध्य हुए आंदोलन व विद्रोह

- 1857 ई. के विद्रोह से पहले भारत के लगभग सभी भागों में विद्रोह हुए। ये विद्रोह भिन्न-भिन्न प्रकृति के थे, जिनका विवरण निम्न है-

पूर्वी भारत के प्रमुख विद्रोह

संन्यासी विद्रोह

- 1770 ई. में बंगाल में हुआ यह विद्रोह वहाँ पड़े भीषण अकाल से प्रभावित था। इस अकाल ने इस प्रांत को अराजकता और कष्टों से ग्रस्त कर दिया, दूसरी तरफ तीर्थ स्थानों की यात्रा पर लगे प्रतिबंध ने शांत संन्यासियों को इतना क्षुब्ध कर दिया कि उन्हें विद्रोह पर उतारू होना पड़ा।
- इन संन्यासियों में अधिकांश शंकराचार्य के अनुयायी थे जो हिन्दू नागा और गिरि सशस्त्र संन्यासी थे। इन संन्यासियों ने जनता के साथ मिलकर अंग्रेजों के कोठियों पर धावा बोल दिया और खजाने को लूटा।
- बंकिमचन्द्र चट्टोपाध्याय के उपन्यास **आनन्द मठ** में संन्यासी विद्रोह का उल्लेख मिलता है।
- 1770 ई. से प्रारंभ हुआ यह विद्रोह छिटपुट रूप में 1780 ई. तक चलता रहा। वारेन हेस्टिंग्स ने लम्बे सैन्य अभियान के बाद इस विद्रोह को कुचलने में सफलता पायी।
- केना सरकार व द्विजनारायण ने इस विद्रोह का नेतृत्व किया।

चुआर विद्रोह

- मिदनापुर (पश्चिम बंगाल) जिले की आदिम जाति के चुआर लोगों ने 1768 ई. में भूमि कर तथा अकाल के कारण उत्पन्न आर्थिक संकट से प्रभावित होकर विद्रोह कर दिया। इस विद्रोह के नेता दुर्जन सिंह थे।

हो एवं मुंडा विद्रोह

- वर्तमान झारखण्ड राज्य के छोटानागपुर तथा सिंहभूम जिले में रहने वाले हो तथा मुंडा लोगों ने 1820-1822 तथा 1831 ई. में कंपनी के सेना से संघर्ष किया। यह क्षेत्र लगभग 1837 तक विद्रोह से प्रभावित रहा।

कोल विद्रोह

- छोटानागपुर के कोलों ने उस समय विद्रोह किया जब उनकी भूमि को उनके मुखिया से लेकर मुस्लिम तथा सिख कृषकों को दे दी गयी। 1831-1832 के लगभग हुए इस विद्रोह का प्रभाव

सिंहभूम, रांची, हजारीबाग, पलामू तथा मानभूम क्षेत्रों में था। इस विद्रोह के **प्रमुख नेताओं** में बुद्ध भगत, सिंगाराम एव सुर्मा आदि का नाम उल्लेखनीय है।

संथाल विद्रोह

- जनजातीय विद्रोहों में सबसे सशक्त विद्रोह 1855-1856 में संथालों को विद्रोह था। भागलपुर से राजमहल तक का संथाल बहुल क्षेत्र **दामन-ए-कोह** के नाम से जाना जाता था। यहाँ के हजारों संथालों ने गैर-आदिवासियों को भगाने और उनकी सत्ता समाप्त कर अपनी सत्ता स्थापित करने हेतु जोरदार संघर्ष छेड़ा। यह विद्रोह संथालों के नेता **सिद्धू** तथा **कानू** के नेतृत्व में किया गया।

अहोम विद्रोह

- असम के कुलीन वर्ग के व्यक्तियों ने कंपनी पर वर्मा युद्ध के समय किये गये वायदे से मुकरने के आरोप लगाये और साथ ही जब अंग्रेज लोगों ने अहोम प्रदेश को अपने साम्राज्य में मिलाने का प्रयास किया तो 1828 में **गोमधर कुंअर** के नेतृत्व में अहोमों ने विद्रोह कर दिया, पर अंग्रेजी सेना के सामने शीघ्र ही उन्हें समर्पण करना पड़ा।

पागलपंथी विद्रोह

- पागलपंथी अर्द्धधार्मिक सम्प्रदाय था, जिसे उत्तर बंगाल में **करमशाह** ने चलाया। 1825 में करमशह के उत्तराधिकारी उसके पुत्र **टीपू** ने जमींदारों के अत्याचार के खिलाफ विद्रोह किया। यह विद्रोह इस क्षेत्र में 1840 से 1850 ई. तक जारी रहा।

फरायजी का विद्रोह

- बंगाल के फरीदपुर का यह सम्प्रदाय **शरीयतुल्ला** द्वारा अनुमोदित विचारों से प्रभावित था। ये लोग सामाजिक, राजनीतिक तथा धार्मिक परिवर्तन का प्रतिपादन करते थे। शरीयतुल्ला के पुत्र **दादूमियाँ** के नेतृत्व में अंग्रेजों के विरुद्ध विद्रोहों की योजना बनायी गयी। साथ ही जमींदारों के अत्याचार के विरुद्ध विद्रोह कर दिया गया। यह विद्रोह 1838 ई. से 1857 ई. तक चलता रहा। कालांतर में इस सम्प्रदाय के अनेक समर्थक **वहाबी आंदोलन** में सम्मिलत हुए।

पश्चिमी भारत के प्रमुख विद्रोह

भील विद्रोह

- भील जाति के ये लोग पश्चिमी तट पर स्थित खानदेश में निवास करते थे। इन लोगों ने खेती से सम्बन्धित कठिनाइयों तथा अंग्रेजी हुकुमत से डर के कारण 1812-1819 ई. के मध्य विद्रोह किया। इनके द्वारा विद्रोह 1825 में **सेवरम** के नेतृत्व में किया गया। इनका तीसरा विद्रोह 1831-1846 ई. के मध्य किया गया।

कोलों का विद्रोह

- भीलों के पड़ोसी कोल भी अंग्रेजों से असंतुष्ट थे। इस जाति के लोगों ने 1829 ई. लेकर 1846 ई. तक विद्रोह किया।

कच्छ का विद्रोह

- कच्छ एवं काठियावाड़ के राजा भारमल्ल को पदच्युत कर अंग्रेजों ने अपनी शर्तों के साथ उसके अल्पायु पुत्र को सिंहासन पर बैठाया, जिसके विरुद्ध भारमल्ल के समर्थकों ने 1819 ई. एवं 1831 ई. में विद्रोह किया।

बघेरा विद्रोह

- ओखा मण्डल के बघेरों ने शुरू से ही अंग्रेजी शासन का विरोध किया। बड़ौदा के गायकवाड़ ने अंग्रेजी सेना की सहायता से बघेरों से अधिक कर एकत्र करने का प्रयत्न किया जिसके परिणामस्वरूप बघेरा सरदारों ने विद्रोह कर दिया। 1818-1819 ई. के मध्य इन लोगों ने अंग्रेजी प्रदेश पर भी आक्रमण किया। यह विद्रोह 1820 के आसपास समाप्त हो सका।

रामोसी विद्रोह

- पश्चिमी घाट में रहने वाले रामोसी जाति के लोगों ने 1822 में अपने नेता सरदार **चित्तर सिंह** के नेतृत्व में विद्रोह किया। यह विद्रोह 1829 ई. तक चलता रहा।

गड़कारी विद्रोह

- 1844 में महाराष्ट्र में गड़कारी जाति के विस्थापित सैनिकों ने अंग्रेजों के विरुद्ध विद्रोह किया। गड़कारियों ने **समनगढ़** तथा **भूदरगढ़** के किले को जीत लिया।

दक्षिण भारत के प्रमुख विद्रोह

विजयनगर के शासक का विद्रोह

- 1794 ई. में कंपनी ने विजयनगर के नरेश को यह आदेश दिया कि वे अपनी सेना को समाप्त करें और साथ ही तीन लाख रुपये की भेंट कंपनी को दें। विजयनगर नरेश ने इस प्रस्ताव को अस्वीकार कर अपनी प्रजा के सहयोग से विद्रोह के दौरान ही किया। विद्रोह वह अंग्रेजों से लड़ता हुआ वीरगति को प्राप्त हुआ।

दीवान वेलाटम्पी का विद्रोह

- यह विद्रोह 1808-1809 ई. में त्रावणकोर (केरल) में हुआ। दीवान वेलाटम्पी (त्रावणकोर रियासत) ने अंग्रेजों द्वारा दीवान की गद्दी छीन लेने तथा सहायक संधि द्वारा त्रावणकोर राज्य पर भारी वित्तीय बोझ डालने के कारण विद्रोह कर दिया।
- गोलियों से घायल वेलाटम्पी की मृत्यु के बाद अंग्रेजी सेना ने उसे सार्वजनिक रूप से फाँसी पर लटकाया।

8. 1857 का विद्रोह

- गवर्नर जनरल लार्ड कैनिंग के शासन करने के दौरान ही 1857 ई. की महान क्रांति हुई। इस विद्रोह का आरंभ 10 मई, 1857 ई. को मेरठ में हुआ जो धीर-धीरे कानपुर, बरेली, झांसी, दिल्ली, अवध आदि अनेक स्थानों पर फैल गयी।

1857 ई. के विद्रोह के पूर्व ही भारत में कई स्थानों पर विद्रोह के स्वर फूटने लगे थे जिसका विवरण निम्न है-

(i) 1764 ई. में बक्सर युद्ध के समय हेक्टर मुनरों के नेतृत्व में लड़ रही सेना के कुछ सिपाही विद्रोह कर मीर कासिम से मिल गये।

(ii) 1806 ई. में वेल्लोर मठ में कुछ भारतीय सैनिकों ने अंग्रेजों द्वारा अपने सामाजिक, धार्मिक रीति-रिवाजों में हस्तक्षेप के कारण विद्रोह कर मैसूर के राजा का झंडा फहराया।

(iii) 1824 ई. में वर्मा युद्ध के लिए भेजी जाने वाली ब्रिटिश भारत की सेना की 47वीं पैदल सैन्य टुकड़ी के कुछ सिपाहियों ने उचित भत्ता नहीं मिलने के कारण विद्रोह कर दिया।

(iv) 1825 ई. में असम स्थित तोपखाने में विद्रोह हुआ।

(v) 1844 ई. में 34वीं नैटिव इंफैंट्री तथा 64वीं रेजिमेंट के सैनिकों ने उचित भत्ते के अभाव में सिंध के सैन्य अभियान पर जाने से इनकार कर दिया।

राजनीतिक कारण

- राजनीतिक कारणों में डलहौजी की व्यपगत नीति और वेलेजली की सहायक संधि की विद्रोह को जन्म देने में महत्त्वपूर्ण भूमिका रही।
- पेंशनों एवं पदों की समाप्ति से भी अनेक राजाओं में असंतोष व्याप्त था। उदाहरणार्थ नाना साहब को मिलने वाली पेंशन को डलहौजी ने अपनी नवीन नीति के द्वारा बंद करवा दिया।

मुगल सम्राट बहादुरशाह के साथ अंग्रेजों ने अपमानजनक व्यवहार करना प्रारंभ कर दिया, जिससे जनता क्षुब्ध हो गयी।

- कुलीन वर्गीय भारतीय तथा जमींदारों के साथ अंग्रेजों ने बुरा सुलूक किया और उन्हें मिले समस्त विशेषाधिकारों को कंपनी की सत्ता ने छीन लिया। ऐसी परिस्थिति में इस वर्ग के लोगों के असंतोष का सामना भी ब्रिटिश सत्ता को करना पड़ा।
- राजनीतिक कारणों के साथ ही प्रशासनिक राजनीतिक कारण भी विद्रोह के लिए जिम्मेदार थे। प्रशासनिक कार्यों में भारतीयों की भागीदारी जातीय श्रेष्ठता पर आधारित थी। कोई भी भारतीय सूबेदार से ऊँचे पद तक नहीं पहुँच पाता था। न्यायिक क्षेत्र में अंग्रेजों को सभी स्तर पर भारतीयों से श्रेष्ठ माना गया था।

आर्थिक कारण

- भारत में अंग्रेजी साम्राज्य का सबसे बड़ा अभिशाप था देश का आर्थिक शोषण। प्लासी युद्ध के बाद यह निरंतर जारी रहा, जो शायद जन-असंतोष का सबसे महत्त्वपूर्ण कारण था।
- भारतीय धन का निष्कासन तीव्र गति से इंग्लैण्ड की ओर हुआ। मुक्त व्यापार तथा अंग्रेजी वस्त्रों के भारत के बाजारों में अधिक मात्रा में आ जाने के कारण उसका प्रत्यक्ष प्रभाव यहाँ के कुटीर उद्योगों पर पड़ा, जिस कारण से यहाँ के कुटीर एवं लघु उद्योग नष्ट हो गये।
- आर्थिक शोषण और उसके पारंपरिक आर्थिक ढाँचे का पूर्णतया विनाश किसानों, दस्तकारों और हस्तशिल्पकारों तथा बड़ी संख्या में परंपरागत जमींदारों को दरिद्र बना दिया।
- ब्रिटिश भू-राजस्व नीतियाँ, कानून तथा प्रशासन की प्रणालियों ने बड़ी संख्या में किसानों और जमींदारों की भूमि को उनके अधिकार से अलग कर दिया।
- लार्ड विलियम बैंटिक ने अपने शासन काल में बहुत सी माफी तथा इनाम की भूमि को छीन लिया, जिसका प्रभाव यह हुआ कि अनेक भारतीय जमींदार दरिद्र एवं कंगाल हो गये और इस तरह इन जमींदारों में अंग्रेजी सत्ता के खिलाफ असंतोष व्याप्त हो गया।
- कृषि के क्षेत्र में अंग्रेजों की गलत नीति के कारण भारतीय किसानों की स्थिति अत्यंत दयनीय हो गयी।
- जमींदारों और किसानों का उत्पीड़न तथा उनसे बड़ी मात्रा में धन की उगाही आदि ऐसे कारण थे जिन्होंने असंतोष को जन्म दिया, फलतः विद्रोह की भूमिका बनी।
- स्थायी बंदोबस्त, रैय्यतवाड़ी व्यवस्था और महालवाड़ी व्यवस्था द्वारा किसानों का बुरी तरह शोषण हुआ और वे निर्धनता के कुचक्र में फंस गये।

1857 की क्रांति के बारे में विभिन्न इतिहासकारों के मत

मत	इतिहासकार
यह पूर्णतया सिपाही विद्रोह था	सर जॉन लारेन्स, सीले
यह स्वतन्त्रता संग्राम था	डॉ. ईश्वरी प्रसाद
एक सामन्तवादी प्रतिक्रिया थी	मिस्टर के.
जनक्रान्ति थी	डॉ. राम विलास शर्मा
यह राष्ट्रीय विद्रोह था	डिजरायली
यह अंग्रेजों के विरुद्ध हिन्दू-मुसलमानों का षड्यन्त्र था	जेम्स आउन्ट्रम, डब्ल्यू. टेलर
यह इसाई धर्म के विरुद्ध एक धर्मयुद्ध था	एल आर. रीज

यह सभ्यता एवं बर्बरता का संघर्ष था	टी. आर. होम्स
यह विद्रोह राष्ट्रीय स्वतन्त्रता के लिए सुनियोजित युद्ध था	वीर सावरकर, अशोक मेहता
1857 का विद्रोह स्वतन्त्रता संग्राम नहीं था	आर. सी. मजूमदार
1857 का विद्रोह केवल एक सैनिक विद्रोह था, जिसका तात्कालिक कारण चर्बीयुक्त कारतूस था	पी. राबर्ट्स

धार्मिक कारण

- ब्रिटिश सत्ता कहने के लिए तो धर्म के मामले में तटस्थ थी, पर उसने इसाई धर्म के प्रचार में अपना पूर्ण सहयोग दिया।
- इसाई मिशनरियों का दृष्टिकोण भारत के प्रति बड़ा तिरस्कारपूर्ण था, उसका एकमात्र उद्देश्य भारत में अपनी सर्वोच्चता प्रदर्शित करना था।
- अंग्रेज इसाई धर्म स्वीकार करने वालों को सरकारी नौकरी, उच्च पद एवं अनेक सुविधाएँ प्रदान करते थे।
- 1850 ई. में पास किये गये **धार्मिक निर्योग्यता अधिनियम** (Emancipation Act) द्वारा हिन्दू रीति-रिवाजों में परिवर्तन लाया गया, अर्थात् धार्मिक परिवर्तन से पुत्र अपने पिता की सम्पत्ति से वंचित नहीं किया जा सकता था।
- इस अधिनियम का मुख्य लाभ इसाई धर्म बनने वालों को था। अंग्रेजों की नीति ने हिन्दू और मुसलमानों में कंपनी के प्रति शंका भर दी।

सामाजिक कारण

- बैंटिक ने अपने शासन काल में सती प्रथा, बाल हत्या, नर हत्या आदि पर प्रतिबंध लगाकर तथा डलहौजी ने विधवा विवाह को मान्यता देकर रूढ़िवादी भारतीयों के अंदर असंतोष भर दिया।
- अंग्रेजों द्वारा रेल, डाक एवं तार क्षेत्र में किये गये कार्यों को भारतीयों में मात्र इसाई धर्म के प्रचार का माध्यम मानने के कारण अंग्रेजों के प्रति उनके मन में विद्रोही भावना भड़क उठी।
- शिक्षा के क्षेत्र में अंग्रेजों ने पाश्चात्य सभ्यता, संस्कृति, भाषा एवं साहित्य के विकास पर अधिक ध्यान दिया। ऐसे समय में भारतीय सभ्यता, संस्कृति, भाषा एवं साहित्य के विकास के क्षेत्र में कंपनी सरकार द्वारा कोई विशेष परिवर्तन न किये जाने के कारण भारतीय बौद्धिक वर्ग अंग्रेजों के विरुद्ध हो गया।
- अंग्रेजों द्वारा लगान वसूली एवं विद्रोहों को कुचलने के समय भारतीयों को कठोर शारीरिक दण्ड एवं यातनाएँ दी गयी जिससे उनके अंदर ब्रिटिश सत्ता के खिलाफ घृणा एवं द्वेष की भावना भर गयी।

सैन्य कारण

- पदोन्नति से वंचित, वेतन की न्यून मात्रा, भारत की सीमाओं से बाहर युद्ध के लिए भेजा जाना तथा समुद्रपार भत्ता न देना आदि ऐसे कारण थे जिन्होंने भारतीय सैनिकों में असंतोष को जन्म दिया और वे विद्रोह के लिए विवश हुए।
- 1854 ई. के डाकघर अधिनियम से सैनिकों की नि:शुल्क डाक सुविधा समाप्त हो गयी।
- 1857 ई. में कैनिंग द्वारा पारित सामान्य सेवा भर्ती अधिनियम सैनिकों में बहुत अप्रिय हुआ। इस अधिनियम के अनुसार बंगाल के सभी सैनिकों को सरकार जहाँ चाहे वहाँ कार्य करवा सकती थी। असंतोष के इसी वातावरण में चर्बीयुक्त एनफील्ड राइफलों के प्रयोग के आदेश ने आग में घी का कार्य किया और सैनिकों के विद्रोह के लिए यही तात्कालिक कारण भी सिद्ध हुआ।

- एनफील्ड रायफल में कारतूस को लगाने से पहले दाँत से खींचना पड़ता था, चूँकि कारतूस में गाय और सुअर दोनों की चर्बी लगी थी, इसलिए हिन्दू और मुसलमान दोनों भड़क उठे, परिणामस्वरूप 1857 ई. के विद्रोह की शुरुआत हुई।

मुख्य घटनाक्रम

- चर्बी लगे कारतूसों के प्रयोग से चारों तरफ व्याप्त असंतोष ने विद्रोह के लिए निर्धारित तिथि से पूर्व ही विस्फोट को जन्म दे दिया।
- चर्बी लगे कारतूसों के प्रयोग के विरुद्ध पहली घटना 29 मार्च, 1857 ई. को **बैरकपुर** की छावनी में घटी जहाँ मंगल पांडे नामक एक सिपाही ने चर्बी लगे कारतूस के प्रयोग से इनकार करते हुए अपने अधिकारी लेफ्टिनेंट बाग और लेफ्टिनेंट जनरल ह्यूसन की हत्या कर दी।
- मंगल पांडे उत्तरप्रदेश के तत्कालीन गाजीपुर (अब बलिया) जिले का रहने वाला था। वह बंगाल स्थित बैरकपुर छावनी की **34वीं नेटिव इंफैंट्री** का जवान था।
- 8 अप्रैल, 1857 ई. को सैनिक अदालत के निर्णय के बाद मंगल पांडे को फाँसी की सजा दे दी गयी।

विद्रोह का प्रसार

- भारतीय स्वतन्त्रता के लिए प्रथम सशक्त विद्रोह 10 मई, 1857 ई. को मेरठ स्थित छावनी की 20 नेटिव इंफैंट्री तथा एल.सी. की पैदल सैन्य टुकड़ी ने चर्बी वाले कारतूस के प्रयोग से इनकार कर किया। शीघ्र ही विद्रोहियों ने अपने उच्चाधिकारियों की हत्या कर दिल्ली की ओर कूच किया। **11 मई** को प्रात: विद्रोहियों ने दिल्ली पर अधिकार कर मुगल सम्राट बहादुरशाह-II को पुन: भारत का सम्राट और विद्रोह का नेता घोषित कर दिया।
- दिल्ली विजय का समाचार समूचे देश में फैल गया। देखते-देखते विद्रोह **कानपुर, लखनऊ, बरेली, जगदीशपुर (बिहार), झांसी, अलीगढ़, रूहेलखण्ड, इलाहाबाद** से **ग्वालियर** तक फैल गया।
- कानपुर में विद्रोह की शुरुआत 5 जून, 1857 ई. को हुई। यहाँ पर पेशवा बाजीराव-II के दत्तक पुत्र **नानासाहब** (धोंदू पंत) ने विद्रोह को नेतृत्व प्रदान किया, जिसमें उनकी सहायता **तांत्या टोपे** ने की।
- दिल्ली में 82 वर्षीय मुगल सम्राट बहादुरशाह-II ने **बख्त खाँ** के सहयोग से विद्रोह को नेतृत्व प्रदान किया। 20 सितंबर, 1857 ई. को बहादुरशाह ने हुमायूँ के मकबरे में अंग्रेज **लेफ्टिनेंट डब्ल्यू.एस.आर. हडसन** के समक्ष समर्पण कर दिया। मुगल सम्राट को निर्वासित कर रंगून (बर्मा) भेज दिया गया, जहाँ 1862 ई. में उनकी मृत्यु हो गयी।
- लखनऊ में 4 जून, 1857 ई. को विद्रोह की शुरुआत हुई। **बेगम हजरत महल** ने अपने अल्पायु पुत्र बिरजिस कादिर को नवाब घोषित किया तथा लखनऊ स्थित ब्रिटिश रेजिडेंसी पर आक्रमण किया।
- झांसी में 4 जून, 1857 ई. को **रानी लक्ष्मीबाई** के नेतृत्व में विद्रोह की शुरुआत हुई, जिसमें रानी ने अपने साहसपूर्ण नेतृत्व में अंग्रेजों के साथ वीरतापूर्वक युद्ध किया, परंतु झांसी के पतन के बाद रानी लक्ष्मीबाई ग्वालियर की ओर प्रस्थान कर गयी।
- रानी लक्ष्मीबाई ने ग्वालियर में **तांत्या टोपे** के साथ विद्रोह को नेतृत्व प्रदान किया। अनेक युद्ध में अंग्रेजों को पराजित करने के बाद अंग्रेजी जनरल **ह्यूरोज** से लड़ते हुए 17 जून, 1858 ई. को लक्ष्मीबाई वीरगति को प्राप्त हुई।
- तांत्या टोपे जिनका वास्तविक नाम **रामचन्द्र पांडुरंग** था, ग्वालियर के पतन के बाद अप्रैल, 1859 ई. में नेपाल चले गये, जहाँ पर एक जमींदार मित्र **मानसिंह** के विश्वासघात के कारण पकड़े गये

तथा 18 अप्रैल, 1859 ई. को फांसी पर लटका दिये गये। तांत्या टोपे की गिरफ्तारी मध्य भारत में 1857 ई. के विद्रोह की अंतिम घटना थी।

- **जगदीशपुर (आरा, बिहार)** में वहाँ के प्रमुख जमींदार **कुंवर सिंह** ने 1857 ई. के विद्रोह के समय विद्रोह का झंडा फहराया।
- अदम्य साहस, वीरता और सेनानायकों जैसे कई आदर्श गुणों के कारण 1857 ई. के विद्रोह के समय कुंवर सिंह को **बिहार का सिंह** कहा गया।
- कुंवर सिंह ने विद्रोह की मशाल को रोहतास, मिर्जापुर, रीवा, बांदा तथा लखनऊ में फहराया। अपने जीवन के अंतिम युद्ध में उन्होंने अंग्रेजों को भारी क्षति के साथ परास्त किया लेकिन युद्ध में जख्मी हो जाने के कारण 26 अप्रैल, 1858 ई. को उनकी मृत्यु हो गयी।
- **फैजाबाद** में 1857 ई. के विद्रोह को **मौलवी अहमदुल्ला** ने अपना नेतृत्व प्रदान किया। अहमदुल्ला की गतिविधियों से अंग्रेज इतने चिंतित थे कि उन्होंने इन्हें पकड़ने के लिए 50,000 रुपये का नकद इनाम घोषित किया। 5 जून, 1858 ई. को रूहेलखण्ड की सीमा पर पोवायां में इनकी गोली मारकर हत्या कर दी गयी।
- **रूहेलखण्ड** में **खान बहादुर खाँ** ने 1857 ई. के विद्रोह को नेतृत्व प्रदान किया। इन्हें मुगल सम्राट बहादुरशाह-II ने सूबेदार के पद पर नियुक्त किया था। कालांतर में इन्हें पकड़कर फांसी दे दी गयी।
- **असम** में 1857 ई. के विद्रोह के समय वहाँ के दीवान **मनीराम दत्त** ने वहाँ के अंतिम राजा के पोते कंदपेश्वर सिंह को राजा घोषित कर विद्रोह की शुरुआत की, शीघ्र ही विद्रोह असफल हुआ तथा मनीराम दत्त को फांसी दे दी गयी।
- **ओडिशा** में **संबलपुर के राजकुमार सुरेंद्र शाही** और **उज्जवल शाही** ने विद्रोह किया। गंजाम में साबरो ने राधाकृष्ण दंडसेन के नेतृत्व में पराल की मेडी में विद्रोह किया।
- पंजाब जिसका अधिकांश हिस्सा विद्रोह से अलग रहा, में 9वीं अनियमित सेना (घुड़सवार) के **वजीर खाँ** ने अजनाला में विद्रोह किया, कुल्लू में राणा प्रताप सिंह और वीर सिंह ने विद्रोह का नेतृत्व किया, लेकिन शीघ्र ही इन सब को फांसी दे दी गयी।
- दक्षिण भारत जिसका अधिकांश हिस्सा विद्रोह के समय शांत था, के सतारा और कोल्हापुर में 1857 ई. के विद्रोह का कुछ प्रभाव देखने को मिला। सतारा में रंगोली बापूजी गुप्ते ने विद्रोह को नेतृत्व प्रदान किया।
- बंगाल, पंजाब, राजपूताना, पटियाला, जींद, हैदराबाद, मद्रास आदि ऐसे क्षेत्र थे जहाँ पर विद्रोह नहीं पनप सका। यहाँ के शासकों ने विद्रोह को कुचलने में अंग्रेजी सरकार की मदद भी की।
- इस विद्रोह में व्यापारी, पढ़े-लिखे लोग तथा भारतीय शासकों ने हिस्सेदारी नहीं ली।

1857 ई. के विद्रोह से संबद्ध महत्त्वपूर्ण पुस्तकें	
First War of Indian Independence	वी.डी. सावरकर
The Great Rebellion	अशोक मेहता
Sepoy Mutiny and the Revolt of 1857	आर.सी. मजूमदार
Eighteen Fifty Seven	एस.एन. सेन

विद्रोह की असफलता के कारण

- विद्रोह की असफलता के कई कारण थे, जिनमें प्रमुख था- एकता, संगठन और साधनों की कमी।

- विद्रोह का स्वरूप सामंतीय था। एक तरफ रूहेलखण्ड तथा उत्तरी भारत के सामंतों ने विद्रोह का नेतृत्व किया वहीं पटियाला, जींद, ग्वालियर तथा हैदराबाद के राजाओं ने विद्रोह के दमन में सरकार की भरपूर मदद की।
- इस विद्रोह के प्रति शिक्षित वर्ग पूर्णरूप से उदासीन था। यदि इस वर्ग ने अपने लेखों एवं भाषणों द्वारा लोगों में उत्साह का संचार किया होता तो निःसंदेह विद्रोह का परिणाम कुछ और होता।
- विद्रोहियों में अनुभव, संगठन क्षमता व मिलकर कार्य करने की शक्ति की कमी थी।
- सैनिक दुर्बलता का विद्रोह की असफलता में महत्त्वपूर्ण योगदान था। बहादुरशाह जफर एवं नाना साहब एक कुशल संगठनकर्ता अवश्य थे पर उनमें सैन्य नेतृत्व क्षमता की कमी थी, वहीं अंग्रेजी सेना के पास लारेंस बंधु, निकल्सन, हैवलॉक, आउट्रम एवं एडवर्डस जैसे कुशल सेनानायक थे।
- विद्रोहियों के पास उचित नेतृत्व का अभाव था। वृद्ध मुगल सम्राट बहादुरशाह जफर विद्रोहियों का ढंग से नेतृत्व नहीं कर सके, जिस तरह के नेतृत्व की तत्कालीन परिस्थितियों में आवश्यकता थी।
- विद्रोह के बारे में **जॉन लारेंस** ने कहा कि 'यदि उनमें (विद्रोहियों में) एक भी योग्य नेता होता तो हम सदा के लिए हार जाते'।
- आवागमन एवं संचार के साधनों के उपयोग से अंग्रेजों को विद्रोह को दबाने में काफी सहायता मिली और इस प्रकार आवागमन एवं संचार के साधनों ने भी इस विद्रोह को असफल करने में सहयोग दिया।

1857 ई. का विद्रोह : एक नजर में

विद्रोह का केन्द्र	भारतीय नायक	विद्रोह का दिन	विद्रोह कुचलने वाले सैन्य अधिकारी	समर्पण का दिन
दिल्ली	बहादुरशाह जफर, बख्त खाँ	11 मई, 1857	निकल्सन, हडसन	20 सितंबर, 1857
कानपुर	नाना साहब, तात्या टोपे	5 जून, 1857	कॉलिन कैम्पबेल	दिसंबर, 1857
लखनऊ	बेगम हजरत महल, बिरजिस कादिर	4 जून, 1857	कॉलिन कैम्पबेल	31 मार्च, 1858
झांसी, ग्वालियर	रानी लक्ष्मीबाई, तांत्याटोपे	4 जून, 1857	जनरल ह्यूरोज	17 जून, 1858
जगदीशपुर	कुंवर सिंह, अमर सिंह	12 जून, 1857	मेजर विलियम टेलर	दिसंबर, 1858
फैजाबाद	मौलवी अहमदुल्ला	जून, 1857	जनरल रेनॉर्ड	5 जून, 1858
इलाहाबाद	लियाकत अली	जून, 1857	कर्नल नील	1858
बरेली	खान बहादुर	जून, 1857	बिसेंट आयर	1858

विद्रोह के परिणाम

- विद्रोह के समाप्त होने के बाद 1858 में ब्रिटिश संसद ने एक कानून पारित कर ईस्ट इंडिया कंपनी के अस्तित्व को समाप्त कर दिया और अब भारत का शासन का पूरा अधिकार महारानी

के हाथों में आ गया। इंग्लैण्ड में 1858 ई. के अधिनियम के तहत **भारतीय राज्य सचिव** की स्थापना की गयी।

- **1 नवंबर, 1858 ई.** को इलाहाबाद में आयोजित दरबार में लार्ड कैनिंग ने महारानी की उद्घोषणा को पढ़ा।
- उद्घोषणा में गवर्नर जनरल कैनिंग को **वायसराय** की उपाधि प्राप्त हुई।
- भारत में ब्रिटिश साम्राज्य के विस्तार पर रोक, लोगों के धार्मिक मामलों में हस्तक्षेप न करना, एक समान कानूनी सुरक्षा सबको उपलब्ध कराना, लोगों के परंपरागत अधिकारों और रिवाजों के प्रति सम्मान व्यक्त करना आदि वायदे ब्रिटिश क्राउन द्वारा भारतीय जनता से किये गये।
- भारत में एक व्यवस्थित शासन प्रणाली स्थापित हो सके इसके लिए **भारत सरकार अधिनियम 1858** पारित हुआ जिसके बाद पिट्स इंडिया एक्ट द्वारा की गयी व्यवस्था समाप्त हो गयी।
- 1857 ई. के विद्रोह के बाद ब्रिटिश सरकार द्वारा सेना के पुनर्गठन के लिए गठित **पील कमीशन** की रिपोर्ट पर सेना में भारतीय सैनिकों की तुलना में यूरोपियनों का अनुपात बढ़ा दिया गया।
- सैनिकों की भर्ती हेतु एक **रॉयल कमीशन** गठित हुआ तथा बड़ी कुटिलता से **फूट डालो राज्य करो** की नीति का अनुसरण करते हुए सेना के रेजिमेंटों को जाति, समुदाय और धर्म के आधार पर विभाजित किया गया।
- भारतीय राजवाड़ों के प्रति विजय और विलय की नीति का परित्याग कर सरकार ने राजाओं को गोद लेने की अनुमति प्रदान की।
- वायसराय कैनिंग के समय 1861 का इंडियन कौंसिल, 1861 का इंडियन हाईकोर्ट एक्ट, 1861 का इंडियन सिविल सर्विस एक्ट पारित किया गया।

9. 1858 ई. के बाद के किसान विद्रोह व अन्य आंदोलन

नील आंदोलन (1859 – 1860 ई.)

- नील आंदोलन (1859-1860 ई.) भारतीय किसानों द्वारा ब्रिटिश नील उत्पादकों के खिलाफ बंगाल में किया गया। अपनी आर्थिक माँगों के संदर्भ में किसानों द्वारा किया जाने वाला यह आंदोलन उस समय का एक विशाल आंदोलन था।
- बंगाल के वे काश्तकार जो अपने खेतों में चावल की खेती करना चाहते थे जबकि यूरोपीय नील बागान मालिक नील की खेती करने के लिए उन्हें मजबूर किया करते थे। नील की खेती करने से इनकार करने वाले किसानों को नील बागान मालिकों के दमनचक्र का सामना करना पड़ता था।
- इस आंदोलन की सर्वप्रथम शुरुआत सितंबर, 1859 में बंगाल के नदिया जिले के गोविंदपुर गाँव में हुई। धीरे-धीरे यह आंदोलन 1860 ई. तक नदिया, पावना, खुलना, ढाका, मालदा एवं दीनाजपुर आदि क्षेत्रों में फैल गया।
- दिगम्बर विश्वास एवं विष्णु विश्वास ने इस आंदोलन का नेतृत्व किया।
- बंगाल के बुद्धिजीवी वर्ग ने अखबारों में अपने लेखन तथा जनसभाओं के माध्यम से विद्रोह के प्रति अपने समर्थन को व्यक्त किया। इसमें **हिन्दू पैट्रियाट** के संस्थापक हरिश्चन्द्र मुखर्जी की विशेष भूमिका थी।
- नील बागान मालिकों के अत्याचार का खुला चित्रण **दीनबंधु मित्र** ने अपने नाटक **नील दर्पण** में किया है।

पावना विद्रोह (1873 – 1876 ई.)

- बंगाल के अधिकतर इलाकों में 1870 ई. के दशक में और 1880 ई. के दशक के शुरुआती दिनों में बड़े पैमाने पर कृषक अशांति रही।
- पावना जिले के काश्तकारों को **1859 के अधिनियम 10** द्वारा बेदखली एवं लगान में वृद्धि के विरुद्ध एक सीमा तक संरक्षण प्राप्त था। इसके बावजूद भी जमींदारों ने उनसे सीमा से अधिक लगान वसूला एवं उनको उनके जमीन के अधिकार से वंचित किया।
- जमींदारों के अत्याचार के विरुद्ध 1873 ई. में पावना जिले के **यूसुफ शाही** परगने में एक **किसान संघ** की स्थापना हुई। इस संघ ने किसानों को संगठित करने, लगान न देने, जमींदारों के विरुद्ध मुकदमें के खर्च के लिए चंदा एकत्र करने जैसे कार्य किये।
- पावना के अलावा यह विद्रोह ढाका, मैमन सिंह, बेकरगंज, त्रिपुरा, फरीदपुर, बोगरा और राजशाही में फैल गया।
- पावना विद्रोह की प्रमुख विशेषता थी, इसका कानून के दायरे में रहना। किसानों की यह लड़ाई केवल जमींदारों से थी।
- पावना के किसानों ने अपनी माँग में यह नारा दिया कि **'हम महामहिम महारानी की और केवल उन्हीं की रैय्यत रहना चाहते हैं।'**
- सरकार ने भारतीय दंडसंहिता के दायरे में इस आंदोलन को दबाने का प्रयास किया। अंग्रेज लेफ्टिनेंट **गवर्नर कैंपबेल** ने पावना व्रिदोह का समर्थन किया।
- इस आंदोलन की एक विशेषता यह भी थी कि हिन्दू और मुसलमान एक साथ कंधे से कंधा मिलाकर आंदोलनरत रहे। साम्प्रदायिक सौहार्द का यह एक अनूठा उदाहरण था। इस आंदोलन के रैय्यतों में अधिकतर मुसलमान एवं जमींदारों में हिन्दू थे।
- पावना आंदोलन के महत्त्वपूर्ण नेताओं में **ईशान चन्द्र राय** तथा **शंभुपाल** थे।
- बंगाल के बुद्धिजीवी बंकिम चन्द्र चट्टोपाध्याय तथा आर. सी. दत्त ने भी इस आंदोलन का समर्थन किया।
- **इंडियन एसोसिएशन** के सदस्य सुरेन्द्रनाथ बनर्जी, आनंद मोहन बोस तथा द्वारकानाथ गांगुली आदि ने भी अपनी संस्था के माध्यम से पावना आंदोलन का समर्थन किया।

दक्कन विद्रोह (1874 – 1875 ई.)

- महाराष्ट्र के पुणे और अहमदनगर (दक्कन) के जिलों में किसानों ने साहूकारों के खिलाफ विद्रोह किया।
- 1867 ई. में सरकार द्वारा लगान की दर 50 प्रतिशत वृद्धि करने तथा कई वर्ष से लगातार फसल के खराब होने के कारण किसानों को लगान की अदायी हेतु साहूकारों पर निर्भर होना पड़ा।
- दक्कनी साहूकारों में अधिकांश बाहरी मारवाड़ी तथा गुजराती थे जिनसे लगान अदायगी के लिए किसानों को कर्ज लेना पड़ता था, कर्ज देने के बदले साहूकार किसानों के घर और जमीन को रेहन रखते थे। इस तरह किसान बिल्कुल महाजनों के चंगुल में होता था।
- साहूकारों के विरुद्ध आंदोलन की शुरुआत 1874 ई. में **शिरूर तालुका** के करडाह गाँव में हुई। 1875 ई. तक यह आंदोलन पूना, अहमदाबाद, सतारा, शोलापुर आदि जिलों में फैल गया। किसानों ने साहूकारों के घरों एवं दुकानों को नष्ट कर दिया।
- सरकार ने **दक्कन उपद्रव आयोग** की स्थापना की। किसानों की स्थिति में सुधार हेतु 1879 ई. में **दक्कन कृषक राहत अधिनियम** की घोषणा की गयी।

उत्तरप्रदेश में किसान आंदोलन

- होमरूल लीग के कार्यकर्ताओं के प्रयास तथा गौरीशंकर मिश्र, इन्द्र नारायण द्विवेदी तथा मदनमोहन मालवीय के दिशा निर्देशन के परिणामस्वरूप फरवरी, 1918 ई. में उत्तरप्रदेश में **किसान सभा** का गठन किया गया।

- 1920 ई. के दशक में उत्तरप्रदेश के किसान आंदोलन को सर्वाधिक मजबूती बाबा रामचन्द्र ने प्रदान की। उनके व्यक्तिगत प्रयासों से ही 17 अक्टूबर, 1920 को प्रतापगढ़ जिले में **अवध किसान सभा** का गठन किया गया। इस संगठन को जवाहरलाल नेहरू, गौरीशंकर मिश्र, माता बदल पाण्डे, केदारनाथ आदि ने अपने सहयोग से शक्ति प्रदान किया।

- 1920 ई. में उत्तरप्रदेश किसान आंदोलन असहयोग आंदोलन के साथ जुड़ गया।

- उत्तरप्रदेश के हरदोई, बहराइच एवं सीतापुर जिलों में लगान में वृद्धि एवं उपज के रूप में लगान वसूली को लेकर किसानों ने **एका आंदोलन** नाम का आंदोलन चलाया। इस आंदोलन में कुछ जमींदार भी शामिल थे। एका आंदोलन का नेतृत्व पिछड़ी जाति के **मदारी पासी** ने किया।

मोपला विद्रोह (1920–1921 ई.)

- मोपला लोग केरल के मालाबार क्षेत्र में रहने वाले इस्लाम धर्म में धर्मांतरित अरब एवं मलयाली मुसलमान थे।

- मोपला किसान मालाबार के हिन्दू नंबूदरी एवं नायर उच्च जाति, भूस्वामियों के बँटाईदार या असामी काश्तकार थे।

- प्रारंभ में मोपला विद्रोह (1920 ई.) अंग्रेजी हुकूमत के खिलाफ था। महात्मा गांधी, शौकत अली, मौलाना आजाद जैसे नेताओं का सहयोग इस आंदोलन को प्राप्त था।

- मोपला विद्रोह के मुख्य नेता के रूप में अली मुसलियार चर्चित थे।

- 1921 ई. में इस विद्रोह ने हिन्दू-मुस्लिम के बीच साम्प्रदायिक आंदोलन का रूप ले लिया, परंतु शीघ्र ही इस आंदोलन को कुचल दिया गया।

कूका आंदोलन (1872 ई.)

- कृषि सम्बन्धी समस्याओं के खिलाफ अंग्रेजी सरकार से लड़ने के लिए पंजाब में स्थापित इस संगठन के संस्थापक भगत जवाहरमल थे। 1872 ई. में इनके शिष्य बाबा राम सिंह ने अंग्रेजों का वीरतापूर्वक सामना किया। कालांतर में उन्हें कैद कर रंगून (बर्मा) भेज दिया गया जहाँ पर 1885 ई. में उनकी मृत्यु हो गयी।

रामोसी किसानों का विद्रोह (1879 ई.)

- महाराष्ट्र में बासुदेव बलवंत फड़के के नेतृत्व में रामोसी किसानों ने जमींदारों के अत्याचार के विरुद्ध विद्रोह किये।

- फड़के को आंदोलन के लिए प्रेरित करने वाले कारण थे, महादेव गोविंद रानाडे का धन के बहिर्गमन पर दिया गया व्याख्यान तथा 1876-1877 ई. में पश्चिमी भारत में पड़ने वाले भयंकर अकाल। इन घटनाओं ने फड़के को भावनात्मक रूप से प्रभावित किया।

- फड़के ने रामोसी तथा महाराष्ट्र के ग्रामीण इलाकों में रहने वाले किसानों के सहयोग से एक संगठन बनाया, जिसके सहयोग से डकैतियाँ डालकर धन एकत्र करना, संचार व्यवस्था को तहस-नहस करना, विद्रोह करना आदि को अपना लक्ष्य बनाया।

- फड़के ने **हिन्दू राज्य** की स्थापना का नारा दिया। इनके आंदोलन से स्पष्ट क्रांतिकारी आतंकवाद का पूर्वाभास मिलता है।

रंपाओं का विद्रोह (1879–1922 ई.)

- आंध्रप्रदेश के तटवर्ती क्षेत्रों में रंपा पहाड़ी आदिवासियों ने 1879 ई. में सरकार समर्थित मनसबदारों के भ्रष्टाचारों और नये जंगल कानून के खिलाफ विद्रोह किया। औपनिवेशिक शासन के विरुद्ध इस विद्रोह का नेतृत्व सीताराम राजू ने किया। यह विद्रोह छिटपुट रूप से 1920-1922 ई. तक चलता रहा।

ताना भगत आंदोलन (1914 ई.)

- इस आंदोलन की शुरुआत 1914 ई. में बिहार (वर्तमान झारखण्ड) में हुई। यह आंदोलन ऊँची लगान की दर तथा चौकीदारी कर के विरुद्ध किया गया था।

- इस आंदोलन के प्रवर्तक जतरा भगत थे।

चंपारण सत्याग्रह (1917 ई.)

- चंपारण (बिहार) के किसानों से अंग्रेज बागान मालिकों ने एक करार किया था, जिसके अंतर्गत किसानों को अपने कृषिजन्य क्षेत्र के 3/20वें भाग पर नील की खेती करनी पड़ती थी। इसे **तिनकठिया पद्धति** के नाम से जाना जाता था।

- करार से मुक्त करने के लिए अंग्रेज बागान मालिकों ने भारी लगान की माँग की, परिणामस्वरूप यह विद्रोह शुरु हुआ।

- 1917 ई. में चंपारण के राजकुमार शुक्ल ने चंपारण किसान आंदोलन का नेतृत्व गांधी जी को सौंपने के लिए लखनऊ में उनसे मुलाकात की।

- गांधी जी के चंपारण पहुँचने पर वहाँ के प्रशासन ने उन्हें जिला छोड़ने का आदेश दिया, लेकिन गांधी जी ने **सत्याग्रह** की धमकी दे डाली जिससे डरकर प्रशासन ने आदेश वापस ले लिया।

- सत्याग्रह का भारत में **प्रथम प्रयोग** गांधी जी ने चंपारण में किया।

- चंपारण में गांधी जी के साथ राजेन्द्र प्रसाद, ब्रजकिशोर, महादेव देसाई, नरहरि पारिख एवं जे. वी. कृपलानी भी मौजूद थे।

- चंपारण आंदोलन के साथ गांधी जी के नेतृत्व में किसानों की एक जुटता को देखते हुए सरकार ने जुलाई, 1917 ई. में मामले की जाँच के लिए एक आयोग स्थापित किया जिसके सदस्यों में गांधी जी भी शामिल थे।

- आयोग की सलाह पर सरकार ने **तिनकठिया पद्धति** को समाप्त घोषित करते हुए किसानों से अवैध रूप से वसूले गये धन का 25 प्रतिशत भाग वापस कर दिया।

- चंपारण सत्याग्रह के दौरान गांधी जी के कुशल नेतृत्व से प्रभावित होकर रवीन्द्रनाथ टैगोर ने उन्हें **महात्मा** की उपाधि प्रदान की।

खेड़ा सत्याग्रह (1918 ई.)

- गुजरात के खेड़ा जिले के किसानों ने सरकार के विरुद्ध बढ़ी हुई लगान की वसूली के खिलाफ गांधी जी के नेतृत्व में आंदोलन किया।

- 1917-1918 ई. में फसल खराब होने के बाद भी खेड़ा के किसानों से लगान की वसूली की जा रही थी, खेड़ा के कुनबी-पाटीदार किसानों ने सरकार से लगान में राहत की माँग की लेकिन कोई रियायत न मिली।

- खेड़ा के किसानों का सहयोग गांधी जी ने इंदुलाल याज्ञनिक और बल्लभ भाई पटेल के साथ मिलकर किया, उन्होंने किसानों को लगान अदा नहीं करने का सुझाव दिया।

- 22 मार्च, 1918 ई. को गांधी जी ने खेड़ा आंदोलन की बागडोर संभाली। गांधी जी के सत्याग्रह के आगे लाचार सरकार ने गोपनीय दस्तावेज जारी किया कि लगान उसी से वसूली जाये जो देने में समर्थ हो।

- **गुजरात सभा** की खेड़ा आंदोलन में महत्त्वपूर्ण भूमिका थी।
- गांधी जी के नेतृत्व में यह आंदोलन सफल रहा। खेड़ा में ही गांधी जी ने अपने प्रथम किसान **सत्याग्रह** की शुरुआत की।

बारदोली सत्याग्रह (1928 ई.)

- सूरत (गुजरात) के बारदोली तालुके में 1928 ई. में किसानों द्वारा **लगान अदायगी** नहीं करने का आंदोलन चलाया गया।
- बारदोली के किसानों ने सरकार द्वारा बढ़ाये गये 30 प्रतिशत कर के विरोध में बल्लभ भाई पटेल के नेतृत्व में सत्याग्रह शुरू किया। पटेल ने किसानों की लगान में हुई कर वृद्धि का विरोध किया तथा सरकार को पत्र लिखकर जाँच कराने की माँग की।
- कांग्रेस के नरमपंथी गुट ने **सर्वेंट ऑफ इंडिया सोसाइटी** के माध्यम से सरकार द्वारा किसानों की माँगों की जाँच करवाने का अनुरोध किया।
- सरकार ने **ब्रुम फील्ड** और **मैक्सवेल** को बारदोली मामले की जाँच का आदेश दिया। जाँच रिपोर्ट में बढ़ी हुई 30 प्रतिशत लगान को अवैध करार दिया गया तथा इसे घटाकर 6.3 प्रतिशत कर दिया गया।
- बारदोली सत्याग्रह के समय ही यहाँ की महिलाओं की ओर से गांधीजी ने बल्लभ भाई पटेल को **सरदार** की उपाधि प्रदान की।

तेभागा आंदोलन (1946 ई.)

- 20वीं सदी के पूवार्द्ध का यह किसान आंदोलन बंगाल का सर्वाधिक सशक्त आंदोलन था। इस आंदोलन द्वारा बँटाईदारों ने यह माँग की कि उन्हें उपज का एक-तिहाई भाग अर्थात् तेभागा प्रदान किया जाये।
- यह जोतदारों के विरुद्ध बँटाईदारों का आंदोलन था जिसे **कम्पाराम सिंह** एवं **भवन सिंह** ने नेतृत्व प्रदान किया।

तेलंगाना आंदोलन (1946 ई.)

- आंध्रप्रदेश में यह आंदोलन जमींदारों, साहूकारों के शोषण की नीति के खिलाफ तथा भ्रष्ट अधिकारियों के अत्याचार के विरुद्ध 1946 ई. में किया गया।
- 1951 ई. तक चले तेलंगाना आंदोलन को रियासती मंडल, प्रजामंडल, आर्य समाज, वृहत् तेलगू भाषा-भाषी राज्य आंदोलन ने अपना सहयोग प्रदान किया।
- तेलंगाना आंदोलन के मुख्य नेता **संदरैया** थे।

10. अंग्रेजी शासन का भारतीय अर्थव्यवस्था पर प्रभाव

- 17वीं शताब्दी में भारत विश्व में औद्योगिक माल का सबसे बड़ा उत्पादक था, यहाँ से मुख्यत: सूती और रेशमी कपड़ों, मसालों, नील, शक्कर, औषधियाँ, कीमती रत्न और दस्तकारी की वस्तुओं का निर्यात किया जाता था।
- मुगल बादशाह औरंगजेब की मृत्यु के बाद भारत में अनेक ऐसे कारण सक्रिय हो गये जिससे यहाँ के व्यापार और वाणिज्य में गिरावट का दौर शुरू हो गया।
- उत्तरवर्ती मुगल शासकों द्वारा तत्कालीन यूरोपीय व्यापारियों को दी गयी उदारतापूर्वक रियासतों ने स्वदेशी व्यापारियों के हितों को नुकसान पहुँचाया, जिससे यहाँ के घरेलू उद्योग प्रभावित हुए।
- प्लासी (1757 ई.) और बक्सर के युद्धों (1764 ई.) के बाद अंग्रेजों ने बंगाल की समृद्धि पर अपना पूरा अधिकार जमा लिया। परिणामस्वरूप भारतीय अर्थव्यवस्था अधिशेष (Surplus) और आत्मनिर्भरता की अर्थव्यवस्था औपनिवेशिक अर्थव्यवस्था में परिवर्तित हो गयी।

- भारत पर शासन करने वाले पूर्व विजेताओं एवं अंग्रेजों के मध्य महत्त्वपूर्ण अंतर यह था कि जहाँ पूर्वकालिक विजेता धीरे-धीरे भारतीय जीवन का अंग बन गये, वहीं अंग्रेज विजेता भारत का अभिन्न अंग कभी नहीं बने, इसका भारतीय अर्थव्यवस्था पर दूरगामी प्रभाव पड़ा।
- भारतीय अर्थव्यवस्था को ब्रिटिश औपनिवेशिक अर्थव्यवस्था में परिवर्तित करने के पीछे ब्रिटिश सरकार का मुख्य उद्देश्य अपने उद्योगों के लिए कच्चा सस्ता माल प्राप्त करना और अपने उत्पादों को भारतीय बाजार में ऊँची कीमतों पर बेचना था।

भारत में ब्रिटिश उपनिवेशवाद के विभिन्न चरण

भारत में ब्रिटिश उपनिवेशवाद मुख्यत: तीन चरणों से गुजरा-

1. प्रथम चरण – 1756-1812 ई.
2. द्वितीय चरण – 1813-1857 ई.
3. तृतीय चरण – 1857-1947 ई.

- उपनिवेशवाद के **प्रथम चरण** को वाणिज्यिक (Commercial) चरण भी कहा जाता है। इस चरण की शुरुआत प्लासी के युद्ध के बाद होती है।
- प्रथम चरण की अर्थव्यवस्था में व्यापारिक पूँजी का साम्राज्य था। ईस्ट इंडिया कंपनी व्यापार पर पूर्ण अधिकार जमा रहा था। कंपनी के अधिकारी जी भर कर भारत को लूट रहे थे। वे कम दाम पर भारतीय वस्तुओं का क्रय कर इंग्लैण्ड को निर्यात कर रहे थे।
- भारत की लूट और इंग्लैण्ड में पूँजी संचय का ही प्रत्यक्ष परिणाम था कि इंग्लैण्ड औद्योगिक क्रांति के दौर से गुजरा।
- उपनिवेशवाद के **द्वितीय चरण** को औद्योगिक मुक्त व्यापार चरण भी कहा जाता है। इस चरण में भारत ब्रिटिश माल के आयात का मुक्त बाजार बन गया।
- द्वितीय चरण के दौरान भारत ब्रिटेन में निर्मित वस्त्रों के लिए बाजार एवं कच्चे माल के स्रोत के रूप में प्रसिद्ध था। इस काल में भारत के कुटीर एवं लघु उद्योगों का पतन हुआ। इस संदर्भ में **कार्ल मार्क्स** ने कहा था कि 'सूती कपड़ों के घर में सूती कपड़ों की भरमार हो गयी है।'
- उपनिवेशवाद के **तृतीय चरण** को वित्तीय पूँजीवाद चरण भी कहा जाता है।
- 19वीं शताब्दी के मुक्त व्यापार से उत्पन्न अंतर्विरोधों और 1857 ई. के विद्रोह के परिणामों ने अंग्रेजों को इस बात के लिए विवश किया कि वे भारत में अपने व्यापारिक एवं सामाजिक हितों की पूर्ति के लिए रेल लाइनों के निर्माण, सड़कों के विकास और सिंचाई के साधनों की ओर ध्यान दें।
- 1860 ई. के बाद अंग्रेजों द्वारा भारत में बड़े पैमाने पर पूँजी निवेश की शुरुआत हुई। पूँजी निवेश के प्रमुख क्षेत्र थे- सरकार को ऋण, रेल निर्माण, सिंचाई परियोजनाएँ, चाय, कॉफी और रबड़ के बाग, कोयला खानें, जूट मिलें, जहाजरानी, बैंकिंग आदि।
- उपनिवेशवाद के **तृतीय चरण** में सर्वाधिक पूँजी निवेश सार्वजनिक ऋण के क्षेत्र में किया गया। ब्रिटिश पूँजी निवेश का दूसरा महत्त्वपूर्ण क्षेत्र भारत में **रेल निर्माण** था। रेलवे का निर्माण **लाभ की गारंटी** व्यवस्था पर आधारित था अर्थात् रेल निर्माण में ब्रिटेन का कोई पूँजीपति जितनी पूँजी लगाता था उस पर सरकार से पाँच प्रतिशत ब्याज की गारंटी मिलती थी।

भूमि व्यवस्था एवं भू-राजस्व नीति

- अंग्रेजों के शासन से पूर्व भारतीय अर्थव्यवस्था कृषिजन्य अर्थव्यवस्था थी, लेकिन अंग्रेजों ने यहाँ के परंपरागत कृषि ढाँचे को नष्ट कर दिया तथा भूमि व्यवस्था व भू-राजस्व के अंतर्गत व्यापक परिवर्तन किये। इन्होंने अनेक भू-धारण पद्धतियाँ (Land Tenure System) लागू की जिनमें मुख्य थीं- स्थायी/जमींदारी, महालवाड़ी एवं रैय्यतवाड़ी व्यवस्था।

स्थायी बंदोबस्त या जमींदारी प्रथा

- इस व्यवस्था को जागीरदारी, मालगुजारी, वीसवेदारी या इस्तमरारी के नाम से भी जाना जाता है। यह व्यवस्था गवर्नर जनरल कार्नवालिस के समय 1793 ई. में लागू किया गया।

- इस व्यवस्था के तहत पूरे ब्रिटिश भारत के क्षेत्रफल का लगभग 19 प्रतिशत हिस्सा शामिल था। यह व्यवस्था बंगाल, बिहार, ओडिशा तथा उत्तरप्रदेश के वाराणसी तथा उत्तरी कर्नाटक के क्षेत्रों में लागू था।

- इस व्यवस्था के तहत जमींदार जिन्हें भू-स्वामी के रूप में मान्यता प्राप्त थी, को अपने क्षेत्रों में भू-राजस्व की वसूली कर 10/11 (90%) भाग सरकारी कोष में जमा कराना होता था तथा 1/11 (10%) भाग अपने पास रखना होता था।

- इस व्यवस्था के तहत जमींदार काश्तकारों से मनचाहा लगान वसूल करता था और समय से लगान न चुकाने वाले काश्तकारों से जमीन वापस छीन ली जाती थी, कुल मिलाकर काश्तकार पूरी तरह जमींदारों की दया पर निर्भर हो गया।

- इस व्यवस्था के रूप में कंपनी की आय का एक निश्चित हिस्सा तय हो गया, जिस पर फसल नष्ट होने का कोई असर नहीं पड़ता था। साथ ही जमींदार के रूप में कंपनी को एक विश्वसनीय सहयोगी मिल गया।

- इस व्यवस्था के तहत एक **सूर्यास्त कानून** निर्मित किया गया जिनके अंतर्गत यह व्यवस्था थी कि निश्चित दिन को सूर्यास्त होने से पहले लगान को अवश्य जमा कर दिया जाये। ऐसा न करने पर जमींदार को जागीर के अधिकार से मुक्त कर दिया जाता था तथा उसकी समस्त अथवा कुछ जागीर जब्त करके सार्वजनिक नीलामी द्वारा उसे नीलाम कर दिया जाता था।

महालवाड़ी व्यवस्था

- इस व्यवस्था के तहत भूमि पर ग्राम समुदाय का सामूहिक अधिकार होता था। इस समुदाय के सदस्य अलग-अलग या फिर संयुक्त रूप से लगान की अदायगी कर सकते थे। सरकारी लगान को एकत्र करने के प्रति पूरा महाल या क्षेत्र सामूहिक रूप से जिम्मेदार होता था। महाल के तहत छोटे व बड़े सभी प्रकार के जमींदार आते थे।

- महालवाड़ी व्यवस्था सर्वप्रथम 1819 ई. में **हाल्ट मैकेंजी** द्वारा लाया गया।

- महालवाड़ी व्यवस्था को दक्कन के कुछ जिलों, उत्तरप्रदेश (संयुक्त प्रांत), मध्य प्रदेश एवं पंजाब में लागू किया गया।

- इस व्यवस्था के अंतर्गत ब्रिटिश भारत की भूमि का लगभग 30 प्रतिशत भाग शामिल था।

- इस व्यवस्था में प्रारंभ में लगान की दर कुल उपज का 80 प्रतिशत निश्चित किया गया, कालांतर में विलियम बैंटिक ने इस दर को कम करके 66 प्रतिशत कर दिया। 1855 ई. में सहारनपुर नियम के अनुसार डलहौजी ने लगान की दर को 50 प्रतिशत निश्चित किया।

- महालवाड़ी व्यवस्था बुरी तरह असफल हुई, क्योंकि इसमें लगान का निर्धारण अनुमान पर आधारित था। इसकी विसंगतियों का लाभ उठाकर कंपनी के अधिकारी अपनी जेब भरने लगे, कंपनी को लगान वसूली पर लगान से अधिक खर्च करना पड़ता था।

- इस व्यवस्था का परिणाम ग्रामीण समुदाय के विखण्डन के रूप में सामने आया। सामाजिक दृष्टि से यह व्यवस्था विनाशकारी और आर्थिक दृष्टि से विफल सिद्ध हुई।

रैय्यतवाड़ी व्यवस्था

- रैय्यतवाड़ी व्यवस्था का जन्मदाता **थामस मुनरो** एवं **कैप्टन रीड** को माना जाता है।

- 1792 ई. में कैप्टन रीड के प्रयासों से रैय्यतवाड़ी व्यवस्था सर्वप्रथम तमिलनाडु के **बारामहल** जिले में लागू किया गया।

- तमिलनाडु के अलावा यह व्यवस्था मद्रास, बम्बई के कुछ हिस्से, पूर्वी बंगाल, आसाम और कुर्ग के कुछ हिस्सों में लागू किया गया।
- रैय्यतवाड़ी व्यवस्था के अंतर्गत ब्रिटिश भारत के कुल भू-क्षेत्र का 51 प्रतिशत हिस्सा शामिल था।
- रैय्यतवाड़ी व्यवस्था के अंतर्गत रैय्यतों को भूमि का मालिकाना और कब्जाधारी अधिकार दिया गया था जिसके द्वारा ये प्रत्यक्ष रूप से सीधे या व्यक्तिगत रूप से सरकार को भू-राजस्व का भुगतान करने के लिए उत्तरदायी थे।
- रैय्यतवाड़ी व्यवस्था में कृषक ही भू-स्वामी होता था जिसे भूमि की कुल उपज का 30 प्रतिशत से 50 प्रतिशत के बीच लगान कंपनी को अदा करना पड़ता था।
- इस व्यवस्था के अंतर्गत लगान की वसूली कठोरता से की जाती थी तथा लगान की दर भी काफी ऊँची थी, जिसका परिणाम यह हुआ कि कृषक महाजनों के चंगुल में फँसता गया जो कालांतर में महाजन और किसानों के बीच संघर्ष का कारण बना।
- रैय्यतवाड़ी व्यवस्था के दो मुख्य उद्देश्य थे- एक भू-राजस्व की नियमित वसूली और दूसरी रैय्यतों की स्थिति में सुधार। लेकिन इस व्यवस्था में पहला उद्देश्य तो पूरा हुआ लेकिन दूसरा नहीं।

कृषि का वाणिज्यीकरण

- अंग्रेजों द्वारा भारतीय कृषि के वाणिज्यीकरण अथवा व्यापारीकरण के पीछे मुख्य उद्देश्य था- इंग्लैण्ड के उद्योगों के लिए कच्चे माल को उपलब्ध कराना।
- कृषि के वाणिज्यीकरण के तहत ब्रिटिश सरकार ने भारतीय किसानों को ऊँची कीमत का प्रलोभन देकर कपास, जूट, नील, कॉफी, चाय, मूँगफली, गन्ना जैसी वाणिज्यिक फसलों के उत्पादन को प्रोत्साहन दिया और सर्वाधिक ध्यान कपास की खेती पर दिया।
- वाणिज्यिक फसलों के उत्पादन पर अधिक ध्यान देने के परिणामस्वरूप गेहूँ, चावल तथा बाजरा आदि जैसे खाद्यान्न फसलों का अभाव हो गया जिससे यहाँ भुखमरी फैल गयी। फसलों के वाणिज्यीकरण के फलस्वरूप तत्कालीन भारत में अनेक जगहों पर अकाल पड़े।
- नकद पैसे की लालच में भारतीय किसान अपनी फसलों को निम्न दर पर बेचने लगा, इससे उसके शोषण को बढ़ावा मिला।
- व्यापारिक फसलों की खेती करने से निःसंदेह कुछ किसानों की स्थिति पहले से बेहतर हुई, परंतु देश में खाद्यान्नों के अभाव के कारण इनके मूल्य में भयंकर वृद्धि हुई।

धन का बहिर्गमन

- वह धन जो भारत से बाहर मुख्यतः इंग्लैण्ड को भेजा जाता था और जिसके बदले में कुछ भी नहीं प्राप्त होता था उसे ही **धन की निकासी या निष्कासन** (Drain of Wealth) कहा गया।
- धन की यह निकासी पश्चिमी देशों की ओर धात्विक मुद्रा के रूप में कम हुई परंतु वस्तुओं के निर्यात के रूप में धन भारत से बाहर अधिक गया।
- भारत की बढ़ती हुई निर्धनता की कीमत पर अपने को सम्पन्न बनाने के लिए ब्रिटेन द्वारा भारत के कच्चे माल, संसाधनों और धन के निरंतर लूटमार की पृष्ठभूमि को दादाभाई नौरोजी और रानाडे जैसे राष्ट्रविदों ने **धन के बहिर्गमन** अथवा **निष्कासन** (Drain of Wealth) की संज्ञा दी।
- भारतीय धन के बहिर्गमन की ओर लोगों का ध्यान आकर्षित करने के लिए प्रथम प्रयास **दादाभाई नौरोजी** ने किया। उन्होंने 2 मई, 1867 ई. को लंदन में आयोजित **ईस्ट इंडिया एसोसिएशन** की बैठक में अपने पेपर जिसका शीर्षक Englands' Debt to India था, को पढ़ते हुए **पहली बार धन के बहिर्गमन सिद्धांत** को प्रस्तुत किया।

- कालांतर में दादाभाई ने अपने कुछ अन्य निबंधात्मक लेख जैसे '**पॉवर्टी एण्ड अन ब्रिटिश रूल इन इंडिया (1867 ई.)**', '**द वॉन्ट्स एण्ड मीन्स ऑफ इंडिया (1870 ई.)**' और '**ऑन दी कामर्स ऑफ इंडिया (1871 ई.)**' द्वारा धन के निष्कासन सिद्धान्त की व्याख्या की।
- दादाभाई नौरोजी ने धन के निष्कासन को **अनिष्टों का अनिष्ट** (Evil of all Evil) की संज्ञा दी।
- दादाभाई नौरोजी ने भारतीयों को उनके देश में विश्वास तथा उत्तरदायित्वपूर्ण पदों से वंचित करने की ब्रिटिश नीति को **नैतिक निकास** की संज्ञा दी।
- प्रसिद्ध अर्थशास्त्री तथा राष्ट्रवादी नेता **रमेश चन्द्र दत्त** ने अपनी पुस्तक **इकोनॉमी हिस्ट्री ऑफ इंडिया (1901)** में धन के बहिर्गमन का उल्लेख किया। उनके अनुसार भारत के सकल राजस्व का लगभग आधा हिस्सा प्रतिवर्ष बाहर जाता है। रमेश चन्द्र दत्त के इस पुस्तक को भारत के आर्थिक इतिहास पर **पहली प्रसिद्ध पुस्तक** माना जाता है।
- 1858 ई. के बाद हुए संवैधानिक सुधारों के कारण कंपनी के हिस्से का ऋण एवं उसकी समस्त देनदारियाँ अब भारत सरकार के हिस्से में आ गयी। अब ब्रिटिश भारत के सभी अधिकारियों की पेंशन इंग्लैण्ड से भारत के लिए खरीदी जाने वाली सैनिक साज-समान, सैनिकों के प्रशिक्षण पर होने वाला व्यय, परिवहन पर व्यय आदि के प्रति भारत सरकार ही जिम्मेदार थी। इन सभी साधनों के द्वारा भारत का धन जिस प्रकार से ब्रिटेन की ओर जा रहा था, उसी को **धन की निकासी** अर्थात् **धन के बहिर्गमन** के नाम से जाना गया।

भारतीय हस्तशिल्प उद्योग का ह्रास

- भारत में 1800 से 1850 ई. के बीच के समय को **अनौद्योगीकरण** (De industrialization) के नाम से जाना जाता है।
- अनौद्योगीकरण के इस दौर में जहाँ ब्रिटेन औद्योगिक क्रांति के दौर से गुजर रहा था वहीं भारत में औद्योगिक पतन का दौर चल रहा था।
- इस काल में भारत के हस्तशिल्प एवं कुटीर उद्योगों का पतन हुआ। जिसका सर्वाधिक दुष्प्रभाव यह हुआ कि देश की अर्थव्यवस्था अधिकाधिक रूप से विदेशी अर्थव्यवस्था के आधिपत्य में आ गयी।
- भारत में मुक्त व्यापार के अधिकार के साथ ही यहाँ पर विदेशी लोगों ने उद्योग लगाना प्रारंभ कर दिया। अंग्रेजों की इस नीति के कारण यहाँ पर ब्रिटेन में निर्मित सूती वस्त्र छा गये।
- कुटीर उद्योगों एवं हस्तशिल्प उद्योगों के पतन ने भारी निर्धनता और बेरोजगारी को जन्म दिया। ऐसे में भारतीय जनसंख्या की निर्भरता कृषि पर बढ़ने लगी। इसलिए 19वीं सदी के अंत तक भारत में आधुनिक आधार पर औद्योगीकरण राष्ट्रीय आवश्यकता बन गयी।

भारत में आधुनिक उद्योगों का विकास

- जहाँ एक ओर भारतीय हस्त उद्योगों का विनाश हो रहा था वहीं दूसरी ओर कुछ नये उद्योगों का जन्म भी हो रहा था। भारत में आधुनिक उद्योगों का प्रारंभ 1850 ई. में हुआ।
- आधुनिक एवं नये प्रकार के उद्योगों का विकास दो रूपों में हुआ- बागान उद्योग एवं कारखाना उद्योग।
- अंग्रेजों ने यहाँ सबसे पहले नील, चाय एवं कहवा आदि में विशेष रुचि ली।
- 1857 ई. के बाद कारखाना उद्योग का विकास हुआ जिसमें कपास, चमड़ा, लोहा, चीनी, सीमेंट, कागज, लकड़ी, काँच आदि उद्योग शामिल थे।
- भारत में प्रथम सूती वस्त्र उद्योग **बाम्बे स्पिनिंग एण्ड विविंग कंपनी** के नाम से पारसी उद्योगपति **कावसजी डावर** ने 1854 ई. में स्थापित की।

- भारत में **पहला चीनी** कारखाना 1909 ई. में और **पहला जूट** कारखाना 1855 ई. में बंगाल में खोला गया।
- पहली बार आधुनिक इस्पात तैयार करने का प्रयास 1830 ई. में मद्रास के दक्षिण में स्थित अर्काट जिले में **जोशिया मार्शल हीथ** द्वारा किया गया।
- लौह-उद्योग के क्षेत्र में अगला प्रयास 1907 ई. में **जमशेद जी नौसेरवान जी टाटा** ने किया, इनके प्रयासों द्वारा **टाटा आयरन एण्ड स्टील कंपनी** (साकची, जमशेदपुर) की स्थापना की गयी। इन उद्योगों का धीरे-धीरे विकास होता रहा।

कारखाना अधिनियम	
अधिनियम	वायसराय
1881 का कारखाना अधिनियम	लार्ड रिपन
1891 का कारखाना अधिनियम	लार्ड लैंसडाउन
1911 का कारखाना अधिनियम	लार्ड हार्डिंग-II
1922 का कारखाना अधिनियम	लार्ड रीडिंग
1934 का कारखाना अधिनियम	लार्ड बिलिंगटन
1946 का संशोधित कारखाना अधिनियम	लार्ड वेवल

11. भारत में सामाजिक एवं धार्मिक सुधार आंदोलन

- 19वीं सदी को भारत में धार्मिक एवं सामाजिक पुनर्जागरण की सदी माना गया है। इस समय कंपनी की पाश्चात्य शिक्षा पद्धति द्वारा तत्कालीन युवा वर्ग में जागृति का संचार हुआ।
- अंग्रेजी शिक्षा व संस्कृति का प्रभाव सर्वप्रथम भारतीय मध्यम वर्ग पर पड़ा। तत्कालीन भारतीय समाज में व्याप्त कुरीतियों एवं बाह्य आडंबरों को समाप्त करने में पाश्चात्य शिक्षा ने महत्त्वपूर्ण योगदान दिया।
- 1813 ई. तक कंपनी प्रशासन ने भारत के सामाजिक, धार्मिक एवं सांस्कृतिक मामलों में तटस्थता की नीति का पालन किया, क्योंकि वे हमेशा इस बात से सशंकित रहते थे कि इन मामलों में हस्तक्षेप करने से रूढ़िवादी भारतीय लोग कंपनी की सत्ता के लिए खतरा उत्पन्न कर सकते हैं। परंतु 1813 ई. के बाद ब्रिटिश शासन ने अपने औद्योगिक हितों एवं व्यापारिक लाभ के लिए सीमित हस्तक्षेप प्रारंभ कर दिया जिसके परिणामस्वरूप कालांतर में सामाजिक एवं धार्मिक आंदोलनों का जन्म हुआ।

राजा राममोहन राय और ब्रह्म समाज

- राजा राममोहन राय प्रथम भारतीय थे जिन्होंने सबसे पहले भारतीय समाज में व्याप्त मध्ययुगीन बुराईयों के विरोध में आंदोलन चलाया।
- राजा राममोहन राय का जन्म 22 मई, 1772 ई. को बंगाल के हुगली जिले में स्थित राधा नगर में हुआ था।
- इनके पिता तत्कालीन बंगाल के नवाब के यहाँ नौकरी करते थे, वहीं से उन्हें **राय राया** की उपाधि मिली थी।
- राजा राममोहन राय वस्तुत: प्रजातंत्रवादी और मानवतावादी थे, उनके नवीन विचारों के कारण ही 19वीं शताब्दी के भारत में पुनर्जागरण का जन्म हुआ।
- राजा राममोहन राय को भारतीय पुनर्जागरण का मसीहा, भारतीय राष्ट्रवाद का जनक, अतीत और भविष्य के मध्य सेतु तथा आधुनिक भारत के पिता के रूप में जाना जाता है।

- राजा राममोहन राय कई भाषाओं के ज्ञाता थे, जिनमें प्रमुख थी- अरबी, फारसी, संस्कृत जैसी प्राच्य भाषाएँ तथा अंग्रेजी फ्रांसीसी, लैटिन, यूनानी और हिब्रू जैसी पाश्चात्य भाषाएँ।
- राजा राममोहन राय अपने धार्मिक, दार्शनिक और सामाजिक दृष्टिकोण में इस्लाम के एकेश्वरवाद, सूफीमत के रहस्यवाद, ईसाई धर्म के आचार शास्त्रीय नीतिपरक शिक्षा और पश्चिम के आधुनिक देशों के उदारवादी बुद्धिवादी सिद्धान्तों से काफी प्रभावित थे।
- सामाजिक क्षेत्र में राजा राममोहन राय हिन्दू समाज की कुरीतियों, सती प्रथा, बहुपत्नी प्रथा, वेश्यागमन, जातिवाद आदि के घोर विरोधी थे जबकि पुनर्विवाह के समर्थक थे।
- धार्मिक क्षेत्र में इन्होंने मूर्तिपूजा की आलोचना करते हुए अपने पक्ष को वेदोक्तियों के माध्यम से सिद्ध करने का प्रयास किया। इनका मुख्य उद्देश्य भारतीयों को वेदांत के सत्य का दर्शन कराना था।
- 1809 ई. में राजा राममोहन राय की **फारसी भाषा** की पुस्तक **तुहफर्तुल मुवाहिदीन (एकेश्ववावादियों को उपहार)** का प्रकाशन हुआ।
- 1815 ई. में हिन्दू धर्म के एकेश्वरवादी मत के प्रचार हेतु राजा राममोहन राय ने **आत्मीय सभा** का गठन किया जिसमें द्वारिकानाथ ठाकुर भी शामिल थे।
- 1820 ई. में राजा राममोहन राय की पुस्तक **ईसा की नीति वचन-शान्ति और खुशहाली (Precepts of Jesus : The Guide to Peace and Happiness)** का प्रकाशन हुआ। इसमें ईसाई धर्म की सहजता और नैतिकता के बारे में राजा राममोहन राय के दृढ़ विश्वास का दर्शन होता है।
- 1821 ई. में राजा राममोहन राय ने अपने विचार को प्रेस के माध्यम से लोगों तक पहुँचाने के लिए **संवाद कौमुदी** अथवा **प्रज्ञाचांद** का प्रकाशन किया।
- 1822 ई. में राजा राममोहन राय की एक और पुस्तक **हिन्दू उत्तराधिकार नियम** का प्रकाशन हुआ।
- **फारसी भाषा** में राय ने **मिरातुल अखबार** का भी प्रकाशन किया।
- 1825 ई. में राजा राममोहन राय ने **वेदांत कॉलेज** की स्थापना की।
- 20 अगस्त, 1828 ई. को राजा राममोहन राय ने **ब्रह्म समाज** की स्थापना की। इस संस्था की स्थापना का उद्देश्य था एकेश्वरवाद की उपासना, मूर्तिपूजा का विरोध, पुरोहितवाद का विरोध, अवतारवाद का खण्डन आदि।
- 1829 ई. में भारत के गवर्नर जनरल बैंटिक द्वारा सती प्रथा को प्रतिबंधित करने के लिए लाये गये कानून को लागू करवाने में राजा राममोहन राय ने सरकार की मदद की।
- 1817 ई. में **कलकत्ता में हिन्दू कॉलेज** की स्थापना में राजा राममोहन राय ने डेविड हेयर का सहयोग किया।
- सुभाष चन्द्र बोस ने राजा राममोहन राय को **युगदूत** की उपाधि से सम्मानित किया था।
- राजा राममोहन राय की मृत्यु के बाद ब्रह्म समाज की गतिविधियों का संचालन कुछ समय तक **महर्षि द्वारिकानाथ टैगोर** और **पंडित रामचन्द्र विद्या वागीश** के हाथों में रहा।
- महर्षि द्वारिकानाथ टैगोर के बाद उनके पुत्र **देवेन्द्रनाथ टैगोर (1817-1905 ई.)** के नेतृत्व में ब्रह्म समाज की गतिविधियाँ जारी रहीं।
- ब्रह्म समाज में शामिल होने से पहले देवेन्द्रनाथ टैगोर ने कलकत्ता के जारासंकी में **तत्त्वरंजिनी सभा** की स्थापना की। कालांतर में यह संस्था ही **तत्त्वबोधिनी सभा** के रूप में अस्तित्व में आयी।
- तत्त्वबोधिनी सभा के प्रमुख कार्यों में धर्म की खोज को प्रोत्साहित करना तथा उपनिषदों के ज्ञान का प्रचार-प्रसार करना शामिल था।

- 1840 ई. में स्थापित **तत्त्वबोधिनी स्कूल** में विद्वान अक्षय कुमार को अध्यापक नियुक्त किया गया। इस स्कूल के अन्य सदस्य थे- *राजेन्द्र लाल मित्र, पंडित ईश्वरचन्द्र विद्या सागर,* *तारा चन्द्र चक्रवर्ती* तथा *प्यारे चन्द्र मित्र* आदि।

- देवेन्द्रनाथ टैगोर ने 21 दिसंबर, 1843 ई. को ब्रह्म समाज की सदस्यता ग्रहण की और राजा राममोहन राय के विचारों और धार्मिक लक्ष्य का पूरे उत्साह से प्रचार-प्रसार किया।

- देवेन्द्रनाथ टैगोर ने ब्रह्म धर्म नामक धार्मिक पुस्तिका का संकलन तथा पूजा के **ब्रह्म स्वरूप** **ब्रह्मोपासना** की शुरुआत करवायी।

- देवेन्द्र नाथ टैगोर ने 1857 ई. में **केशवचन्द्र सेन** को ब्रह्म समाज की सदस्यता प्रदान करते हुए समाज का आचार्य नियुक्त किया।

- आचार्य केशवचन्द्र के प्रयत्नों से ब्रह्म समाज को अखिल भारतीय आंदोलन का स्वरूप प्राप्त हुआ।

- 1861 ई. केशवचन्द्र ने **इंडियन मिरर** नामक अंग्रेजी के **प्रथम भारतीय** दैनिक का संपादन किया।

- कालांतर में आचार्य केशवचन्द्र के उदारवादी विचारों के कारण ब्रह्म समाज में फूट पड़ गयी और 1865 ई. में उन्हें ब्रह्म समाज के आचार्य पद से मुक्त कर दिया गया।

- 1865 ई. में ब्रह्म समाज में **पहला विभाजन** हुआ। विभाजित समाज के देवेन्द्र नाथ टैगोर वाले समूह को **आदि ब्रह्म समाज** तथा केशवचन्द्र सेन वाले समूह को भारत वर्षीय ब्रह्म समाज नाम दिया गया। भारत वर्षीय समाज को **भारतीय ब्रह्म समाज** भी कहा जाता है।

- केशवचन्द्र सेन ने सरकार को ब्रह्म समाज अधिनियम (1872) पास करवाने में मदद की। आचार्य सेन ने पश्चिमी शिक्षा के प्रसार, स्त्रियों के उद्धार, स्त्री शिक्षा आदि सामाजिक कार्यों के लिए **इंडियन रिफार्म एसोसिएशन** की स्थापना की।

- आचार्य केशवचन्द्र सेन ने ब्रह्म विवाह अधिनियम (1872) का उल्लंघन करते हुए अपनी अल्पायु पुत्री का विवाह कूच बिहार के राजा से कर दिया (1878), जो ब्रह्म समाज के **द्वितीय विभाजन** का कारण बना।

- 1878 ई. में ब्रह्म समाज से अलग हुए गुट ने **साधारण ब्रह्म सामज** की स्थापना की जिनका उद्देश्य था- जाति प्रथा, मूर्तिपूजा का विरोध, नारी मुक्ति का समर्थन आदि।

- साधारण ब्रह्म समाज की स्थापना **आनन्द मोहन बोस** द्वारा बनाये गये ढाँचे और सिद्धान्त पर हुआ था। समाज के अग्रणी सदस्यों में शिवनाथ शास्त्री, विपिन चन्द्र पाल, द्वारिकानाथ गांगुली एवं आनन्द मोहन बोस का नाम उल्लेखनीय है।

- जनसाधारण को शिक्षित करने के लिए साधारण ब्रह्म समाज ने **तत्त्व कौमुदी, संजीवनी,** **नव्यभारत ब्रह्म जनमत, इंडियन मैसेन्जर, मार्डन रिव्यू** जैसी पत्रिकाओं का प्रकाशन किया।

प्रार्थना समाज

- आचार्य केशवचन्द्र सेन की महाराष्ट्र यात्रा से प्रभावित होकर महादेव गोविन्द रानाडे और डॉ. आत्माराम पाण्डुरंग ने 1867 में बम्बई में **प्रार्थना समाज** की स्थापना की। जी. आर. भंडारकर भी इस समाज के अग्रणी नेताओं में से थे।

- रानाडे को पश्चिमी भारत में सांस्कृतिक पुनर्जागरण का अग्रदूत कहा जाता है।

- 1871 ई. में रानाडे ने **सार्वजनिक समाज** की स्थापना की। इन्हें **महाराष्ट्र का सुकरात** भी कहा जाता था।

- रानाडे ने **एक आस्तिक की धर्म में आस्था** नामक 39 अनुच्छेदों वाली पुस्तक लिखी।

- रानाडे के सामाजिक सुधार सम्बन्धी कार्यों में विष्णु शास्त्री तथा धोंदी केशव कर्वे ने सहयोग प्रदान किया। कर्वे के सहयोग से रानाडे ने 1867 ई. में **विधवा आश्रम संघ** की स्थापना की।
- भारतीयों में शिक्षा के प्रसार और अज्ञानता के विनाश के उद्देश्य से रानाडे ने 1884 ई. में **दक्कन एजुकेशन सोसाइटी** की स्थापना की। इस सोसाइटी के सदस्यों में तिलक, गोखले और आगरकर शामिल थे।
- दक्कन एजुकेशन सोसाइटी को कालांतर में **पूना फर्ग्युसन कॉलेज** नाम दिया गया।

वेद समाज

- केशवचन्द्र सेन की मद्रास यात्रा के समय उनसे प्रभावित होकर युवा **के. श्री धरलू नायडू** ने मद्रास में **वेद समाज** की स्थापना की।
- 1871 ई. में वेद समाज **दक्षिण के ब्रह्म समाज** के रूप में अस्तित्व में आया।

स्वामी दयानंद सरस्वती और आर्य समाज

- स्वामी दयानंद सरस्वती ने 1875 ई. में बम्बई में **आर्य समाज** की स्थापना की। कुछ समय के बाद आर्य समाज का मुख्यालय लाहौर में स्थापित किया गया। दयानंद ने इस संस्था की स्थापना अपने गुरु स्वामी विरजानंद की प्रेरणा से की थी।
- आर्य समाज की स्थापना का उद्देश्य था- वैदिक धर्म को पुनः शुद्ध रूप में स्थापित करना, भारत को सामाजिक, धार्मिक व राजनीतिक रूप से एक सूत्र में बाँधना तथा भारतीय सभ्यता और संस्कृति पर पड़ने वाले पाश्चात्य प्रभाव को रोकना।
- स्वामी दयानंद का जन्म 1824 ई. में गुजरात के मौरवी नामक स्थान में हुआ था, इन्हें बचपन में मूलशंकर के नाम से जाना जाता था।
- स्वामी दयानंद सरस्वती को संन्यास की दीक्षा देने वाले दण्डी स्वामी पूर्णानंद ने ही मूलशंकर का नाम **स्वामी दयानंद सरस्वती** रखा।
- मथुरा में स्वामी विरजानंद से दयानंद ने शुद्ध वैदिक धर्म के विषय में ज्ञान प्राप्त किया।
- स्वामी दयानंद ने अपने उपदेशों का प्रचार **आगरा** से प्रारंभ किया। इन्होंने अपने उपदेशों में मूर्तिपूजा, बहुदेववाद, अवतारवाद, पशुबलि, श्राद्ध, जन्त्र, तन्त्र, मन्त्र एवं झूठे कर्मकाण्ड की आलोचना की।
- स्वामी दयानंद ने वेदों को ईश्वरीय ज्ञान मानते हुए पुनः **वेद की ओर चलो (Back to the Vedas)** का नारा दिया।
- स्वामी दयानंद ने सामाजिक सुधार के क्षेत्र में छुआछूत एवं जन्म के आधार पर जाति प्रथा की आलोचना की। वे शुद्रों एवं स्त्रियों को वेदों की शिक्षा ग्रहण करने के अधिकारों के हिमायती थे। स्वामी दयानंद के विचारों का संकलन इनकी कृति **सत्यार्थ प्रकाश** में मिलता है, जिसकी रचना स्वामी दयानंद ने **संस्कृत** में की।
- राजनीति के क्षेत्र में स्वामी दयानंद का मानना था कि बुरे से बुरा देशी राज्य अच्छे से अच्छे विदेशी राज्य से बेहतर होता है। वे स्वदेशी एवं देशभक्ति के प्रबल समर्थक थे।
- आर्य समाज द्वारा चलाया गया **शुद्धि आंदोलन** पर्याप्त विवादास्पद रहा। इसके अंतर्गत हिन्दू धर्म का पत्यिाग कर अन्य धर्म अपनाने वाले लोगों के लिए पुनः धर्म में वापसी के द्वार खोल दिये गये।
- आर्य समाज का एक अन्य विवादास्पद कार्यक्रम **गौ रक्षा आंदोलन** था। गायों की रक्षा हेतु आर्य समाज ने **गौ रक्षिणी** सभा की स्थापना की।
- **श्रीमती ऐनी बेसेन्ट** ने कहा था कि स्वामी दयानंद ऐसे पहले व्यक्ति थे जिन्होंने कहा कि **भारत भारतवासियों** के लिए है।

- स्वामी दयानंद द्वारा लिखी गयी महत्त्वपूर्ण रचनाएँ इस प्रकार हैं- सत्यार्थ प्रकाश (1874 संस्कृत), पाखण्ड खण्डन (1866), वेदभाष्य भूमिका (1876), ऋगवेद भाष्य (1877), अद्वैत मत का खण्डन (1873), पंच महायज्ञ विधि (1875), बल्लभाचार्य मत का खण्डन (1875)।
- वेलेन्टाइन चिरोल ने अपनी पुस्तक **इंडियन अनरेस्ट** में आर्य समाज को **भारतीय अशा**ंति का जन्मदाता कहा।
- 1892-1893 ई. में आर्य समाज दो गुटो में बँट गया जिसमें एक गुट पाश्चात्य शिक्षा का विरोधी तथा दूसरा पाश्चात्य शिक्षा का समर्थक था।
- पाश्चात्य शिक्षा के विरोधियों में स्वामी श्रद्धानंद, लेखराम और मुंशीराम प्रमुख थे। इन लोगों ने 1902 ई. में **गुरुकुल कांगड़ी** की स्थापना की। इस संस्था में वैदिक शिक्षा प्राचीन पद्धति से दी जाती थी।
- पाश्चात्य शिक्षा के समर्थकों में लाला हंसराज और लाला लाजपत राय प्रमुख थे। इन लोगों ने **दयानंद एंग्लो वैदिक कॉलेज** (1899) की स्थापना की।

यंग बंगाल आंदोलन

- बंगाल में इस आंदोलन की शुरुआत 1828 ई. में एंग्लो-इंडियन हेनरी विवियन डेरोजियो द्वारा किया गया। 1809 ई. में जन्में डेरोजियो सन् 1826 ई. में कलकत्ता एक घड़ी विक्रेता के रूप में आये।
- डेरोजियो ने 1826 से 1831 ई. तक कलकत्ता के हिन्दू कॉलेज में इतिहास शिक्षक के रूप में कार्य किया। डेराजियो को उसकी क्रांतिकारी विचारों के कारण 1831 ई. में हिन्दू कॉलेज से हटा दिया गया।
- डेरोजियो ने आत्म विस्तार एवं समाज सुधार हेतु **एकेडेमिक एसोसिएशन (Academic Association)** एवं **सोसायटी फॉर द एक्वीजीशन ऑफ जनरल नॉलेज (Society for the Acquisition of Gerneral Knowledge)** की स्थापना की।
- डेरोजियो ने एंग्लो-इंडियन हिन्दू एसोसिएशन, बंगहित सभा तथा डिबेटिंग क्लब जैसी संस्थाओं की भी स्थापना की।
- डेरोजियो ने **हैस्पेरस, कलकत्ता साहित्यिक गजट, ईस्ट इंडिया** व **इंडिया गजट** जैसी पत्रिकाओं का संपादन भी किया।
- डेरोजियो ने अपने समर्थकों को सत्य के लिए जीने और मरने, सभी सद्गुणों को अपनाने और उनके अनुसार आचरण करने हेतु प्रोत्साहित किया।
- सत्य का अनुकरण करने वालों में डेरोजियो की तुलना **सुकरात** से भी की जाती है।
- यंग बंगाल आंदोलन के मुख्य उद्देश्य थे- प्रेस की स्वतन्त्रता, जमींदारों द्वारा किये जा रहे अत्याचारों से रैय्यतों की सुरक्षा, सरकारी उच्च सेवाओं में भारतीयों को रोजगार दिलाना आदि।
- डेरोजियो के मुख्य शिष्यों में शिष्यों में रामगोपाल घोष, कृष्ण मोहन बनर्जी एवं महेश चन्द्र घोष थे।
- डेरोजियो को आधुनिक भारत का **प्रथम राष्ट्रवादी कवि** माना जाता है।

स्वामी विवेकानंद तथा रामकृष्ण मिशन

- स्वामी विवेकानंद (1863-1902), **दक्षिणेश्वर** के स्वामी कहे जाने वाले **रामकृष्ण परमहंस** के परम शिष्य थे।
- स्वामी रामकृष्ण परमहंस (1834-1886) दक्षिणेश्वर स्थित काली मंदिर के पुजारी थे। इन्होंने चिंतन, संन्यास और भक्ति के परंपरागत तरीकों से धार्मिक मुक्ति प्राप्त करने का प्रयास किया।

- भारतीय सभ्यता और संस्कृति में पूर्ण निष्ठा रखने वाले रामकृष्ण सभी धर्मों को सत्य मानते थे, वे मूर्तिपूजा में विश्वास करने के साथ-साथ उसे शाश्वत, सर्वशक्तिमान ईश्वर को प्राप्त करने का एक साधन मानते थे।

- रामकृष्ण परमहंस ने तांत्रिक, वैष्णव और अद्वैत साधना द्वारा **निर्विकल्प समाधि** की स्थिति प्राप्त की और परमहंस कहलाये।

- 1886 ई. में रामकृष्ण की मृत्यु के बाद **नरेन्द्रनाथ दत्त** ने अपने गुरु के संदेशों को चारों ओर प्रसारित करने की जिम्मेदारी ली, उन्होंने इस कार्य हेतु जीवन समर्पित करते हुए सांसारिक जीवन से संन्यास ले लिया।

- 1893 ई. में अमेरिका के **शिकागो** शहर में आयोजित विश्व धर्म सम्मेलन में स्वामी जी ने भारत का नेतृत्व किया। इस सम्मेलन में जाने से पूर्व **नरेन्द्रनाथ** ने महाराज खेतड़ी के सुझाव पर अपना नाम बदल कर स्वामी विवेकानंद रख लिया।

- 11 सितंबर, 1893 ई. में शिकागो सम्मेलन में स्वामी जी ने अपने भाषण में भौतिक एवं अध्यात्मवाद के मध्य संतुलन बनाने की बात कही। स्वामी जी ने कहा- 'जिस प्रकार सारी धाराएँ अपने जल को सागर में लाकर मिला देती हैं उसी प्रकार मनुष्य के सारे धर्म ईश्वर की ओर ले जाते हैं'। उन्होंने कहा कि 'पृथ्वी पर हिन्दू धर्म के समान कोई भी धर्म इतने उदात्त रूप में मानव की गरिमा का प्रतिपादन नहीं करता।'

- 1896 ई. में स्वामी जी अमेरिका में **वेदांत सभाओं** की स्थापना की।

- रामकृष्ण मिशन मठ की सर्वप्रथम स्थापना (1897) कलकत्ता के समीप बराह नगर में की गयी, तत्पश्चात, बेलूर (कलकत्ता) में मिशन की स्थापना की गयी। मिशन का एक और मुख्यालय अल्मोड़ा के मायावती नामक स्थान में भी खोला गया।

- स्वामी जी ने अपनी पुस्तक **मैं समाजवादी हूँ** में भारत के उच्चवर्ग से अपने पद और सुविधाओं का परित्याग करते हुए निम्नवर्ग से मेल-जोल करने का आह्वान किया।

- **महिलाओं के बारे में स्वामी जी** ने कहा कि 'पाँच सौ समर्पित व्यक्तियों के साथ मुझे इस देश को सुधारने में पचास वर्ष लगेंगे, लेकिन पचास समर्पित स्त्रियों के सहयोग से मैं यह कार्य कुछ ही वर्षों में सम्पन्न कर सकता हूँ।'

- **धार्मिक अंधविश्वास** के बारे में स्वामी जी ने कहा कि- 'हमारा धर्म रसोईघर में है, हमारा ईश्वर खाना बनाने के बर्तन में है और हमारा धर्म है मुझे छुओ मत मैं पवित्र हूँ, यदि एक शताब्दी तक यह और चलता रहा तो हम सब पागलखाने में होंगे।'

- स्वामी जी ने कहा कि- 'हम मानवता को वहाँ ले जाना चाहते हैं जहाँ न वेद है न बाइबिल और न कुरान, लेकिन यह काम वेद, बाइबिल और कुरान के समन्वय द्वारा किया जाता है'।

- **सुभाष चन्द्र बोस** ने स्वामी जी के बारे में लिखा है कि- 'जहाँ तक बंगाल का सम्बन्ध है हम विवेकानंद को आधुनिक राष्ट्रीय आंदोलन का **आध्यात्मिक पिता** कह सकते हैं।'

- **इंडियन अनरेस्ट** के लेखक **वेलेन्टाइन चिरोल** ने विवेकानंद के उद्देश्यों को राष्ट्रीय आंदोलन का मुख्य कारण माना।

थियोसोफिकल सोसाइटी

- 1875 ई. में थियोसोफिकल सोसाइटी की स्थापना संयुक्त राज्य अमेरिका में मैडम **एच. पी. ब्लावात्सकी** तथा **कर्नल एच.एस. ऑल्काट** के द्वारा की गयी। बाद में ये भारत आ गये तथा 1886 ई. में मद्रास के समीप **अड्यार** में उन्होंने सोसाइटी का मुख्यालय बनाया।

- इस सोसाइटी का उद्देश्य था- धर्म को आधार बनाकर समाज सेवा करना, धार्मिक एवं भाईचारे की भावना फैलाना, प्राचीन धर्म, दर्शन एवं विज्ञान के अध्ययन में सहयोग करना आदि।

- 1893 ई. में भारत आने वाली श्रीमती एनी बेसेंट के नेतृत्व में थियोसोफिकल आंदोलन जल्द ही भारत में फैल गया। ऑल्काट की मृत्यु के बाद 1907 ई. में ऐनी बेसेंट इस संस्था की अध्यक्ष बनीं।
- थियोसोफिस्ट प्रचार करते थे कि हिन्दुत्व, जरथुस्त्र (पारसी) तथा बौद्ध जैसे प्राचीन धर्मों को पुनर्स्थापित तथा मजबूत किया जाये। उन्होंने आत्मा के पुनरागमन के सिद्धांत का भी प्रचार किया।
- इस संस्था के समर्थक ईश्वर के ज्ञान को **आत्मिक हर्षोन्माद (Spiritual Ecstary)** एवं **अंतर्ज्ञान (Intuition)** द्वारा प्राप्त करने का प्रयास करते थे। इन लोगों ने पुनर्जन्म एवं कर्म में अपनी आस्था दिखाते हुए सांख्य एवं उपनिषद् से प्रेरणा ग्रहण की।
- यह संस्था धार्मिक पुनरूत्थान की अपेक्षा सामाजिक सुधार, शिक्षा के विकास एवं राष्ट्रीय चेतना को जगाने में अधिक सफल रही।
- भारत में श्रीमती एनी बेसेंट के प्रमुख कार्यों में एक था 1898 में बनारस में **केन्द्रीय हिन्दू विद्यालय** की स्थापना जिसे 1916 ई. में पण्डित मदन मोहन मालवीय ने **बनारस हिन्दू विश्वविद्यालय** के रूप में विकसित किया।

सैयद अहमद खाँ तथा अलीगढ़ आंदोलन

- मुसलमानों में सबसे प्रमुख सुधारक सैयद अहमद खाँ (1817-1898) थे। उनके नेतृत्व में चलाये गये आंदोलन को ही अलीगढ़ आंदोलन के नाम से जाना जाता है।
- अलीगढ़ आंदोलन में सैयद अहमद के अतिरिक्त अन्य प्रमुख नेता थे- नजीर अहमद, चिराग अली, अल्ताफ हुसैन हाली, मौलाना शिबुली नोमानी।
- 1870 ई. के बाद प्रकाशित **डब्ल्यू हण्टर** की पुस्तक **इंडियन मुसलमान** में सरकार को यह सलाह दी गयी कि वह मुसलमानों से समझौता कर उन्हें कुछ रियायतें देकर अपनी ओर मिलाये।
- इसी पुस्तक (इंडियन मुसलमान) के सुझावों पर कार्य करते हुए ब्रिटिश सरकार ने राष्ट्रीय कांग्रेस के विरुद्ध सर सैयद अहमद खाँ को राजी किया।
- सर सैयद अहमद खाँ जो प्रारंभ में हिन्दू-मुस्लिम एकता के हिमायती थे, अब हिन्दुओं और कांग्रेस के प्रबल शत्रु बन गये।
- सर सैयद अहमद ने मुस्लिम समुदाय को आधुनिक बनाने एवं इस्लाम में व्याप्त बुराइयों को दूर करने का प्रयत्न किया। उन्होंने **पीरी-मुरीदी प्रथा** एवं **दास-प्रथा** को समाप्त करने का प्रयत्न किया।
- सर सैयद अहमद ने अपने विचारों का प्रसार **तहजीब-उल-अखलाक** (सभ्यता और नैतिकता) नामक पत्रिका के द्वारा किया। उन्होंने कुरान पर टीका लिखी तथा परंपरागत टीकाकारों की आलोचना करते हुए समकालीन वैज्ञानिक ज्ञान के प्रकाश में अपने विचार व्यक्त किये।
- सर सैयद अहमद ने अपने सुधार प्रयासों द्वारा मुस्लिम उच्च वर्ग का उत्थान करना चाहा। 1864 ई. में उन्होंने **मुहम्मडन साइंटिफिक सोसाइटी** की स्थापना की।
- सर सैयद अहमद ने 1875 ई. में अलीगढ़ में एक **एंग्लो मुस्लिम कॉलेज** की स्थापना की। इस केन्द्र पर मुस्लिम धर्म, पाश्चात्य विषय तथा विज्ञान जैसी सभी विषयों की शिक्षा दी जाती थी। 1920 ई. में यह केन्द्र अलीगढ़ मुस्लिम विश्वविद्यालय के रूप में सामने आया।
- अंग्रेजों के प्रति निष्ठा व्यक्त करने के उद्देश्य से सैयद अहमद खाँ ने **राजभक्त मुसलमान** पत्रिका का प्रकाशन किया तथा बनारस के राजा शिवप्रसाद से मिलकर **देशभक्त एसोसिएशन** की स्थापना की।

अहमदिया आंदोलन

- **अहमदिया आंदोलन** की स्थापना 1889 ई. में पंजाब के गुरुदासपुर के कादिया स्थान पर मिर्जा गुलाम अहमद (1838-1908) द्वारा की गयी। इस संस्था का नाम गुलाम अहमद के नाम पर अहमदिया आंदोलन पड़ा।

- इस संस्था का उद्देश्य मुसलमानों में इस्लाम के सच्चे स्वरूप को बहाल करना एवं मुस्लिमों में आधुनिक, औद्योगिक और तकनीकी प्रगति को धार्मिक मान्यता देना था।

- इस संस्था के नेता गुलाम अहमद स्वयं को हजरत मुहम्मद के बराबर मानते थे। कालांतर में उन्होंने स्वयं को श्रीकृष्ण का अवतार भी बताना शुरू किया।

- मिर्जा गुलाम अहमद ने अपनी पुस्तक **बराहीन-ए-अहमदिया** द्वारा अपने सिद्धान्तों की व्याख्या की।

देवबंद स्कूल

- **मुहम्मद कासिम ननौत्वी** एवं **रशीद अहमद गंगोही** ने 1867 ई. में देवबंद, सहारनपुर (उत्तरप्रदेश) में इस इस्लामी मदरसा की स्थापना की। इसी मदरसे से कुरान एवं हदीस की शुद्ध शिक्षा का प्रसार करने तथा विदेशी शासकों के खिलाफ जेहाद का नारा देने के उद्देश्य से दारूल-उलूम या देवबंद आंदोलन की शुरुआत हुई।

- इस संस्था का उद्देश्य मुस्लिम सम्प्रदाय के लिए धार्मिक नेता तैयार करना, विद्यालय के पाठ्यक्रमों में अंग्रेजी शिक्षा एवं पश्चिमी संस्कृति को प्रतिबंधित करना तथा अंग्रेजी सरकार के साथ असहयोग करना था।

- यह संस्था विद्यार्थियों को सरकारी नौकरी के लिए शिक्षित न कर उनमें इस्लाम धर्म के प्रभाव को फैलाने की शिक्षा देता था।

- राजनीतिक क्षेत्र में इस संस्था ने भारतीय राष्ट्रीय कांग्रेस का समर्थन किया। 1888 ई. में देवबंद संस्था के उलेमाओं ने सर सैयद अहमद खाँ की संयुक्त भारतीय राजभक्त सभा एवं एंग्लो-ओरियंटल सभा के खिलाफ फतवा जारी किया।

- देवबंद के समर्थकों में **शिबुली नोमानी (1857-1914)** परंपरागत मुस्लिम शिक्षा प्रणाली में सुधार के लिए औपचारिक शिक्षा के स्थान पर अंग्रेजी भाषा तथा यूरोपीय विज्ञान को शामिल करने के समर्थक थे।

- शिबुली नोमानी 1884-1885 ई. में लखनऊ में **नदवा-उलमा** तथा **दारूल-उलूम** की स्थापना की। वे कांग्रेस के प्रशंसकों में से थे। इन्होंने भारत के प्रति निष्ठा का प्रदर्शन किया।

- शिबुली नोमानी ने कहा कि- 'मुसलमान हिन्दुओं के साथ मिलकर ऐसा राज्य स्थापित कर सकते हैं जिससे दोनों समुदाय सम्मान से रह सकें'।

सिक्ख सुधार आंदोलन

- 19वीं शताब्दी में सिक्खों में धार्मिक सुधार की शुरुआत अमृतसर में **खालसा कॉलेज** की स्थापना के साथ हुई। इस संस्था ने पंजाब में ढेर सारे गुरुद्वारे एवं स्कूल-कॉलेजों की स्थापना की।

- 1920 ई. में स्थापित अकाली आंदोलन ने गुरुद्वारों के प्रबंध में सुधार के लिए भ्रष्ट महंतों के खिलाफ अहिंसात्मक असहयोग आंदोलन शुरू किया। पहले सरकार ने इस आंदोलन को कुचलना चाहा पर आंदोलन की प्रचण्डता के कारण सरकार को झुकना पड़ा।

- अकाली आंदोलन के परिणामस्वरूप 1922 ई. में सिक्ख गुरुद्वारा कानून पास हुआ और 1925 ई. में इसमें संशोधन किया गया।

पारसी सुधार आंदोलन

- 19वीं सदी के आरंभ में पारसी लोगों में धार्मिक सुधार का आरंभ बम्बई में हुआ।

- 1851 में **रहनुमाए माजदायासन सभा (Religious Reform Association)** की स्थापना नौरोजी फरदूनजी, दादाभाई नौरोजी, एस.एस. बंगाली एवं आ.के. कामा ने की।

- इस संस्था का उद्देश्य पारसियों की सामाजिक अवस्था का पुनरूद्धार करना एवं पारसियों के धर्म में पुन: शुद्धता को प्राप्त कराना था।

- इस संस्था ने **रास्त गोफ्तार (सत्यवादी)** नामक पत्रिका का प्रकाशन किया।

- इस संस्था ने पारसी समुदाय की स्त्रियों के कल्याण के लिए ढेर सारे काम किये। पर्दा प्रथा को प्रतिबंधित किया गया, विवाह की आयु में वृद्धि की गयी, स्त्री शिक्षा पर बल दिया गया। कालांतर में पारसी लोग पश्चिमीकरण की दृष्टि से भारतीय समाज के सबसे अधिक विकसित अंग बन गये।

19वीं सदी के सामाजिक सुधार

- लार्ड विलियम बैंटिक के समय 1829 ई. में नियम 17 के तहत **सती प्रथा** को प्रतिबंधित कर दिया गया। पहले यह नियम बंगाल प्रेसीडेंसी में लागू हुआ, परन्तु 1830 ई. के लगभग इसे बम्बई और मद्रास प्रेसीडेंसी में भी लागू कर दिया गया।

- 13वीं सदी में **शिशु वध** प्रथा राजपूतों और बंगालियों में प्रचलित थी। लार्ड हार्डिंग ने 1795 ई. के बंगाल नियम XXI एवं 1804 के नियम 3 से इसे साधारण हत्या करार दिया। 1870 ई. में इस दिशा में कुछ और भी कानून बने।

- **विधवा पुनर्विवाह** की स्थिति में सुधार लाने के लिए कलकत्ता के संस्कृत कॉलेज के आचार्य ईश्वरचन्द्र विद्यासागर ने अथक प्रयास किया। इन्होंने 1855 ई. में ब्रिटिश सरकार से विधवा पुनर्विवाह पर कानून बनाने का अनुरोध किया।

- **1856 ई. के विधवा पुनर्विवाह अधिनियम** द्वारा इसे वैध करार देते हुए इनसे पैदा होने वाले बच्चों को वैध माना गया।

- विधवाओं के कल्याण से जुड़े अन्य नेता थे, पश्चिम भारत में विष्णुशास्त्री और प्रो. डी. के. कर्वे। प्रो. कर्वे ने 1899 ई. में पूना में एक **विधवा आश्रम** स्थापित किया।

- 1872 ई. में **नेटिव मैरिज एक्ट (देशी बाल विवाह अधिनियम)** द्वारा अंतर्जातीय विवाह को मान्यता प्रदान कर दी गयी तथा बाल विवाह का विरोध किया गया।

- 1891 ई. में ब्रिटिश सरकार ने **एस.एस. बंगाली** के सहयोग से **एज ऑफ कंसेंट एक्ट** पारित किया जिसके अनुसार 12 वर्ष से कम आयु की कन्याओं के विवाह पर प्रतिबंध लगा दिया गया।

- 1930 ई. में एज ऑफ कंसेंट एक्ट (1891) को संशोधित कर **शारदा एक्ट** नाम दिया गया। जिसके अंतर्गत विवाह के लिए लड़की की आयु कम से कम 14 वर्ष और लड़के की आयु 18 वर्ष निश्चित की गयी।

- स्त्री शिक्षा की दिशा में प्रथम प्रयास भारत में ईसाई मिशनरियों ने किया। मिशनरियों के सहयोग से 1819 ई. में कलकत्ता में **तरूण स्त्री सभा** की स्थापना हुई।

- जे.डी. बेटन ने 1849 ई. में कलकत्ता में एक **बालिका विद्यालय** की स्थापना की।

- ईश्वरचन्द्र विद्यासागर ने स्त्री शिक्षा के प्रचार-प्रसार हेतु बंगाल में लगभग 35 विद्यालयों की स्थापना की।

- 1854 ई. के **चार्ल्सवुड डिस्पैच** ने पहली बार शिक्षा पर बल दिया गया।

- प्रो. कर्वे ने 1916 में पुणे में **प्रथम** भारतीय महिला विश्वद्यिालय की स्थापना की।
- 1926 ई. में **अखिल भारतीय महिला संघ** की स्थापना हुई।
- 1833 ई. के चार्टर एक्ट द्वारा अंग्रेजी सरकार ने दास प्रथा पर पूर्ण प्रतिबन्ध लगा दिया। 1843 ई. में समूचे भारत में दासता को अवैध घोषित किया।

निम्न जाति आंदोलन

- गांधीजी ने अछूतों के उत्थान हेतु कई कार्य किये। सर्वप्रथम उन्होंने अछूतों के लिए **हरिजन (भगवान का जन)** शब्द का प्रयोग किया और हरिजन नामक एक साप्ताहिक पत्र का संपादन भी किया।
- संभवत: गांधीजी पहले व्यक्ति थे जिन्होंने हरिजन समस्या की ओर जनसाधारण का ध्यान खींचा।
- गांधीजी ने हरिजनों के कल्याण के लिए 1932 ई. में **अखिल भारतीय अस्पृश्यता निवारण संघ** की स्थापना की जिसे 1933 ई. में हरिजन सेवक संघ नाम दिया गया।
- डा.बी.आर. अंबेडकर ने हरिजनों के कल्याण एवं अछूतोद्धार हेतु 1925 ई. में **अखिल भारतीय दलित वर्ग संघ (All India Dipressed Class Association)** की स्थापना की तथा 1927 ई. में **बहिष्कृत भारत** नामक पाक्षिक पत्रिका का प्रकाशन किया।
- डा.बी.आर. अंबेडकर द्वारा स्थापित पहली संस्था **बहिष्कृत हितकारिणी सभा** थी। इस संस्था की स्थापना उन्होंने जुलाई, 1924 ई. में बम्बई में की थी।
- 1906 ई. में बी.आर. शिन्दे के नेतृत्व में बम्बई में **डिप्रेस्ड क्लासेज मिशन सोसाइटी** की स्थापना की गयी।
- दक्षिण भारत में 1920 ई. में ई.वी. रामास्वामी नायर के नेतृत्व में आत्मसम्मान आंदोलन (Self Respect Movement) शुरू हुआ। दक्षिण भारत में आत्मसम्मान आंदोलन ने 1925 ई. में बिना ब्राह्मण के सहयोग से शादी, जबरन मंदिर प्रवेश, नास्तिकवाद एवं मनुस्मृति को जलाने का तर्क दिया।
- सी.एन. मुदालियार, टी.एम. नायर एवं पी.टी. चेन्नी ने 1917 ई. में पहली बार गैर-ब्राह्मण संस्था **साउथ इंडियन लिबरल एसोसिएशन (South Indian Liberal Association)** का गठन किया, जो कालांतर में **न्याय दल (Justice Party)** के नाम से प्रसिद्ध हुआ।
- केरल में श्री नारायण गुरु ने प्रसिद्ध नारा दिया- 'मानव जाति के लिए एक धर्म, एक जाति और एक ईश्वर।'
- केरल में **एझावा आंदोलन** के तहत दलित आंदोलन के नेताओं द्वारा 1903 ई. में **श्री नारायण धर्म परिपालन योगम** की स्थापना की गयी।
- बंगाल में 1899 ई. में **जाति निर्धारण सभा** की स्थापना की गयी।
- 24 सितंबर, 1873 ई. में ज्योतिबा फुले द्वारा **सत्यशोधक समाज** की स्थापना की गयी। यह संस्था दलितों और निम्न जातियों के कल्याण के लिए था।
- ज्योतिबा फुले ने अपनी पुस्तक **गुलामगीरी, सार्वजनिक सत्य धर्म** और संगठन **सत्यशोधक समाज** द्वारा निम्न जातियों को पाखंडी ब्राह्मणों एवं उनके अवसरवादी धर्म ग्रन्थों से सुरक्षा दिलाने की आवश्यकता पर बल दिया।
- 1917 ई. में पहली बार कांग्रेस ने अपनी कार्यसूची में दलित सुधार को शामिल किया।
- 1931 ई. में कांग्रेस के कराची अधिवेशन में पारित मूल अधिकारों के घोषणापत्र में जाति-पांति की जगह समानता की बात पहली बार कही गयी।

धार्मिक तथा सामाजिक सुधार आंदोलनः एक नजर में		
संस्था	**स्थान**	**संस्थापक**
आत्मीय सभा	बंगाल	राजा राममोहन राय
ब्रह्म समाज	बंगाल	राजा राममोहन राय
हिन्दू कॉलेज	कलकत्ता	डेविड हेयर
आदि ब्रह्म समाज	कलकत्ता	केशव चन्द्र सेन
साधारण ब्रह्म समाज	कलकत्ता	विश्वनाथ शास्त्री
ब्रह्म समाज ऑफ साउथ इंडिया	मद्रास	श्री धरलू नायडू
तत्त्वबोधिनी सभा	बंगाल	देवेन्द्र नाथ टैगोर
प्रार्थना समाज	महाराष्ट्र	माहदेव गोविन्द रानाडे
आर्य समाज	बम्बई	स्वामी दयानंद सरस्वती
दयानंद एंग्लो वैदिक कॉलेज	पूरे भारत में	हंसराज और लाजपत राय
गुरुकुल कांगड़ी	हरिद्वार	स्वामी श्रद्धानंद, मुंशीराम एवं लेखपाल
रामकृष्ण मठ	कलकत्ता	स्वामी विवेकानंद
थियोसोफिकल सोसाइटी	अमेरिका	मैडम ब्लावट्स्की
थियोसोफिकल सोसाइटी	अड्यार (मद्रास)	मैडम ब्लावट्स्की
सेन्ट्रल हिन्दू कॉलेज	बनारस	एनी बेसेन्ट
मुस्लिम एंग्लो ओरियंटल स्कूल	अलीगढ़	सैय्यद अहमद खाँ
देवबंद स्कूल	सहारनपुर	मुहम्मद कासिम ननौत्वी, रशीद अहमद गंगोही
अहमदिया आंदोलन	कादिया (पंजाब)	गुलाम अहमद
नामधारी आंदोलन	पंजाब	रामसिंह
राधास्वामी सत्संग	आगरा	शिवदयाल साहब
रहनुमाई माजदायासन सभा	बम्बई	नौरोजी फरदोनजी, दादाभाई नौरोजी, एस. एस. बंगाली
यंग बंगाल आंदोलन	बंगाल	हेनरी विवियन डिरोजियो
मुहम्मडन लिटरेरी सोसाइटी	कलकत्ता	अब्दुल लतीफ खाँ
यूनाइटेड पैट्रियाटिक एसोसिएशन		सर सैय्यद अमहमद खाँ
राजामुंद्री सामाजिक सुधार आंदोलन	दक्षिण में	बीरेश लिंगम
मानव धर्म सभा	पश्चिम भारत में	मंचाराम
परमहंस मण्डली	19वीं सदी में	गोपाल हरिदेशमुख
विधवा आश्रम	पूना	प्रो. डी.के. कर्वे
भारतीय महिला विश्वविद्यालय	बम्बई	प्रो. डी.के. कर्वे

वायकोम सत्याग्रह	केरल	नारायण गुरु, एन. कुमार, टी.के. माधवन, के.पी. मेमन
गुरुवायूर सत्याग्रह	केरल	के. केलप्पण
अखिल भारतीय अस्पृश्यता निवारण संघ	—	महात्मा गांधी
अखिल भारतीय दलित वर्ग	मुम्बई (बम्बई)	बी.आर. अंबेडकर
डिप्रेस्ड क्लासेज मिशन सोसाइटी		वी.आर. शिन्दे
आत्मसम्मान आंदोलन	दक्षिण भारत	ई.वी. रामास्वामी नायकर
जस्टिस पार्टी	दक्षिण भारत	मुदलियार, टी.एम. नायकर, पी.टी. चेन्नी

12. भारतीय राष्ट्रीय आंदोलन

भारतीय राष्ट्रीय आंदोलन को मुख्य रूप से तीन चरणों में बाँटा जा सकता है-

1. प्रथम चरण (1885-1905 ई.)
2. द्वितीय चरण (1905-1919 ई.)
3. तृतीय चरण (1919-1947 ई.)

➪ भारतीय राष्ट्रीय आंदोलन के **प्रथम चरण** की मुख्य घटना भारतीय राष्ट्रीय कांग्रेस की स्थापना थी। इस चरण में अस्पष्ट लक्ष्यों के साथ स्थापित इस संस्था का प्रतिनिधित्व शिक्षित मध्यमवर्गीय बुद्धिजीवी वर्ग कर रहा था जो पश्चिम की उदारवादी एवं अतिवादी विचारधारा से प्रभावित था।

➪ भारतीय राष्ट्रीय आंदोलन के **द्वितीय चरण** में कांग्रेस काफी परिपक्व हो गयी थी तथा उसके लक्ष्य एवं उद्देश्य स्पष्ट थे। अब इस संस्था ने भारतीय जनता के सामाजिक, आर्थिक, राजनैतिक एवं सांस्कृतिक विकास के लिए प्रयास शुरू किये। इस दौरान कुछ उग्रवादी विचारध ारा वाले संगठनों ने ब्रिटिश साम्राज्यवाद को समाप्त करने के लिए पश्चिम के ही क्रान्तिकारी ढंग का प्रयोग भी किया।

➪ भारतीय राष्ट्रीय आंदोलन का **तृतीय एवं अंतिम चरण** पूरी तरह गांधीजी के नेतृत्व में केन्द्रित था। अत: इस चरण को **गांधी युग** के नाम से भी जाना जाता है। इस चरण में कांग्रेस ने पूर्ण स्वराज को प्राप्त करने के लक्ष्य पर कार्य किया।

भारतीय राष्ट्रीय कांग्रेस की पूर्ववर्ती प्रमुख संस्थाएँ			
क्र.	संस्था	स्थापना वर्ष	स्थान	संस्थापक
1.	लैण्ड होल्डर्स सोसाइटी	1838	कलकत्ता	द्वारका नाथ टैगोर
2.	ब्रिटिश इंडियन एसोसिएशन	1851	कलकत्ता	राजेन्द्र लाल मित्र, राधाकांत देव, देवेन्द्र नाथ टैगोर, हरिश्चन्द्र टैगोर
3.	इंडियन एसोसिएशन	1876	कलकत्ता	सुरेन्द्रनाथ बनर्जी, आनंद मोहन बोस
4.	बम्बई प्रेसीडेंसी एसोसिएशन	1885	बम्बई	फिरोजशाह मेहता, बदरूद्दीन तैय्यबजी, के.टी. तैलंग
5.	ईस्ट इंडिया एसोसिएशन	1866	लंदन	दादाभाई नौरोजी

6.	मद्रास नेटिव एसोसिएशन	1852	मद्रास	
7.	मद्रास महाजन सभा	1884	मद्रास	
8.	पूना सार्वजनिक सभा	1870	पूना	महादेव गोविंद रानाडे
9.	इंडियन लीग	1875	—	शिशिर कुमार घोष
10.	नेशनल कॉन्फ्रेंस	1883	कलकत्ता	—

आंदोलन का प्रथम चरण (1885–1905 ई.)

भारतीय कांग्रेस की स्थापना (1885 ई.)

- भारतीय राष्ट्रीय कांग्रेस की स्थापना 1885 ई. में एक सेवानिवृत अंग्रेज प्रशासनिक अधिकारी ए.ओ. ह्यूम के द्वारा की गयी।
- ह्यूम ने 1884 ई. में **भारतीय राष्ट्रीय संघ (Indian National Union)** की स्थापना की थी, जिसका प्रथम अधिवेशन 28 दिसंबर, 1885 ई. में बम्बई स्थित गोकुलदास तेजपाल संस्कृत विद्यालय में आयोजित किया गया था। इसी सम्मेलन में दादाभाई नौरोजी के सुझाव पर भारतीय राष्ट्रीय संघ का नाम बदलकर **भारतीय राष्ट्रीय कांग्रेस** रख दिया गया।
- भारतीय राष्ट्रीय कांग्रेस का पहला अध्यक्ष होने का गौरव **व्योमेश चन्द्र बनर्जी** को प्राप्त हुआ।
- भारतीय राष्ट्रीय कांग्रेस के प्रथम बम्बई अधिवेशन में कुल 72 सदस्यों ने हिस्सा लिया।
- प्रथम चरण में कांग्रेस पर ऐसे गुट का प्रभाव था जिसे **उदारवादी गुट** कहा जाता था।
- उदारवादियों के प्रमुख नेता थे- दादाभाई नौरोजी, सुरेन्द्रनाथ बनर्जी, फिरोजशाह मेहता, गोविंद रानाडे, गोपाल कृष्ण गोखले, पण्डित मदनमोहन मालवीय, दीनाशा वाचा, व्योमेश चन्द्र बनर्जी।
- उदारवादियों का उद्देश्य संवैधानिक तरीके से भारत को स्वतन्त्रता दिलाना था। उदारवादियों की अंग्रेजी शासन की न्यायप्रियता में घोर आस्था थी।

आंदोलन का द्वितीय चरण (1905–1919 ई.)

- राष्ट्रीय आंदोलन के इस चरण को **नव-राष्ट्रवाद या उग्रवाद** के **उदय** का काल माना गया। इसी समय स्वदेशी आंदोलन तथा क्रान्तिकारी आतंकवाद की शुरुआत हुई।
- कांग्रेस के उदारवादी नेताओं की अनुनय-विनय की प्रवृत्ति की राजनीति को उग्रवादी नेताओं ने **राजनीतिक भिक्षावृत्ति (Political Mendicancy)** की संज्ञा दी।
- कांग्रेस के उग्रवादी तथा अतिवादी कहे जाने वाले नेताओं में प्रमुख थे- बाल गंगाधर तिलक (महाराष्ट्र), अरविन्द घोष और विपिन चन्द्र पाल (बंगाल), लाला लाजपत राय (पंजाब)।

उग्रवाद के उदय के कारण

1. ब्रिटिश सरकार द्वारा लगातार कांग्रेस की माँगों के प्रति अपनायी जाने वाली उपेक्षापूर्ण नीति।
2. हिन्दू धर्म का पुनरुत्थान।
3. 1876 ई. से 1900 ई. के बीच मध्य भारत में बार-बार पड़ने वाले भयंकर अकाल एवं बम्बई में 1897-1898 ई. के दौरान प्लेग से धन-जन की हानि।
4. तत्कालीन अंतरराष्ट्रीय घटनाओं, यथा- मिस्र, फारस एवं तुर्की की जनता को अपने स्वतन्त्रता संघर्ष में मिली सफलता।
5. कर्जन की प्रतिक्रियावादी नीतियाँ, यथा- कलकत्ता कॉरपोरेशन अधिनियम, विश्वविद्यालय अधिनियम एवं बंगाल की विभाजन।
6. भारत में उग्र राष्ट्रवाद के उदय में महत्त्वपूर्ण भूमिका का निर्वाह बाल गंगाधर तिलक, लाला लाजपत राय एवं विपिन चन्द्र पाल ने किया।

उग्रवादियों के उद्देश्य

- चार प्रमुख कांग्रेसी नेताओं- बाल गंगाधर तिलक, लाला लाजपत राय, विपिन चन्द्र पाल एवं अरविंद घोष ने भारत में **उग्रवाद आंदोलन** का नेतृत्व किया। इन नेताओं ने **स्वराज प्राप्ति** को ही अपना प्रमुख लक्ष्य बनाया।
- उदारवादी दल के नेता जहाँ ब्रिटिश साम्राज्य के अंतर्गत औपनिवेशिक स्वशासन चाहते थे वहीं उग्रवादी नेताओं का मानना था कि ब्रिटिश शासन का अंत कर ही हम स्वराज्य या स्वशासन प्राप्त कर सकते हैं।
- उदारवादी दल के नेता संवैधानिक आंदोलन में, अंग्रेजों की न्यायप्रियता में, वार्षिक सम्मेलनों में, भाषण देने में, प्रस्ताव पारित करने में और इंग्लैण्ड को शिष्टमंडल भेजने में विश्वास करते थे। उग्रवादी नेता अहिंसात्मक प्रतिरोध, सामूहिक आंदोलन एवं आत्म बलिदान में विश्वास करते थे।
- उग्रवादी नेताओं ने विदेशी माल का बहिष्कार, स्वदेशी माल को अंगीकार कर राष्ट्रीय शिक्षा तथा सत्याग्रह के महत्त्व पर बल दिया।
- उदारवादी नेता स्वदेशी एवं बहिष्कार आंदोलन को बंगाल तक ही सीमित रखना चाहते थे किन्तु उग्रवादी नेता इन आंदोलनों का प्रसार देश के विस्तृत क्षेत्र में चाहते थे।

क्रांतिकारी आतंकवाद का प्रथम चरण (1905 – 1915 ई.)

- कांग्रेस के उदारवादियों की संवैधानिक कार्य पद्धति तथा उग्रवादियों के धीमे प्रभाव की नीति से निराश अनेक युवकों ने क्रांतिकारी आतंकवाद का मार्ग चुना।
- बम और पिस्तौल की राजनीति में विश्वास करने वाले क्रांतिकारी विचारधारा के लोग समझौते की राजनीति में कदापि विश्वास नहीं करते थे। उनका उद्देश्य था **जान दो या जान लो।**
- इन क्रांतिकारी युवकों ने **आयरिश आतंकवादियों** एवं **रूसी निहलिस्टों** के संघर्ष के तरीकों को अपनाकर बदनाम अंग्रेज अधिकारियों को मारने की योजना बनायी।
- क्रांतिकारी विचारधारा के सर्वाधिक समर्थक बंगाल में थे।
- भारत में क्रांतिकारी गतिविधियों की शुरुआत 1897 ई. में महाराष्ट्र से हुई।
- इस समय देश के अनेक भागों में मुख्यत: बंगाल, महाराष्ट्र एवं पंजाब में आतंकवादी घटनाओं को अंजाम दिया गया।

बंगाल

- बंगाल में क्रांतिकारी घटनाओं का आरंभ बंगाल विभाजन (1905) के बाद माना जाता है, लेकिन इस घटना के पूर्व ही वहाँ कुछ क्रांतिकारी संगठन अस्तित्व में आ चुके थे।
- 1902 ई. में बंगाल में पहले क्रांतिकारी संगठन **अनुशीलन समिति** की स्थापना मिदनापुर में ज्ञानेन्द्र नाथ बसु द्वारा तथा 1907 ई. में कलकत्ता में जतीन्द्र नाथ बनर्जी एवं बारीन्द्र नाथ घोष द्वारा की गयी।
- अनुशीलन समिति के अलावा बंगाल में सुदृढ़ समिति (मेमन सिंह), साधना समिति, स्वदेश बांधव समिति (बारीसाल), ब्रती समिति (फरीदपुर) भी आतंकवादी गतिविधियों का संचालन करती थी।
- बंगाल में क्रांतिकारी विचारधारा को **बारीन्द्र कुमार घोष** एवं **भूपेन्द्रनाथ दत्त** (विवेकानंद के भाई) ने फैलाया। 1906 ई. में इन दोनों ने मिलकर **युगांतर** नामक समाचार पत्र का प्रकाशन किया।
- बंगाल विभाजन के बाद अनेक क्रांतिकारी समाचार पत्रों का बंगाल से प्रकाशन शुरू हुआ, जिनमें प्रमुख हैं- ब्रह्म बांधव उपाध्याय द्वारा प्रकाशित **संध्या,** अरविन्द घोष द्वारा संपादित **वन्देमातरम्,** भूपेन्द्रनाथ द्वारा संपादित **युगांतर**।
- युगांतर अखबार के नाम पर क्रांतिकारी संगठन युगांतर का भी बंगाल में अस्तित्व था। बारीन्द्र

कुमार घोष के नेतृत्व में युगांतर समूह ने '**सर्वत्र क्रांति**' का बिगुल बजाया तथा बताया कि क्रांति किस प्रकार प्रभावकारी होगी।

- अनुशीलन समिति ने **हेमचन्द्र कानूनगो** को रूसी क्रांतिकारियों से बम बनाने की कला सीखने के लिए रूस भेजा। 1908 ई. में भारत लौटकर हेमचन्द्र कानूनगो ने कलकत्ता स्थित **मणिकतल्ला** में बम बनाने के लिए कारखाना खोला।
- प्रफुल्ल चाकी और खुदीराम बोस ने 30 अप्रैल, 1908 ई. को बंगाल प्रेसीडेंसी के मजिस्ट्रेट **किंग्सफोर्ड** की हत्या का प्रयास किया। प्रफुल्ल चाकी ने पुलिस से बचने के लिए आत्महत्या कर ली तथा खुदीराम बोस को गिरफ्तार कर फाँसी दे दी गयी।
- बंगाल के एक और क्रांतिकारी जतीन्द्र नाथ मुखर्जी, जिन्हें **बाघा जतिन** के नाम से जाना जाता था, 9 सितंबर, 1915 को बालासोर में पुलिस मुठभेड़ में मारे गये।
- बंगाल के एक अन्य क्रांतिकारी **रास बिहारी बोस** थे, जिन्होंने कलकत्ता से दिल्ली राजधानी स्थानांतरण की घोषणा करने वाले वायसराय लार्ड हार्डिंग-II पर दिल्ली में फेंके गये बम (23 दिसंबर, 1912) की योजना बनायी थी।

महाराष्ट्र

- महाराष्ट्र में क्रांतिकारी आंदोलन को उभारने का श्रेय बाल गंगाधर तिलक के पत्र **केसरी** को है। इन्होंने इस पत्र का 1889 ई. में संपादन किया।
- बाल गंगाधर ने 1893 ई. में गणपति उत्सव एवं 1895 ई. में शिवाजी उत्सव मनाना प्रारंभ किया। इनका उद्देश्य धार्मिक कम और राजनीतिक अधिक था।
- महाराष्ट्र में 1893-1897 ई. के बीच प्लेग फैला। अंग्रेज सरकार ने मरहम लगाने के बजाय दमन कार्य किया। अत: 22 जून, 1897 ई. को प्लेग कमिशन रैंड तथा आमर्स्ट की गोली मारकर हत्या कर दी गयी। इस सम्बन्ध में चापेकर बंधुओं (दामोदर तथा बालकृष्ण चापेकर) को फाँसी दे दी गयी। बाल गंगाधर तिलक को भी विद्रोह भड़काने के आरोप में 18 माह का कारावास दिया गया। **रैंड एवं आमर्स्ट की हत्या भारत में क्रांतिकारी आतंकवाद की शुरुआत मानी जाती है।**
- महाराष्ट्र में नासिक क्रांतिक्रारी आंदोलन का गढ़ था।
- विनय दामोदर सावरकर ने 1904 ई. नासिक में **मित्रमेला** नामक संस्था की स्थापना की जो मेजिनी के **तरुण इटली** की तर्ज पर **अभिनव भारत** में परिवर्तित हो गयी।
- अभिनव भारतीय संस्था के मुख्य सदस्य **अनन्त लक्ष्मण करकरे** ने नासिक के जिला मजिस्ट्रेट **जैक्सन** की गोली मारकर हत्या (21 दिसंबर, 1909 ई.) कर दी। इस हत्याकाण्ड से जुड़े लोगों पर **नासिक षड्यन्त्र केस** के तहत मुकदमा चलाया गया, जिसमें सावरकर के भाई गणेश सावरकर भी शामिल थे, इन्हें आजीवन कारावास की सजा मिली।
- अभिनव भारत संगठन के सदस्य **पी.एन. वापट** बम बनाने की कला सीखने के लिए पेरिस गये।
- महाराष्ट्र के महत्त्वपूर्ण क्रांतिकारी पत्र **काल** का संपादन **परांजपे** ने किया।

पंजाब

- पंजाब में 1906 ई. के प्रारंभ में ही क्रांतिकारी आंदोलन फैल गया।
- पंजाब में आतंकवाद का उदय बार-बार पड़ने वाले अकाल और भू-राजस्व तथा सिंचाई करों में वृद्धि के परिणामस्वरूप हुआ।
- पंजाब में अजीत सिंह, सूफी अंबा प्रसाद, लाला लाजपत राय जैसे नेताओं ने आतंकवाद को जन्म दिया।
- अमरीका में गदर पार्टी की स्थापना के बाद पंजाब गदर पार्टी की गतिविधियों का प्रमुख केंन्द्र बन गया।

- सूफी अंबा प्रसाद और अजीत सिंह देश छोड़कर अफगानिस्तान चले गये।
- अजीत सिंह ने लाहौर में **अंजुमने-मोहिब्बाने वतन** नामक एक संस्था की स्थापना की तथा **भारत माता** नाम से अखबार निकाला था।

विदेशों में क्रांतिकारी आंदोलन

- अंग्रेजी प्रशासन के चंगुल से बचने के लिए क्रांतिकारियों ने विदेशों में रहकर भारत की स्वतन्त्रता के लिए लड़ाई लड़ी।
- भारत से बाहर गये क्रांतिकारी ब्रिटेन, अमरीका, फ्रांस, अफगानिस्तान तथा जर्मनी में सक्रिय हुए।
- भारत से बाहर विदेशी धरती पर स्थापित सबसे पुरानी क्रांतिकारी संस्था **इंडियन होमरूल सोसायटी** थी जिसकी स्थापना फरवरी, 1905 ई. में लंदन में **श्यामजी कृष्ण वर्मा** ने की थी। इस संस्था को प्रायः **इंडिया हाउस** की संज्ञा दी जाती है।
- इंडियन होमरूल सोसायटी के प्रमुख सदस्य लाला हरदयाल, मदन लाल धींगरा, विनायक दामोदर सावरकर थे। सोसायटी का प्रमुख उद्देश्य भारत के लिए स्वशासन प्राप्त करना था।
- इंडियन होमरूल सोसायटी ने **इंडियन सोशियोलॉजिस्ट (Indian Sociologist)** नामक पत्रिका का प्रकाशन किया।
- इंडियन होमरूल सोसायटी के सदस्य **मदन लाल धींगरा** ने 8 जुलाई, 1909 ई. को इंडिया ऑफिस के राजनैतिक सहायक **सर विलियम कर्जन वाइली** की गोली मारकर हत्या कर दी। बाद में धींगरा को फाँसी दे दी गयी।
- श्यामजी कृष्ण वर्मा की अन्य सहयोगी मैडम **भीखाजी रूस्तम के.आर. कामा** जिन्हें, Mother of Indian Revolution भी कहा जाता है ने 1902 ई. में भारत के स्वतन्त्रता का संदेश यूरोप के विभिन्न देशों तथा अमरीका में प्रचार के लिए भारत छोड़ दिया।

गदर पार्टी (1913 ई.)

- क्रांतिकारी आतंकवादी आंदोलन के प्रथम चरण में अनेक भारतीय संयुक्त राज्य अमरीका और कनाडा में बस गये थे। इन लोगों ने वहाँ से समाचार पत्रों का प्रकाशन प्रारंभ किया।
- 1907 ई. में **रामनाथ पुरी** ने सरकुलर-ए-आजादी पत्र बाँटा, जिसमें स्वदेशी आंदोलन का समर्थन किया गया था। तारकनाथ दास ने **बैंकूवर में फ्री हिन्दुस्तान** का प्रकाशन किया। ये अखबार राष्ट्रीय भावना से ओतप्रोत थे।
- नवंबर, 1913 ई. में सोहन सिंह भाकना ने **हिन्द एसोसिएशन ऑफ अमरीका** की स्थापना की। इस संस्था ने **गदर या हिन्दुस्तान गदर** समाचार पत्र का प्रकाशन किया। गदर का **पहला अंक उर्दू** में प्रकाशित (1 नवंबर, 1913) हुआ। कालांतर में उर्दू, गुरुमुखी, हिन्दी एवं गुजराती में एक साथ गदर समाचार पत्र का प्रकाशन (9 दिसंबर 1913) हुआ।
- गदर पत्र के नाम पर ही हिन्द एसोसिएशन ऑफ अमरीका का नाम गदर आंदोलन पड़ गया।
- गदर प्रारंभ में साप्ताहिक पत्र था लेकिन बाद में यह मासिक हो गया। गदर समाचार पत्र में छपने वाली कविताओं को **दर गूँज** शीर्षक से प्रकाशित किया जाता था।
- लाला हरदयाल, भाई परमानंद, रामचन्द्र, बरकतुल्ला, रासबिहारी बोस, राजा महेन्द्र प्रताप, अब्दुल रहमान एवं मैडम कामा आदि गदर पार्टी के प्रमुख नेताओं में से थे।
- राजा महेन्द्र प्रताप ने जर्मनी के सहयोग से अफगानिस्तान के काबुल शहर में दिसंबर, 1915 ई. में **अंतरिम भारत सरकार** की स्थापना की। राजा महेन्द्र प्रताप के मंत्रिमंडल के अन्य सदस्य-बरकतुल्ला (प्रधानमंत्री), मौलाना अब्दुल्ला, मौलाना बशीर, सी. पिल्लै, शमशेर सिंह, डा. मथुरा सिंह, खुदाबख्श और मुहम्मद अली थे।
- भारत में चले **हिजरत आंदोलन** से जुड़े कई नेता कालांतर में अफगानिस्तान और तुर्किस्तान चले गये, जहाँ उन्होंने **खुदाई सेना** की स्थापना की।

- खुदाई सेना के मौलवी उबेदुल्ला सिंधी द्वारा कुछ पत्र महमूद हसन को पीली सिल्क पर फारसी में लिखा गया। इन पत्रों के पकड़े जाने पर इसे **सिल्क पेपर कांड** (रेशमी रूमाल षड्यन्त्र) के नाम से जाना गया।

बंगाल विभाजन (1905 ई.)

- भारतीय राष्ट्रीय आंदोलन के द्वितीय चरण की सबसे महत्त्वपूर्ण घटना **बंगाल विभाजन** थी।
- तत्कालीन गवर्नर जनरल लार्ड कर्जन ने बंगाल विभाजन का कारण प्रशासनिक बताया परंतु वास्तविक कारण राजनीतिक था। चूँकि बंगाल उस समय राष्ट्रीय चेतना का केन्द्र बिन्दु था और इसी चेतना को नष्ट करने के लिए बंगाल विभाजन का निर्णय लिया गया।
- 20 जुलाई, 1905 ई. को बंगाल विभाजन के निर्णय की घोषणा हुई।
- 7 अगस्त, 1905 ई. को बंगाल विभाजन के विरोध में कलकत्ता के टाउन हाल में सम्पन्न एक बैठक में स्वदेशी आंदोलन की घोषणा हुई तथा **बहिष्कार प्रस्ताव** पारित हुआ।
- 16 अक्टूबर, 1905 ई. को बंगाल विभाजन की योजना प्रभावी हुआ। इस दिन पूरे बंगाल में **शोक दिवस** मनाया गया। लोगों ने उपवास रखा, वंदेमातरम् का गीत गया और एक-दूसरे को राखी बाँधी गयी।
- सुरेन्द्रनाथ बनर्जी ने बंगाल विभाजन पर कहा कि विभाजन हमारे ऊपर एक वज्र की तरह गिरा है।
- कांग्रेस के बनारस अधिवेशन में स्वदेशी और बहिष्कार आंदोलन का अनुमोदन किया गया।
- स्वदेशी और बहिष्कार का प्रचार समूचे देश में करने का कार्य तिलक, लाला लाजपत राय और अरविन्द घोष ने किया।
- स्वदेशी आंदोलन के समय आंदोलन के प्रति लोगों का समर्थन एकत्र करने में **स्वदेश बांधव समिति** की महत्त्वपूर्ण भूमिका थी। इसकी स्थापना बारीसाल के एक शिक्षक अश्विनी कुमार दत्त ने की थी।
- स्वदेशी आंदोलन का प्रभाव बंगाल के सांस्कृतिक क्षेत्र में देखने को मिला। रवीन्द्रनाथ टैगोर ने इसी समय **आमार सोनार बांग्ला** नामक गीत लिखा, जो 1971 ई. में बांगलादेश का राष्ट्रीय गान बना।
- बहुउद्देश्यीय कार्यक्रम वाले स्वदेशी आंदोलन ने देश के एक बड़े हिस्से को अपने प्रभाव में ले लिया। जिसमें जमींदार, शहरी निम्न-मध्यमवर्ग, छात्र तथा औरतें शामिल थीं।
- **महात्मा गांधी** ने लिखा कि भारत का वास्तविक जागरण बंगाल विभाजन के उपरांत शुरू हुआ।

कांग्रेस का कलकत्ता अधिवेशन (1906 ई.)

- 1906 ई. में कलकत्ता में आयोजित कांग्रेस के अधिवेशन में अध्यक्ष पद को लेकर उदारवादियों एवं उग्रवादियों में विवाद उत्पन्न हो गया। लेकिन दादाभाई नौरोजी के अध्यक्ष चुने जाने से यह विवाद समाप्त हो गया।
- इस अधिवेशन में दादाभाई नौरोजी ने **पहली बार स्वराज** शब्द का उल्लेख किया।
- इस अधिवेशन में उग्रवादियों ने स्वदेशी, बहिष्कार, राष्ट्रीय शिक्षा और शासन से जुड़े चार प्रस्ताव पारित करवा लिए।

कांग्रेस का सूरत अधिवेशन (1907 ई.) : कांग्रेस में फूट

- 1907 ई. में सूरत में आयोजित कांग्रेस के वार्षिक अधिवेशन में उदारवादियों और उग्रवादियों में अध्यक्ष पद को लेकर (विवाद 1905 में बनारस के कांग्रेस अधिवेशन से ही शुरू हुआ था) कांग्रेस का विभाजन हो गया। 16 दिसंबर, 1907 को यह अधिवेशन ताप्ती नदी के किनारे सम्पन्न हुआ।

- उग्रपंथी जहाँ लाला लाजपत राय को कांग्रेस के सूरत अधिवेशन का अध्यक्ष बनाना चाहते थे, वहीं उदारवादी रास बिहारी घोष को कांग्रेस का अध्यक्ष बनाना चाहते थे। अंततः रास बिहारी घोष अध्यक्ष बनने में सफल रहे।
- कांग्रेस के सूरत विभाजन के बाद गरम दल का नेतृत्व तिलक, लाला लाजपत राय एवं विपिन चन्द्र पाल ने किया, जबकि नरम दल का नेतृत्व गोपाल कृष्ण गोखले ने किया।
- 1916 ई. में पुनः दोनों दलों का आपस में विलय (लखनऊ अधिवेशन) हो गया।

मुस्लिम लीग की स्थापना (1906 ई.)

- बंगाल विभाजन हिन्दू और मुसलमानों के बीच साम्प्रदायिक फूट डालने का सबसे बड़ा कारण बना। बंगाल विभाजन की घोषणा के बाद ही 1 अक्टूबर, 1906 ई. को आगा खाँ के नेतृत्व में मुसलमानों का शिष्टमंडल तत्कालीन वायसराय लार्ड मिंटो से शिमला में मिला।
- शिष्टमंडल ने प्रांतीय, केन्द्रीय व स्थानीय निकायों में निर्वाचन हेतु मुसलमानों के लिए एक विशिष्ट स्थिति की माँग की। इस माँग के जवाब में मिंटो ने मुसलमानों को आश्वस्त करते हुए कहा कि उनके राजनीतिक अधिकारों और हितों की रक्षा की जायेगी।
- ढाका के **नवाब सलीमुल्लाह** के नेतृत्व में 30 दिसम्बर, 1906 में आयोजित एक बैठक में **अखिल भारतीय मुस्लिम लीग** की स्थापना की घोषणा की गयी।
- मुस्लिम लीग के प्रथम अध्यक्ष **वकार-उल-मुल्क मुस्ताक हुसैन** थे, जबकि **नवाब सलीमुल्लाह** इसके **संस्थापक अध्यक्ष** थे।
- मुस्लिम लीग की स्थापना का मुख्य उद्देश्य ब्रिटिश सरकार के प्रति मुसलमानों में निष्ठा को बढ़ाना, मुसलमानों के राजनैतिक अधिकारों की रक्षा करना तथा राष्ट्रीय कांग्रेस के प्रति मुसलमानों में घृणा फैलाना था।
- 1908 ई. में मुस्लिम लीग के अमतृसर में हुए अधिवेशन में मुसलमानों के लिए पृथक् निर्वाचन मंडल की माँग की गयी, जिसकी पूर्ति 1909 ई. के मार्ले-मिंटो सुधार द्वारा किया गया।

मार्ले-मिन्टो सुधार (1909 ई.)

- तत्कालीन भारत सचिव मार्ले एवं वायसराय लार्ड मिंटो ने सुधारों का **भारतीय परिषद् एक्ट, 1909** पारित किया, जिसे मार्ले-मिंटो सुधार कहा गया।
- इस एक्ट के तहत केन्द्रीय तथा प्रांतीय विधानमंडलों के आकार एवं उनकी शक्ति में वृद्धि की गयी, लेकिन अधिसंख्य प्रतिनिधियों का चुनाव अब भी अप्रत्यक्ष रूप से होना था।
- मार्ले-मिंटो सुधारों का मूल उद्देश्य राष्ट्रवादी खेमे में फूट डालना और मुस्लिम साम्प्रदायकिता को उभारकर भारतीयों की एकता को खंडित करना था। कांग्रेस ने इन सुधारों का विरोध किया जबकि कट्टरपंथी मुसलमानों ने इसका समर्थन किया।
- मार्ले-मिंटो सुधारों के तहत पृथक निर्वाचन क्षेत्र एवं मताधिकार की व्यवस्था की गयी। अंग्रेजों की यही नीति कालांतर में भारत के विभाजन का कारण बनी।

दिल्ली दरबार (1911 ई.)

- वायसराय लार्ड हार्डिंग-II ने 1911 ई. में दिल्ली में एक भव्य दरबार का आयोजन इंग्लैण्ड के सम्राट **जार्ज पंचम** एवं महारानी **मेरी** के स्वागत में किया। इस दरबार में निम्न घोषणाएँ हुई-
  1. बंगाल विभाजन को रद्द(12 दिसंबर, 1911 ई.) किया गया।
  2. बांगला भाषी क्षेत्रों को मिलाकर अलग प्रांत बनाया गया।
  3. बिहार एक अलग राज्य बना, जिसमें ओडिशा भी शामिल था।
  4. राजधानी को कलकत्ता से दिल्ली स्थानांतरित करने की घोषण (12 दिसंबर, 1911) हुई। 1 अप्रैल, 1912 में दिल्ली भारत की राजधानी बनी।

कामागाटामारू प्रकरण (1914 ई.)

- कामागाटामारू प्रकरण कनाडा में भारतीयों के प्रवेश से सम्बन्धित विवाद था।
- कनाडा सरकार ने ऐसे भारतीयों का अपने यहाँ प्रवेश वर्जित कर दिया जो सीधे भारत से नहीं आते थे।
- नवंबर, 1913 ई, में कनाडा के सर्वोच्च न्यायालय ने ऐसे 35 भारतीयों को कनाडा में प्रवेश करने की अनुमति प्रदान कर दी जो सीधे भारत से कनाडा नहीं आये थे।
- कनाडा सर्वोच्च न्यायालय के इस निर्णय से उत्साहित सिंगापुर के भारतीय मूल के एक व्यापारी गुरदीत/गुरूदत्त सिंह ने **कामागाटामारू** नामक एक जहाज को किराये पर लेकर दक्षिण-पूर्वी एशिया के करीब 376 यात्रियों को बैठाकर कनाडा के बंदरगाह बैंकूवर की ओर प्रस्थान किया।
- जहाज के बैंकूवर पहुँचने से पूर्व ही कनाडा सरकार ने पुनः प्रवेश पर प्रतिबंध लगा दिया। तट पर पहुँचने के बाद कनाडा की पुलिस ने भारतीयों की घेराबंदी कर उन्हें देश में घुसने से मना कर दिया।
- यात्रियों के अधिकार की लड़ाई लड़ने हेतु हुसैन रहीम, बलवंत सिंह, सोहन लाल पाठक की अगुवाई में **शोर कमेटी** (तटीय समिति) का गठन हुआ, जिन्होंने चंदा एकत्र कर यात्रियों के लिए कानूनी लड़ाई लड़ने की योजना बनायी।
- अमरीका में रह रहे भारतीय भगवान सिंह, बरकतुल्ला, रामचन्द्र और सोहनसिंह ने भी यात्रियों के समर्थन में आंदोलन चलाया।
- कनाडा सरकार के सख्त रवैये के कारण कामागाटामारू जहाज को बैंकूवर की जल सीमा को छोड़ना पड़ा। जहाज के **याकोहामा** (जापान) पहुँचने से पूर्व ही प्रथम विश्व युद्ध प्रारंभ हो गया।
- भारत की ब्रिटिश सरकार ने इस जहाज को सीधे कलकत्ता लाने का ओदश दिया। जहाज के **बजबज** (कलकत्ता) पहुँचने पर यात्रियों एवं पुलिस के मध्य झड़पें हुई जिनमें 18 यात्री मारे गये और शेष 202 को जेल में डाल दिया गया।

कांग्रेस का लखनऊ अधिवेशन (1916 ई.)

- 1916 ई. में लखनऊ में हुए कांग्रेस अधिवेशन की अध्यक्षता **श्री अंबिकाचरण मजूमदार** ने की थी। यह अधिवेशन दो घटनाओं के कारण महत्त्वपूर्ण साबित हुआ।
  1. कांग्रेस के दोनों दल (नरम एवं गरम दल) फिर से एक हो गये।
  2. मुस्लिम लीग एवं कांग्रेस के मध्य एक समझौता हुआ जिसके अंतर्गत कांग्रेस एवं लीग ने मिलकर एक संयुक्त समिति की स्थापना की। इस समझौते के तहत कांग्रेस ने मुस्लिम लीग की साम्प्रदायिक प्रतिनिधित्व की माँग को स्वीकार कर लिया। इसे **लखनऊ पैक्ट** के नाम से भी जाना जाता है।
- मुस्लिम लीग एवं कांग्रेस को करीब लाने में तिलक तथा जिन्ना की महत्त्वपूर्ण भूमिका थी।
- कांग्रेस के लखनऊ अधिवेशन में नरम और गरम दल के लोगों को पुनः एक करने में तिलक और एनी बेसेंट ने महत्त्वपूर्ण भूमिका निभाई।

होमरूल लीग आंदोलन

- होमरूल आंदोलन का उद्देश्य ब्रिटिश साम्राज्य के अधीन रहते हुए संवैधानिक तरीके से स्वशासन को प्राप्त करना था। इसके प्रमुख नेता थे- बाल गंगाधर तिलक एवं श्रीमती ऐनी बेसेंट।
- बाल गंगाधर तिलक द्वारा 28 अप्रैल, 1916 ई. को बेलगाँव (पूना) में होमरूल लीग की स्थापना की गयी।
- बाल गंगाधर तिलक के लीग का कार्यक्षेत्र-कर्नाटक, महाराष्ट्र (बम्बई को छोड़कर), मध्यप्रांत एवं बरार था।

- बाल गंगाधर तिलक ने अपने पत्र **मराठा** एवं **केसरी** के माध्यम से लीग के कार्यक्रमों का प्रचार-प्रसार किया।
- ऐनी बेसेंट ने **सितंबर, 1916** में मद्रास में होमरूल लीग की स्थापना की तथा **जार्ज अरूंडेल** को लीग का सचिव बनाया।
- बाल गंगाधर तिलक लीग के प्रभाव क्षेत्र से बाहर के सभी हिस्सों में होमरूल लीग के प्रभाव को फैलाने की जिम्मेदारी ऐनी बेसेंट पर थी।
- होमरूल लीग की सर्वाधिक शाखाएँ **मद्रास** में थी, लेकिन लीग की सर्वाधिक सक्रियता बम्बई, उत्तरप्रदेश के कुछ हिस्से तथा गुजरात के ग्रामीण क्षेत्रों में थी।
- ऐनी बेसेंट ने अपने पत्र **कॉमनवील** और **न्यू इंडिया** के माध्यम से लीग के कार्यक्रमों का प्रचार-प्रसार किया।
- ऐनी बेसेंट के सहयोगियों में वी.पी. वाडिया (मजदूर नेता) तथा सी.पी. रामास्वामी अय्यर शामिल थे।
- कुछ समय बाद जवाहरलाल नेहरू, बी. चक्रवर्ती, जे. बनर्जी जैसे नेताओं ने भी एनी बेसेंट के लीग की सदस्यता ग्रहण की।
- गोपाल कृष्ण गोखले द्वारा स्थापित संस्था **सर्वेंट ऑफ इंडिया सोसाइटी** के सदस्यों को होमरूल लीग में प्रवेश की अनुमति नहीं थी।

मांटेग्यू घोषणा 1917 ई.

- भारत सचिव मांटेग्यू द्वारा 20 अगस्त, 1917 ई. को ब्रिटेन की कॉमन सभा में एक प्रस्ताव पढ़ा गया जिसमें भारत में प्रशासन की हर शाखा में भारतीयों को अधिक प्रतिनिधित्व दिये जाने की बात कही गयी थी।
- मांटेग्यू घोषणा का उद्देश्य भारत में उत्तरदायी सरकार की स्थापना थी जिसमें शासक, जनता के निर्वाचित प्रतिनिधियों के प्रति उत्तरदायी होते।
- नवंबर 1917 ई. में मांटेग्यू भारत आये और यहाँ उन्होंने तत्कालीन वायसराय लार्ड चेम्सफोर्ड से व्यापक विचार-विमर्श के बाद 1919 ई. में मांटेग्यू चेम्सफोर्ड रिपोर्ट जारी किया। इस रिपोर्ट को 1919 के भारत सरकार अधिनियम के नाम से जाना जाता है।
- मांटेग्यू घोषणा को उदारवादियों ने **भारत के मैग्नाकार्टा (Magna Carta)** की संज्ञा दी।
- 1919 ई. के सुधारों को लेकर कांग्रेस में उत्पन्न मतभेद के कारण कांग्रेस में **द्वितीय विभाजन** हुआ।
- 1918 ई. में सुरेन्द्रनाथ बनर्जी के नेतृत्व में कांग्रेस के उदारवादी नेताओं ने मांटेग्यू सुधारों का स्वागत किया तथा कांग्रेस से अलग होकर **अखिल भारतीय उदारवादी संघ** की स्थापना की।
- 1919 ई. के अधिनियम की सर्वाधिक महत्त्वपूर्ण विशेषता **प्रांतों में द्वैध शासन प्रणाली (Dyarchy)** थी।
- इस अधिनियम (1919) द्वारा ही भारत में पहली बार **लोक सेवा आयोग** की स्थापना का प्रावधान किया गया।
- 1919 ई. के अधिनियम की दस वर्ष बाद समीक्षा हेतु एक वैधानिक आयोग की नियुक्ति का प्रावधान था, कालांतर में यह आयोग **साइमन आयोग** के नाम से जाना गया।
- 1909 ई. के अधिनियम में की गयी व्यवस्था जिसमें मुसलमानों को पृथक निर्वाचन मंडल की सुविधा दी गयी थी, 1919 ई. के अधिनियम द्वारा इसका विस्तार कर इसमें सिखों और गैर-ब्राह्मणों को भी शामिल कर लिया गया।

आंदोलन का तृतीय चरण (1919-1947 ई.)

- राष्ट्रीय आंदोलन का तृतीय एवं अंतिम चरण पूरी तरह गांधीजी के नेतृत्व में लड़ा गया। अत: इस चरण को **गांधी युग** के नाम से भी जाना जाता है।
- गांधीजी इंग्लैण्ड से वकालत की पढ़ाई खत्म करने के बाद भारत लौटे। यहाँ से एक **गुजराती व्यापारी दादा अब्दुल्ला** का मुकदमा लड़ने के लिए गांधीजी 1893 ई. में दक्षिण अफ्रीका के **डरबन** पहुँचे।
- गांधीजी दक्षिण अफ्रीका में अपने 20 वर्ष के प्रवास के दौरान ब्रिटिश सरकार की रंगभेद की नीति के विरुद्ध लड़ाई लड़ते रहे। यहीं पर गांधीजी ने **सर्वप्रथम** सत्याग्रह आंदोलन चलाया।
- जनवरी, 1915 ई. में गांधीजी भारत आये और यहाँ पर उनका सम्पर्क गोपाल कृष्ण गोखले से हुआ, जिन्हें उन्होंने अपना **राजनीतिक गुरु** बनाया। गोखले के प्रभाव में आकर ही गांधीजी ने स्वयं को भारत की सक्रिय राजनीति से जोड़ा।
- जिस समय गांधीजी ने भारतीय राजनीति में प्रवेश किया उस समय **प्रथम विश्व युद्ध (1914-1918)** का दौर चल रहा था। गांधीजी ने सरकार के युद्ध प्रयासों में मदद की, जिसके लिए सरकार ने उन्हें **कैसर-ए-हिन्द** सम्मान से सम्मानित किया।
- युद्ध के दिनों में गांधीजी ने भारतीय युवाओं को सेना में भर्ती होने के लिए प्रोत्साहित किया था, जिसके लिए उन्हें कुछ लोग सेना में **भर्ती करने वाला सार्जेंट** भी कहने लगे।
- 1916 ई. में गांधीजी ने अहमदाबाद के पास **साबरमती आश्रम** की स्थापना की।
- गांधीजी ने अपनी लिखी (1919) पुस्तक **हिन्द स्वराज्य** में स्वराज (स्वशासन) की विस्तृत व्याख्या की है।
- भारत में 1917 से 1918 ई. के बीच गांधीजी ने चंपारण और खेड़ा के किसान आंदोलन तथा अहमदाबाद के मजदूर आंदोलन का सफल नेतृत्व किया।
- अप्रैल 1917 में बिहार के चंपारण जिले में किसानों पर किये जा रहे अत्याचार के खिलाफ आंदोलन चलाया। इस आंदोलन के समय ही **पहली बार** गांधीजी ने भारत में सत्याग्रह करने की धमकी दी। चंपारण सत्याग्रह के सफल नेतृत्व के बाद ही **रवीन्द्रनाथ टैगोर** ने गांधीजी को **महात्मा** कहा।
- गुजरात में **खेड़ा सत्याग्रह** (1918) भारत में गांधीजी द्वारा चलाया गया **पहला वास्तविक किसान सत्याग्रह** था।
- 1918 ई. में गांधी जी ने अहमदाबाद के मिल मजदूरों और मिल मालिकों के एक विवाद में हस्तक्षेप किया। मिल मजदूरों और मिल मालिकों के बीच **प्लेग बोनस** को लेकर विवाद आरंभ हुआ।
- मिल मालिकों ने मजदूरों को 20 प्रतिशत बोनस देने का निर्णय लिया और धमकी दी कि जो यह बोनस स्वीकार नहीं करेगा उसे नौकरी से बाहर निकाल दिया जायेगा।
- गांधीजी ने मजदूरों को 35 प्रतिशत बोनस दिये जाने का समर्थन किया। मार्च 1918 ई. में मजदूर हड़ताल पर चले गये। 15 मार्च को गांधीजी खुद भी भूख हड़ताल पर बैठ गये।
- गांधीजी के अनशन पर बैठने के बाद मिल मालिक सारे मामलों को ट्रिब्यूनल को सौंपने के लिए तैयार हो गये। ट्रिब्यूनल ने श्रमिकों को 35 प्रतिशत बोनस देने का फैसला किया इस तरह आंदोलन समाप्त हो गया।

रौलेट एक्ट (1919 ई.)

- भारत में क्रांतिकारियों के प्रभाव को समाप्त करने तथा राष्ट्रीय भावना को कुचलने के लिए

ब्रिटिश सरकार ने न्यायाधीश सर सिडनी रौलेट की अध्यक्षता में एक समिति नियुक्त की। समिति ने 1918 ई. में अपनी रिपोर्ट प्रस्तुत की। समिति द्वारा दिये गये सुझावों के आधार पर केन्द्रीय विधानमण्डल में फरवरी, 1919 में दो विधेयक लाये गये। पारित होने के बाद ये विधेयक को **रौलेट एक्ट** या **काला कानून** के नाम से प्रसिद्ध हुए।

- रौलेट एक्ट के द्वारा अंग्रेजी सरकार जिसको चाहे जब तक चाहे बिना मुकदमा चलाये जेल में बंद रख सकती थी। इस प्रकार कैदी को अदालत में प्रत्यक्ष उपस्थित करने का अर्थात् बंदी प्रत्यक्षीकरण (Habeas Corpus) का जो कानून ब्रिटेन में नागरिक स्वतन्त्रताओं की बुनियाद था, उसे निलंबित करने का अधिकार सरकार ने रौलेट कानून से प्राप्त कर लिया।
- रौलेट एक्ट को **बिना अपील, बिना वकील तथा बिना दलील** का कानून भी कहा गया।
- रौलेट एक्ट को **काला अधिनियम (Black Act) एवं आतंकवादी अपराध अधिनियम** के नाम से प्रसिद्ध है।
- रौलेट एक्ट के विरोध में 6 अप्रैल, 1919 को गांधीजी के अनुरोध पर देश भर में हड़तालों का आयोजन किया गया। हिंसा की छोटी-छोटी घटनाओं के कारण गांधीजी का पंजाब और दिल्ली में प्रवेश प्रतिबंधित कर दिया गया।

जलियाँवाला बाग हत्याकाण्ड (1919 ई.)

- पंजाब के लोकप्रिय नेता डॉ. किचलू और डॉ. सत्यपाल की गिरफ्तारी के विरोध में प्रदर्शन हेतु 10 अप्रैल को निकाले गये एक शांतिपूर्ण जुलूस पर पुलिस ने गोली चलाई जिससे कुछ निहत्थे आंदोलनकारी मारे गये। फलतः स्थिति बेकाबू हो गयी और 12 अप्रैल, 1919 को सेना बुलानी पड़ी।
- 13 अप्रैल, 1919 ई. (बैशाखी के दिन) को अमृतसर में जलियाँवाला बाग हत्याकांड हुआ। डॉ. सत्यपाल और डॉ. किचलू की गिरफ्तारी के विरोध में जलियाँवाला बाग में हो रही जनसभा पर जनरल ओ. डायर ने अंधाधुंध गोली चलवायी, जिसमें 1000 लोग मारे गये और 3000 लोग घायल हुए। जबकि सरकारी रिपोर्ट के अनुसार 379 व्यक्ति मारे गये एवं 1200 घायल हुए।
- जलियाँवाला बाग हत्याकांड में **हंसराज** नामक भारतीय ने जनरल डायर का सहयोग किया।
- दीनबंधु सी.एफ. एण्ड्रयूज ने इस हत्याकांड को जानबूझ कर की गयी **क्रूर हत्या** की संज्ञा दी।
- जलियाँवाला बाग हत्याकांड के विरोध में शंकरन नायर ने वायसराय की कार्यकारिणी परिषद् की सदस्यता से त्यागपत्र दे दिया।
- इस हत्याकांड के विरोध में महात्मा गांधी ने **कैसर-ए-हिन्द** की उपाधि, जमनालाल बजाज ने **राय बहादुर** की उपाधि एवं रवीन्द्रनाथ टैगोर ने **सर** की उपाधि वापस कर दी।
- इस हत्याकांड की जाँच के लिए सरकार ने 19 अक्टूबर, 1919 ई. को लार्ड हंटर की अध्यक्षता में **हंटर कमेटी** का गठन किया। इसमें पाँच अंग्रेज एवं तीन भारतीय (सर चिमनलाल सीतलवाड़, साहबजादा सुल्तान अहमद एवं जगत नारायण) सदस्य थे।
- हत्याकांड में दोषी लोगों को बचाने के लिए सरकार ने हंटर कमेटी की रिपोर्ट आने से पूर्व ही **इण्डेमिन्टीबिल** पास कर लिया।
- हंटर कमेटी की रिपोर्ट को गांधीजी पन्ने-दर-पन्ने निर्लज्ज सरकारी लीपापोती की संज्ञा दी।
- कांग्रेस ने जलियाँवाला बाग हत्याकांड की जाँच के लिए मदनमोहन मालवीय के नेतृत्व में एक आयोग का गठन किया। इसके अन्य सदस्यों में मोतीलाल नेहरू और गांधीजी थे।

खिलाफत आंदोलन (1919-1920 ई.)

- प्रथम विश्व युद्ध के बाद ब्रिटेन एवं तुर्की के बीच होने वाली **सेवर्स संधि** (10 अगस्त, 1920) से तुर्की के सुल्तान के समस्त अधिकार छिन गये और एक तरह से तुर्की राज्य छिन्न-भिन्न हो गया।

- विश्व भर के मुसलमान तुर्की के सुल्तान को अपना खलीफा (धर्मगुरु) मानते थे। इस प्रकार ब्रिटिश सरकार तुर्की के साथ की जाने वाली संधियों में न्यायोचित व्यवहार सुनिश्चित करने के उद्देश्य से भारतीय मुसलमानों के एक वर्ग ने राष्ट्रीय स्तर पर जिस आंदोलन का सूत्रपात किया, वह खिलाफत आंदोलन के नाम से प्रसिद्ध हुआ।
- हकीम अजमल खान, डॉ. मुख्तार अहमद अंसारी, मौलाना अल हसन, अब्दुल बारी, मौलाना अब्दुल कलाम अजाद, मोहम्मद अली, शौकत अली आदि तुर्की समर्थक थे।
- अली बंधुओं (मोहम्मद अली और शौकत अली) ने अपने पत्र **कामरेड** में तुर्की एवं इस्लामी परंपराओं के प्रति सहानुभूति व्यक्त की।
- 17 अक्टूबर, 1919 को अखिल भारतीय स्तर पर **खिलाफत दिवस** मनाया गया।
- तुर्की साम्राज्य के विभाजन के विरुद्ध शुरू हुए खिलाफत आंदोलन ने उस समय अधिक जोर पकड़ लिया जब गांधीजी ने इसका समर्थन किया। गांधीजी ने खिलाफत आंदोलन को हिन्दू-मुस्लिम एकता का एक सुनहरा अवसर माना।
- सितंबर 1919 में **अखिल भारतीय खिलाफत कमेटी** का गठन किया गया।
- 23 नवंबर, 1919 को दिल्ली अखिल भारतीय खिलाफत कमेटी का अधिवेशन हुआ, गांधीजी ने इस अधिवेशन की अध्यक्षता की। गांधीजी की सलाह पर कमेटी द्वारा असहयोग एवं स्वेदशी की भावना अपनायी गयी।

असहयोग आंदोलन (1920-1922 ई.)

- रौलेट एक्ट, जलियाँवाला बाग हत्याकांड और खिलाफत आंदोलन के उत्तर में गांधीजी ने 1 अगस्त, 1920 ई. को असहयोग आंदोलन प्रारंभ किया। असहयोग आंदोलन की पुष्टि भारतीय राष्ट्रीय कांग्रेस ने दिसंबर, 1920 ई. के नागपुर के अधिवेशन में की।
- असहयोग आंदोलन के कार्यक्रम के दो प्रमुख भाग थे जिसमें **एक रचनात्मक** तथा **दूसरा नकारात्मक** था।
- रचनात्मक कार्यक्रमों में मुख्य कार्यक्रम निम्न थे-
  1. राष्ट्रीय विद्यालयों तथा पंचायती अदालतों की स्थापना
  2. अस्पृश्यता से परहेज तथा हिन्दू-मुस्लिम एकता पर जोर
  3. स्वदेशी का प्रसार एवं हाथ से कते या बुने वस्त्र का प्रयोग
  4. शराब का बहिष्कार एवं कर न देना
- नकारात्मक कार्यक्रमों में मुख्य कार्यक्रम निम्न थे-
  1. सरकारी उपधियों एवं प्रशस्ति पत्रों को लौटाना
  2. सरकारी स्कूलों, कॉलेजों, अदालतों, विदेशी कपड़ों आदि का बहिष्कार
  3. सरकारी उत्सवों एवं समारोहों का बहिष्कार
  4. विदेशी वस्तुओं का बहिष्कार तथा स्वदेशी का प्रचार
  5. अवैतनिक पदों से तथा स्थानीय निकायों के नामांकित पदों से त्यागपत्र

  नोट : गांधीजी ने आश्वासन दिया कि यदि असहयोग आंदोलन के कार्यक्रमों पर पूरी तरह अमल हुआ तो एक वर्ष के अंदर आजादी मिल जायेगी। इस आंदोलन के दौरान ही गांधीजी ने वस्त्र त्याग कर लंगोटी पहनना शुरू कर दिया।
- पश्चिमी भारत, बंगाल तथा उत्तरी भारत में असहयोग आंदोलन को अभूतपूर्व सफलता मिली। लगभग 90,000 विद्यार्थियों ने सरकारी स्कूल और कॉलेजों को छोड़ा तथा 800 नये राष्ट्रीय स्कूल स्थापित किये गये।

- शिक्षा संस्थाओं का इस आंदोलन के समय सर्वाधिक बहिष्कार बंगाल में हुआ। नेशनल कॉलेज कलकत्ता के प्रधानाचार्य सुभाष चन्द्र बोस बने। पंजाब में लाला लाजपत राय के नेतृत्व में शिक्षा का बहिष्कार किया गया। शिक्षा का बहिष्कार मद्रास में असफल रहा।
- इस आंदोलन के दौरान न्यायालयों का बहिष्कार करने वाले वकीलों में प्रमुख थे- बंगाल के देशबंधु चितरंजन दास, उत्तरप्रदेश के मोतीलाल नेहरू एवं जवाहरलाल नेहरू, गुजरात के विट्ठलभाई पटेल एवं सरदार बल्लभभाई पटेल, बिहार के राजेन्द्र प्रसाद, मद्रास के चक्रवर्ती राजगोपालाचारी तथा दिल्ली के आसफ अली आदि।
- बहिष्कार आंदोलन में विदेशी कपड़ों का बहिष्कार सर्वाधिक सफल रहा, विदेशी कपड़ों की इस आंदोलन के समय सार्वजनिक होली जलाई गयी।
- असहयोग आंदोलन के समय शराब और ताड़ी की दुकानों पर धरना दिया गया, जिससे सरकार को काफी राजस्व की हानि हुई।
- गांधीजी के आह्वान पर असहयोग आंदोलन के खर्च की पूर्ति के लिए 1921 में **तिलक स्वराज्य फंड** की स्थापना की गयी। इसमें लोगों द्वारा एक करोड़ से अधिक रुपया जमा किया गया।
- 17 नवंबर, 1921 ई. में ब्रिटिश सिंहासन के उत्तराधिकारी प्रिंस ऑफ वेल्स के भारत आगमन पर उनका स्वागत सर्वत्र काला झंडा दिखाकर किया गया।
- असहयोग आंदोलन में बढ़ रही हिंसा से गांधीजी चिंतित थे। इसी बीच उत्तरप्रदेश के गोरखपुर जिले में स्थित **चौरी-चौरा** नामक स्थान पर 5 फरवरी, 1922 को एक भयानक घटना घट गयी।
- **चौरी-चौरा कांड** के नाम से चर्चित इस घटना के तहत पुलिस ने जबरन एक जुलूस को रोकना चाहा। फलतः जनता ने क्रोध में आकर थाने में आग लगा दी जिसमें एक थानेदार एवं 21 सिपाहियों की मौत हो गयी।
- चौरी-चौरा की घटना से गांधीजी इतने आहत हुए कि उन्होंने 12 फरवरी, 1922 ई. को असहयोग आंदोलन को स्थगित कर दिया। अब गांधीजी ने रचनात्मक कार्यों पर जोर दिया।

स्वराज्य पार्टी

- 1922-1928 ई. के दौरान भारतीय राजनीति में बड़ी-बड़ी घटनाएँ घटी। असहयोग आंदोलन स्थगित किये जाने से तात्कालिक रूप में राष्ट्रवादियों के बीच हताशा की भावना फैली। इसके अलावा जिन नेताओं को यह फैसला करना था कि आंदोलन को निष्क्रिय बनने से कैसे बचाया जाये, उनके बीच गहरे मतभेद उभर आये।
- इनमें से एक विचार जिन्हें **परिवर्तनवादी** कहा गया, के प्रतिनिधि चितरंजन दास और मोतीलाल नेहरू थे, जिन्होंने बदली हुई परिस्थितियों में एक नये प्रकार की राजनीतिक गतिविधि का सुझाव दिया।
- परिवर्तनवादी विचारधारा के प्रतिनिधियों का कहना था कि राष्ट्रवादियों को विधानमंडलों का बहिष्कार समाप्त करके उनमें भाग लेना चाहिए, सरकारी योजनाओं के अनुसार उनके चलने में बाधा डालनी चाहिए, उनको राजनीतिक संघर्ष का क्षेत्र बनाना चाहिए तथा इस प्रकार जन-उत्साह जगाने में उनका उपयोग करना चाहिए।
- चक्रवर्ती राजगोपालाचारी, डॉ. राजेन्द्र प्रसाद, बल्लभभाई पटेल जैसे कट्टर गांधीवादी नेता जिन्हें **अपरिवर्तनवादी** कहा जाता था, उन्होंने परिवर्तनवादियों के विचारों को अस्वीकार करते हुए गांधीजी के रचनात्मक कार्यों, जैसे- चरखा चलाना, हरिजनोंद्धार, मद्य त्याग, हिन्दू-मुस्लिम एकता आदि कार्यक्रमों का समर्थन किया।

- चितरंजन दास एवं पण्डित मोतीलाल नेहरू ने मार्च, 1923 ई. को **इलाहाबाद** में **कांग्रेस खिलाफत स्वराज पार्टी** जिसे सामान्यतया **स्वराज पार्टी** के नाम से जाना जाता था, की स्थापना की।
- साम्प्रदायिकता ने स्वराजवादी पार्टी को विभाजित कर दिया। **प्रत्युत्तरवादी** कहे जाने वालों में एक वर्ग ने सरकार को अपना सहयोग करने का प्रस्ताव रखा ताकि तथाकथित हिन्दू हितों की रक्षा की जा सके। इस गुट में मदन मोहन मालवीय, लाला लाजपत राय और एन.सी. केलकर शामिल थे।

क्रांतिकारी आतंकवाद का द्वितीय चरण (1924 – 1934 ई.)

- 1922 ई. में गांधीजी द्वारा अचानक असहयोग आंदोलन समाप्त कर दिये जाने के बाद तथा देश में किसी भी प्रकार की राजनीतिक गतिविधियों के अभाव में उत्साही युवक निराशा में पुनः क्रांतिकारी गतिविधियों की ओर मुड़ गये।
- इस समय क्रांतिकारी आतंकवाद की दो धाराएँ - एक पंजाब, उत्तरप्रदेश और बिहार में तथा दूसरी बंगाल में विकसित हुई।

उत्तरी भारत में क्रांतिकारी आंदोलन

- उत्तर भारत के महत्त्वपूर्ण क्रांतिकारी नेताओं में शचीन्द्र नाथ सान्याल, राम प्रसाद बिस्मिल तथा चन्द्रशेखर आजाद आदि शामिल थे।
- क्रांतिकारी आतंकवादी आंदोलन के द्वितीय चरण में सान्याल की पुस्तक **बंदी जीवन** (हिन्दी, गुरुमुखी) ने अनेक युवाओं को क्रांति के प्रति आकर्षित किया।
- अक्टूबर 1924 में शचीन्द्र सान्याल, रामप्रसाद बिस्मिल, चन्द्रशेखर आजाद ने कानपुर में क्रांतिकारी संस्था **हिन्दुस्तान रिपब्लिकन एसोसिएशन** (H.R.A) की स्थापना की।
- हिन्दुस्तान रिपब्लिकन एसोसिएशन (H.R.A.) की स्थापना के प्रमुख उद्देश्य निम्न थे-
  1. संगठित सशस्त्र क्रांति के द्वारा ब्रिटिश सत्ता को समाप्त कर एक **संघीय गणतन्त्र** की स्थापना की जाये जिसे **संयुक्त राज्य भारत (United States of India)** कहा जाये।
  2. आंदोलन की सफलता के लिए शस्त्र और धन एकत्र करने के लिए राजनीतिक डकैतियों सहित राजनीतिक अपहरण।
  3. हिन्दुस्तान रिपब्लिकन एसोसिएशन (H.R.A.) की देश भर में अनेक शाखाएँ स्थापित करना।
- हिन्दुस्तान रिपब्लिकन एसोसिएशन (H.R.A.) द्वारा 9 अगस्त, 1925 ई. को जब **8 डाउन** रेलगाड़ी से सरकारी खजाना सहारनपुर से लखनऊ की ओर जा रहा था, तो इसे काकोरी नामक स्टेशन पर लूट लिया गया। यह घटना **काकोरी काण्ड** के नाम से प्रसिद्ध हुई।
- सरकारी खजाना लूटने का विचार रामप्रसाद बिस्मिल का था।
- काकोरी काण्ड में रामप्रसाद बिस्मिल, राजेन्द्र लाहिड़ी, रोशन सिंह और अशफाक उल्ला खाँ को दिसंबर 1927 ई. में फाँसी दे दी गयी।
- सम्भवतः अशफाक उल्ला खाँ **पहले** भारतीय क्रांतिकारी **मुसलमान** थे, जो देश की स्वतन्त्रता के लिए फाँसी के तख्ते पर लटके थे।
- काकोरी काण्ड में हिन्दुस्तान रिपब्लिकन एसोसिएशन (H.R.A.) के चन्द्रशेखर आजाद को छोड़कर सभी सदस्यों की गिरफ्तारी से संगठन का अस्तित्व समाप्त हो गया।
- चन्द्रशेखर आजाद के नेतृत्व में **सितंबर 1928 ई.** में दिल्ली के फिरोजशाह कोटला मैदान में हिन्दुस्तान रिपब्लिकन एसोसिएशन (H.R.A.) का नाम बदलकर **हिन्दुस्तान सोशलिस्ट रिपब्लिकन एसोसिएशन (H.S.R.A.)** कर दिया गया।

- 30 अक्टूबर, 1928 ई. को लाहौर में साइमन कमीशन विरोधी एक प्रदर्शन पर पुलिस के बर्बर लाठी चार्ज से चोट खाकर पंजाब के महान नेता लाला लाजपत राय शहीद हो गये। 17 दिसंबर, 1928 ई. को भगत सिंह, चन्द्रशेखर आजाद और राजगुरु ने लाठी चार्ज का नेतृत्व करने वाले ब्रिटिश पुलिस अधिकारी **सांडर्स** को गोलियों से भून दिया। हिन्दुस्तान सोशलिस्ट रिपब्लिकन एसोसिएशन (H.S.R.A.) की यह पहली क्रांतिकारी गतिविधि थी।
- हिन्दुस्तान सोशलिस्ट रिपब्लिकन एसोसिएशन के दो सदस्य भगत सिंह और बटुकेश्वर दत्त ने 8 अप्रैल, 1929 ई. को केन्द्रीय विधानमंडल में जिस समय ट्रेड डिसप्यूट बिल और सेफ्टी बिल पर बहस चल रही थी बम फेंका, जिसका उद्‌देश्य सरकार को मात्र डराना था।
- केन्द्रीय विधानमंडल में बम फेंकते समय ही **पहली बार** भगत सिंह ने **इन्कलाब जिन्दाबाद** का नारा दिया।
- इन्कलाब जिन्दाबाद की रचना **मुहम्मद इकबाल** ने की थी। नारे के रूप में इसका पहली बार प्रयोग भगत सिंह ने किया।
- भगत सिंह और बटुकेश्वर दत्त को गिरफ्तार कर उन पर विधानमंडल में बम फेंकने तथा कुछ अन्य षड्‌यन्त्रों के साथ जोड़कर **लाहौर षड्‌षन्त्र केस** के तहत मुकदमा चलाया गया।
- 23 मार्च, 1931 ई. को भगत सिंह, सुखदेव और राजगुरु को फाँसी दे दी गयी।

बंगाल में क्रांतिकारी आंदोलन

- क्रांतिकारी आतंकवादी आंदोलन के द्वितीय चरण में बंगाल में अनुशीलन गुट और युगांतर गुट जैसी क्रांतिकारी संस्थाएँ एक बार फिर से सक्रिय हुई।
- इसी समय बंगाल में हेमचन्द्र घोष तथा लीला नाग ने **बंगाल स्वयं सेवक संघ** तथा अनिल राय ने **श्री संघ** नामक संस्था की स्थापना की।
- इस चरण में बंगाल के नये विद्रोही संगठनों में सबसे सक्रिय था चटगाँव क्रांतिकारियों का गुट, जिसके नेता थे **सूर्यसेन** जिन्हें लोग प्यार से **मास्टर दा** कहते थे।
- बंगाल में सूर्यसेन ने असहयोग आंदोलन में सक्रिय भूमिका निभाई थी और वे चटगाँव के राष्ट्रीय विद्यालय में शिक्षक के रूप में कार्यरत थे। सूर्यसेन ने **इंडियन रिपब्लिकन आर्मी (I.R.A.)** की स्थापना की।
- इंडियन रिपब्लिकन आर्मी (I.R.A.) के चटगाँव शाखा के पुरुष सदस्यों में अनन्त सिंह, अंबिका चक्रवर्ती, लोकीनाथ बाउल, गणेश घोष तथा महिला सदस्यों में प्रीतिलता वाडेदर तथा कल्पना दत्त का नाम उल्लेखनीय है।
- सूर्यसेन के नेतृत्व में इंडियन रिपब्लिकन आर्मी (I.R.A.) के सदस्यों ने 18 अप्रैल, 1930 ई. को चटगाँव शस्त्रागार पर आक्रमण कर हथियारों पर कब्जा कर लिया। इसी समय 65 सदस्यीय क्रांतिकारी दल के समक्ष सूर्यसेन ने इन्कलाब जिन्दाबाद के नारों के बीच तिरंगा झंडा फहरा कर **अस्थायी क्रांतिकारी सरकार** का गठन किया जिसके राष्ट्रपति सूर्यसेन बने।
- 16 फरवरी, 1933 ई. को सूर्यसेन को गिरफ्तार कर लिया गया तथा मुकदमा चलाने के बाद 12 जनवरी, 1934 ई. को इन्हें फाँसी दे दी गयी।
- क्रांतिकारी आंदोलन के द्वितीय चरण में बंगाल की महिलाओं की भागीदारी क्रांतिकारी गतिविधियों में अधिक हुई।
- **प्रीतिलता वाडेदर** पहाड़ीतली (चटगाँव) के रेलवे इंस्टीट्यूट पर छापा मारने के समय मारी गयी।
- **कल्पना दत्त, सूर्यसेन** के साथ 16 फरवरी, 1933 ई. में गिरफ्तार हुई, इन्हें आजीवन कारावास की सजा मिली।

- दिसंबर 1931 ई. में कोमिल्ला की दो स्कूली छात्राओं- शांति घोष और सुनीति चौधरी ने कोमिल्ला के जिलाधिकारी की गोली मारकर हत्या कर दी।
- 1920-1930 ई. के दशक में चटगाँव इंडियन रिपब्लिकन आर्मी (I.R.A.) में अनेक मुसलमान थे, जैसे- सत्तार, मीर अहमद, फकीर अहमद मियाँ, तुनू मियाँ आदि।

क्रांतिकारी दर्शन का प्रतिपादन

- भगवतीचरण बोहरा ने **द फिलॉसफी ऑफ द बॉम्ब** (बम का दर्शन) नामक दस्तावेज जारी किया था। भगवतीचरण बोहरा ने इसे चन्द्रशेखर आजाद के अनुरोध पर तैयार किया था।
- भगत सिंह ने 1926 ई. में पंजाब में **नौजवान भारत सभा** (भारत नौजवान सभा) की स्थापना में भाग लिया और इसके प्रथम सचिव बने।
- भगत सिंह अपने समय के तमाम राजनीतिक नेताओं में सर्वाधिक पढ़े-लिखे थे, इन्होंने ही सर्वप्रथम क्रांतिकारियों के समक्ष **क्रांतिकारी दर्शन** रखा।
- लाहौर अदालत में पेशी के समय **भगत सिंह** ने कहा था, 'क्रांति की तलवार में धार वैचारिक पत्थर पर रगड़ने से ही आती है।'
- भगत सिंह का मानना था कि व्यक्तिगत प्रयास से क्रांति नहीं लायी जा सकती, व्यापक जनांदोलन से ही क्रांति लायी जा सकती है। दूसरे शब्दों में जनता ही जनता के लिए क्रांति कर सकती है। भगत सिंह का झुकाव मार्क्सवाद की ओर अधिक था।
- सुभाष चन्द्र बोस ने भगत सिंह के बारे में कहा कि, 'भगत सिंह जिन्दाबाद और इन्कलाब जिन्दाबाद का एक ही अर्थ है।'

क्रांतिकारी आतंकवादी गतिविधियों से जुड़ी महत्त्वपूर्ण संस्थाएँ

संस्था	संस्थापक	वर्ष	स्थान
मित्र मेला	बी.डी. सावरकर	1899	नासिक
अभिनव भारत	बी.डी. सावरकर	1906	लंदन और भारत
अनुशीलन समिति	बारीन्द्र कुमार घोष, जतीन्द्र नाथ बनर्जी	1902	कलकत्ता
युगान्तर	बी.के. घोष, भूपेन्द्र नाथ दत्त	1906	कलकत्ता
भारत स्वशासन समिति तथा इंडिया हाउस	श्याम जी कृष्ण वर्मा	1905	लंदन
अंजुमाने मोहिब्बाने वतन	सरदार अजीत सिंह		लाहौर
इंडिया सोसायटी	मैडम कामा	1906	पेरिस
हिन्दू एसोसिएशन ऑफ दि अमेरिका	सोहन सिंह भाकना	1913	पोर्टलैंड
'गदर' 'युगान्तर आश्रम'	सोहन सिंह भाकना, लाला हरदयाल	1913	सैन फ्रांसिस्को
हिन्दुस्तान रिपब्लिकन एसोसिएशन	शचीन्द्र नाथ सान्याल, राम प्रसाद बिस्मिल, योगेश चटर्जी	1924	कानपुर

हिन्दुस्तान सोशलिस्ट रिपब्लिकन एसोसिएशन	चन्द्रशेखर आजाद	1928	दिल्ली
भारतीय गणतन्त्र सेना (I.R.A)	सूर्यसेन	1930	चटगाँव
भारतीय नौजवान सभा	भगत सिंह, छबीलदास, यशपाल	1926	पंजाब
लाहौर छात्र संघ	सुखदेव एवं भगत सिंह	1925	पंजाब

साइमन कमीशन

- 1919 ई. के भारत सरकार अधिनियम में यह व्यवस्था की गयी थी कि 10 वर्ष के बाद एक ऐसा आयोग (Commission) नियुक्त किया जायेगा जो इस बात की जाँच करेगा कि इस अधिनियम में कौन-कौन से परिवर्तन संभव है।
- आयोग की नियुक्ति 10 वर्ष बाद की जानी थी, लेकिन ब्रिटेन की तत्कालीन कंजर्वेटिव पार्टी सरकार ने दो वर्ष पूर्व ही **साइमन कमीशन** की नियुक्ति कर दी।
- साइमन कमीशन की नियुक्ति में तत्कालीन कंजर्वेटिव पार्टी (अनुदार दल) सरकार में भारत सचिव **लार्ड बिरकेन हेड** की महत्त्वपूर्ण भूमिका थी।
- सर जॉन साइमन की अध्यक्षता में गठित साइमन कमीशन में कुल सात सदस्य थे, चूँकि इसके सभी सदस्य अंग्रेज थे, इसलिए कांग्रेसियों ने इसे **वाइट मैन कमीशन (White Men Commission)** कहा।
- 11 दिसंबर, 1927 ई. को इलाहाबाद में हुए एक सर्वदलीय सम्मेलन में साइमन कमीशन में एक भी भारतीय सदस्य को न नियुक्त किये जाने के कारण इसके बहिष्कार का निर्णय लिया गया।
- 27 दिसंबर, 1927 ई. को मद्रास में हुए कांग्रेस के वार्षिक अधिवेशन, जिसकी अध्यक्षता एम.ए. अंसारी ने की थी, में साइमन कमीशन के पूर्ण बहिष्कार का निर्णय लिया गया।
- तत्कालीन राजनीतिक दलों में लिबरल फेडरेशन (तेज बहादुर सप्रू) भारतीय औद्योगिक वाणिज्यिक कांग्रेस, हिन्दू महासभा, किसान मजदूर पार्टी, मुस्लिम लीग आदि ने साइमन कमीशन के बहिष्कार का समर्थन किया।
- कालांतर में मुस्लिम लीग का एक गुट मुहम्मद शफी के नेतृत्व में साइमन कमीशन का समर्थक हो गया। कुछ अन्य दल जिन्होंने साइमन कमीशन का समर्थन किया, उनमें प्रमुख थे- जस्टिस पार्टी (मद्रास) तथा यूनियनिस्ट पार्टी (पंजाब)।
- 3 फरवरी, 1928 ई. को साइमन कमीशन बम्बई पहुँचा, उस दिन पूरी बम्बई में हड़ताल का आयोजन कर काले झंडे के साथ **साइमन वापस जाओ (Simon Go Back)** के नारे लगाये गये।
- जहाँ-जहाँ यह कमीशन पहुँचा वहाँ-वहाँ **साइमन गो बैक** के नारे के साथ इसका स्वागत किया गया। लखनऊ में खलीकुज्जमा और मद्रास में टी. प्रकाशम ने अनोखे अंदाज में इस कमीशन का विरोध किया।
- लाहौर में 30 अक्टूबर, 1928 ई. को लाला लाजपत राय साइमन कमीशन का विरोध करने वाली एक बड़ी भीड़ का नेतृत्व कर रहे थे, पुलिस ने बर्बर तरीके से इन्हें लाठियों से पीटा जिससे कुछ दिनों के बाद इनकी मृत्यु हो गयी। मरने से पूर्व लाला लाजपत राय का यह कथन ऐतिहासिक सिद्ध हुआ 'मेरे शरीर के ऊपर पड़े एक-एक लाठी एक दिन ब्रिटिश साम्राज्य के ताबूत की आखिरी कील साबित होगा।'
- साइमन कमीशन ने 27 मई, 1930 को अपनी रिर्पोट प्रस्तुत की जिस पर लंदन में आयोजित गोलमेज सम्मेलनों में विचार होना था।

- सर शिवस्वामी अय्यर ने आयोग की सिफारिशों को रद्दी की टोकरी में फेंकने लायक बताया।
- यद्यपि साइमन कमीशन की भारत में कड़ी आलोचना की गयी फिर भी उनके अनेक बातों को 1935 ई. के भारत सरकार अधिनियम में स्वीकार किया गया।

नेहरू रिपोर्ट

- साइमन कमीशन के विरोध एवं बहिष्कार के पूर्व ही 1925 ई. में भारत सचिव ने कांग्रेसी नेताओं के समक्ष चुनौती रखी कि वे एक ऐसा संविधान बनाकर तैयार करें जो समान्यत: भारत के सभी लोगों को मान्य हो।
- भारतीय नेताओं ने इस चुनौती को स्वीकार करते हुए फरवरी, 1928 ई. में दिल्ली में एक सर्वदलीय सम्मेलन का आयोजन किया। इस सम्मेलन में मतभेद के कारण कोई भी निर्णय नहीं लिया जा सका।
- 19 मई, 1928 ई. को बम्बई में आयोजित दूसरे सर्वदलीय सम्मेलन में पण्डित मोतीलाल नेहरू की अध्यक्षता में एक सात सदस्यीय समिति की स्थापना की गयी, जिसे भारत के संविधान के सिद्धान्तों का निर्धारण करना था।
- मोतीलाल नेहरू की अध्यक्षता में स्थापित अन्य सात सदस्य थे- सर तेज बहादुर सप्रू, सुभाषचन्द्र बोस, एम.एस आगे, सुएब कुरैशी, जी.आर. प्रधान, सर अली इमाम और मंगल सिंह।
- मोतीलाल नेहरू की अध्यक्षता वाली समिति ने 28 अगस्त, 1928 ई. को अपनी रिपोर्ट प्रस्तुत की, जिसे **नेहरू रिपोर्ट** के नाम से जाना गया। इस रिपोर्ट की निम्न सिफारिशें थीं-
    1. भारत को **डोमेनियन स्टेट** अधिराज्य का दर्जा।
    2. भारत एक संघ होगा जिसके नियन्त्रण में केन्द्र में द्विसदनीय विधानमण्डल होगा, मन्त्रिमण्डल सदन के प्रति उत्तरदायी होगा।
    3. गवर्नर जनरल की स्थिति संवैधानिक मुखिया की होगी।
    4. साम्प्रदायिक आधार पर पृथक निर्वाचक मण्डल की माँग अस्वीकार कर दी गयी।
    5. नागरिकता को परिभाषित करते हुए मूल अधिकारों को प्रतिपादित किया गया।
- मुस्लिम लीग के नेता मुहम्मद अली जिन्ना ने नेहरू रिपोर्ट में मुसलमानों के लिए पृथक निर्वाचक मण्डल की सुविधा नहीं दिये जाने के कारण नेहरू रिपोर्ट को अस्वीकार कर दिया तथा मार्च, 1929 ई. में मुसलमानों के माँगों का एक 14 सूत्री माँग पत्र प्रस्तुत किया, जिसे **जिन्ना का चौदह सूत्री फार्मूला** कहा जाता है।

कांग्रेस का लाहौर अधिवेशन

- 31 दिसंबर, 1929 ई. को कांग्रेस के लाहौर अधिवेशन का आयोजन किया गया, जिसकी अध्यक्षता पण्डित जवाहरलाल नेहरू ने की थी। इस अधिवेशन में पारित कुछ ऐतिहासिक प्रस्ताव इस प्रकार हैं-
    1. नेहरू समिति की रिपोर्ट को निरस्त घोषित कर दिया गया।
    2. अब राष्ट्रीय आंदोलन का लक्ष्य 'पूर्ण स्वराजय' निर्धारित किया गया।
    3. कांग्रेस कार्य समिति को सविनय अवज्ञा आंदोलन प्रारंभ करने का अधिकार मिला।
- इसी अधिवेशन में 31 दिसंबर, 1929 ई. की रात के 12 बजे जवाहरलाल नेहरू ने रावी नदी के तट पर भारतीय स्वतन्त्रता का प्रतीक **'तिरंगा झण्डा'** पूर्ण स्वराज्य, वंदेमातरम् तथा इन्कलाब-जिन्दाबाद के नारों के बीच फहराया।
- इसी अधिवेशन में 26 जनवरी, 1930 ई. को प्रथम स्वाधीनता दिवस के रूप में मानने का निश्चय किया गया। इसी के साथ प्रत्येक वर्ष 26 जनवरी को **स्वतन्त्रता दिवस** के रूप में मनाये जाने की परंपरा शुरू हुई।

सविनय अवज्ञा आंदोलन (1930 ई.)

- 1929 ई. के लाहौर के कांग्रेस अधिवेशन में कांग्रेस कार्यकारिणी को सविनय अवज्ञा आंदोलन शुरू करने का अधिकार दिया गया।
- गांधीजी ने इरविन एवं रैम्जे मैकडोनाल्ड के समक्ष 31 जनवरी, 1930 ई. को 11 सूत्री माँग रखा।
- गांधीजी के 11 सूत्री माँग पर सरकार द्वारा कोई सकारात्मक रुख नहीं अपनाया गया। फलतः 14 फरवरी, 1930 ई. को साबरमती आश्रम में कांग्रेस की बैठक में गांधीजी के नेतृतव में सविनय अवज्ञा आंदोलन चलाने का निश्चय किया गया।
- **आंदोलन का कार्यक्रम** - सविनय अवज्ञा आंदोलन के तहत चलाये जाने वाले कार्यक्रम निम्न थे-
  1. नमक कानून का उल्लंघन कर स्वयं नमक बनाया जाये।
  2. सरकारी सेवाओं, अदालतों, शिक्षा केन्द्रों एवं उपाधियों का बहिष्कार किया जाये।
  3. महिलाएँ स्वयं शराब, अफीम एवं विदेशी कपड़े की दुकानों पर जाकर धरना दें।
  4. समस्त विदेशी वस्तुओं का बहिष्कार करते हुए उन्हें जला दिया जाये।
  5. कर अदायगी को रोका जाये।

डाण्डी यात्रा

- सविनय अवज्ञा आंदोलन गांधीजी के 12 मार्च, 1930 ई. के प्रसिद्ध **डाण्डी मार्च** के साथ प्रारंभ हुआ।
- गांधीजी ने 12 मार्च, 1930 ई. को साबरमती आश्रम से अपने 78 अनुयायियों के साथ डाण्डी के लिए प्रस्थान किया। 24 दिन की लंबी यात्रा के बाद गांधीजी 6 अप्रैल, 1930 ई. को डाण्डी पहुँचे, समुद्र तट से मुट्ठी भर नमक उठाया और इस प्रकार नमक कानून को तोड़ा। यहीं से सविनय अवज्ञा आंदोलन की शुरुआत हुई।

आंदोलन की प्रगति

- सविनय अवज्ञा आंदोलन गांधीजी के नेतृत्व में पूरे भारत में फैल गया।
- तमिलनाडु में **सी. राजगोपालाचारी** ने **तिरूचेनगोड आश्रम** से त्रिचुनापल्ली के **वेदारण्यम** तक नमक यात्रा की।
- असम के लोगों ने सिलहट से नोआखली तक की यात्रा की।
- मालाबार में नमक सत्याग्रह की शुरुआत, वायकोम सत्याग्रह के नेताओं में **के. कल्प्पन** एवं **टी.के. माधवन** ने कालीकट से पयान्नूर (पेन्नार) तक की नमक यात्रा करके की।
- ओडिशा में नमक सत्याग्रह **गोपचन्द्र बंधु चौधरी** के नेतृत्व में बालासोर, कटक और पुरी में चलाया गया।
- पश्चिमोत्तर सीमा प्रांत के मुसलमानों ने **खान अब्दुल गफ्फर खाँ** (सीमांत गांधी) के नेतृत्व में गठित **खुदाई खिदमतगार** या **लालकुर्ती** संगठन के माध्यम से सविनय अवज्ञा आंदोलन में सक्रिय रूप से भाग लिया।
- पेशावर में गढ़वाल रेजीमेंट के सिपाहियों ने चन्द्रसिंह गढ़वाली के नेतृत्व में निहत्थे आंदोलनकारियों पर गोली चलाने से इनकार कर दिया।
- 13 वर्षीय नागा महिला **गिडालू** ने भी अपने नागा साथियों के साथ सविनय अवज्ञा आंदोलन को पूरा समर्थन दिया। कालांतर में पण्डित जवाहरलाल नेहरू ने गिडालू को रानी की उपाधि से सम्मानित किया।
- सविनय अवज्ञा आंदोलन के समय **'कर न अदायगी'** का आंदोलन मुख्य रूप से बिहार में चलाया गया।
- बिहार में **चौकीदारी कर न अदा करने** का आंदोलन चलाया गया यह आंदोलन मुंगेर, सारण

तथा भागलपुर के जिलों में काफी सफल रहा। मुंगेर के **बरही** नामक स्थान पर सरकार का शासन समाप्त हो गया।

- गुजरात के खेड़ा जिले में, सूरत जिले के बारदोली तहसील में और भड़ौंच जिले के जंबूसर में **कर न अदा करने** का आंदोलन चलाया गया।
- इसी समय मध्य प्रांत, महाराष्ट्र और कर्नाटक में कड़े वन नियमों के विरुद्ध **वन सत्याग्रह** चलाया गया।
- असम में छात्रों ने **कनिंघम सरकुलर** के विरोध में आंदोलन किया। इस सरकुलर के तहत छात्रों को अपने अभिभावकों से सद्व्यवहार का प्रमाण पत्र प्राप्त करना होता था।
- सविनय अवज्ञा आंदोलन के समय ही बच्चों की वानर सेना तथा लड़कियों की **माजेरी सेना** का गठन किया गया।
- सविनय अवज्ञा आंदोलन के समय ही उत्तर-पश्चिम (पश्चिमोत्तर) सीमा प्रांत के कबायलियों ने गांधीजी को **मलंग बाबा** कहा।

प्रथम गोलमेज सम्मेलन

- प्रथम गोलमेज 12 नवंबर, 1930 ई. से 13 जनवरी, 1931 ई. तक लंदन में आयोजित किया गया। यह ऐसी पहली वार्ता थी, जिसमें ब्रिटिश शासकों द्वारा भारतीयों को बराबर का दर्जा दिया गया।
- इस सम्मेलन का उद्घाटन ब्रिटेन के सम्राट जार्ज पंचम ने किया तथा अध्यक्षता प्रधानमंत्री रैम्जे मैक्डोनाल्ड ने की।
- इस सम्मेलन के 89 सदस्यों में 13 ब्रिटिश राजनीतिक दलों से तथा शेष 76 में भारतीय उदारवादी दल, मुस्लिम लीग, हिन्दू महासभा, दलित वर्ग, व्यापारी वर्ग तथा रजवाड़ों के प्रतिनिधि थे।
- कांग्रेस ने इस सम्मेलन में भाग नहीं लिया।
- इस सम्मेलन से लौटे प्रतिनिधियों में तेजबहादुर सप्रू एवं एम.आर. जयकर ने गांधीजी- इरविन के बीच समझौते का माहौल बनाने में महत्त्वपूर्ण भूमिका का निर्वाह किया।

गांधी-इरविन समझौता

- गांधी एवं इरविन के मध्य 17 फरवरी, 1931 ई. से दिल्ली में वार्ता आरंभ हुई। 5 मार्च, 1931 ई. को अंततः एक समझौते पर हस्ताक्षर हुआ। समझौते की शर्तें इस प्रकार थी-
  1. गांधी के नेतृत्व में कांग्रेस सविनय अवज्ञा आंदोलन समाप्त करने के लिए तैयार हो गयी।
  2. कांग्रेस द्वितीय गोलमेज सम्मेलन में भाग लेने के लिए तैयार हो गयी।
  3. सभी राजनीतिक बंदियों जिनके विरुद्ध हिंसा के आरोप नहीं थे, उनको सरकार रिहा करने पर राजी हो गयी।
  4. विदेशी कपड़ों और शराब की दुकानों पर शांतिपूर्ण धरना देने का अधिकार सरकार ने मान लिया।
  5. समुद्र तटीय प्रदेशों में बिना नमक कर दिये नमक बनाने की अनुमति सरकार द्वारा प्रदान की गयी।

द्वितीय गोलमेल सम्मेलन

- द्वितीय गोलमेज सम्मेलन लंदन में 7 सितंबर, 1931 ई. से 1 दिसंबर, 1931 ई. तक चला। इसमें कांग्रेस के एक मात्र प्रतिनिधि के रूप में गांधीजी ने हिस्सा लिया।
- इस सम्मेलन में ऐनी बेसेंट एवं मदन मोहन मालवीय व्यक्तिगत रूप से इंग्लैण्ड गये थे। ऐनी बेसेन्ट ने सम्मेलन में शामिल होकर भारतीय महिलाओं का प्रतिनिधित्व किया।

- दक्षिणपंथी नेता विंस्टन चर्चिल ने ब्रिटिश सरकार की आलोचना करते हुए कहा कि वह (सरकार) **देशद्रोही फकीर** (गांधीजी) को बराबर का दर्जा देकर बात कर रही थी।
- द्वितीय गोलमेज सम्मेलन के समय रैम्जे मैकडोनाल्ड ब्रिटेन के प्रधानमन्त्री, दक्षिणपंथी प्रतिक्रियावादी सैमुअल होर भारत सचिव तथा वेलिंगटन भारत के वायसराय बन चुके थे।
- यह सम्मेलन साम्प्रदायिक समस्या पर विवाद के कारण पूरी तरह असफल रहा। दलित नेता अंबेडर ने दलितों के लिए पृथक निर्वाचन मंडल की सुविधा की माँग की जिसे गांधीजी ने अस्वीकार कर दिया। अंततः 1 दिसंबर, 1931 को यह सम्मेलन समाप्त घोषित कर दिया गया।
- द्वितीय गोलमेज सम्मेलन के समय फ्रेंक मोरेस ने गांधीजी के बारे में कहा कि- **'अर्ध नंगे फकीर** के ब्रिटिश प्रधानमन्त्री से वार्ता हेतु सेण्ट पैलेस की सीढ़ियाँ चढ़ने का दृश्य अपने आप में अनोखा एवं दिव्य प्रभाव उत्पन्न करने वाला था।'

द्वितीय सविनय अवज्ञा आंदोलन

- गांधीजी के इंग्लैण्ड प्रवास के समय सविनय अवज्ञा आंदोलन को सरकार ने बर्बरता से दबाना चाहा। बंगाल एवं उत्तर-पश्चिम सीमा प्रांत में आंदोलन को बुरी तरह कुचला गया।
- भारत लौटते ही गांधीजी ने पुनः इस आंदोलन की बागडोर संभाली। **दूसरी बार** यह आंदोलन **3 जनवरी, 1932 ई.** को प्रारंभ हुआ।
- आंदोलन के प्रति लोगों में उत्साह की कमी देखकर गांधीजी ने इसे 7 अप्रैल, 1934 ई. को स्थगित कर दिया।
- सुभाष चन्द्र बोस और विट्ठलभाई पटेल ने 1933 ई. में ही घोषणा कर दी कि **'एक राजनीतिक नेता के रूप में गांधीजी असफल रहे हैं।'**

साम्प्रदायिक निर्णय और पूना समझौता 1932 ई.

- ब्रिटिश प्रधानमन्त्री रैम्जे मैकडोनाल्ड ने 16 अगस्त, 1932 ई. को विभिन्न सम्प्रदायों के प्रतिधित्व के विषय में एक निर्णय जारी किया जिसे **साम्प्रदायिक निर्णय (Communal Award)** कहा गया।
- इस निर्णय में पृथक निर्वाचन पद्धति को न केवल मुसलमानों के लिए जारी रखा गया बल्कि इसे दलित वर्गों पर भी लागू कर दिया गया।
- दलित वर्गों को पृथक चुनाव क्षेत्र की सुविधा प्रदान करने के पीछे अंग्रेजों की गहरी चाल थी। वे इन्हें (दलित वर्गों) हिन्दुओं से अलग करना चाहते थे।
- दलित वर्ग की पृथक निर्वाचन मंडल की सुविधा दिये जाने के विरोध में गांधीजी ने यरवदा जेल में ही **20 सितंबर, 1932 ई.** को आमरण अनशन शुरू कर दिया।
- पण्डित मदनमोहन मालवीय, डॉ. राजेन्द्र प्रसाद, पुरुषोत्तम दास तथा सी. राजगोपालाचारी आदि के प्रयत्नों से गांधीजी के उपवास के पाँच दिन बाद 26 सितंबर, 1932 ई. को गांधीजी और दलित नेता अंबेडकर में **पूना समझौता (Poona Pact)** हुआ।
- पूना समझौता के तहत दलितों के लिए पृथक निर्वाचन व्यवस्था समाप्त कर दी गयी तथा विभिन्न प्रांतीय विधानमंडलों में दलित वर्ग के लिए सुरक्षित 75 स्थानों को बढ़ाकर इसे 148 कर दिया गया। केन्द्रीय विधानमंडल में 18 प्रतिशत सीटें दलित वर्ग के लिए सुरक्षित की गयी।

तृतीय गोलमेज सम्मेलन

- लंदन में तृतीय गोलमेल सम्मेलन 17 नवंबर, 1932 ई. से 24 दिसंबर, 1932 तक चला, कांग्रेस ने सम्मेलन का बहिष्कार किया।
- इस सम्मेलन में कुल 46 प्रतिनिधियों ने हिस्सा लिया। इस सम्मेलन में हुए विचार-विमर्श का परिणाम अंततः **1935 ई. के भारत सरकार कानून के रूप में सामने आया।**

भारत सरकार अधिनियम 1935 ई.

- इस अधिनियम की मुख्य बातें-
  1. भारत के लिए एक अखिल भारतीय संघ स्थापित करने की योजना जिसमें ब्रिटिश भारत के प्रांत और उन देशी रियासतों को शामिल होना था जो इसमें स्वेच्छा से शामिल होना चाहें।
  2. इस अधिनियम के तहत केन्द्र में द्वैध शासन की व्यवस्था की गयी।
  3. प्रांतों में द्वैध शासन समाप्त कर प्रांतीय स्वायत्तता की व्यवस्था की गयी।
  4. प्रांतीय विधानमंडलों का विस्तार किया गया। मौजूदा 11 प्रांतों में से 6 विधानमंडलों में दो सदनों की व्यवस्था की गयी।
  6. इस अधिनियम द्वारा संघ इकाइयों के आपसी विवाद केन्द्र तथा प्रांतीय इकाइयों के विवाद को सुलझाने के लिए के लिए **संघीय न्यायालय** की स्थापना का प्रावधान किया गया, परंतु यह न्यायालय अपील का अंतिम न्यायालय नहीं था, अंतिम न्यायालय प्रिवी काउंसिल था।
  6. इस अधिनियम में केन्द्रीय प्रशासनिक क्षेत्र को आरक्षित और हस्तांतरित दो भागों में बाँटा गया।
- पं. जवाहरलाल नेहरू ने 1935 ई. के अधिनियम को **दासता का अधिकार पत्र कहा**, उन्होंने इस अधिनियम को **अनेक ब्रेकों वाली परंतु इंजन रहित मशीन की संज्ञा दी।**
- सी. राजगोपालाचारी ने इसे **द्वैध शासन से भी बुरा कहा**।
- जिन्ना ने इस अधिनियम को, **'पूर्णतः सड़ा हुआ, मूलरूप से बुरा और बिल्कुल अस्वीकृत बताया।'**
- पण्डित मदनमोहन मालवीय ने इस अधिनियम को, **'बाह्‌य रूप से जनतन्त्रवादी एवं अंदर से खोखला कहा।'**

1937 ई. के चुनाव

- 1935 ई. के भारत सरकार अधिनियम द्वारा भारतीयों को प्रांतीय शासन प्रबंध का अधिकार मिला। फलतः 1937 ई. में प्रांतीय विधानसभाओं के चुनाव हुए।
- कुल 11 प्रांतों में से 6 प्रातों- मद्रास, संयुक्त प्रांत, मध्य प्रांत, बिहार, बम्बई तथा ओडिशा में कांग्रेसी मन्त्रिमंडल बने।
- पंजाब में यूनियनिस्ट पार्टी ने और बंगाल में कृषक प्रजापार्टी तथा मुस्लिम लीग ने मिलकर सरकार बनायी।
- सिन्ध, उत्तर-पश्चिम सीमा प्रांत तथा असम में मिला-जुला मन्त्रिमंडल बना।

कांग्रेस मन्त्रिमंडल का त्यागपत्र

- 3 सितंबर, 1939 ई. में द्वितीय विश्व युद्ध के आरंभ होने पर तत्कालीन वायसराय लार्ड लिनलिथगो ने भारतीय विधानमंडल की सहमति के बिना भारत को युद्ध में शामिल कर लिया। साथ ही देश में आपातकाल की घोषणा कर दी।
- कांग्रेस कार्यसमिति ने सरकार से युद्ध के उद्‌देश्यों को स्पष्ट करने की माँग की, परंतु सरकार ने इस ओर कोई ध्यान नहीं दिया।
- वायसराय ने भारतीयों के सामने युद्ध के बाद **औपनिवेशिक स्वराज** का पुराना वायदा दोहराया।
- कांग्रेस शासित प्रदेशों के मन्त्रियों ने कांग्रेस कार्यसमिति की अनुमति के बाद 15 नवंबर, 1939 ई. को मन्त्रिमंडल से त्यागपत्र दे दिया।

- कांग्रेस मन्त्रिमंडल के त्यागपत्र दिये जाने के बाद मुस्लिम लीग ने 22 दिसंबर, 1939 ई. को **मुक्ति दिवस** के रूप में मनाया।

व्यक्तिगत सत्याग्रह

- गांधीजी ने 17 अक्टूबर, 1940 ई. को **व्यक्तिगत सत्याग्रह** आंदोलन शुरू किया। यह एक तरह से व्यक्तिगत सविनय अवज्ञा आंदोलन था।
- इस आंदोलन के पहले सत्याग्रही विनोबा भावे थे। उन्होंने 17 अक्टूबर, 1940 ई. को पवनार में सत्याग्रह शुरू किया, **दूसरे** एवं **तीसरे सत्याग्रही** क्रमशः जवाहरलाल नेहरू एवं ब्रह्मदत्त थे। इस आंदोलन को **दिल्ली चलो** आंदोलन भी कहा गया।
- व्यक्तिगत सत्याग्रह का मुख्य उद्देश्य ब्रिटिश सरकार के उस दावे को खोखला साबित करना था जिसमें कहा गया था कि भारत की जनता द्वितीय विश्वयुद्ध में सरकार के साथ है।

अगस्त प्रस्ताव

- मार्च 1940 ई. को कांग्रेस ने अपने रामगढ़ (तत्कालीन बिहार एवं वर्तमान झारखंड) में आयोजित वार्षिक अधिवेशन में एक प्रस्ताव पारित कर सरकार से कहा कि यदि वह केन्द्र में एक अंतरिम राष्ट्रीय सरकार गठित करे तो कांग्रेस द्वितीय विश्वयुद्ध में सरकार का सहयोग कर सकती है।
- कांग्रेस के अंतरिम राष्ट्रीय सरकार गठित करने की माँग को अस्वीकार करते हुए, तत्कालीन वायसराय लार्ड लिनलिथागो ने **8 अगस्त, 1940 को अगस्त प्रस्ताव** प्रस्तुत किया जिसकी मुख्य बातें निम्नलिखित थी–
    1. वायसराय की सलाहकार कौंसिल के अतिशीघ्र विस्तार के साथ ही कार्यकारिणी में भारतीय प्रतिनिधियों की संख्या बढ़ाना।
    2. अल्पसंख्यकों को विश्वास में लिए बिना किसी भी संवैधानिक परिवर्तन को लागू नहीं किया जायेगा।
    3. युद्ध सम्बन्धी विषयों पर विचार हेतु युद्ध परामर्श समिति का गठन किया जायेगा।
    4. युद्ध के समाप्त होने पर विभिन्न भारतीय दलों के प्रतिनिधियों की एक सभा बुलाकर उनके साथ संवैधानिक विकास पर विचार-विमर्श किया जायेगा।

पाकिस्तान की माँग

- मुस्लिम लीग के **लाहौर** अधिवेशन की अध्यक्षता करते हुए मुहम्मद अली जिन्ना ने 23 मार्च, 1940 ई. को **पहली बार** भारत से अलग मुस्लिम राष्ट्र **पाकिस्तान** के निर्माण की माँग की।
- मुस्लिमों के पृथक राष्ट्र का नाम **पाकिस्तान** हो यह विचार कैम्ब्रिज (इंग्लैण्ड) विश्वविद्यालय के परास्नातक विद्यार्थी **चौधरी रहमत अली** के मस्तिष्क में आया। रहमत अली द्वारा परकल्पित पाकिस्तान में पंजाब, उत्तर-पश्चिमी प्रांत, कश्मीर, सिन्ध और बलूचिस्तान को शामिल होना था।
- मुस्लिमों के लिए पृथक राष्ट्र के विचार का प्रवर्तक कवि एवं राजनीतिक चिन्तक **इकबाल** को माना जाता है।

क्रिप्स प्रस्ताव

- द्वितीय महायुद्ध में मित्र राष्ट्रों की कमजोर हो रही स्थिति के कारण, ब्रिटेन युद्ध में भारत का सक्रिय सहयोग पाने के लिए युद्धकालीन मन्त्रिमंडल के एक सदस्य स्टैफोर्ड क्रिप्स को घोषणा के एक मसविदे के साथ भारत भेजा। 23 मार्च, 1942 ई. को दिल्ली पहुँचकर विभिन्न नेताओं से सम्पर्क के बाद क्रिप्स ने 30 मार्च, 1942 ई. को अपनी योजना प्रस्तुत की जिसकी सिफारिशें इस प्रकार थी–

1. युद्ध के बाद भारत को **डोमिनियन स्टेट** का दर्जा दिया जायेगा जो किसी घरेलू या बाहरी सत्ता के अधीन नहीं होगा और यदि वह चाहेगा तो ब्रिटिश राष्ट्रमंडल से सम्बन्ध विच्छेद कर सकेगा।
2. युद्ध के बाद एक संविधान निर्मात्री परिषद् बनेगी जिसमें ब्रिटिश भारत और देशी रजवाड़ों, दोनों के प्रतिनिधि शामिल होंगे, जिसमें कुछ सदस्यों को प्रांतीय विधायिकाओं द्वारा तथा कुछ को शासकों द्वारा मनोनीत किया जाना था।
3. ब्रिटिश भारत का कोई प्रांत यदि नये संविधान को स्वीकार करना न चाहे तो उसे वर्तमान संविधानिक स्थिति बनाये रखने का अधिकार होगा। नये संविधान को स्वीकार न करने वाले प्रांतों को सम्राट की ओर से सरकार अलग से एक नया संविधान देने को तैयार थी।
4. युद्ध के दौरान जनता के मुख्य-मुख्य वर्गों के प्रतिनिधि शामिल होंगे, लेकिन रक्षा मन्त्रालय ब्रिटिश-भारत की सरकार के पास ही होगा।

- गांधीजी ने क्रिप्स प्रस्ताओं को **'उत्तर तिथीय चेक** कहा', जिसमें जवाहरलाल नेहरू ने **'जिसका बैंक नष्ट होने वाला था'** वाक्य जोड़ दिया।
- मुस्लिम लीग ने क्रिप्स प्रस्तावों की आलोचना इसलिए की क्योंकि इसमें पाकिस्तान की स्पष्ट घोषणा नहीं की गयी थी।
- 11 अप्रैल, 1942 ई. को क्रिप्स प्रस्तावों को वापस ले लिया गया।

भारत छोड़ो आंदोलन (1942 ई.)

- क्रिप्स प्रस्तावों की असफलता और जापानी आक्रमण के बढ़ते हुए खतरे तथा युद्धकालीन परिस्थितियों के कारण बढ़ती हुई कीमतों और वस्तुओं के अभाव ने भारतीय जनमानस को असंतोष से भर दिया।
- 5 जुलाई, 1942 ई. को गांधीजी ने हरिजन में लिखा 'अंग्रेजों भारत को जापान के लिए मत छोड़ों बल्कि भारत को भारतीयों के लिए व्यवस्थित रूप से छोड़ जाओ।'
- 14 जुलाई, 1942 ई. को वर्धा में आयोजित कांग्रेस कार्यसमिति की बैठक में **भारत छोड़ो आंदोलन** पर एक प्रस्ताव पारित किया गया।
- आंदोलन की सार्वजनिक घोषणा से पूर्व 1 अगस्त, 1942 ई. को इलाहाबाद में **तिलक दिवस** मनाया गया। इस अवसर पर नेहरू ने कहा- 'हम आग से खेलने जा रहे हैं। हम दुधारी तलवार का प्रयोग करने जा रहे हैं जिसकी चोट उल्टे हमारे ऊपर भी पड़ सकती है'। आगे नेहरू ने कहा कि 'संघर्ष निरंतर संघर्ष, मेरा यही उत्तर है एमरी और क्रिप्स को।'
- 7 अगस्त, 1942 ई. को बम्बई के ऐतिहासिक ग्वालिया टैंक मैदान में अखिल भारतीय कांग्रेस समिति की वार्षिक बैठक (अध्यक्षता मौलाना अबुल कलाम आजाद ने की) हुई। इस बैठक में वर्धा प्रस्ताव (भारत छोड़ो आंदोलन) की पुष्टि कर दी गयी।
- भारत छोड़ो आंदोलन भारतीय स्वतन्त्रता संघर्ष का प्रथम आंदोलन था जिसने नेतृत्वविहीनता की स्थिति में भी अपने उद्देश्य को पूरा किया।
- भारत छोड़ो आंदोलन को **अगस्त क्रान्ति** के नाम से भी जाना जाता है। इसे भारतीय स्वतन्त्रता संघर्ष की अंतिम महान लड़ाई भी माना जाता है।
- बम्बई कांग्रेस ने भारत छोड़ो प्रस्ताव को थोड़े बहुत संशोधन के बाद 8 अगस्त, 1942 ई. को पास कर दिया।
- इस आंदोलन के दौरान गांधीजी ने **करो या मरो (Do or Die)** का नारा दिया।

- कांग्रेस आंदोलन चला सके, इसके पहले की सरकार ने कड़ा प्रहार करते हुए, 9 अगस्त, 1942 ई. को एकदम सुबह गांधीजी तथा दूसरे महत्त्वपूर्ण नेता गिरफ्तार कर लिए गये। साथ ही कांग्रेस को गैर-कानूनी संस्था घोषित कर दिया गया।
- गांधीजी को पूना के आगा खाँ महल में तथा कांग्रेस कार्यकारिणी के अन्य सदस्यों को अहमदनगर के दुर्ग में रखा गया।
- 1942 ई. के इस आंदोलन का सर्वाधिक प्रभाव बंगाल, बिहार, उत्तरप्रदेश, मद्रास और बम्बई में था लेकिन इसमें समूचे देश की हिस्सेदारी थी।
- भारत छोड़ो आंदोलन के समय बम्बई, अहमदाबाद और जमशेदपुर में मजदूरों की हड़तालें लंबी चली।
- जयप्रकाश नारायण, राममनोहर लोहिया एवं अरुणा आसफ अली जैसे नेताओं ने भूमिगत रहकर इस आंदोलन को नेतृत्व प्रदान किया।
- इस आंदोलन के दौरान गिरफ्तारी से बचे नेता वी.एम. खाकर, राममनोहर लोहिया, उषा मेहता, नादिमान अब्रवाद प्रिंटर आदि ने आंदोलन के समय भूमिगत कांग्रेस रेडियो स्टेशन का संचालन किया।
- कांग्रेस रेडियो स्टेशन बम्बई और नासिक में स्थापित थे, उनका मुख्य कार्य कांग्रेस की सूचनाओं का प्रसारण करना होता था। 12 नवंबर, 1942 ई. को कांग्रेस रेडियो स्टेशन सरकार द्वारा जब्त कर लिया गया।
- आंदोलन के प्रति सरकार की दमनात्मक नीति के विरुद्ध गांधीजी ने आगा खाँ महल में 10 फरवरी, 1943 से 21 दिन का उपवास शुरू कर दिया। भारत की ब्रिटिश सरकार उन्हें मुक्त न कर उनकी मृत्यु की प्रतीक्षा करने लगी। सरकार की इस बर्बर नीति के विरोध में वायसराय की कौंसिल के सदस्य सर मोदी, सर ए.एन. सरकार एवं अणे ने इस्तीफा दे दिया।
- खराब स्वास्थ्य के कारण 9 मई, 1944 ई. को गांधीजी को जेल से छोड़ दिया गया। गांधीजी के रिहा होने से पूर्व ही उनकी पत्नी कस्तूरबा और उनके निजी सविच महादेव देसाई की मृत्यु हो गयी।
- भारत छोड़ो आंदोलन के समय देश के कई इलाकों में ब्रिटिश शासन समाप्त हो गया और **समानांतर सरकारें** स्थापित की गयी।
- **बलिया (उत्तरप्रदेश)** में गांधीवादी **चित्तू पाण्डे** के नेतृत्व में **पहली समानांतर सरकार** स्थापित हुई।
- बंगाल के **मिदनापुर** जिले के **तामलुक** नामक स्थान पर 17 दिसंबर, 1942 ई. को तामलुक जातीय सरकार (समानांतर सरकार) की स्थापना की गयी। यहाँ की सरकार ने एक सशस्त्र विद्युत वाहिनी का गठन किया। यहाँ की सरकार 1 सितंबर, 1944 ई. तक चली।
- **सतारा** (महाराष्ट्र) में इस समय की सर्वाधिक दीर्घजीवी समानांतर सरकार की स्थापना हुई, यहाँ की सरकार 1945 ई. तक चली। सतारा के समानांतर सरकार के नेताओं में वाई.पी. चव्हाण, नाना पाटिल प्रमुख थे। सतारा के समानांतर सरकार, जिसे प्रति सरकार के नाम भी जाना जाता है, द्वारा गांधी विवाहों का आयोजन किया गया।
- भारत छोड़ो आंदोलन में मुसलमानों का योगदान संदेहास्पद था, फिर भी मुस्लिम लीग के कुछ सदस्यों ने भूमिगत नेताओं को अपने घर में पनाह दी।
- वामपंथियों या साम्यवादियों ने इस आंदोलन का इसलिए विरोध किया क्योंकि वे द्वितीय महायुद्ध में ब्रिटेन के साथ तथा साम्राज्यवादी ताकतों के विरुद्ध थे।

फारवर्ड ब्लाक एवं आजाद हिन्द फौज का गठन

- गांधीजी के विरोध के बावजूद 1939 ई. में सुभाषचन्द्र बोस दोबारा कांग्रेस के अध्यक्ष चुने गये, लेकिन कांग्रेस वर्किंग कमेटी के अंदर गांधीजी और उनके समर्थकों के विरोध के कारण बोस ने अप्रैल 1939 ई. में कांग्रेस के अध्यक्ष पद से त्यागपत्र दे दिया।
- कांग्रेस के अध्यक्ष पद से त्यागपत्र देने के बाद सुभाषचन्द्र बोस और उनके समर्थकों ने कांग्रेस के अंदर एक नये दल, **फारवर्ड ब्लाक (Forward Block)** की 1 मई, 1939 ई. में स्थापना की।
- **हॉलवेल स्टैच्यू/स्मारक** (इसका निर्माण तथाकथित काल कोठारी घटना में शिकार हुए लोगों की याद में हुआ था) को सार्वजनिक स्थल से हटाने के लिए सुभाषचन्द्र बोस ने आंदोलन किया। फलतः 2 जुलाई, 1940 ई. को उन्हें गिरफ्तार कर जेल में डाल दिया गया। जेल में अनशन के कारण स्थिति नाजुक होने पर 5 दिसंबर, 1940 ई. को उन्हें रिहा कर कलकत्ता स्थित एल्गिन रोड के उनके निवास स्थान पर नजरबंद कर दिया गया। वहाँ से 17 जनवरी, 1941 ई. को मौका पाकर वह भाग निकले। अफगानिस्तान, इटली होते हुए वे जर्मनी पहुँचे।
- जर्मनी पहुँचकर सुभाषचन्द्र बोस ने बर्लिन में नात्सी (नाजी) नेता हिटलर से मुलाकात की तथा अपनी आगामी योजनाओं के प्रति हरसंभव सहयोग प्राप्त करने का आश्वासन प्राप्त किया।
- जर्मनी में सुभाषचन्द्र बोस द्वारा **फ्री इंडिया सेंटर** की स्थापना की गयी। इसी संस्था द्वारा सुभाषचन्द्र बोस ने पहली बार **जय हिन्द** का नारा दिया था।
- 8 फरवरी, 1943 ई. को सुभाषचन्द्र बोस ने अपने सहयोगी आबिद हुसैन के साथ जर्मन यू बोट (Submarine) द्वारा जर्मन के कील नामक स्थान से रवाना हुए। रास्ते में जर्मन बोट को छोड़कर वे हवाई जहाज से 13 जून, 1943 ई. को टोकियो (जापान) पहुँचे।
- 28-30 मार्च, 1942 ई. को टोकियो में रह रहे भारतीय रास बिहारी बोस ने **इंडियन नेशनल आर्मी** (आजाद हिन्द फौज) के गठन पर विचार के लिए एक सम्मेलन बुलाया।
- कैप्टन मोहन सिंह, रास बिहारी बोस एवं एन.एस. गिल के सहयोग से इंडियन नेशनल आर्मी (Indian National Army-INA) का गठन किया गया।
- आजाद हिन्द फौज की स्थापना का विचार सर्वप्रथम मोहनसिंह के दिमाग में आया था। वह ब्रिटिश भारतीय सेना के अधिकारी थे।
- 28-30 मार्च, 1940 ई. को टोकियो में सम्पन्न सम्मेलन में रास बिहारी बोस ने **इंडिया इंडिपेंडेंस लीग** की स्थापना की। जून 1942 ई. को रास बिहारी बोस द्वारा बैंकाक (मलेशिया) में इंडिया इंडिपेंडेंस लीग का एक और सम्मेलन बुलाया गया, जिसमें सुभाषचन्द्र बोस को लीग और आजाद हिन्द फौज का नेतृत्व सौंपने का निर्णय किया गया।
- 7 जुलाई, 1943 ई. को रास बिहारी बोस ने आजाद हिन्द फौज और इंडियन इंडिपेंडेंस लीग की कमान सुभाषचन्द्र बोस को सौंप दी। सुभाषचन्द्र बोस INA के सर्वोच्च सेनापति (कमांडर) घोषित किये गये।
- 21 अक्टूबर, 1943 ई. को सुभाष चन्द्र बोस ने सिंगापुर में स्वतन्त्र भारत की **अस्थायी सरकार** की स्थापना की। जर्मनी, जापान तथा उनके समर्थक देशों द्वारा इस सरकार को मान्यता प्रदान की गयी। इसके पश्चात् सुभाषचन्द्र बोस ने आजाद हिन्द फौज के मुख्यालय सिंगापुर एवं रंगून में बनाये।
- सुभाषचन्द्र बोस ने लक्ष्मीबाई के नाम पर रानी झांसी रेजीमेंट महिलाओं के लिए स्थापित किया। आजाद हिन्द फौज के तीन और ब्रिगेड का नाम क्रमशः सुभाष ब्रिगेड, नेहरू ब्रिगेड और गांधी ब्रिगेड रखा गया।

- सैनिकों का आह्वान करते हुए सुभाषचन्द्र बोस ने कहा कि- **'तुम मुझे खून दो मैं तुम्हें आजादी दूँगा।'**
- 6 नवंबर, 1944 ई. को जापानी सेना ने आजाद हिन्द फौज को अण्डमान और निकोबार द्वीप सौंप दिया। आईएनए (INA) ने इनका नाम क्रमशः **शहीद** और **स्वराज द्वीप** रखा।
- 6 जुलाई, 1944 ई. को सुभाषचन्द्र बोस ने **आजाद हिन्द रेडियो** के एक प्रसारण में महात्मा गांधी के नाम एक विशेष प्रसारण में कहा कि- 'भारत की स्वाधीनता का आखिरी युद्ध शुरू हो चुका। **राष्ट्रपिता** भारत की मुक्ति के इस पवित्र युद्ध में हम आपका आशीर्वाद और शुभकामनाएँ चाहते हैं।'
- **पहली बार** सुभाषचन्द्र बोस द्वारा ही गांधीजी के लिए राष्ट्रपिता शब्द का प्रयोग किया गया।
- फरवरी से जून 1944 ई. के मध्य आजाद हिन्द फौज की तीन ब्रिगेडों ने जापानियों के साथ मिलकर भारत की पूर्वी सीमा एवं बर्मा से युद्ध लड़ा। परंतु दुर्भाग्यवश द्वितीय विश्व युद्ध में जापान की सेनाओं के मात खाने के साथ ही आजाद हिन्द फौज को भी पराजय का सामना करना पड़ा।
- मई 1945 ई. में ब्रिटिश सेना द्वारा रंगून पर पुनः अधिकार कर लिए जाने के बाद आजाद हिन्द फौज के सिपाहियों को भी जापानी सेना के साथ आत्मसमर्पण करना पड़ा।
- 18 अगस्त, 1945 ई. को ताइकु हवाई अड्डे (ताईवान) पर हुई हवाई दुर्घटना में सुभाषचन्द्र बोस मारे गये हालाँकि उनकी मृत्यु की पुष्टि अभी भी संदेह के घेरे में है।

सी.आर. फार्मूला

- देश की साम्प्रदायिक समस्या सुलझाने के उद्देश्य से 10 जुलाई, 1944 ई. को गांधीजी की स्वीकृति से चक्रवर्ती राजगोपालचारी ने कांग्रेस तथा मुस्लिम लीग के समझौते की एक योजना प्रस्तुत की, जो इस प्रकार है-
  1. मुस्लिम लीग भारतीय स्वतन्त्रता की माँग का समर्थन करे व अस्थायी सरकार के गठन में कांग्रेस के साथ सहयोगी की भूमिका अदा करे।
  2. द्वितीय विश्वयुद्ध के समाप्ति पर भारत के उत्तर-पश्चिम व पूर्वी भागों में स्थित मुस्लिम बहुसंख्यक क्षेत्रों की सीमा का निर्धारण करने के लिए एक कमीशन नियुक्त किया जाये, फिर वयस्क मताधिकार प्रणाली के आधार पर इन क्षेत्रों के निवासियों की मतगणना करके भारत से उनके सम्बन्ध-विच्छेद के प्रश्न का निर्णय किया जाये।
  3. मतगणना से पूर्व सभी राजनीतिक दलों को अपने दृष्टिकोण के प्रचार की पूरी स्वतन्त्रता हो।
  4. देश विभाजन की स्थिति में रक्षा, यातायात या अन्य अनिवार्य विषयों पर आपसी समझौते की व्यवस्था की जाये।
  5. उपर्युक्त शर्तें तभी मानी जा सकती है, जब ब्रिटेन भारत को पूर्ण रूप से स्वतन्त्रता प्रदान करे।

  नोट : जिन्ना से इस फार्मूले को अस्वीकार कर दिया गया। कालांतर में इसी फार्मूले के आधार पर भारत का विभाजन किया गया। गांधीजी ने सी.आर. फार्मूले के आधार पर जिन्ना से बात की। पहली बार महात्मा गांधी ने जिन्ना को **कायदे आजम** (महान नेता) कह कर उनके सम्मान को बढ़ाया, पर जिन्ना ने पाकिस्तान की माँग पर अटल रहकर वार्ता को असफल कर दिया।

वेवेल योजना

- तत्कालीन भारतीय वायसराय वेवेल ने ब्रिटिश सरकार से परामर्श के पश्चात् भारत में व्याप्त गतिरोध दूर करने के लिए 4 जून, 1945 ई. को भारतीयों के समक्ष **वेवेल योजना** रखी। वेवेल योजना की मुख्य बातें इस प्रकार थीं-

1. वायसराय की कार्यकारिणी परिषद् को पुनर्गठित किया जाये तथा उसमें सभी दलों को प्रतिनिधित्व दिया जाये। परिषद् में वायसराय या सैन्य प्रमुख के अतिरिक्त शेष सभी सदस्य भारतीय होंगे तथा प्रतिरक्षा विभाग वायसराय के अधीन होगा।
2. कार्यकारिणी में मुसलमान सदस्यों की संख्या सवर्ण हिन्दूओं के बराबर होगी।
3. कार्यकारिणी परिषद् एक अंतरिम राष्ट्रीय सरकार के समान होगा। गवर्नर जनरल बिना कारण निषेधाधिकार (veto) का प्रयोग नहीं करेगा।
4. कांग्रेस के नेता रिहा किये जायेंगे तथा शीघ्र ही शिमला में सर्वदलीय सम्मेलन बुलाया जायेगा।
5. युद्ध समाप्त होने के उपरांत भारतीय स्वयं ही अपना संविधान बनायेंगे।

शिमला सम्मेलन

- 25 जून, 1945 ई. को शिमला में एक सर्वदलीय सम्मेलन का आयोजन किया गया जिनमें कुल 22 प्रतिनिधियों ने हिस्सा लिया।
- सम्मेलन के दौरान मुस्लिम लीग द्वारा यह शर्त रखी गयी कि वायसराय की कार्यकारिणी परिषद् में नियुक्त होने वाले सभी मुस्लिम सदस्यों का चयन वह स्वयं करेगी। मुस्लिम लीग का यही अड़ियल रुख 25 जून से 14 जुलाई तक चलने वाले शिमला सम्मेलन की असफलता का प्रमुख कारण बना।
- वायसराय वेवेल ने 14 जुलाई, 1945 ई. को शिमला सम्मेलन के विफलता की घोषणा कर दी।

आजाद हिन्द फौज मुकदमा

- आजाद हिन्द फौज के सिपाहियों द्वारा समर्पण के बाद सरकार ने उन पर **निष्ठा की शपथ** (सरकार के प्रति) तोड़ने के आरोप में लाल किले में राजद्रोह का मुकदमा चलाने का नवंबर 1945 ई. में निर्णय लिया।
- सरकार के इस निर्णय के विरुद्ध समूचे देश में आंदोलन शुरू हो गया। कांग्रेस ने INA के सिपाहियों को बचाने के लिए **आजाद हिन्द बचाव समिति** का गठन किया।
- बचाव पक्ष के वकीलों में भूलाभाई देसाई थे, उनका सहयोग करने के लिए तेज बहादुर सप्रू, के.एन. काटजू और जवाहर लाल नेहरू ने भी अदालत में बहस की, लेकिन फिर भी **कर्नल सहगल, कर्नल ढिल्लो** और **मेजर शाहनवाज खाँ** को फाँसी की सजा सुनायी गयी।
- सरकार के इस निर्णय के खिलाफ पूरे देश में कड़ी प्रतिक्रिया हुई। नारे लगाये गये- 'लाल किले को तोड़ दो आजाद हिन्द फौज को छोड़ दो।'
- अंत में विवश होकर तत्कालीन वायसराय लार्ड वेवेल ने अपने विशेषाधिकार का प्रयोग कर इनके मृत्युदण्ड की सजा को माफ कर दिया।

भारत में चुनाव 1945 ई.

- ब्रिटेन में विंटस्न चर्चिल की कंजरवेटिव पार्टी के चुनाव हारने के बाद श्रमिक दल के नेता क्लीमेंट एटली ब्रिटेन के प्रधानमन्त्री बने, उन्होंने सर पैथिक लारेंस को भारत का सचिव नियुक्त किया।
- एटली ने अपनी पहली कार्यवाही के तहत भारत में आम चुनाव करवाया। चुनाव के परिणाम दिसंबर 1945 ई. में घोषित किये गये।
- केन्द्रीय विधानमण्डल की 102 सीटों में कांग्रेस 57 पर सफल हुई। प्रांतीय चुनावों में कांग्रेस को बंगाल, सिंध और पंजाब के अलावा शेष स्थानों पर बहुमत प्राप्त हुआ। मद्रास, असम, मध्यप्रांत, ओडिशा, बम्बई, संयुक्त प्रांत, बिहार, उत्तर-पश्चिमी प्रांत में कांग्रेस मन्त्रिमण्डल बनाये गये।

शाही नौसेना विद्रोह 1946

- 19 फरवरी, 1946 ई. को रॉयल इंडियन नेवी के सिगनल्स प्रशिक्षण संस्थान एच.एम.आई.एस. तलवार के गैर कमीशण्ड अधिकारियों एवं सिपाहियों ने, जिन्हें रेटिंग्ज कहा जाता था, खराब भोजन, जातीय भेदभाव, कम वेतन आदि के खिलाफ विद्रोह कर दिया।

- इन विद्रोहियों की एक माँग यह भी थी कि नाविक बी.सी. दत्त, जिसे तलवार (नौसेना का जहाज) की दीवारों पर भारत छोड़ो लिखने के कारण गिरफ्तार कर लिया गया था, को रिहा किया जाये।

- बम्बई से प्रारंभ हुआ यह विद्रोह कराची, मद्रास और कलकत्ता को भी अपने चपेट में ले लिया। विद्रोहियों ने जहाज पर से **यूनियन जैक** के झंडे को हटाकर कांग्रेस, लीग एवं कम्युनिस्ट पार्टी के झंडे लगा दिये। इस विद्रोह में इंकलाब जिंदाबाद, जय हिन्द, हिन्दू-मुस्लिम एक हो के नारे लगाये गये। इस विद्रोह के समर्थन में 22 फरवरी, 1946 ई. को बम्बई में एक अभूतपूर्व हड़ताल का आयोजन किया गया, जिसमें 20 लाख मजदूरों ने हिस्सा लिया।

- विद्रोहियों ने एम.एस. खान के नेतृत्व में **नौसेना केन्द्रीय हड़ताल समिति** का गठन किया। इस संस्था ने बेहतर खाना, श्वेत और भारतीय नाविकों हेतु समान वेतन, राजनीतिक कैदियों की रिहाई आदि माँग सरकार के सामने रखा।

- विद्रोहियों को कुचलने के लिए सरकार ने **एडमिरल गोल्फ्रेड** को आदेश देकर भेजा कि- ब्रिटिश फौज की सारी सेना विद्रोहियों के दमन के लिए लगा दी जाये, भले ही सम्पूर्ण नौसेनिक शक्ति नष्ट हो जाये।

- 25 फरवरी, 1946 ई. को नौसेना के विद्रोहियों ने सरदार पटेल के आश्वासन के बाद कि उनका (सैनिकों) किसी प्रकार से दमन नहीं किया जायेगा, आत्मसमर्पण कर दिया।

कैबिनेट मिशन 1946 ई.

- 15 फरवरी, 1946 को ब्रिटेन की लेबर पार्टी के नेता एटली ने भारतीय नेताओं से अनौपचारिक स्तर पर बातचीत करने के लिए एक संसदीय दल (कैबिनेट मिशन) भारत भेजने की घोषणा की।

- 24 मार्च, 1946 ई. को दिल्ली पहुँचे कैबिनेट मिशन शिष्टमण्डल के सदस्य थे- सर स्टेफर्ड क्रिप्स (अध्यक्ष, बोर्ड ऑफ ट्रेड), पैथिक लारेंस (भारत सचिव) एवं ए.वी. अलेक्जेंडर (नौसेना मन्त्री)। 16 मई, 1946 ई. को इस मिशन ने अपनी रिपोर्ट प्रस्तुत की। रिपोर्ट में कैबिनेट मिशन ने निम्न सिफारिशें रखीं-

  1. एक भारतीय संघ स्थापित होगा जिसमें देशी राज्य व ब्रिटिश भारत के प्रांत सम्मिलत होंगे। यह संघ वैदेशिक, रक्षा तथा यातायात विभागों की व्यवस्था करेगा।
  2. संघ में देशी राज्यों व ब्रिटिश भारत के प्रतिनिधियों की एक कार्यपालिका होगी।
  3. संघ सूची के अतिरिक्त अन्य सभी विषयों एवं अवशिष्ट विषयों पर प्रांतों का अधिकार होगा।
  4. भारतीय प्रांतों को तीन वर्गों- अ, ब और स में विभाजित किया जायेगा। तीनों वर्गों के प्रांतों को अपने-अपने प्रतिनिधि चुनने एवं प्रांतों के लिए संविधान बनाने का अधिकार होगा।
  5. संविधान निर्माण के लिए 'संविधान सभा' के गठन की बात कही गयी।
  6. शिष्टमण्डल ने पाकिस्तान सम्बन्धी लीग की माँग को स्वीकार नहीं किया।

- जुलाई 1946 ई. में कैबिनेट मिशन योजना के तहत संविधान सभा का चुनाव हुआ। कांग्रेस को कुल 296 सीटों में से 201 पर विजय प्राप्त हुई, दूसरी ओर मुस्लिम लीग को 73 सीटें मिली।

- मुस्लिम लीग यह सोचकर बौखला गयी कि 296 सदस्यीय विधान सभा में उसकी 24 प्रतिशत सीटें है। अत: उसने 29 जून, 1946 ई. को कैबिनेट मिशन योजना को अस्वीकार कर दिया तथा पाकिस्तान प्राप्त करने के लिए 16 अगस्त, 1946 ई. को **प्रत्यक्ष कार्यवाही दिवस** के

रूप में मनाया। फलतः इस दिन हुए खूनी संघर्ष में बंगाल में लगभग 7,000 लोगों का कत्ल कर दिया गया। बंगाल में इस दंगा का केन्द्र नोआखली था। साथ ही बिहार, सिलहट, बम्बई, गढ़मुक्तेश्वर (उत्तरप्रदेश) आदि स्थानों पर भयानक साम्प्रदायिक दंगे हुए।

अंतरिम सरकार का गठन

- 24 अगस्त, 1946 ई. को पण्डित नेहरू के नेतृत्व में भारत की पहली अंतरिम राष्ट्रीय सरकार की घोषणा की गयी जिसमें मुस्लिम लीग की भागीदारी नहीं थी।
- अंतरिम सरकार में सदस्य इस प्रकार थे- पं. जवाहर लाल नेहरू, सरदार बल्लभ भाई पटेल, डॉ. राजेन्द्र प्रसाद, आसफ अली, राजगोपालाचारी, शरत चन्द्र बोस, डॉ. जय मथाई, सरदार बलदेव सिंह, सरफराज अहमद खाँ, जगजीवन राम, सैयद अली जहीन और डॉ. सी.एच. भाभा आदि।
- उपर्युक्त सदस्य औपचारिक रूप से वायसराय की कार्यकारिणी परिषद् के सदस्य थे। जिसका अध्यक्ष वायसराय तथा उपाध्यक्ष पं. नेहरू थे।
- पं. नेहरू ने 2 सितंबर 1946 ई. को ग्यारह अन्य सदस्यों के साथ अपने पद की शपथ ली। अन्य सदस्यों में तीन गैर-मुस्लिम लीगी सदस्य थे। लीग अपने पाँच मनोनीत सदस्यों के साथ सरकार में प्रवेश कर सके, इसका विकल्प खुला रखा गया।
- 26 अक्टूबर, 1946 को अंतरिम सरकार में तीन मूल सदस्यों के स्थान पर लीग के पाँच प्रतिनिधि शामिल हो गये। मुस्लिम लीग का अंतरिम सरकार में शामिल होना सरकार के साथ सहयोग का सूचक नहीं था बल्कि इसमें पाकिस्तान की माँग की लड़ाई को आगे बढ़ाने का स्वार्थ निहित था।
- 20 नवंबर, 1946 को वायसराय ने संविधान सभा की बैठक हेतु निर्वाचित प्रतिनिधियों की बैठक में भाग लेने के लिए निमंत्रण पत्र भेजा। 9 दिसंबर, 1946 को दिल्ली में संविधान सभा की पहली बैठक हुई, जिसका मुस्लिम लीग ने बहिष्कार किया।
- मुस्लिम लीग द्वारा संविधान सभा का लगातार बहिष्कार देखते हुए ब्रिटिश सरकार ने यह निर्णय दिया कि संविधान सभा के निर्णय मुस्लिम बहुल इलाके पर लागू नहीं होंगे।

एटली की घोषणा

- ब्रिटिश प्रधानमन्त्री एटली ने हाउस ऑफ कॉमन्स में 20 फरवरी, 1947 ई. को एक ऐतिहासिक घोषणा करते हुए कहा कि 'अंग्रेज जून 1948 ई. के पहले ही उत्तरदायी लोगों को सत्ता हस्तांतरित करने के उपरांत भारत छोड़ देंगे'।
- इस घोषणा के बाद मुस्लिम लीग ने भारत के बँटवारे को लेकर आंदोलन तेज कर दिया। उसने असम, पंजाब और पश्चिम सीमा प्रांत में खूनी संघर्ष जारी रखा।

माउंटबेटन योजना और स्वतन्त्रता प्राप्ति

- 24 जून, 1947 ई. को भारत के 34वें और अंतिम ब्रिटिश गवर्नर जनरल लार्ड माउंटबेटन भारत आये जिनका एकमात्र उद्देश्य था, अतिशीघ्र भारत को पूर्ण स्वतन्त्रता देना।
- लारी कालिन्स एवं लापियर की पुस्तक **Freedom at Midnight** में माउंटबेटन को एक कुशल राजनयिक के रूप में चित्रित किया गया है। इस पुस्तक में कहा गया है कि माउंटबेटन ने अपने आकर्षक व्यक्तित्व और चतुराई से भारतीय प्रायद्वीप की समस्याओं को पलक झपकते ही हल कर दिया।
- पद ग्रहण करते ही उन्होंने कांग्रेस एवं मुस्लिम लीग के नेताओं से तत्कालिक समस्याओं पर व्यापक विचार-विमर्श किया।

- लगभग दो महीने की बातचीत के उपरांत माउंटबेटन इस निष्कर्ष पर पहुँचे कि विभाजन ही एकमात्र विकल्प है। अत: उन्होंने एटली के 20 फरवरी, 1947 ई. के वक्तव्य के दायरे में भारत विभाजन की एक योजना तैयार की।

- 18 मई, 1947 ई. को माउंटबेटन ब्रिटिश सरकार से समस्या के अंतिम हल पर बातचीत हेतु लंदन गये और पुन: भारत आने पर 3 जून, 1947 ई. को 'माउंटबेटन योजना', जिसे जनसाधारण में 'मनबाटन' योजना के नाम से जाना जाता है, प्रस्तुत की। इस योजना की मुख्य बातें इस प्रकार थीं-

  1. वर्तमान परिस्थितियों में भारत के विभाजन से ही समस्या सुलझ सकती है। अत: हिन्दुस्तान को दो हिस्सों, भारतीय संघ और पाकिस्तान में बाँट दिया जायेगा। संविधान सभा द्वारा पारित संविधान भारत के उन भागों में लागू नहीं होगा जो इसे मानने के लिए तैयार नहीं है।

  2. बंगाल, पंजाब एवं असम में विधानमण्डलों के अधिवेशन दो भागों में किये जायेंगे, एक भाग में उन जिलों के प्रतिनिधि हिस्सा लेंगे जहाँ मुसलमानों की बहुलता है और दूसरे में उन जिलों के प्रतिनिधि हिस्सा लेंगे जहाँ मुसलमान अल्पसंख्या में है। दोनों यह निर्णय स्वयं लेंगे कि उन्हें भारत में रहना है या पाकिस्तान में।

  3. उत्तर-पश्चिम सीमा प्रांत में जनमत संग्रह द्वारा यह पता लगाया जाये कि वे किस भाग, भारत या पाकिस्तान में रहना चाहते हैं।

  4. असम के सिलहट जिले के लोगों की भी राय जानने के लिए जनमत संग्रह का सहारा लिया जायेगा।

  5. पंजाब, बंगाल व असम के विभाजन के लिए एक सीमा आयोग की नियुक्ति होगी जो उक्त प्रांतों की सीमा निश्चित करेंगे।

  6. देशी रियासतों (रजवाड़ों) से भी 15 अगस्त, 1947 ई. से ब्रिटिश सर्वोच्चता हटा ली जायेगी तथा उन्हें भारत या पाकिस्तान में मिलने की पूर्ण स्वतन्त्रता होगी।

- कांग्रेस कार्यकारिणी समिति ने 12 जून को तथा कांग्रेस महासमिति ने 14 और 15 जून, 1947 ई. को दिल्ली में हुई बैठक में माउंटबेटन योजना की पुष्टि कर दी।

भारत स्वतन्त्रता अधिनियम 1947 ई.

- माउंटबेटन योजना के आधार पर ब्रिटिश संसद ने 18 जुलाई, 1947 ई. को भारतीय स्वतन्त्रता अधिनियम 1947 पारित किया। इस उपबंध द्वारा ही 15 अगस्त, 1947 ई. को भारत का विभाजन हुआ। इस अधिनियम की मुख्य बातें इस प्रकार है-

  1. 15 अगस्त, 1947 ई. से भारत और पाकिस्तान नामक दो डोमेनियनों (अधिराजय) की स्थापना हो जायेगी।

  2. दोनों अधिराज्य अपनी-अपनी संविधान सभा का गठन करेंगे।

  3. भारत और पाकिस्तान के पास राष्ट्रमण्डल से अलग होने का पूर्ण अधिकार होगा।

  4. नया संविधान बनने तक संविधान सभा के सदस्य ही विधानमण्डल के रूप में कार्य करेंगे और साथ ही उचित संशोधनों के साथ 1935 ई. के अधिनियम के द्वारा ही शासन कार्यों का संचालन किया जायेगा।

  5. दोनों अधिराज्यों के लिए एक-एक गवर्नर जनरल की व्यवस्था की गयी।

  6. जब तक नये संविधान के अंतर्गत प्रांतों में चुनाव नहीं होता तब तक पुराना विधानमण्डल ही प्रांतों में कार्य करेगा।

- माउंटबेटन योजना स्वीकार कर देश विभाजन की तैयारी प्रारंभ हो गयी। बंगाल और पंजाब में जिलों के विभाजन तथा सीमा निर्धारण का कार्य एक कमीशन के आधीन सौंपा गया जिसकी अध्यक्षता रेडक्लिफ ने की थी। इस प्रकार 15 अगस्त, 1947 ई. को भारत तथा पाकिस्तान नाम के दो नये राष्ट्र अस्तित्व में आये।
- वायसराय के सचिवालय में उच्च पद पर कार्यरत वी.पी मेनन ने भारत के दो भागों में विभाजन की योजना बनायी।

13. स्वतन्त्रता आंदोलन से जुड़ी प्रमुख संस्थाएँ

क्र.	संस्थाएँ	स्थापना वर्ष	संस्थापक
1.	एशियाटिक सोसाइटी	1784 ई.	विलियम जोन्स
2.	आत्मीय सभा	1815 ई.	राजा राममोहन राय
3.	वेदान्त कॉलेज	1825 ई.	राजा राममोहन राय
4.	युवा बंगाल आंदोलन	1826 ई.	हेनरी लुई विवियन डिरोजयो
5.	ब्रह्म समाज	1828 ई.	राजा राममोहन राय
6.	तत्त्वबोधिनी सभा	1839 ई.	देवेन्द्रनाथ ठाकुर
7.	ब्रिटिश सार्वजनिक सभा	1843 ई.	दादाभाई नौरोजी
8.	परमहंस मंडली	1840 ई.	गोपाल हरिदेशमुख
9.	रहनुमाई माजदायासन सभा	1851 ई.	दादाभाई नौरोजी व अन्य
10.	बालिका विद्यालय	1851 ई.	ज्योतिबा फुले
11.	मोहम्मडन एंग्लो लिटरेरी सोसाइटी	1863 ई.	अब्दुल लतीफ
12.	साइंटिफिक सोसाइटी	1864 ई.	सर सैय्यद अहमद खाँ
13.	ईस्ट इंडियन एसोसिएशन	1866 ई.	दादाभाई नौरोजी
14.	पूना सार्वजनिक सभा	1867 ई.	एम.जी. रानाडे
15.	प्रार्थना समाज	1867 ई.	केशवचन्द्र के सहयोग से एम.वी. रानाडे, आत्माराम पांडुकर, देवेन्द्रनाथ ठाकुर आदि
16.	वेद समाज	1867 ई.	आचार्य केशवचन्द्र सेन
17.	सत्यशोधक समाज	1873 ई.	ज्योतिबा फुले
18.	अलीगढ़ मोहम्मडन एंग्लो ओरिएन्टल कॉलेज	1875 ई.	सर सैय्यद अहमद खाँ
19.	इंडियन लीग	1875 ई.	शिशिर कुमार घोष
20.	आर्यसमाज	1875 ई.	स्वामी दयानन्द सरस्वती
21.	इंडियन एसोसिएशन	1876 ई.	आनंदमोहन बोस, सुरेन्द्रनाथ बनर्जी
22.	थियोसोफिकल सोसाइटी	1882 ई.	मैडम ब्लाटवस्की एवं कर्नल अल्काट
23.	यूनाइटेड इंडियन कमेटी	1883 ई.	व्योमेशचन्द्र बनर्जी

24.	भारतीय राष्ट्रीय कांग्रेस	1885 ई.	ए.ओ. ह्यूम
25.	बॉम्बे प्रेसीडेंसी एसोसिएशन	1885 ई.	फिरोजशाह मेहता, तैलंग तथा तैय्यबजी
26.	वेलूर मठ	1887 ई.	स्वामी विवेकानन्द
27.	इंडियन सोशल कॉन्फ्रेंस	1887 ई.	महादेव गोविन्द रानाडे
28.	रामकृष्ण मिशन	1896 ई.	स्वामी विवेकानन्द
29.	शारदा सदन	1889 ई.	रमाबाई
30.	अभिनव भारत संस्था	1904 ई.	विनायक दामोदर सावरकर
31.	सर्वेन्ट्स ऑफ इंडिया सोसाइटी	1905 ई.	गोपाल कृष्ण गोखले
32.	मुस्लिम लीग	1906 ई.	आगा खाँ, एवं सलीम उल्ला
33.	अनुशीलिनी समिति	1907 ई.	श्री वारीन्द्र घोष, भूपेन्द्र दत्त
34.	सोशल सर्विस लीग	1911 ई.	श्री नारायण मल्हार जोशी
35.	विश्व भारती	1912 ई.	रवीन्द्र नाथ ठाकुर
36.	गदर पार्टी	1913 ई.	लाला हरदयाल, काशीराम
37.	हिन्दू महासभा	1915 ई.	मदन मोहन मालवीय
38.	होमरूल लीग	1916 ई.	तिलक एवं ऐनी बेसेंट
39.	वीमेन्स इंडिया एसोसिएशन	1917 ई.	लेडी सदाशिव अय्यर
40.	खिलाफत आंदोलन	1919 ई.	अली बन्धु
41.	अखिल भारतीय ट्रेड यूनियन	1920 ई.	एन.एम. जोशी
42.	स्वराज पार्टी	1923 ई.	मोती लाल नेहरू एवं चित्तरंजन दास
43.	हिन्दुस्तान रिपब्लिकन एसोसिएशन	1924 ई.	शचीन्द्र सन्याल
44.	वहिष्कृत हितकारिणी सभा	1924 ई.	वी.आर. अंबेडकर
45.	नौजवान सभा	1926 ई.	भगत सिंह, छबील दास एवं यशपाल
46.	राष्ट्रीय स्वयंसेवक संघ	1927 ई.	डॉ. हेडगेवार एवं बी.एस. मुंजे
47.	हिन्दुस्तान सोशलिस्ट रिपब्लिकन एसोसिएशन	1928 ई.	चंद्रशेखर आजाद सिंह
48.	स्वतन्त्र श्रमिक पार्टी	1936 ई.	बी.आर. अंबेडकर
49.	खुदाई खिदमतगार	1937 ई.	खान अब्दुल गफ्फार खाँ
50.	फॉरवर्ड ब्लॉक	1939 ई.	सुभाष चन्द्र बोस
51.	आजाद हिन्द फौज	1942 ई.	रास बिहारी बोस
52.	आजाद हिन्द सरकार	1943 ई.	सुभाष चन्द्र बोस

14. स्वतन्त्रता आंदोलन के दौरान प्रकाशित पत्र-पत्रिकाएँ

पत्र-पत्रिकाएँ एवं पुस्तकें	लेखक/संपादक
अल हिलाल	मौलाना अब्दुल कलाम आजाद
अभ्युदय, लीडर, हिन्दुस्तान	मदन मोहन मालवीय
इंडियन मिरर	केशवचन्द्र सेन
इंडिपेन्डेन्ट	मोतीलाल नेहरू
काल	परांजपे
कामरेड	मुहम्मद अली
केसरी, द मराठा	बाल गंगाधर तिलक
कर्मयोगी	अरविन्द घोष
नेशन	गोपाल कृष्ण गोखले
बंगाली	सुरेन्द्र नाथ बनर्जी
यंग इंडिया, हरिजन, नवजीवन	महात्मा गांधी
रास्ट गोफ्तार	दादाभाई नौरोजी
युगान्तर	अरविन्द घोष
हमदर्द	मुहम्मद अली
संवाद कौमुदी	राजा राममोहन राय
सोम प्रकाश	ईश्वरचन्द्र विद्यासागर
अमृत बाजार पत्रिका	शिशिर कुमार घोष
कामन वील	ऐनी बेसेंट
फ्री हिन्दुस्तान	तारकनाथ दास
द रिवोल्युशनरी	शचीन्द्रनाथ सान्याल
पावर्टी एंड अन-ब्रिटिश रूल इन इंडिया	दादाभाई नौरोजी
इंडिया डिवाइडेड	डॉ. राजेन्द्र प्रसाद
अनहैपी इंडिया	लाला लाजपत राय
इंडिया विन्स फ्रीडम, गुबारे खातिर	अबुल कलाम आजाद
डिस्कवरी ऑफ इंडिया, ग्लिम्पसेज ऑफ वर्ल्ड हिस्ट्री, मेरी कहानी	जवाहर लाल नेहरू
हिन्द्स फार सेल्फ कल्चर	लाला हरदयाल
ए नेशन इन मेकिंग	सुरेन्द्रनाथ बनर्जी
गीता रहस्य	बाल गंगाधर तिलक
इंडियन अनरेस्ट	सर वैलेन्टाइन शिरोल
इंडिया फॉर इंडियन्स	चित्तरंजन दास

वॉर ऑफ इंडियन इंडिपेन्डेन्स	वीर सावरकर
होम एंड द वर्ल्ड	रवीन्द्र नाथ ठाकुर
नील दर्पण	दीनबंधु मित्र
बाँगे दरा	मुहम्मद इकबाल
भारत भारती	मैथिलीशरण गुप्त
वन्दे मातरम्, लाइफ डिवाइन, सावित्री	अरविंद घोष
भारत दुर्दशा	भारतेन्दु हरिशचन्द्र
वाम बोधिनी	केशवचन्द्र सेन
कांग्रेस का इतिहास	पट्टाभि सीतारमैया
तराने हिन्द	मुहम्मद इकबाल
सत्यार्थ प्रकाश	दयानंद सरस्वती
न्यू इंडिया	ऐनी बेसेंट
इंडियन स्ट्रगल	सुभाष चन्द्र बोस
हिन्दू स्वराज्य, माई एक्सपेरीमेंट विथ टूथ	महात्मा गांधी
आनंद मठ, देवी चौधरानी	बंकिमचन्द्र चट्टोपाध्याय
लाइफ डिवाइन	अरविंद घोष
गीतांजलि	रवीन्द्र नाथ ठाकुर
सावित्री	अरविन्द घोष
कर्मभूमि, शतरंज के खिलाड़ी, सोजे वतन, कर्मभूमि	प्रेमचन्द

15. स्वतन्त्रता आंदोलन के प्रमुख वचन एवं नारे

क्र.	वचन एवं नारे	नाम
1.	इन्कलाब जिन्दाबाद	भगत सिंह
2.	दिल्ली चलो	सुभाष चन्द्र बोस
3.	करो या मरो	महात्मा गांधी
4.	जय हिन्द	सुभाष चन्द्र
5.	पूर्ण स्वराज्य	जवाहरलाल नेहरू
6.	हिन्दी, हिन्दू, हिन्दोस्तान	भारतेन्दु हरिशचन्द्र
7.	वेदों की ओर लौटो	दयानन्द सरस्वती
8.	आराम हराम है	जवाहरलाल नेहरू
9.	हे राम	महात्मा गांधी
10.	भारत छोड़ो	महात्मा गांधी

11.	जय जवान, जय किसान	लाल बहादुर शास्त्री (1965 में पाकिस्तान युद्ध के समय)
12.	मारो फिरंगी को	मंगल पांडे
13.	जय जगत	विनोबा भावे
14.	कर मत दो	सरदार बल्लभभाई पटेल
15.	सम्पूर्ण क्रांति	जयप्रकाश नारायण
16.	विजयी विश्व तिरंगा प्यारा	श्याम लाल गुप्ता पार्षद
17.	वन्दे मातरम्	बंकिमचन्द्र चटर्जी
18.	जन-गण-मन अधिनायक जय हे	रवीन्द्र नाथ ठाकुर
19.	साम्राज्यवाद का नाश हो	भगत सिंह
20	स्वराज्य हमारा जन्मसिद्ध अधिकार है	बाल गंगाधर तिलक
21.	सरफरोशी की तमन्ना, अब हमारे दिल में है	राम प्रसाद बिस्मिल
22.	सारे जहाँ से अच्छा हिन्दोस्ताँ हमारा	इकबाल
23.	तुम मुझे खून दो, मैं तुम्हे आजादी दूँगा	सुभाष चन्द्र बोस
24.	साइमन कमीशन वापस जाओ	लाला लाजपत राय
25.	हू लिव्स इफ इंडिया डाइज	जवाहरलाल नेहरू
26.	मेरे सिर पर लाठी का एक-एक प्रहार, अंग्रेजी शासन के ताबूत की कील साबित होगी	लाला लाजपत राय
27.	मुसलमान मूर्ख थे, जो उन्होंने सुरक्षा की माँग की और हिन्दू उनसे भी मूर्ख थे, जो उन्होंने उस माँग को ठुकरा दिया	अबुल कलाम आजाद

16. कांग्रेस अधिवेशन

अधिवेशन	वर्ष	स्थान	अध्यक्ष	विशेष
पहला	1885	बम्बई	व्योमेशचन्द्र बनर्जी	72 प्रतिनिधियों ने भाग लिया
दूसरा	1886	कलकत्ता	दादाभाई नौरोजी	
तीसरा	1887	मद्रास	बदरूद्दीन तैय्यबजी	प्रथम मुस्लिम अध्यक्ष
चौथा	1888	इलाहाबाद	जार्ज यूल	प्रथम अंग्रेज अध्यक्ष
पाँचवाँ	1889	बम्बई	सर विलियम वेडरबर्न	
छठा	1890	कलकत्ता	सर फिरोजशाह मेहता	
सातवाँ	1891	नागपुर	पी. आनंद चार्लू	
आठवाँ	1892	इलाहाबाद	व्योमेशचन्द्र बनर्जी	
नौवाँ	1893	लाहौर	दादाभाई नौरोजी	

दसवाँ	1894	मद्रास	अल्फ्रेड वेब	कांग्रेस संविधान का निर्माण
ग्यारहवाँ	1895	पूना	सुरेन्द्रनाथ बनर्जी	
बारहवाँ	1896	कलकत्ता	रहीमतुल्ला सयानी	पहली बार वन्दे मातरम् गाया गया
तेरहवाँ	1897	अमरावती	सी. शंकरन नायर	
चौदहवाँ	1898	मद्रास	आनंदमोहन दास	
पन्द्रहवाँ	1899	लखनऊ	रमेशचन्द्र दत्त	
सोलहवाँ	1900	लाहौर	एन. जी. चन्द्रावरकर	
सत्रहवाँ	1901	कलकत्ता	दिनशा इदुलजी वाचा	
अठारहवाँ	1902	अहमदाबाद	सुरेन्द्रनाथ बनर्जी	
उन्नीसवाँ	1903	मद्रास	लालमोहन घोष	
बीसवाँ	1904	बम्बई	सर हैनरी काटन	
इक्कीसवाँ	1905	बनारस	गोपालकृष्ण गोखले	
बाईसवाँ	1906	कलकत्ता	दादाभाई नौरोजी	पहली बार 'स्वराज' शब्द का प्रयोग
तेइसवाँ	1907	सूरत	डॉ. रासबिहारी घोष	कांग्रेस का प्रथम विभाजन
चौबीसवाँ	1908	मद्रास	डॉ. रासबिहारी घोष	
पच्चीसवाँ	1909	लाहौर	पं. मदनमोहन मालवीय	
छब्बीसवाँ	1910	इलाहाबाद	विलियम वेडरबर्न	पहली बार जन-गण-मन गाया गया
सत्ताइसवाँ	1911	कलकत्ता	पं. बिशननारायण धर	
अट्ठाइसवाँ	1912	बांकीपुर	आर. एन. माधोलकर	
उन्नीतसवाँ	1913	कराची	नवाब सैयद मो. बहादुर	
तीसवाँ	1914	मद्रास	भूपेन्द्रनाथ बसु	
इकतीसवाँ	1915	बम्बई	सर सत्येन्द्र प्रसन्न सिन्हा	लार्ड वेलिंगटन ने भाग लिया
बत्तीसवाँ	1916	लखनऊ	अंबिकाचरण मजूमदार	मुस्लिम लीग से समझौता
तैंतीसवाँ	1917	कलकत्ता	श्रीमती ऐनी बेसेंट	प्रथम महिला अध्यक्ष
विशेष अधि.	1918	बम्बई	हसन इमाम	कांग्रेस का दूसरा विभाजन
चौतीसवाँ	1918	दिल्ली	पं. मदनमोहन मालवीय	
पैंतीसवाँ	1919	अमृतसर	पं. मोतीलाल नेहरू	
छत्तीसवाँ	1920	नागपुर	सी. वि. राधवाचारियर	कांग्रेस संविधान में परिवर्तन
विशेष अधि.	1920	कलकत्ता	लाला लाजपतराय	

सैतीसवाँ	1921	अहमदाबाद	हकीम अजमल खाँ	
अड़तीसवाँ	1922	गया	देशबंधु चित्तरंजन दास	
उनतालीसवाँ	1923	काकीनाड़ा	मौलाना मोहम्मद अली	
विशेष अधि.	1923	दिल्ली	अबुल कलाम आजाद	सबसे युवा अध्यक्ष
चालीसवाँ	1924	बेलगाँव	महात्मा गांधी	
इकतालीसवाँ	1925	कानपुर	श्रीमती सरोजनी नायडू	प्रथम भारतीय महिला अध्यक्ष
बयालीसवाँ	1926	गुवाहाटी	एस. श्रीनिवास आयगार	सदस्यों हेतु खादी वस्त्र अनिवार्य
तेतालीसवाँ	1927	मद्रास	डॉ. एम.ए. अंसारी	पूर्ण स्वाधीनता की माँग
चौवालीसवाँ	1928	कलकत्ता	पंडित मोतीलाल नेहरू	
पैंतालीसवाँ	1929	लाहौर	पंडित जवाहरलाल नेहरू	पूर्ण स्वराज की माँग
छियालीसवाँ	1931	कराची	सरदार बल्लभभाई पटेल	मौलिक अधिकार की माँग
सैतालीसवाँ	1932	दिल्ली	अमृत रणछोड़ दास सेठ	
अड़तालीसवाँ	1933	कलकत्ता	श्रीमती नेल्ली सेनगुप्ता	
उनचासवाँ	1934	बम्बई	डॉ. राजेन्द्र प्रसाद	
पचासवाँ	1936	लखनऊ	पंडित जवाहर लाल नेहरू	
इक्यानवाँ	1937	फैजपुर	पंडित जवाहर लाल नेहरू	गाँव में आयोजित प्रथम अधिनियम
बावनवाँ	1938	हरिपुरा	सुभाष चन्द्र बोस	
तिरपनवाँ	1939	त्रिपुरी	सुभाष चन्द्र बोस	
चौवनवाँ	1940	रामगढ़	अबुल कलाम आजाद	
पचपनवाँ	1946	मेरठ	आचार्य जे.बी. कृपलानी	आजादी के समय अध्यक्ष
छप्पनवाँ	1948	जयपुर	बी. पट्टामि सीतारमय्या	
सनतावनवाँ	1950	नासिक	पुरुषोत्तम दास टंडन	
नोट : डॉ. राजेन्द्र प्रसाद 1947 ई. में दिल्ली में हुई विशेष अधिवेशन के अध्यक्ष थे।				

विश्व इतिहास

1. पुनर्जागरण

- पुनर्जागरण का अर्थ होता है- फिर से जागना। नये युग के अवतरण की सूचना देने वाले पुनर्जागरण आंदोलन का आरंभ 15वीं शताब्दी में हुआ।
- पुनर्जागरण का प्रारंभ इटली के फ्लोरेंस नगर से माना जाता है।
- इटली के महान कवि **दाँते (1260-1321 ई.)** को पुनर्जागरण का अग्रदूत माना जाता है। दांते का जन्म फ्लोरेंस नगर में हुआ था।
- दांते के उपरांत पुनर्जागरण की भावना का प्रसार करने वाला दूसरा व्यक्ति **पेट्रॉक (1304-1367 ई.)** था। **मानवतावाद** का संस्थापक पेट्रॉक भी इटली का निवासी था।
- इटालियन गद्य का जनक **बोकेशियो (1313-1375 ई.)** को माना जाता है। **डेकामेरॉन (Decameron)** कहानीकार बोकेशियो की एक प्रसिद्ध रचना है।
- आधुनिक राजनीतिक दर्शन का जनक **मैकियावेली** को माना जाता है। उसे आधुनिक विश्व का प्रथम राजनीतिक चिन्तक माना जाता है। फ्लोरेंस निवासी मैकियावेली की रचना **प्रिन्स** राज्य का एक नवीन चित्र प्रस्तुत करती है।
- पुनर्जागरण की भावना की पूर्ण अभिव्यक्ति इटली के तीन कलाकारों की कृतियों में मिलती है। ये कलाकार थे- लियोनार्दो द विंची, माइकेल एंजलो और राफेल।
- लियोनार्दो द विंची एक बहुमुखी प्रतिभा का व्यक्ति था। वह चित्रकार के साथ-साथ मूर्तिकार, इंजीनियर, वैज्ञानिक, दार्शनिक, कवि और गायक भी था। **द लास्ट सपर** और **मोनालिसा** विंची के अमर चित्र हैं। ये दो चित्र उसके प्रसिद्धि के कारण हैं।
- माइकल एंजलो भी एक प्रमुख मूर्तिकार एवं चित्रकार थे। **द लास्ट जजमेंट** एवं **द फाल ऑफ मैन** माइकल एंजलों की कृतियाँ हैं।
- राफेल भी इटली का एक चित्रकार था, इसकी सर्वश्रेष्ठ कृति जीसस क्राइस्ट की माता मेडोना का चित्र है।
- पुनर्जागरण काल में चित्रकला का जनक **जियाटो** को माना जाता है।
- पुनर्जागरण काल का सर्वश्रेष्ठ निबंधकार इंग्लैण्ड का **फ्रांसीसी बेकन** था।
- हालैंड निवासी इरासमस ने अपनी पुस्तक **द प्रेज ऑफ फौली** में व्यंग्यात्मक ढंग से पादरियों के अनैतिक जीवन एवं ईसाई धर्म की कुरीतियों पर प्रहार किया है।
- इस काल में मार्टिन लूथर ने बाइबिल का अनुवाद जर्मन भाषा में किया।
- शेक्सपीयर (इंग्लैण्ड) की अमर कृति **रोमियो एण्ड जुलिएट** इसी काल की रचना है।
- इंग्लैण्ड निवासी रोजर बेकन को आधुनिक प्रयोगात्मक विज्ञान का जन्मदाता माना जाता है।
- टामस मूर ने अपनी पुस्तक **यूटोपिया** में आदर्श समाज का चित्र प्रस्तुत किया है। वह इंग्लैण्ड का रहने वाला था।
- पोलैण्ड निवासी कोपरनिकस ने सर्वप्रथम इस बात का खण्डन किया कि पृथ्वी सौरमण्डल का केन्द्र है। कोपरनिकस के सिद्धान्त का समर्थन गैलीलियो (1560-1642 ई.) ने भी किया।
- जर्मनी निवासी और प्रसिद्ध वैज्ञानिक केपलर/केपला (1571-1630 ई.) ने गणित की सहायता से यह बतलाया कि ग्रह सूर्य के चारों ओर किस प्रकार परिक्रमा करते हैं।
- न्यूटन (1642-1726 ई.) ने गुरुत्वाकर्षण के नियम का पता लगाया।

2. धर्म-सुधार आंदोलन

- धर्म-सुधार आंदोलन की शुरुआत 16वीं सदी में हुई। इस आंदोलन का प्रवर्तक जर्मनी निवासी **मार्टिन लूथर** था।
- धर्म-सुधार आंदोलन की शुरुआत इंग्लैण्ड में हुई।
- **जॉन विकलिफ** को धर्म-सुधार आंदोलन का प्रातःकालीन तारा कहा जाता है। इसके अनुयायी **लोलार्डस** कहलाते थे।
- धर्म-सुधार आंदोलन ने कैथेलिक चर्च की बुराईयों को उजागर करते हुए एक नये सम्प्रदाय, **प्रोटेस्टेन्ट** को जन्म दिया और तब कैथोलिक चर्च ने आत्म-निरीक्षण के क्रम में प्रति-सुधार आंदोलन चलाया।
- धर्म-सुधार आंदोलन में धर्म के मूल स्वरूप के लिए कोई चुनौती नहीं थी, विरोध केवल व्यवहार एवं कार्यान्वन का था- किसी ने ईसा मसीह, बाइबिल आदि में अनास्था प्रकट नहीं की थी।
- अमरीका की खोज **क्रिस्टोफर कोलम्बस** ने की थी।
- अमेरिगो बेस्पुसी (इटली) के नाम पर अमेरिका का नाम अमेरिका पड़ा।
- प्रशांत महासागर का नामकरण स्पेन के निवासी **मैगलन** ने किया था। सम्पूर्ण विश्व का समुद्री मार्ग से चक्कर लगाने वाला **प्रथम व्यक्ति मैगलन** था।

3. इंग्लैण्ड की गौरवपूर्ण क्रान्ति

- इंग्लैण्ड में गृह-युद्ध **चार्ल्स प्रथम** के शासनकाल में 1642 ई. में हुआ था। यह सात वर्षों (1642-1649 ई.) तक चला। गृह-युद्ध के बाद चार्ल्स प्रथम को फाँसी दे दी गयी।
- इंग्लैण्ड में गौरवपूर्ण क्रान्ति 1688 ई. में हुई थी। उस समय इंग्लैण्ड का शासक **जेम्स द्वितीय** था।
- इंग्लैण्ड के 1688 के क्रान्ति को **रक्तहीन क्रान्ति** अथवा **वैभवपूर्ण क्रान्ति** भी कहा जाता है, क्योंकि इस क्रान्ति में एक बूँद भी रक्त धरती पर नहीं गिरा।
- इस क्रान्ति के बाद इंग्लैण्ड में संसद की सर्वोच्चता की स्थापना हुई।
- **सौ वर्षीय युद्ध** इंग्लैण्ड एवं फ्रांस के मध्य हुआ था।
- गुलाबों का युद्ध **इंग्लैण्ड** में हुआ था।
- ट्यूडर वंश के शक्तिशाली राजाओं के शासनकाल में संसद उनके हाथों की कठपुतली बनी रही।
- एलिजाबेथ प्रथम का सम्बन्ध **ट्यूडर वंश** से था।
- गृह-युद्ध के दौरान राजा के समर्थकों को **कैवेलियर** कहा गया जबकि संसद के समर्थकों को **राउंडहेड्स** कहा गया।

4. औद्योगिक क्रान्ति

- औद्योगिक क्रान्ति की शुरुआत इंग्लैण्ड से हुई, क्योंकि इंग्लैण्ड के पास अधिक उपनिवेशों के कारण पर्याप्त कच्चे माल और पूँजी की अधिकता थी।
- इंग्लैण्ड में सर्वप्रथम औद्योगिक क्रान्ति की शुरुआत सूती वस्त्र उद्योग से हुई।
- उत्पादन के क्षेत्रों में मशीनों और वाष्प की शक्ति के उपयोग से जो व्यापक परिवर्तन हुए और इन परिवर्तनों के फलस्वरूप लोगों की जीवन पद्धति और उनके विचारों में जो मौलिक परिवर्तन हुए, उसे ही इतिहास में औद्योगिक क्रान्ति कहा जाता है।

- 1814 ई. में स्टीफेंसन ने रेल के द्वारा खानों से बंदरगाहों तक कोयला ले जाने के लिए भाप के इंजन का प्रयोग किया।
- स्कॉटलैण्ड के मैकेडम ने सर्वप्रथम पक्की सड़कें बनाने की विधि निकाली।
- टाउनशैड ने हेर-फेर (Rotation) करके फसलों के बोने की पद्धति निकाली।
- औद्योगिक क्रान्ति के दौड़ में जर्मनी इंग्लैण्ड का प्रतिद्वन्द्वी था।
- एशिया के देशों में जापान में आधुनिक उद्योगों का विकास सर्वप्रथम हुआ।

औद्योगिक क्रान्ति के दौरान हुए प्रमुख आविष्कार

क्र.	आविष्कार	आविष्कारक	वर्ष
1.	फ्लाइंग शटल	जान	1733 ई.
2.	स्पिनिंग जेनी	जेम्स हारग्रीब्ज	1765 ई.
3.	स्पिनिंग जेनी (पानी की शक्ति से चालित)	रिचर्ड आर्कराइट	1767 ई.
4.	स्पिनिंग म्यूल	सेम्युअल क्राम्पटन	1779 ई.
5.	वाष्प इंजन	जेम्सवाट	1764 ई.
6.	सेफ्टी लैंप	हम्फी डेवी	1815 ई.

5. अमेरिका का स्वतन्त्रता संग्राम

- 15वीं शताब्दी के अंत में क्रिस्टोफर कोलम्बस ने अमेरिका का पता लगाया था।
- अमेरिका में ब्रिटिश औपनिवेशिक साम्राज्य की नींव जेम्स प्रथम के शासनकाल में डाली गयी।
- अमेरिका के मूल निवासी **रेड इंडियन** (Red Indian) कहे जाते थे।
- अमेरिका में 13 अंग्रेज बस्तियाँ (उपनिवेश) थीं।
- ब्रिटिश सरकार के शोषण का विरोध करने के लिए उपनिवेशवासियों ने **स्वाधीनता के पुत्र** तथा **स्वाधीनता की पुत्रियाँ** आदि संस्थाएँ स्थापित की।
- अमेरिका स्वतन्त्रता संग्राम का तात्कालिक कारण **बोस्टन टी-पार्टी** की घटना थी, जो 16 दिसंबर, 1773 को हुई थी। इस घटना से अमेरिका का स्वतन्त्रता संग्राम प्रारंभ हुआ। इस घटना का नायक **सैम्युल एडम्स** था।
- 1773 ई. में ईस्ट इंडिया कंपनी का चाय से लदा एक जहाज बोस्टन बंदरगाह पहुँचा। बोस्टन के नागरिकों ने जहाज से चाय की पेटियों को 16 दिसंबर, 1773 ई. को समुद्र में फेंक दिया। इस घटना को बोस्टन टी-पार्टी के नाम से जाना जाता है।
- अमेरिका स्वतन्त्रता संग्राम का नायक **जार्ज वाशिंगटन** थे, जो बाद में अमेरिका के **प्रथम राष्ट्रपति** बने।
- अमेरिका स्वतन्त्रता-संग्राम के दौरान अमेरिका के लोगों का नारा था- **प्रतिनिधित्व नहीं तो कर नहीं।**
- सर्वप्रथम प्रजातन्त्र की स्थापना अमेरिका में हुई। अमेरिका को ही आधुनिक गणतन्त्र की जननी कहा जाता है।
- सर्वप्रथम धर्मनिरपेक्ष राज्य की स्थापना अमेरिका में हुई।
- विश्व में सर्वप्रथम अमेरिका ने मनुष्यों की समानता तथा उसके मौलिक अधिकारों की घोषणा की।

- अमेरिका को पूर्ण स्वतन्त्रता 4 जुलाई, 1776 ई. को मिली।
- 1781 ई. में उपनिवेशी सेना के सम्मुख आत्मसमर्पण करने वाला ब्रिटेन का सेनापति लार्ड कार्नवालिस था।
- अमेरिका का स्वतन्त्रता युद्ध 1783 ई. में पेरिस की संधि के तहत समाप्त हुआ। इस संधि के अनुसार इंग्लैण्ड ने 13 उपनिवेशों की स्वतन्त्रता स्वीकार कर ली।
- विश्व में सर्वप्रथम लिखित संविधान संयुक्त राज्य अमेरिका में 1789 ई. में लागू हुआ।
- 1808 ई. में अमेरिका में दासों के आयात को अवैध घोष्ति किया गया।
- 1860 ई. में अब्राहम लिंकन अमेरिका के राष्ट्रपति बने।
- अमेरिका में गृह-युद्ध की शुरुआत 12 अप्रैल, 1861 ई. में दक्षिण एवं उत्तरी राज्यों के बीच हुई। दक्षिणी राज्य दासता के समर्थक एवं उत्तरी राज्य उसके विरोधी थे।
- अमेरिकी गृह-युद्ध की शुरुआत दक्षिणी कैरोलिना राज्य से हुई, इसी युद्ध के परिणामस्वरूप दास-प्रथा का अंत हुआ।
- अब्राहम लिंकन ने 1 जनवरी, 1863 को दास-प्रथा का उन्मूलन किया।
- लोकतन्त्र जनता का, जनता के द्वारा तथा जनता के लिए शासन है- लोकतन्त्र की यह परिभाषा अब्राहम लिंकन ने ही दी थी।
- **जॉन विल्कीज बूथ** नामक व्यक्ति ने 4 मार्च, 1865 ई. को अब्राहम लिंकन की हत्या कर दी थी।
- अमेरिकी गृह-युद्ध की समाप्ति 26 मई, 1865 ई. को हुई।
- बेंजामिन फ्रैंकलिन ने **अमेरिका फिलोसोफिकल सोसाइटी** की स्थापना की थी।

6. फ्रांस की राज्य क्रान्ति

- फ्रांस की राज्यक्रान्ति सम्राट 16वें के शासनकाल में 1789 ई. में हुई। इस समय फ्रांस में सामंती व्यवस्था थी।
- स्वतन्त्रता, समानता एवं बंधुतव का नारा फ्रांस की राज्यक्रान्ति की देन है।
- 'मैं ही राज्य हूँ और मेरे शब्द ही कानून हैं।' यह कथन लूई 14वें का था।
- लूई 14वें ने वर्साय को फ्रांस की राजधानी बनाया था। वर्साय के शीशमहल का निर्माण लूई 14वें ने करवाया था। राष्ट्र की समाधि वर्साय का भड़कीला राजदरबार था।
- लूई 16वाँ 1774 ई. में फ्रांस की गद्दी पर बैठा। उसकी पत्नी एंत्वानेत आस्ट्रिया की राजकुमारी थी।
- लूई 16वें को देशद्रोह के अपराध में 21 जनवरी, 1793 ई. को फाँसी दे दी गयी।
- 14 जुलाई, 1789 ई. को क्रान्तिकारियों ने बास्तील के जेल के फाटक को तोड़ कर बंदियों को मुक्त कर दिया। 14 जुलाई का दिन फ्रांस में राष्ट्रीय दिवस के रूप में मनाया जाता है।
- फ्रांसीसी क्रान्ति में वाल्टेयर, मांटेस्क्यू एवं रूसो जैसे दार्शनिकों का महत्त्वपूर्ण योगदान था।
- वाल्टेयर चर्च का विरोधी था।
- **सोशल कांट्रेक्ट (Social Contract)** रूसो की रचना है।
- रूसो फ्रांस में लोकतन्त्रात्मक शासन-पद्धति का समर्थक था।
- **विधि की आत्मा** एवं **लेटर्स ऑन इंगलिस** वाल्टेयर की रचना है।
- 'सौ चूहों की अपेक्षा एक सिंह का शासन उत्तम है।' यह वाक्य वाल्टेयर का है।
- स्टेट्स जनरल के अधिवेशन की शुरुआत 5 मई, 1789 ई. को हुई, इसी दिन फ्रांसीसी क्रान्ति का श्रीगणेश हुआ।
- **टैले** एक प्रकार की भूमि-कर था।

- माप-तौल की **दशमलव प्रणाली** फ्रांस की देन है।
- **हर्डर** को राष्ट्रीयता का जनक कहा जाता है।
- नेपोलियन का जन्म 15 अगस्त, 1769 ई. को **कोर्सिका द्वीप** की राजधानी **अजासियो** में हुआ था।
- नेपोलियन के पिता का नाम कार्लो बोनापार्ट था, वह पेशे से वकील थे।
- नेपोलियन ने ब्रिटेन के सैनिक अकादमी में शिक्षा प्राप्त की थी।
- 1799 ई. में नेपोलियन ने फ्रांस में डायरेक्टरी के शासन का अंत कर दिया तथा स्वयं प्रथम कॉन्सल बना। इस कॉन्सल ने फ्रांस के नये संविधान की रचना की।
- 1804 ई. में नेपोलियन ने खुद को फ्रांस का सम्राट घोषित कर दिया।
- नेपोलियन बोनापार्ट एक अन्य नाम **लिट्‌ल कारपोरल** के नाम से भी जाना जाता है। नेपोलियन को आधुनिक फ्रांस का निर्माता माना जाता है।
- नेपोलियन ने ही सर्वप्रथम इंग्लैण्ड को **बनियों का देश** कहा था।
- 1798 ई. में नील नदी के युद्ध में नेपोलियन के जहाजी बेड़े को नेल्सन के नेतृत्व में इंग्लैण्ड के जहाजी बेड़े ने हराया।
- 1800 ई. में नेपोलियन ने **बैंक ऑफ फ्रांस** की स्थापना की थी।
- नेपोलियन ने कानूनों का संग्रह तैयार करवाया जिसे **नेपोलियन कोड** कहा जाता है।
- नेपोलियन ने इंग्लैण्ड को आर्थिक रूप से कमजोर करने के लिए **महाद्वीप व्यवस्था** लागू की थी।
- 21 अक्टूबर, 1805 ई. में इंग्लैण्ड एवं नेपोलियन के बीच **ट्रैफल्गर का युद्ध** हुआ था।
- ट्रैफल्गर के युद्ध में अंग्रेजी जहाजी बेड़े के नायक नेल्सन के नेतृत्व में मित्र देशों ने फ्रांसीसी जलसेना को बुरी तरह हराया। इस युद्ध के बाद नेपोलियन ने समुद्र पर इंग्लैण्ड से भिड़ने का ख्याल हमेशा के लिए त्याग दिया।
- यूरोपीय राष्ट्रों ने एकजुट होकर 1813 ई. में लिपजिग के मैदान में नेपोलियन को हराया तथा उसे बंदी बनाकर एल्बा के टापू पर भेज दिया, परन्तु एल्बा से वह भाग निकला और पुनः फ्रांस का सम्राट बना।
- **वाटर लू का युद्ध (18 जून, 1815 ई.)** नेपोलियन के जीवनकाल का अंतिम युद्ध था, जिसमें उसे मित्र राष्ट्रों की सेना ने पराजित कर बंदी बना लिया और उसे सेंट हेलना द्वीप भेज दिया, जहाँ 1821 ई. में उसकी मृत्यु हो गयी।
- नेपोलियन के पतन का कारण था, उसका रूस पर आक्रमण करना।
- यूरोप में राष्ट्रीय राज्यों के निर्माण का श्रेय नेपोलियन को जाता है।
- 1815 ई. में वियना कांग्रेस समझौता के तहत यूरोप के राष्ट्रों ने फ्रांस के प्रभुत्व को समाप्त किया।

7. जर्मनी का एकीकरण

- जर्मनी के एकीकरण का श्रेय बिस्मार्क को है। बिस्मार्क प्रशा के शासक विलियम प्रथम का प्रधानमन्त्री था।
- 19वीं सदी में जर्मनी अनेक छोटे-छोटे राज्यों में बँटा था, जिसमें प्रशा सबसे शक्तिशाली राज्य था।
- जर्मनी में राष्ट्रीयता की भावना जगाने का श्रेय नेपोलियन को है। नेपोलियन ने छोटे-छोटे राज्यों को मिलाकर 39 राज्यों का एक संघ बनाया, जिसे **राइन संघ** कहा जाता था।
- 1812 ई. में प्रशा ने जर्मनी के 12 राज्यों के सहयोग से एक चुंगी सम्बन्धी समझौता करके **जालवरीन** नामक आर्थिक संगठन का निर्माण किया।
- बिस्मार्क जर्मनी का एकीकरण प्रशा के नेतृत्व में चाहता था।

- जर्मनी में आर्थिक राष्ट्रवाद का पिता **फ्रेडरिक लिस्ट** को माना जाता है।
- एकीकृत जर्मन राष्ट्र के निर्माण में **राके, बोमर, लसर** इत्यादि दार्शनिकों ने महत्त्वपूर्ण भूमिका निभाई।
- 1815 ई. से 1850 ई. के बीच जर्मन साम्राज्य पर आस्ट्रिया का आधिपत्य था। आस्ट्रिया का चांसलर **मेटरनिख** था।
- 23 सितंबर, 1862 को बिस्मार्क प्रशा का चांसलर बना।
- जर्मनी के एकीकरण के क्रम में प्रशा को डेनमार्क, आस्ट्रिया एवं फ्रांस से युद्ध करना पड़ा।
- 1864 ई. में शेल्सविग-हाल्सटीन के प्रश्न पर जर्मनी का डेनमार्क से युद्ध हुआ। डेनमार्क पराजित हुआ तथा दोनों के मध्य 1864 में **गेस्टीन की संधि** हुई।
- अपनी कूटनीति से बिस्मार्क ने आस्ट्रिया को यूरोप की राजनीति में अकेला कर दिया। दोनों के बीच 1866 में सेडोवा का युद्ध हुआ, जिसमें आस्ट्रिया की पराजय हुई तथा प्राग की संधि के अनुसार आस्ट्रिया ने जर्मनी परिसंघ के विघटन को स्वीकार कर लिया।
- एकीकरण के अंतिम चरण में प्रशा एवं फ्रांस के बीच 1870 ई. में सेडान का युद्ध हुआ जिसमें फ्रांस की पराजय हुई। दोनों के बीच 10 मई, 1871 ई. को फ्रैंकफर्ट की संधि हुई।
- बिस्मार्क ने जर्मनी के सम्राट **विलियम प्रथम** का राज्याभिषेक वर्साय के राजमहल में किया। विलियम प्रथम को कैसर की उपाधि से विभूषित किया गया।
- बिस्मार्क ने **लौह एवं रक्त** की नीति का अनुसरण करते हुए जर्मनी का एकीकरण कर दिया।
- विलियम प्रथम ने बिस्मार्क को **बाजीगर** कहा था।

8. इटली का एकीकरण

- 19वीं सदी के प्रारंभ में इटली 13 छोटे-छोटे राज्यों में बँटा था, जिसमें सबसे शक्तिशाली सार्डिनिया पीडमौंट था।
- इटली में राष्ट्रीयता की भावना जागृत करने का श्रेय नेपोलियन बोनापार्ट को है।
- इटली के एकीकरण का जनक जोसेफ मेजिनी को कहा जाता है। उसने **यंग इटली** (1831 ई.) नामक संस्था की स्थापना की।
- इटली के एकीकरण के मार्ग में सबसे बड़ा बाधक आस्ट्रिया था।
- गिबर्टी ने **कार्बोनरी सोसायटी** नामक गुप्त संस्था की स्थापना की थी।
- इटली के एकीकरण का श्रेय **जोसेफ मेजिनी, काऊंट काबूर** और **गैरीबाल्डी** को दिया जाता है।
- इटली के एकीकरण का **तलवार** गैरीबाल्डी को कहा जाता है।
- 1851 ई. में सार्डिनिया पीडमौंट के शासक विक्टर इमैनुएल ने काऊंट काबूर को अपना प्रधानमन्त्री नियुक्त किया।
- 1854 ई. में क्रीमिया के युद्ध में भाग लेकर काबूर ने इटली की समस्या को अन्तरराष्ट्रीय समस्या बना दिया था।
- गैरीबाल्डी ने **लाल कुर्ती** नाम से सेना का संगठन किया।
- एकीकरण के प्रथम चरण में काबूर ने फ्रांस की सहायता से 1858 ई. में आस्ट्रिया को पराजित कर लोम्बार्डी का क्षेत्र प्राप्त किया था।
- आस्ट्रिया के साथ युद्ध के समय ही परमा, टस्कनी, मोडेना आदि राज्यों ने जनमत संग्रह के आधार पर अपने को सार्डिनिया पीडमौंट में मिला लिया। यह एकीकरण का द्वितीय चरण था।
- एकीकरण के तृतीय चरण का श्रेय गैरीबाल्डी को दिया जाता है। इस चरण में गैरीबाल्डी ने सिसली को जीत लिया। उसके बाद नेपल्स के राजमहल में विक्टर इमैनुएल को संयुक्त इटली का शासक घोषित किया गया।

- सार्डिनिया पीडमौंट का नाम बदलकर इटली का राज्य कर दिया गया।
- 1870 ई. में प्रशा एवं फ्रांस के बीच युद्ध का लाभ उठाकर रोम पर अधिकार करके उसे इटली की राजधानी बनाया (1871) गया। यह एकीकरण का चतुर्थ एवं अंतिम चरण था।
- जोसेफ मेजिनी का कहना था कि- 'यदि समाज में क्रान्ति लानी हो तो क्रान्ति का नेतृत्व नवयुवकों के हाथों में दे दो।'

9. रूसी क्रान्ति

- रूसी क्रान्ति 1917 ई. में हुई थी। इस क्रान्ति का तात्कालिक कारण प्रथम विश्व युद्ध में रूस की पराजय थी।
- रूस के शासक को जार कहा जाता था। क्रान्ति के समय रोमनोव वंश का निकोलस द्वितीय रूस का जार था। उसकी पत्नी जरीना पथभ्रष्ट पादरी रासपुटीन के प्रभाव में थी।
- जार अलेक्जेंडर द्वितीय ने 1862 ई. में दास प्रथा का अंत कर दिया था, इसलिए उसे **जार मुक्तिदाता** कहा जाता है।
- 22 जनवरी, 1905 ई. के दिन जार के पास जा रहे भूखे मजदूरों के समूह पर सेना ने गोलियाँ बरसाई। इसे खूनी रविवार के नाम से जाना जाता है।
- 7 मार्च, 1917 ई. को रूस में क्रान्ति का प्रथम विस्फोट हुआ। विद्राहियों ने रोटी-रोटी का नारा लगाते हुए सड़कों पर प्रदर्शन करना शुरू कर दिया।
- जार की सेना ने विद्रोहियों पर गोली चलाने से इनकार कर दिया।
- 15 मार्च, 1917 ई. को जार निकोलस द्वितीय ने गद्दी त्याग दी। इस प्रकार रूस से निरंकुश जारशाही का अंत हो गया।
- एक जार, एक चर्च और एक रूस का नारा जार निकोलस द्वितीय ने दिया था।
- रूसी साम्यवाद का जनक प्लेखानोव को माना जाता है।
- सोशल डेमोक्रेटिव दल की स्थापना 1898 ई. में हुई थी। कालांतर में वैचारिक मतभेदों के आधार पर 1903 ई. में यह दल दो भागों में बोल्शेविक तथा मेनशेविक में बँट गया।
- बहुमत अर्थात् बहुसंख्यक वाला दल बोल्शेविक कहलाया। इसका सर्वप्रमुख नेता **लेनिन** था।
- अल्पमत अर्थात् अल्पसंख्यक वाला दल मेनशेविक कहलाया। इसका सर्वप्रमुख नेता करेंसकी था।
- जार के गद्दी त्यागने (15 मार्च, 1917 ई.) के बाद सत्ता मेनशेविकों के हाथ में आयी। **करेंसकी** प्रधानमन्त्री बना, परन्तु यह सरकार जनसमस्याओं को सुलझाने में असफल रही। इसका विरोध करने पर लेनिन को निर्वासित कर दिया गया।
- अंततः बोल्शेविकों ने बल प्रयोग द्वारा सत्ता पलटने की तैयारी शुरू कर दी। 17 नवंबर, 1917 ई. को सभी महत्त्वपूर्ण सरकारी इमारतों पर कब्जा कर लिया गया। करेंसकी देश छोड़कर भाग गया।
- 17 नवंबर, 1917 ई. की **बोल्शेविक क्रान्ति** का नेता लेनिन था।
- बोल्शेविकों ने एक नई सरकार का गठन किया, जिसका अध्यक्ष लेनिन बना तथा ट्राटस्की को विदेशमन्त्री बनाया गया।
- विश्व इतिहास में पहली बार शासन सूत्र मजदूर वर्गों के हाथों में आया।
- साम्यवादी शासन का पहला प्रयोग रूस में ही हुआ।
- सर्वप्रथम समाजवाद शब्द का प्रयोग **राबर्ट ओवेन** ने किया था। वह वेल्स का रहने वाला था।
- आदर्शवादी समाजवाद का प्रवक्ता राबर्ट ओवेन को माना जाता है।
- वैज्ञानिक समाजवाद का संस्थापक **कार्ल मार्क्स** था। कार्ल मार्क्स जर्मनी का निवासी था।
- 'दुनिया के मजदूरों एक हो' का नारा कार्ल मार्क्स ने दिया।

- फ्रेडरिक एंजेल्स कार्ल मार्क्स का आजीवन साथी रहा।
- **दास कैपिटल** एवं **कम्यूनिस्ट मैनीफेस्टो** नामक पुस्तकें कार्ल मार्क्स की रचना है।
- फेबियन सोशलिज्म का नेतृत्व **जार्ज बर्नाड शॉ** ने किया था।
- लेनिन ने **चेका** नामक गुप्त क्रान्तिकारी संस्था की स्थापना की।
- प्रथम विश्व युद्ध के दौरान लेनिन का नारा था **'युद्ध का अंत करो'।**
- 16 अप्रैल, 1917 ई. में लेनिन ने रूस में क्रान्तिकारी योजना प्रकाशित की, जो **अप्रैल थीसिस** के नाम से जानी जाती है।
- लेनिन ने 1921 ई. में रूस में **नई आर्थिक नीति (New Econimic Policy-NEP)** लागू की।
- 1924 ई. में लेनिन की मृत्यु हो गयी।
- **लाल सेना (Red Army)** नामक संगठन की स्थापना ट्राटस्की ने की। ट्राटस्की **स्थायी क्रान्ति** के सिद्धान्त का समर्थक था।
- रूस में सबसे अधिक जनसंख्या **स्लाव** लोगों की थी।
- **अन्ना कैरेनिना** का लेखक लियो **टाल्सटॉय** था।
- शून्यवाद का जनक **तुर्गनेव** को माना जाता है।
- **राइट्स ऑफ मैन** का लेखक टॉमस पेन था।
- मदर की रचना मैक्सिम गोर्की ने की थी।
- आधुनिक रूस का निर्माता स्टालिन को माना जाता है।

10. प्रथम विश्व युद्ध

- प्रथम विश्व युद्ध की शुरुआत 28 जुलाई, 1914 ई. को हुई थी। इस युद्ध का तात्कालिक कारण आस्ट्रिया के राजकुमार फर्डिनेंड की बोस्निया की राजधानी सराजेवो में की गयी हत्या थी।
- यह युद्ध चार वर्षों अर्थात् 1918 ई. तक चला। इसमें 37 देशों ने भाग लिया।
- प्रथम विश्व युद्ध में सम्पूर्ण विश्व दो भागों में बँटा था- मित्र राष्ट्र और धुरी राष्ट्र।
- मित्र राष्ट्रों में इंग्लैण्ड, फ्रांस, रूस, जापान तथा संयुक्त राज्य अमेरिका जैसे देश शामिल थे।
- धुरी राष्ट्रों का नेतृत्व जर्मनी ने किया। इसमें शामिल अन्य देश थे- आस्ट्रिया, हंगरी, तुर्की, इटली आदि।
- बाद में इटली धुरी राष्ट्रों से अलग होकर मित्र राष्ट्रों के समूह में जा मिला।
- रूसी क्रान्ति के बाद रूस युद्ध से अलग हो गया।
- संयुक्त राज्य अमेरिका आरंभ में तटस्थ था। लेकिन जर्मनी द्वारा ब्रिटेन के लूसीतानिया जहाज तथा अमेरिकी जहाजों को डुबोने के बाद वह मित्र राष्ट्रों की तरफ से युद्ध में शामिल हो गया।
- लूसीतानिया जहाज के डुबने से मरने वालों में सर्वाधिक संख्या अमेरिकियों की थी।
- प्रथम विश्व युद्ध के दौरान जर्मनी ने रूस पर 1 अगस्त, 1914 ई. में एवं फ्रांस पर 3 अगस्त, 1914 ई. में आक्रमण किया।
- 8 अगस्त, 1914 ई. को इंग्लैण्ड प्रथम विश्व युद्ध में शामिल हुआ।
- 26 अप्रैल, 1915 ई. को इटली मित्र राष्ट्रो की ओर से प्रथम विश्व युद्ध में शामिल हुआ।
- 6 अप्रैल, 1917 ई. को अमेरिका प्रथम विश्व युद्ध में शामिल हुआ। इस समय अमेरिका का राष्ट्रपति **वुडरो विल्सन** था।
- प्रथम विश्व युद्ध की समाप्ति 11 नवंबर, 1918 ई. को हुई थी।
- 18 जून, 1919 ई. को पेरिस में शान्ति सम्मेलन का आयोजन किया गया। पेरिस शान्ति सम्मेलन में अमेरिकी राष्ट्रपति वुडरो विल्सन, ब्रिटेन के प्रधानमन्त्री लायड जार्ज तथा फ्रांस के प्रधानमन्त्री जार्ज क्लीमेन्शु की महत्त्वपूर्ण भूमिका थी।

- मित्र राष्ट्रों ने जर्मनी के साथ वर्साय की संधि, आस्ट्रिया के साथ सेण्ट जर्मेन की संधि, बुल्गारिया के साथ न्यूली की संधि, हंगरी के साथ त्रिआनों की संधि तथा तुर्की के साथ सेव्रे (सेवर्स) की संधि की।
- मित्र राष्ट्रों ने पराजित जर्मनी के साथ अन्यायपूर्ण वर्साय की संधि (28 जून, 1919) की थी। इस वर्साय की संधि ने ही द्वितीय विश्व युद्ध का बीजारोपण किया।
- अन्तरराष्ट्रीय क्षेत्र में विश्वयुद्ध का सबसे बड़ा योगदान राष्ट्रसंघ (League of Nations) की स्थापना थी। इसकी स्थापना 1920 ई. में की गयी थी।

11. इटली में फासीवाद का उदय

- 'फासिज्म' (फासीवाद) इतालवी मूल का शब्द है।
- इस शब्द का प्रयोग सर्वप्रथम बेनिटो मुसोलिनी के नेतृत्व में चलाये गये आंदोलन के लिए किया गया था।
- मुसोलिनी के नेतृत्व फासीवाद/फासिस्टवाद दल की स्थापना मिलान में की गयी थी।
- फासिस्टवाद कट्टर उग्र-राष्ट्रीयता का ही एक रूप था। यह प्रजातन्त्र का विपरीत अर्थ रखता था। यह एक शासन प्रणाली के रूप में तानाशाही का परिचायक था।
- मुसोलिनी का जन्म 1883 ई. में **रोमाग्ना** में हुआ था।
- 1915 ई. में मुसोलिनी सेना में भर्ती हुआ। 1917 ई. में एक युद्ध में घायल होने के बाद वह सैन्य सेवा से अलग हो गया।
- प्रथम विश्वयुद्ध के बाद इटली की मित्र राष्ट्रों से असंतुष्टि तथा युद्धोपरांत सैनिकों की छँटनी से उत्पन्न अराजक स्थिति को सुधारने के लिए मुसोलिनी ने भूतपूर्व सैनिकों की मदद मे **मिलान** में एक संगठन बनाया, जिसे फासिस्ट कहा जाता है।
- मुसोलिनी ने **डियाज** को सैन्य अधिकारी नियुक्त किया।
- मुसोलिनी को उसके सहयोगी **ड्यूस** कहते थे।
- फासीवादी दल के स्वयंसेवक **काली कमीज** पहनते थे।
- मुसोलिनी की अध्यक्षता में इटली एक शक्तिशाली एवं समृद्धशाली राष्ट्र बन गया।
- मुसोलिनी ने अक्टूबर 1922 में रोम पर और 1935 ई. में अबीसीनिया पर आक्रमण किया।
- 1936 ई. में मुसोलिनी ने जापान एवं जर्मनी के साथ मिलकर **रोम, बर्लिन, टोकियो** धुरी का निर्माण किया।
- मुसोलिनी ने 10 जून, 1939 ई. को द्वितीय विश्वयुद्ध के दौरान मित्रराष्ट्रों के विरुद्ध युद्ध की घोषण कर दी।
- द्वितीय विश्वयुद्ध में पराजित होने पर 1945 ई. में मुसोलिनी के सहयोगियों ने उसे पत्नी के साथ गोलियों से भून दिया था।
- इटली में फासीवाद का अंत 28 अप्रैल, 1945 ई. को माना जाता है।

12. जर्मनी में नाजीवाद का उदय

- 'नाजीवाद' फासिज्म का जर्मन रूप था।
- 'नाजी' शब्द हिटलर द्वारा 1920 में स्थापित दल 'नेशनल सोशलिस्ट पार्टी' के नाम से निकला है। इसी दल को संक्षेप में **नाजी पार्टी** कहा जाता था।
- जर्मनी में नाजी दल का उत्थान हिटलर के नेतृत्व में हुआ था।
- नाजी दल का प्रचार कार्य गोयबल्स संभालता था।

- हिटलर का जन्म 20 अप्रैल, 1889 ई. को वॉन में हुआ था।
- जर्मन वर्क्स पार्टी की स्थापना हिटलर द्वारा की गयी।
- प्रथम विश्वयुद्ध के समय हिटलर जर्मनी की सेना में भर्ती हो गया। युद्ध के दौरान असाधारण वीरता के कारण उसे **आयरन क्रॉस** मिला।
- 1923 ई. में जर्मनी की गणतान्त्रिक सरकार का तख्ता पलटने के प्रयास में वह पकड़ा गया तथा उसे सजा हो गयी।
- जेल में ही उसने **मेन केम्फ** (मेरा संघर्ष) किताब लिखी। यह हिटलर की आत्मकथा है।
- **'एक राष्ट्र एक नेता'** का नारा हिटलर ने दिया।
- हिटलर वर्साय संधि का विरोधी था। अत: जर्मन देश देशभक्त एवं पूर्व सैनिक अफसर नाजी पार्टी को समर्थन देने लगे।
- हिटलर के समर्थक उसे **फ्यूरर** कहते थे।
- हिटलर के समर्थक बाँह पर स्वास्तिक का चिह्न लगाते थे।
- हिटलर ने गुप्तचर पुलिस का गठन किया, जिसे **गेस्टापो** कहा जाता है।
- हिटलर के लिए शामी विरोधी नीति का अर्थ था- यहूदी विरोधी नीति। इसका तात्पर्य है- हिटलर यहूदियों से घृणा करता था।
- राष्ट्रपति हिंडेनबर्ग ने 1933 ई. में हिटलर को अपना चांसलर (प्रधानमन्त्री) नियुक्त किया।
- 1934 ई. में हिटलर जर्मनी का तानाशाह बन बैठा।
- 16 मार्च, 1935 ई. को हिटलर ने पुन: शस्त्रीकरण की घोषणा की।
- हिटलर की विस्तारवादी नीति का पहला शिकार आस्ट्रिया हुआ।
- 1 सितंबर, 1939 ई. को हिटलर की सेना ने पोलैंड पर आक्रमण किया। फलत: द्वितीय विश्वयुद्ध की शुरुआत हो गयी।
- द्वितीय विश्वयुद्ध में पराजय के कारण हिटलर ने 1945 में आत्महत्या कर ली।

13. जापानी साम्राज्यवाद

- जापान के साम्राज्यवाद का सबसे पहला शिकार चीन हुआ।
- 1853 ई. में एक अमेरिकी नाविक **कमोडोर पेरी** ने बल प्रयोग कर जापान का द्वार अमेरिकी व्यापार के लिए खोला।
- 1867 ई. में सम्राट मुत्सुहितो गद्दी पर बैठा और उसने **मेईजी** की उपाधि धारण की। 1868 ई. में शोगून (एक प्रकार का सामंत वर्ग) ने त्यागपत्र देकर वास्तविक शक्ति जापानी सम्राट को सौंप दी। इस प्रकार सम्राट के शासन की ही एक प्रकार से पुनर्स्थापना हुई, इसलिए इसे **मेईजी पुनर्स्थापना** भी कहते हैं।
- मेईजी युग (सम्राट मुत्सुहितो) के साथ ही जापान में आधुनिकीकरण के युग की शुरुआत हुई।
- 1872 ई. में जापान में सैनिक सेवा अनिवार्य कर दी गयी।
- 1905 ई. में जापान ने रूस को पराजित किया।
- जापान-रूस युद्ध की समाप्ति 5 सितंबर, 1905 को **पार्ट्समाऊथ की संधि** के द्वारा हुई।
- अपनी साम्राज्यवादी आकांक्षाओं की पूर्ति के लिए जापान ने 1931 ई. में मंचूरिया पर आक्रमण किया।
- 20 मार्च, 1933 को जापान ने राष्ट्रसंघ की सदस्यता त्याग दी।
- जापान को **पीत आतंक** से संबोधित किया जाता था।
- द्वितीय विश्वयुद्ध में जापान ने धुरी राष्ट्रों का साथ दिया।

- अमेरिका ने जापान पर पहला अणु बम 6 अगस्त, 1945 ई. को हिरोशिमा पर गिराया तथा दूसरा अणु बम 9 अगस्त, 1945 ई. को नागासाकी पर गिराया।
- हिरोशिमा और नागासाकी पर अणु बम गिराये जाने के कारण जापान ने द्वितीय विश्वयुद्ध में 14 अगस्त, 1945 ई. को आत्मसमर्पण कर दिया।

14. द्वितीय विश्वयुद्ध

- द्वितीय विश्वयुद्ध की शुरुआत 1 सितंबर, 1939 ई. को हुई।
- इस युद्ध का तात्कालिक कारण जर्मनी द्वारा पोलैंड पर आक्रमण था।
- यह युद्ध 6 वर्षों तक चला। 14 अगस्त, 1945 ई. को जापान के आत्मसमर्पण के बाद यह युद्ध बंद हुआ। इस युद्ध में 61 देशों ने भाग लिया।
- इस युद्ध में एक ओर सोवियत रूस, इंग्लैण्ड, फ्रांस, अमेरिका, चीन तथा अन्य राष्ट्र थे। इन्हें मित्र राष्ट्र कहा जाता था। दूसरी ओर जर्मनी, जापान तथा इटली थे, जिन्हें धुरी राष्ट्र कहा जाता था।
- द्वितीय विश्वयुद्ध के दौरान जर्मन **जनरल रोम्मेल** का नाम **डेजर्ट फॉक्स** रखा गया था।
- वर्साय की संधि को **आरोपित संधि** के नाम से जाना जाता है। जर्मनी ने **वर्साय की संधि** का उल्लंघन 1935 ई. में किया।
- स्पेन में गृह-युद्ध 1936 ई. में शुरू हुआ था।
- द्वितीय विश्वयुद्ध के समय इंग्लैण्ड के प्रधानमन्त्री विंस्टन चर्चिल एवं अमेरिका के राष्ट्रपति फ्रैंकलिन डी. रूजबेल्ट थे।
- द्वितीय विश्वयुद्ध के दौरान प्रारंभ में अमेरिका तटस्थ था, लेकिन जापान द्वारा 7 दिसंबर, 1941 ई. को अमेरिका के पर्ल हार्बर नामक नौसेनिक अड्डे पर आक्रमण किये जाने के बाद वह मित्र राष्ट्रों की तरफ से युद्ध में शामिल हो गया।
- इस युद्ध में संयुक्त रूप से इटली एवं जर्मनी का पहला शिकार स्पेन हुआ।
- जर्मनी द्वारा सोवियत संघ पर आक्रमण करने की योजना को ऑपरेशन बारबोसा कहा गया।
- 10 जून, 1940 ई. को **इटली** ने जर्मनी की ओर से द्वितीय विश्वयुद्ध में प्रवेश किया।
- 23 अगस्त, 1939 ई. को जर्मनी-रूस आक्रमण समझौते पर हस्ताक्षर हुए। जर्मनी ने रूस पर समझौता उल्लंघन का आरोप लगाकर उस पर जून 1941 ई. में आक्रमण कर दिया।
- 8 अगस्त, 1941 ई. को अमेरिका का द्वितीय विश्वयुद्ध में प्रवेश हुआ।
- इंग्लैण्ड की शानदार अलगाववाद की नीति का विचारक **सेलिसेवरी** था।
- द्वितीय विश्वयुद्ध में जर्मनी की पराजय का श्रेय रूस को दिया जाता है।
- द्वितीय विश्वयुद्ध में अमेरिका ने 6 अगस्त, 1945 ई. को जापान के शहर **हिरोशिमा** पर **लिट्ल बॉय** (यूरेनियम-235) नामक अणु बम (Atom Bomb) गिराया।
- इस विश्वयुद्ध के दौरान अमेरिका ने जापान के एक और शहर **नागासाकी** पर 9 अगस्त, 1945 ई. को **फैटमैन** (प्लोटेनियम-293) नामक अणु बम (Atom Bomb) गिराया। यह बम 100 MW का था।
- इस युद्ध में मित्र राष्ट्रों से पराजित होने वाला अंतिम देश जापान था।
- अन्तरराष्ट्रीय क्षेत्र में द्वितीय विश्वयुद्ध का सबसे बड़ा योगदान **संयुक्त राष्ट्र संघ (UNO)** की स्थापना है। इस संस्था की स्थापना 24 अक्टूबर, 1945 ई. को हुई।